风景园林的定量化研究

Quantitative Research on Landscape Architecture

张德顺 著
Zhang Deshun

中国建筑工业出版社

审图号：国审受字（2022）02030号
图书在版编目（CIP）数据

风景园林的定量化研究 = Quantitative Research on Landscape Architecture / 张德顺著. — 北京：中国建筑工业出版社，2022.6（2023.1重印）
ISBN 978-7-112-27522-9

Ⅰ.①风… Ⅱ.①张… Ⅲ.①园林设计—定量化—研究 Ⅳ.①TU986.2

中国版本图书馆CIP数据核字（2022）第102833号

责任编辑：郑淮兵　杜　洁　兰丽婷
版式设计：锋尚设计
责任校对：王　烨

风景园林的定量化研究
Quantitative Research on Landscape Architecture
张德顺　著
*
中国建筑工业出版社出版、发行（北京海淀三里河路9号）
各地新华书店、建筑书店经销
北京锋尚制版有限公司制版
北京中科印刷有限公司印刷
*
开本：787毫米×1092毫米　1/16　印张：18　字数：380千字
2022年6月第一版　2023年1月第二次印刷
定价：**78.00**元
ISBN 978-7-112-27522-9
（38143）

前言

风景园林学（Landscape Architecture）在传到中国后，同其他学科如哲学、地理学、社会学、心理学、生物学、生态学、气象学、生理学、气象学、岩石学、物候学、人类学、天文学、化学、几何、美学、政治、经济学、物理学（Philosophy，Geography，Sociology，Psychology，Biology，Ecology，Meteorology，Physiology，Aerography，Lithology，Phenology，Anthropology，Astronomy，Chemistry，Geometry，Aesthetics，Politics，Economics，Physics）不一样，这些均称之为科学，是将各种知识通过细化分类研究，形成逐渐完整的知识体系，是人类探索、研究、感悟宇宙万物变化规律的知识体系的总称。科学是一个建立在可检验的解释和对客观事物的形式、组织等进行预测的有序的知识的系统。科学作为一种知识已紧密联系在一起的理念。科学的方法奠定了基础，强调实验数据及其结果的重现性。2011年3月国务院学位委员会、教育部公布的《学位授予和人才培养学科目录》，“风景园林学”正式成为110个一级学科之一。既然成为学科，与专业名称自然不一样，它就上升到了一门科学。康德说“对于任何学科都是一样，数学成分的多寡决定了它在多大程度上够得上是一门科学”。而所有的学科都会走向科学，社会学、经济学和医学都有显著的趋势，管理学和设计学也有这个趋势，包括风景园林学、建筑学和城乡规划学。当人们说一门学科是艺术的时候，其实是在说这门学科还不够成熟，还停留在经验和感性上，还在摸着石头过河。我们说风景园林学是科学和艺术的综合学科，有两方面的含义，其一，我们的设计对象既有技术的成分，也有艺术的成分；其二，就是说学科不成熟，有时候是凭感觉。

既然风景园林学要成为科学（Science of LA，Study of LA，或者LAology，或者Laics，或者FJYLology，FJYLics），它就具有理性客观、可证伪、存在一个适用范围、普遍必然性4个特征，其中可证性和重复检验性指的是科学所导出的结论或者预言的现象必须通过适当的实验手段或者试验证实或者证伪，并且这些试验可以证明无数次，如在北半球随着纬度和海拔的升高，气温、湿度、生态功能发生着规律性降低；随着雨热总量的同步提高，生物多样性发生着增加的动态变化规律，在欧洲、亚洲、美洲的自然植被中均能验证。说园林的意境美只可意会不能言传，就不能被验证，此话就不具科学性。

可证性和重复检验性的重要工具和手段就是定量化，“一切皆可量化”将会成为学科的核心特征。风景园林学的二级学科，园林历史、风景理论、景观规划、景点设计、生态修复，工程施工以及植物配置，都可找到相对应的灵活有效的量化方法，提升学科的研究深度、突破凭感觉设计的历史局限，使园林的历史研究更加有逻辑、风景的理论更加系统、项目的规划更加因地制宜、景区的设计更加有的放矢、生态规划更加安全持续、工程施工更加精准高效、植物配置更加自然优美。

道格拉斯·W. 哈伯德（Douglas W. Hubbard）在数据化决策（How to Measure Anything）提到从思维方法的精髓起步，对于界定问题给出清晰分析思路，专业的领域内量化，可避免低效的研究和规划设计弯路的发生。隐含着“谁掌握了数据，谁就把握了成功”的内涵。

科学（Science）源于西方，探究其本义，有广义的科学和狭义的科学之分。从中世纪到启蒙时代，任何一种系统化的知识体系都可以称为科学；如今，科学仅指基于科学方法获取的知识。科学方法包括若干基本准则，如：通过观察、假设、实验、再观察进行研究的经验原则；依赖精确测量的数量原则；将事物的因果关系抽象化，并使之可以重复验证原则。

用定量的眼光看园林，用比对的眼睛观风景，用思辨的眼神睨系统，就可以看出世界遗产的突出普遍价值，就可以发现植物的地带性分布规律，就可以总结出植被的垂直地带性，就可以找出园林工程施工的最小成本和最快工期，就可以找到影响植物引种驯化的主导因子，就可以为引进植物找到最优栽培地，就可以为特定地区求证出引种的适宜区域，就可以透过现象看本质找到植物残存分布的基因差异。将定量化分析引入到园林中来，通过参数化的调控就可以提升园林设计的景感质量。学会系统分析就会以科学的手段应对气候变化的挑战，就会在园林设计元素的组合变化中调控小气候，使人产生物理—生理—心理的与环境的共鸣。

本书主要介绍风景园林定量化研究方法，分别阐述园林生态学、园林植物学、园林植物生理学、分子生物学、风景园林小气候、园林土壤学、园林心理学、园林工程运筹学等各研究方向的定量化研究方法，并对园林参数化设计、园林树种规划、世界自然遗产地及其生物多样性保护等具体案例的应用进行探讨。

本书在学科学术理论上，实际应用方面都有了一定的探索。

首先，目前关于风景园林定量化的系统性论述的论文十分稀有，专著书籍更是罕见。究其原因，一是风景园林学科建立迟，本身尚没有形成自己独有的理论体系和技术方法，一直以来多是从其他学科专业引入和借鉴各种定量化的技术和方法，但这些技术方法在风景园林的适用性并没有专门的学者进行过深入的思辨探讨；二是风景园林的艺术属性限制了定量化、数字化的研究，由于定性思维的模糊性在很大程度上更容易被理解和接受，但对定量化的认识也产生一定的困难。

其次，风景园林研究的选题是多种多样的，定量化研究的技术和手段也是层出不穷的。并且，随着数学理论、信息技术的不断发展，对园林问题的认知和理解会不断深入，定量化的方法和手段还需要与时俱进，这又对风景园林的定量化研究提出了更为严峻的挑战。

因此，本书的出版能为风景园林学科提供基础的定量化理论思路，填补定量化的研究的短板。同时，通过本书各章内容和实际案例的阐述，又能实际指导风景园林规划设计和应用。

本书的特点可以概括为三个方面：

（1）本书具有风景园林学科科研框架的系统性和独创性

目前国内外关于风景园林定量化研究的专著较少。多数专家学者擅长于单一或几个研究方向的探索，但对风景园林学科的系统性阐述较少，探讨风景园林定量化的原理和方法的书籍则更为罕见。本书是作者30多年来从事风景园林科研、实践和教育的经验总结，基本涵盖了风景园林学科的多个研究方向，集合了园林生态、园林植物、园林土壤、园林心理、园林工程、园林气候等各方面定量化研究的科研成果，一个清晰的风景园林学科科研框架、一套完备的风景园林定量化研究体系逐步构建起来。

（2）本书内容立足于学科前沿，具有国际视野

本书各章内容紧扣风景园林学科的学术前沿动态，以热点和焦点问题为重点，包括风景园林小气候、园林参数化设计、气候变化、世界自然遗产地保护等目前正在承担课题的最新研究进展。

通过与国外同行保持学术交流与互访，国外合作高校包括美国科罗拉多大学丹佛分校（University of Colorado Denver）、德国德累斯顿工业大学（Dresden University of Technology）、鲁尔波鸿大学（Ruhr-Universität Bochum）、哥廷根大学（Georg-August-Universität of Göttingen）等，与美国、德国、日本、韩国、马来西亚、蒙古、尼泊尔、新西兰等地高校建立起了学术交流渠道。

（3）写作风格深入浅出，通俗易懂

本书写作试图以平实通俗的语言阐释复杂枯燥的定量化问题，使复杂变简单，化抽象为具象，深入浅出，使读者更好地理解、掌握和运用各种定量化的技术和方法，以便尽快顺利地进行风景园林科学研究。

本书主要读者以风景园林专业的教师和研究生为主，同时也可为从事各类风景园林规划设计师与管理人员，以及城乡规划学、建筑学、生态学、植物学等相关专业的广大师生提供借鉴和参考。

目录

前言 …… 3

第1章 用模糊相似优先比原理选择特定区域、城市、立地的适宜种源地 …… 001

1.1 模糊数学简介 …… 001
1.2 模糊综合评价法 …… 002
1.3 基于季节性气候相似的雄安新区园林植物全球引种地选择 …… 003
1.4 与上海气候相似的全球区域 …… 012
1.5 为特种园林植物选择最适宜栽培地 …… 016
参考文献 …… 018

第2章 风景园林的生态学研究 …… 020

2.1 生态学研究基本方法 …… 020
2.2 园林植物的区划研究 …… 025
参考文献 …… 031

第3章 园林植物气候适应性评价与服务功能选择定量化 …… 033

3.1 上海木本植物早春花期对城市热岛效应的时空响应 …… 033
3.2 近55年气候变化对上海园林树种适应性的影响 …… 045
3.3 基于“植物功能性状-生态系统服务”评价框架的园林树种选择方法 …… 056
参考文献 …… 068

第4章　城市广场小气候特征与空间构成的相关性测析 ………… 076

4.1　研究基础 ………… 077

4.2　广场冠层小气候效应及人体热舒适度研究 ………… 080

4.3　天穹扇区对夏季城市广场小气候及人体热舒适度的影响 ………… 089

4.4　水景的夏季城市广场降温策略 ………… 098

参考文献 ………… 105

第5章　古典园林的小气候智慧与现代规划的对策实践 ………… 107

5.1　古典园林小气候研究的意义 ………… 107

5.2　颐和园布局小气候的舒适度 ………… 108

5.3　颐和园的风景园林小气候测析 ………… 111

5.4　上海传统园林小气候效应实例 ………… 116

5.5　物候调控中的小气候智慧 ………… 142

参考文献 ………… 147

第6章　分子生物学在园林植物中的应用研究 ………… 148

6.1　分子生物学的概念 ………… 148

6.2　分子生物学在风景园林植物种质鉴定中的应用 ………… 149

6.3　DNA指纹图谱应用介绍 ………… 153

参考文献 ………… 165

第7章 世界自然遗产地的生物多样性OUV指标、干扰因子及保护策略 ······ 168
7.1 世界自然遗产地的物种多样性OUV指标识别 ······ 169
7.2 世界自然遗产地的生物多样性OUV干扰因子 ······ 175
7.3 世界自然遗产地三江并流干扰因子与保护策略 ······ 180
参考文献 ······ 185

第8章 运筹学在园林土方工程中的应用 ······ 187
8.1 运筹学的概念 ······ 187
8.2 运输问题的数学模型介绍 ······ 189
8.3 运筹学运输问题在园林土方平衡中应用的探讨 ······ 191
参考文献 ······ 194

第9章 参数化设计在景观设计中的应用 ······ 195
9.1 参数化设计的发展进程 ······ 195
9.2 景观参数化设计体系 ······ 200
9.3 景观参数化布局的探讨 ······ 203
参考文献 ······ 219

第10章 风景园林观赏性的心理学研究 ······ 221
10.1 方法 ······ 221
10.2 结果 ······ 222
10.3 讨论 ······ 226
参考文献 ······ 227

第11章 树木生长势和枝条形态相关性 ······ 229
11.1 树冠的衰落症状 ······ 229

11.2 枝条形态学 230
11.3 生长阶段模型 231
11.4 树势分级 233
11.5 干旱损害和由环境因素导致的树势标准的关系 234
11.6 径向增长与根部发育的关联性，遗传性以及种植的后续影响 236
参考文献 237

第12章 园林植物应对气候变化的选择原理与方法 239
12.1 应对气候变化的园林植物选择的指标体系 240
12.2 试验树种 244
12.3 应对不同气候变化情形下的树种选择对策 246
12.4 总结 260
参考文献 261

第13章 锚固学科核心内涵，以不变应万变 262
13.1 国际化教学，延展学科的空间支撑 262
13.2 加大科技项目申报力度，聚焦以国家自然科学基金项目为主体的国家战略导向硕博培养机制 266
13.3 机制转换期，国际标准和规范是行之有效和相对稳定的准则 266
13.4 个案中归纳理论，理论指导实践 266
13.5 积极参加重大项目建设，在品牌工程中让园林定量化研究的成果闪光 266
参考文献 267

跋 268
致谢 273

第1章　用模糊相似优先比原理选择特定区域、城市、立地的适宜种源地

1.1　模糊数学简介

模糊数学是继经典数学、统计数学之后较新的现代应用数学学科，把数学的应用范围从确定性的领域扩大到了模糊领域，即从精确现象到模糊现象。模糊数学是研究属于不确定性，而又具有模糊性的量的变化规律的一种数学方法。随着现代科技的发展，我们所面对的系统日益复杂，模糊性总是伴随着复杂性出现。模糊性是由于事物的类、属划分的不确定而引起的判断上的不确定性，其根源在于事物的差异之间存在着中间过渡，例如“好与坏”“早与晚”“多与少”等生活现象评定，都难以给定明确的划定标准界限。然而生活中模糊现象无法用精确数学定义，现代数学亟待寻求途径去描述和处理客观现象中非清晰、非绝对化的一面。1965年，美国控制论专家扎德（Lotfi A. Zadeh）教授在*Information and Control*杂志上发表了题为Fuzzy Sets的论文，提出用“隶属函数”来描述现象差异的中间过渡，从而突破了经典集合论中属于或不属于的绝对关系。扎德教授这一开创性的工作，标志着模糊数学的诞生。模糊数学的基本思想为，用精确的数学手段对现实世界中大量存在的模糊概念和模糊现象进行描述、建模，以达到对其进行恰当处理的目的。

模糊数学的主要研究内容包括以下3个方面：第一，研究模糊数学的理论，以及它和精确数学、随机数学的关系。扎德以精确数学集合论为基础，并考虑到对数学的集合概念进行修改和推广。他提出用“模糊集合”作为表现模糊事物的数学模型，并在“模糊集合”上逐步建立运算、变换规律，开展有关的理论研究，构造出能够对模糊系统进行定量描述和处理的数学方法。第二，研究模糊语言学和模糊逻辑。人类自然语言具有模糊性，人们经常接受模糊语言与模糊信息，并能作出正确的识别和判断。扎德采用模糊集合理论来建立模糊语言的数学模型，使人类语言数量化、形式化。从而把模糊语言进行定量描述，并定出一套运算、变换规则。第三，研究模糊数学的应用。模糊集合的出现是数学适应描述复杂事物的需要。在模糊数学中，现今已有模糊拓扑学、模糊群论、模糊图论、模糊概率、模糊语言学、模糊逻辑学等分支。20世纪50年代以来，模糊数学的研究和应用取得了许多可喜的成就。模糊数学的发展

异常迅速，并广泛应用于国民经济，如农业、林业、气象、环境、军事等各个领域和部门。它在科学技术领域和日常生活方面正在扮演着越来越重要的角色。

模糊数学已取得较多应用成果，已初步应用于模糊控制、模糊识别、模糊聚类分析、模糊决策、模糊评判、系统理论、信息检索、医学、生物学等各个方面。模糊数学是针对客观界限不分明的问题进行研究的数学工具，利用模糊数学和模糊逻辑，能很好地处理各种模糊问题。例如在民用领域中，应用模糊数学可使空调器的温度控制更为合理，洗衣机可节电、节水、提高效率。在现代社会的大系统管理中，运用模糊数学的方法，有可能形成更加有效的决策。

近年来，我国科研人员在模糊数学研究领域中取得了卓越成就，已成为继美国、西欧、日本之后的全球四大模糊数学研究中心之一。涌现了许多交叉学科，如著名语言学家伍铁平教授发表了经典论文《模糊语言初探》，引起了人文与社会科学界对模糊语言现象的重视。如今，模糊数学成为最令人关注的学科之一。

1.2 模糊综合评价法

由不确定性理论引入探讨，城市种源地的选择具有不确定性，因此运用模糊综合评价法，阐述其方法原理、模型构建以及应用步骤。不确定性理论与情景分析如下。

1.2.1 不确定理论内涵

数学和自然科学的发展已经揭示出客观世界普遍存在着不确定性，不确定性比确定性更为基本。确定性是人类认识世界所追求的目标，以追求事物运动规律和结果的确定性或唯一性为最高理想。确定性普遍认为在一定条件下事物或系统的运动状态、过程、结构、功能、规律具有唯一性。然而，客观世界发展的真实情形却是复杂的、非线性的、不确定的。概率论和数理统计的出现主要就是研究数学上的不确定性现象。不确定性分为主观不确定性和客观不确定性，前者是指人们因认识能力不足或信息不全而造成的对确定性过程或结果的不确定性语言，后者是指客观事物的发展状态或结果存在多种可能性。复杂性科学的兴起更是揭示出复杂系统运动轨迹的不确定性特征及其内在的新的运动规律。由此扎德引入隶属度和模糊集概念，通过隶属度函数来处理不确定性，将不确定性的事物转化为形式上的确定性从而得到研究结果。

1.2.2 种源地选择的不确定性

在植物引种的过程中，特定区域、城市以及立地的种源地选择具有不确定性。种源地的主导生态要素、范围程度等都具有不确定性或者称之为多种可能性，这种不确定性并不是仅仅依靠已知条件的推演获得，更重要的是未知情景因素的暴露和干扰影响。引种的不确定性受制于植物本身遗传特性及其适应环境能力的不确定性、生态环境条件的不确定性以及当地特殊的生态因子等因素的影响。结合已知与未知的研究分析，并推断和预测未来的不确定性，从而为特定区域适宜种源地的选择提供支持。

除了引种相似性区域的气候条件之外，树种间“广布种”与“窄域种”的生物学特性，引种地与种源地在土壤性质、地下水位等方面的差异也有可能成为制约引种成功与否的因素。另外，引种植物在一个新的环境中能否存活，除取决于对当地环境因子的适应、耐受能力外，物种竞争、区域喜好程度也使引种成功与否具有极大的不确定性。因此，进行树木引种时，除了气候因素外，还必须综合考虑海拔、地形、土壤、生物关系等多种因素。由此，对于种源地选择，应对不确定性的策略之一即为情景分析。通过预测区域内多种可能情景，设定种源地的多种可能情景，通过运用模糊综合评价法，利用情景分析提供园林植物引种的多种预案，为种源地选择提供支持。

1.3 基于季节性气候相似的雄安新区园林植物全球引种地选择

历年来，基于气候相似理论的基本原理所开发的模型与技术方法在诸多领域和研究方向上都有实际的应用，尤其在农业、林业、生态、园艺、园林等学科内探讨物种气候适应性方面得到较为广泛的应用。例如，关于植物气候适生区的划分与预测；植物引种驯化的种源地或引种地选择；适应气候变化的植物种类和品种筛选等。利用气候相似论的原理进行气候对比可以初步判断植物引种的效果，经多年实践证明，是一种切实可行的方法。

气候相似性指数计算是气候相似理论应用于实践的最常见方法之一，可用于预测目标地点与访问地点之间的度量。在给定建模范围和指定数量的情况下，气候相似指数与标准聚类分析算法相结合，从而可以确定采样点的气候中心和相似气候区域，以及为研究目标提供明确的抽样指导，协调和帮助气候相似区域之间对目标资源或物种进行有效的开发、评估和使用。

以往的研究仅关注于对目标样地和对比样地各项气候因子的对比分析，而往往忽视了这些气候指标是会随季节变化而发生改变的事实，以至于研究结果相对模糊粗放，与真实状况相差较远，并没有反映和掌握样地特有的季节性气候变化特征和规律，故无法有效地指导实际应用。本案例采用近30年1～12月各月的气温和降水气候因子，充分考虑各样本气候的季节性特征来反映实际状况，以雄安新区为例，在全球范围内探索最适宜的园林植物引种地。

1.3.1 研究方法

1. 研究对象与数据来源

选择全球城市气候指标为研究对象。气候指标数据均来自世界天气信息服务网，分为6大区域，即亚洲、欧洲、非洲、中北美、南美和太平洋西南区域，气候因子包括近30年1～12月的日平均最低温度（℃）、日平均最高气温（℃）、平均降水量（mm）和平均降水日数（d）。共收集到各项气候因子数据完整的城市1570个，总计18840条记录。雄安新区气候资料来源于雄安新区气象局，各气候指标与周边城市的对比如图1-1所示。

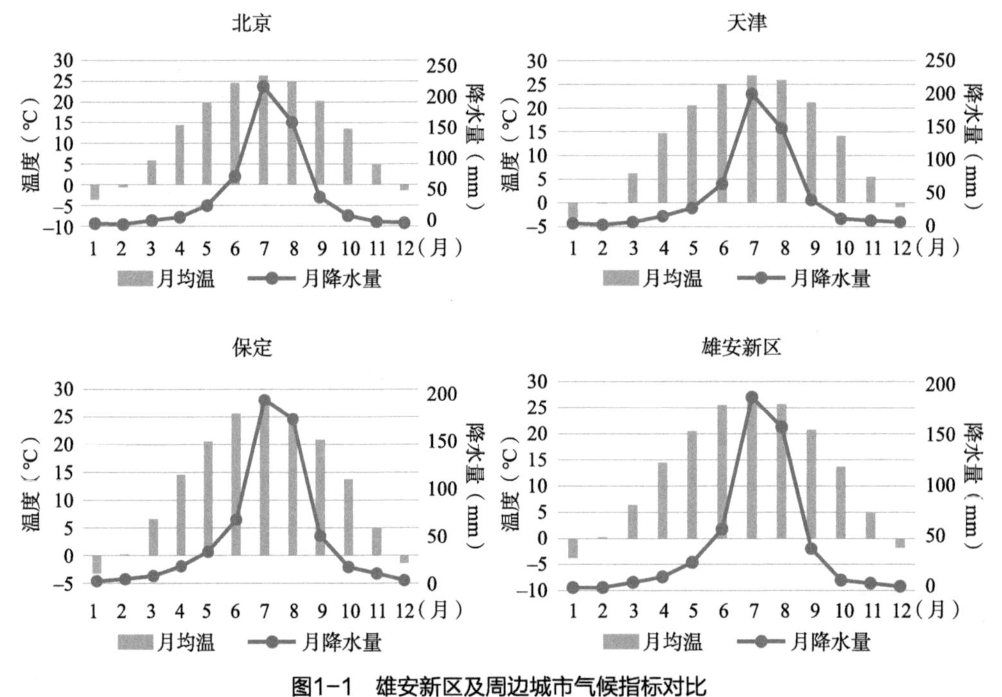

图1-1 雄安新区及周边城市气候指标对比

2. 气候相似性指标计算

欧氏距离算法是已被广泛应用于计算样本多维度指标之间的模糊相似优先比的方法，可以定量确定研究范围内任何样本之间的相似程度。案例采用欧式距离算法计算全球城市气候指标与雄安新区的相似程度大小。为方便对全球城市气候指标之间的比较，对每个城市各月数据计算其平均值、标准差、峰度系数和偏度系数，最后再用欧式距离来衡量城市气候指标之间的差异。

（1）欧式距离

欧式距离通常用于计算多维度指标之间的综合距离值，距离值越大，说明各指标之间的差异越大，反之亦然。计算公式如下：

$$d(x,y)=\sqrt{\sum_{i=1}^{n}(x_i-y_i)^2} \tag{1–1}$$

式中，x_i指任一气候指标数值，y_i指对象指标数值。

（2）平均值

平均值是指标平均水平的度量。气候平均值能反映该地全年气候的水平状况。计算公式如下：

$$\bar{x}=\frac{1}{n}\sum_{i=1}^{n}x_i \tag{1–2}$$

式中，$\bar{x}$为平均值，x_i为任一指标值。

（3）标准差

标准差反映一组指标数据的离散程度。气候标准差能反映全年该地的波动程度。计算公式如下：

$$\sigma=\sqrt{\frac{1}{n-1}\sum_{i=1}^{n-1}(x_i-\bar{x})^2} \tag{1–3}$$

式中，$\bar{x}$为平均值，x_i为任一指标值。

（4）峰度系数

峰度系数用来指示一组数据频度分布曲线的尖峭或扁平程度。峰度系数越高表明该地气候指标越具有向个别月份集中的趋势，反之则表示各月指标呈平均分布趋势。计算公式如下：

$$K=E\left[\left(\frac{X-\bar{x}}{\sigma}\right)^4\right] \tag{1–4}$$

式中，K为峰度系数，$\bar{x}$为平均值，σ为标准差，E为均值操作。

（5）偏度系数

偏度系数反映数据分布偏斜方向和程度的度量，正态分布的偏度为0，若$S<0$，则具有左偏态，若$S>0$，则具有右偏态。其值与峰度系数共同反映该地全年气候指标的偏离分布中心的程度。计算公式如下：

$$S=E\left[\left(\frac{X-\bar{x}}{\sigma}\right)^3\right] \tag{1–5}$$

式中，S为峰度系数，$\bar{x}$为平均值，σ为标准差，E为均值操作。

1.3.2 结果与分析

1．全球各区域引种地

以雄安新区各气候因子水平为基准计算欧式距离。结果显示（表1–1），亚洲区域城市的总体平均距离最为接近，其他依次为中北美、欧洲、非洲、西南太平洋和南美。其中，亚洲与中北美的气候相似距离最短，这与东亚温带地区和中北美温带地区的气候最为相似的事实相符，在一定程度上也反映了两大区域的树种种间亲缘关系最为紧密，为园林植物引种驯化的种质资源选择与交流提供了有利条件。

全球区域城市样本数量与平均距离值　　表1–1

序号	全球区域	城市数量	平均距离值 ± 标准差
1	亚洲区域	253	5.797 ± 2.347
2	中北美区域	293	6.573 ± 2.013
3	欧洲区域	450	8.766 ± 1.372
4	非洲区域	205	10.488 ± 1.852
5	西南太平洋区域	246	10.768 ± 2.029
6	南美区域	122	13.468 ± 1.890

2．亚洲区域

我国与雄安新区气候最相似的城市依次为保定、天津、北京、石家庄、济南和唐山这6座城市，其距离均在1.000以内，是气候条件最为相似的核心引种区域。其次，东起大连至沈阳一线，北经呼和浩特、包头，西至太原、阳泉，南达郑州、商丘、徐州一线，此区域内的距离值在2.500以内，为次适宜引种区域（图1–2）。

其他亚洲国外城市相似度较高的主要集中于我国边境附近的东亚地区（图1–3），依次是东边的朝鲜平壤（1.976），韩国的首尔（2.141）、江陵（2.268），以及西侧蒙古的达兰扎达嘎德（2.589）和哈萨克斯坦的阿拉木图（2.269）等，均属于次适宜引种区域。其他中亚和西亚的大部分城市相似距离较远，为不适宜引种区。

3．欧洲区域

欧洲区域各城市与雄安新区的相似距离较大，最小相似距离城市为俄罗斯联邦境内贝加尔湖南岸的伊尔库茨克（4.852）和石勒喀河上游的阿金斯科耶（5.084）（图1–4），其他城市与雄安新区的相似距离均大于5.000。

4．非洲区域

非洲区域各城市与雄安新区的相似性距离值比欧洲更大，气候条件基本上无相似性。最近距离城市为北非东部的阿尔及利亚贝莎尔（6.085）和利比亚塞布哈（6.302）

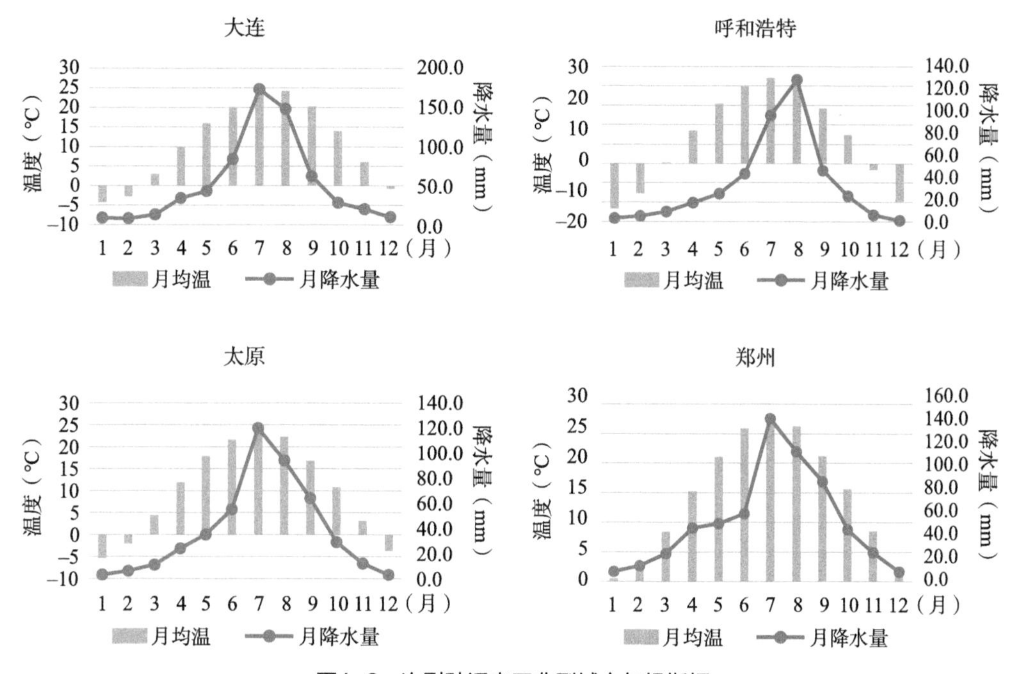

图1-2　次引种适宜区典型城市气候指标

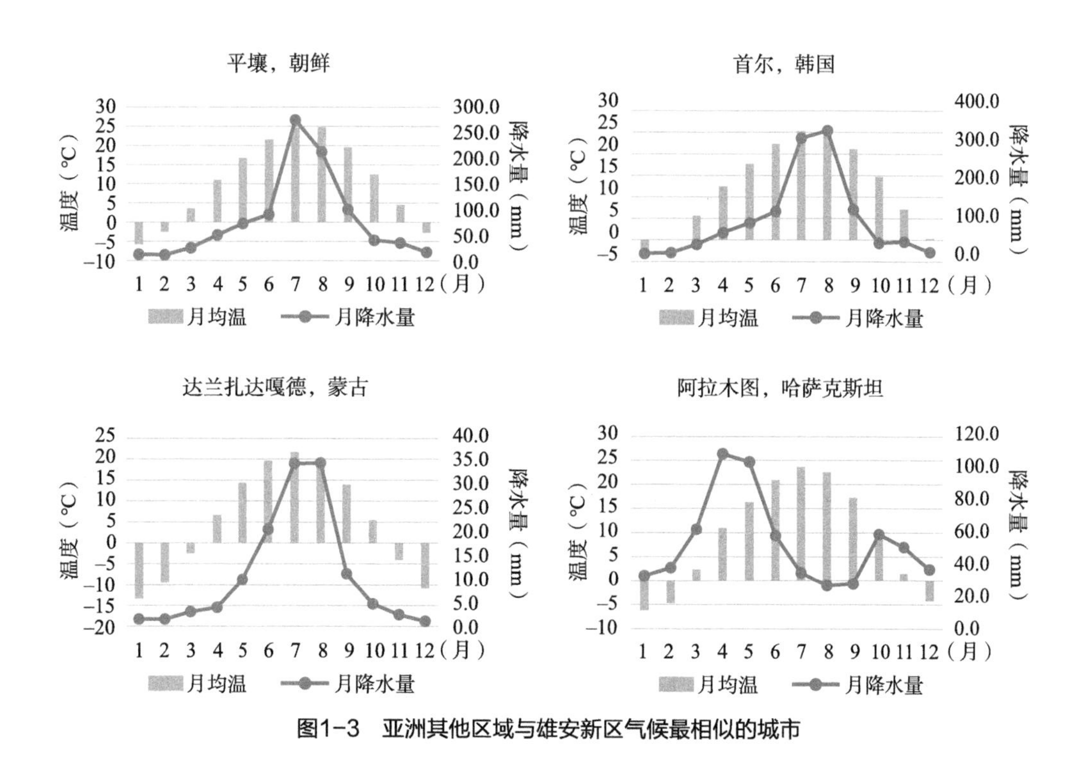

图1-3　亚洲其他区域与雄安新区气候最相似的城市

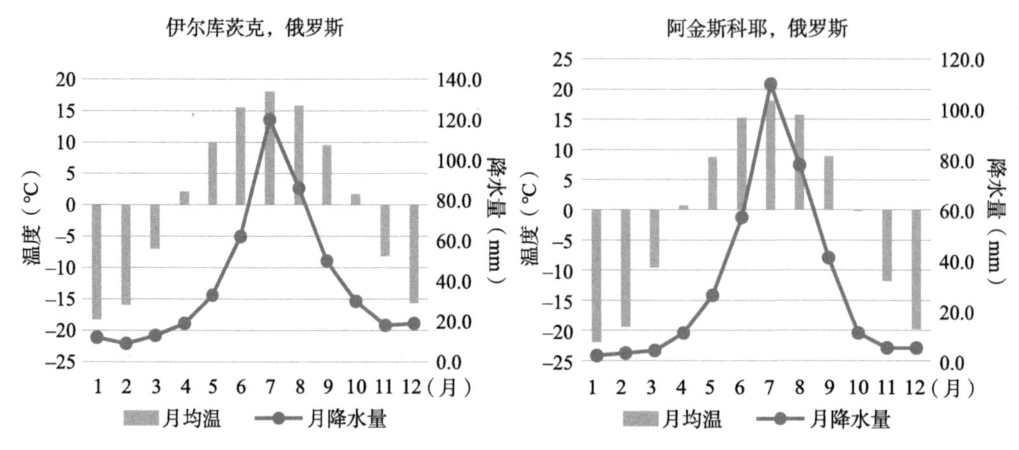

图1-4 欧洲区域与雄安新区气候最相似的城市

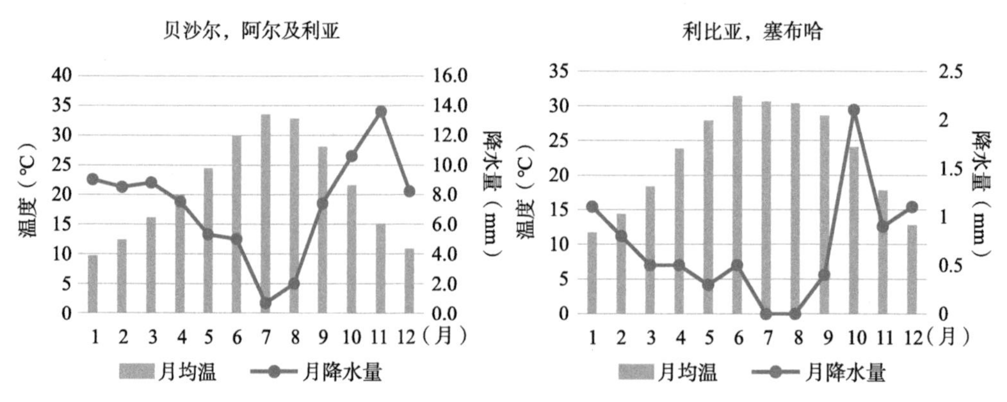

图1-5 非洲区域与雄安新区气候最相似的城市

（图1-5）。非洲地区温度和降水条件与我国华北平原存在很大差异，首先是年均温比我国华北平原要高，几乎没有寒冷的冬季。其次，干湿季也与我国华北平原相反。

5．中北美区域

中北美区域城市与雄安新区的相似距离较小，是全球区域中气候条件距离较为接近的地区，尤其以美国与加拿大西部边境的平原地区最为相似（图1-6），如美国北达科他州的迈诺特（3.225）、南达科他州的拉皮德城（3.837），蒙大拿州的海伦娜（3.905）、波兹曼市（3.922）和布特（4.106），以及加拿大的梅迪辛哈特（3.856）等。另一气候相似区域为美国中部的一些城市，如新墨西哥州的阿尔伯克基（3.896）、内布拉斯加州的格兰德岛（4.058）、俄克拉荷马州的诺曼（4.228）等。

6．南美区域

南美区域是与雄安新区气候相似距离最远的区域，气候条件、地理环境、植物区系均迥然不同，极少具有可引种的园林植物。

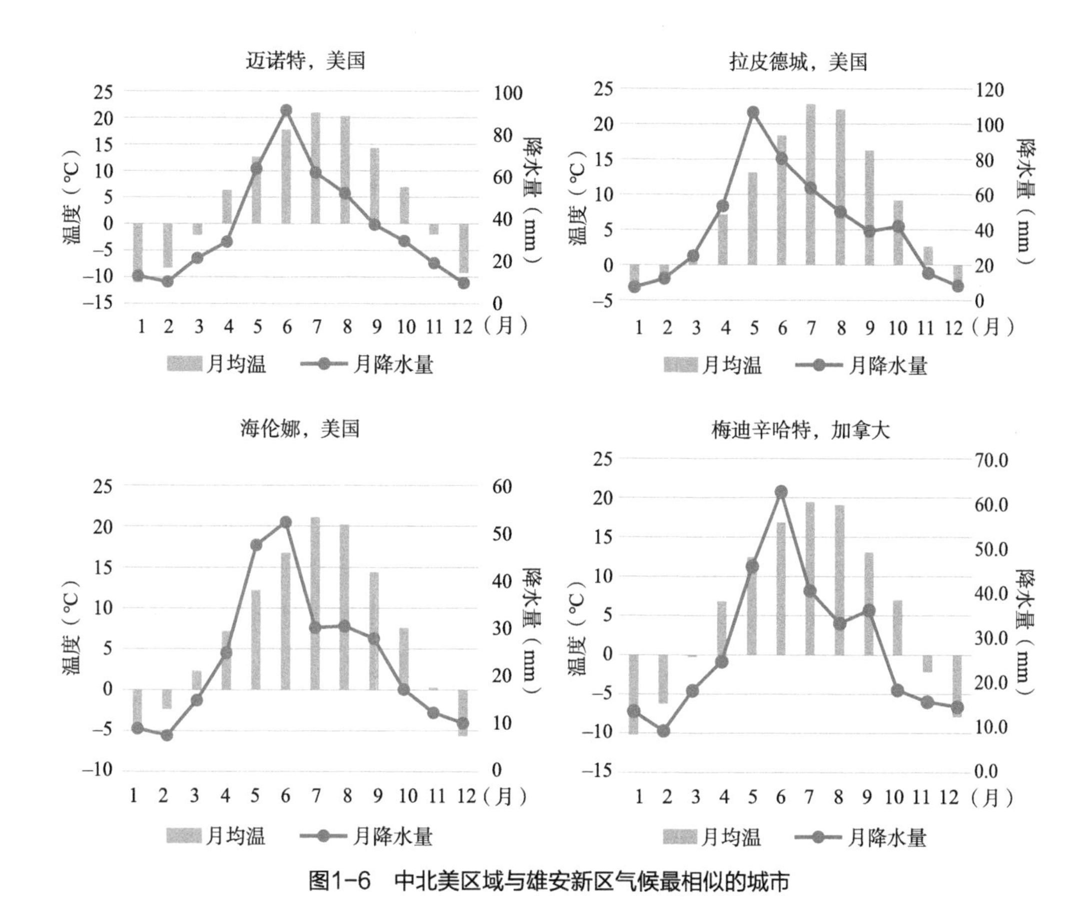

图1-6　中北美区域与雄安新区气候最相似的城市

7. 西南太平洋区域

西南太平洋岛屿与南美区域相比，平均距离相对较小，但距离绝对值仍然较大，也基本上不存在适合引种的园林植物。

1.3.3　结论与讨论

1. 雄安新区所在华北平原的主要季节性气候特征是冬春季干旱

由于温度和降水条件、分布和季节性的不同，全球各区域气候各有其独特性。从全球城市气候季节性上分析，雄安新区所在的华北平原最主要的季节性气候特征为冬春季干旱，在全球气候类型中也十分特殊。这种温带冬季干旱气候在北半球同纬度只见于我国华北平原、中亚哈萨克丘陵以及北美中西部平原3大区域，故气候状况相似的区域和城市较少。

雄安新区的气候条件处于华北平原的中心地带，此地带包括辽宁、内蒙古东南部、河北、北京、天津、山西东部、河南、山东中西部。本区域内城市之间相似距离最短。因我国华北平原具有典型的温带季风气候特征，雨热同期，夏季6～8月气温最高，降水量在夏季也相对集中，而冬季12月～次年2月温度最低，同时也是降水稀少的旱季。

经调查，华北平原常见行道树种有银杏（*Ginkgo biloba*）、圆柏（*Juniperus chinensis*）、油松（*Pinus tabuliformis*）、黑松（*P. thunbergii*）、雪松（*Cedrus deodara*）、云杉（*Picea asperata*）、国槐（*Sophora japonica*）、刺槐（*Robinia pseudoacacia*）、白蜡树（*Fraxinus chinensis*）、臭椿（*Ailanthus altissima*）、毛白杨（*Populus tomentosa*）、河北杨（*P. hopeiensis*）、新疆杨（*P. alba* var. *pyramidalis*）、银白杨（*P. alba*）、旱柳（*Salix matsudana*）、馒头柳（*S. matsudana* var. *matsudana* f. *umbraculifera*）、垂柳（*S. babylonica*）、合欢（*Albizia julibrissin*）、栾树（*Koelreuteria paniculata*）、二球悬铃木（*Platanus acerifolia*）、榆树（*Ulmus pumila*）、五角枫（*Acer pictum subsp. mono*）、梓树（*Catalpa ovata*）、苦楝（*Melia azedarach*）、构树（*Broussonetia papyrifera*）、毛泡桐（*Paulownia tomentosa*）、白花泡桐（*Pa. fortunei*）、女贞（*Ligustrum lucidum*）、楸树（*Catalpa bungei*）、桑树（*Morus alba*）、梧桐（*Firmiana simplex*）等。

在东亚地区，与华北平原气候相近的国外区域也表现出不同的气候特点。例如，北侧的蒙古为典型大陆性气候，冬季十分寒冷，夏季降水量也较低，其境内多见草原或针叶树稀树草原植被类型。而更北面的西伯利亚地区全年降水季节性状况与华北平原近似，具有雨热同期的特点，但冬季气温则异常寒冷。中亚哈萨克斯坦境内的哈萨克丘陵和里海低地温度条件与华北平原较为相似，但全年降水呈现春季多雨，夏季干旱少雨的特征，且干旱季温度较高，较适宜耐旱性树种生长。

2．降水条件是雄安新区园林植物全球引种地首要考虑的因子

经数据分析，在全球各区域中，美国与加拿大边境的大平原区域与我国华北平原城市气候相似程度最高，即冬季寒冷、夏季高温。虽然降水条件也具有类似我国华北平原水热同期的特点，但是，全年降水分布中心偏于春末夏初，而炎热夏季的降水量则相对偏低。同纬度中北美地区气候季节性与我国华北平原之间存在明显不同的主要原因是降水条件的显著差异。北美地区东海岸的诸多城市受大西洋暖流的影响，降水条件均十分充沛，且各月降水量分布也较为平均，没有明显的干湿季之分，故常发育成常绿阔叶林，与我国亚热带地区高温多雨的气候相似。另一方面，西海岸区域降水夏秋季干旱少雨，冬春季低温多雨，这又与我国华北地区降水条件相反。而位于中北美中部的大平原区域的降水状况适中，降水季节性相似，故与华北地区气候季节性较为相似。

本区域常见园林树种有西黄松（*Pinus ponderosa*）、苏格兰松（*P. sylvestris*）、狐尾松（*P. longaeva*）、刺柏（*Juniperus formosana*）、欧洲刺柏（*J. communis*）、落基

山圆柏（*J. scopulorum*）、蓝叶云杉（*Picea pungens*）、白云杉（*Pi. glauca*）、美国白蜡树（*Fraxinus americana*）、洋白蜡（*F. pennsylvanica*）、欧洲白蜡树（*F. excelsior*）、黑梣木（*F. nigra*）、花梣（*F. ornus*）、水曲柳（*F. mandshurica*）、美国榆（*Ulmus americana*）、白榆、美洲椴木（*Tilia americana*）、心叶椴（*T. cordata*）、大叶椴（*T. platyphyllos*）、紫叶稠李（*Prunus virginiana*）、山桃稠李（*P. maackii*）、银白槭（*Acer saccharinum*）、挪威槭（*A. platanoides*）、红花槭（*A. rubrum*）、复叶槭（*A. negundo*）、糖槭（*A. saccharum*）、朴树（*Celtis sinensis*）、苹果属（*Malus spp.*）、苦栎（*Quercus cerris*）、大果栎（*Q. macrocarpa*）、北美红栎（*Q. rubra*）、欧洲水青冈（*Fagus sylvatica*）、银白杨、皂荚（*Gleditsia sinensis*）、加拿大皂荚（*G. dioica*）、欧洲花楸（*Sorbus aucuparia*）、艳丽花楸（*So. decora*）、美洲黑杨（*Populus deltoides*）、钻天杨（*P. nigra* var. *italica*）、黑核桃木（*Juglans nigra*）、无毛漆树（*Rhus glabra*）、五蕊柳（*Salix pentandra*）、洋丁香（*Syringa vulgaris*）、美国悬铃木（*Platanus occidentalis*）、美国梓树（*Catalpa bignonioides*）、欧洲七叶树（*Aesculus hippocastanum*）等，大多与我国华北地区的树种属于相同的科属，反映出两地植物种间较近的亲缘关系。

以往文献研究认为，同纬度的北美东部阿巴拉契亚山区域与我国华北暖温带落叶阔叶林区域相当，除高海拔处为冷杉和云杉外，以落叶阔叶混交林为主。但本研究结果却认为，阿巴拉契亚山的气候条件相对华北地区仍然是比较湿润的，如该区域的主要建群种檫木属（*Sassafras*）和鹅掌楸属（*Liriodendron*）等植物群落属于喜湿润型的树种，而在我国则主要分布于暖温带南部和亚热带地区。

同纬度其他大陆的气候差异也主要反映在降水条件上。例如，欧洲大陆的大部分城市，特别是中欧地区的法国和德国，虽然各月气温条件与我国华北地区非常相似，但降水条件却较华北地区更为优越，冬春季仍具有较高的降水量，不似华北地区冬春季仍为典型的干旱季节，故其大部分树种具有喜湿润气候的特点，引种华北地区往往无法耐受春季的干旱。南欧具有典型的地中海气候，与华北地区雨热同期相反，冬春降水最为充沛，但夏秋为明显的干季，而且年均温度比华北地区高。

基于气候相似性指标所得出的结果通常为植物引种驯化提供了初步的结论。植物生境条件往往十分复杂，影响植物引种成功的因素众多，遗传基因、种间竞争、土壤、海拔、地形等均是重要的限制因素。尽管如此，在充分考虑了气候季节性特征，筛选出的植物种源地和引种地，与实际气候状况是较为切合的，能够有效地为当地园林植物的引种驯化工作提供科学合理的建议，以避免盲目引种造成的经济和社会损失。

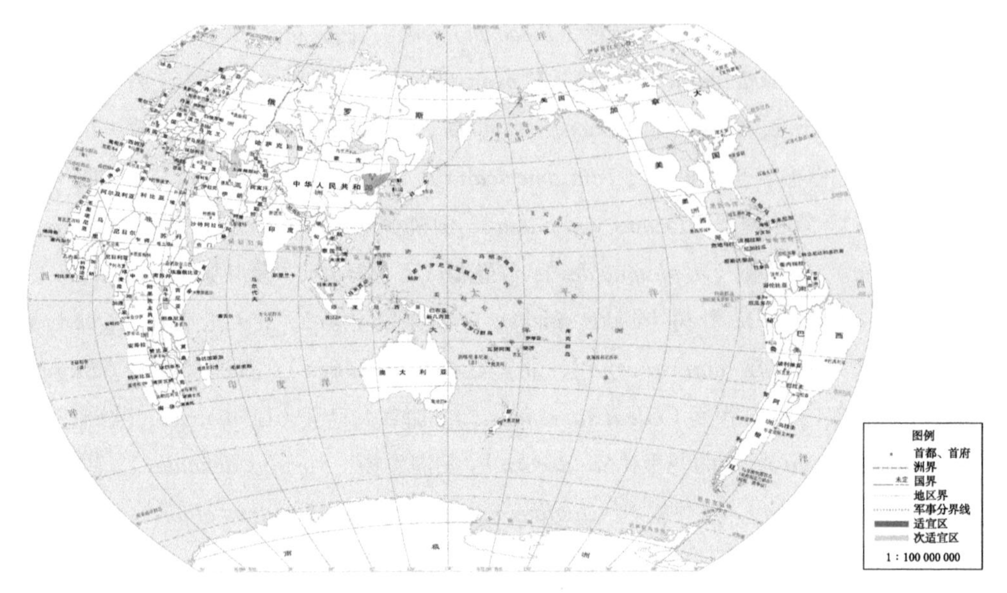

图1-7　雄安引种植物的适宜栽培地

1.4　与上海气候相似的全球区域

在选择与上海气候相似的种源地的过程中，不考虑南北半球冬夏季节的差异，仅从地理纬度、海陆方位、降雨类型与地势海拔方面看，我国东南部地区与北美洲东南部、南美洲东南部、澳洲东南部十分相似，都是大陆东海岸气候类型，属于亚热带季风和季风性湿润气候。不仅如此，相似的气候特点、降雨类型使得上述地区在植被特点方面具有一定相同点，都为亚热带常绿阔叶林带。区域气候类型、植被特点的相似为彼此间的林木引种提供了可能。据统计，我国先后引种的国外木本植物大约有1824种（包括变种），其原产地几乎遍布全世界，其中原产地为大洋洲（主要是澳大利亚）的外来树种有470种，北美洲的302种，亚洲的293种。上海现存木本植物中，国外引进植物科、属、种的数量占植物总科、属、种数的比例已高达93.1%、82.9%、75.1%。引进树种在我国的园林绿地、生态建设、风景区生态保育、旅游区植物景观营造方面发挥了越来越重要的作用。

1.4.1　数据来源

温度、水分、光照、土壤、病虫害是限制植物分布的重要因素，也是影响植物引种成功与否的主要指标，其中影响植物物候的主要因素是温度、水分、光照，其次是土壤因子。由于生物关系、土壤理化性状等其他环境因素难以如气候信息那样做出定量的规律性描述，故暂不考虑。气候数据来自我国香港特别行政区天文台与世界天气信息服务网，数据信息包括上海及世界范围内6大洲、85个国家（地区）的969个站点。主要分析因子有1961～1990年1～12月的月最高温度的平均值、最低温度的平均值、平均温度、平均降水量、日平均日照时数及各地海拔高度6个分析要素。鉴于南北半球冬夏季节的差异，数据统计时将南半球部分区域冬夏颠倒进行比较。

1.4.2　分析方法

逆向采用欧氏距离模糊相似优先比法对各气象站点数据进行统计分析，计算得出的距离系数能全面、综合反映两地区之间多时段、多要素的相似程度。分析过程包括数据的归一化处理、欧氏距离计算、计算优先比、矩阵求逆。

1.4.3　结果与分析

采用欧氏距离模糊相似优先比法对全球区域各气象站点与上海之间的气候资料进行分析比较，得出各站点与上海间相似优先比矩阵，通过由大而小地选取置信水平λ的截集评出相似程度。按相似程度将依次列出各站点。

在与上海气候最为接近的全球150个站点的前24个站点里，日本站点达11个，占半数左右，中国与韩国站点均为5个，其余3个站点为阿塞拜疆2个，美国1个。

在筛选出的150个站点中，韩国有9个站点，占该国全部站点的100%，同样达到100%的还有突尼斯（2个站点）；阿塞拜疆有7个站点，占该国全部站点的78%；日本站点数达25个，占50%；美国站点数最多为41个，占33%；其他国家和地区的站点分布为中国11个，乌拉圭8个，巴西8个，阿根廷6个，澳大利亚5个，法国5个，希腊5个。

对选择的150个站点进行区域划分，得到全球范围内与上海气候接近的集中区域。与上海气候相近的站点分布主要集中于6个国外地区，分别是：东亚的韩国、日本；西亚里海沿岸的阿塞拜疆、伊朗、土库曼斯坦；地中海沿岸的突尼斯、法国、克罗地亚、希腊、保加利亚；美国东部、东南部；南美的阿根廷、巴拉圭；澳大利亚东南沿海。

1．东亚区域

韩国与日本是与上海气候最为接近的国外区域，采集的半数以上的站点都与上海存在较强相关性。上海与日本、韩国部分地区地理上最为接近，海陆位置、气候类型较为一致。同时，它们同属于中国—日本森林植物亚区范畴，同时受到我国西南部同亚区的强烈影响，因此两地木本植物区系的关系颇为密切。但由于日本、韩国的植物种类与上海及周边地区的相似性很高，近10年内，上海引种日本、韩国植物种类相对较少，只有部分观赏植物品种、变种作为新优种质资源引入，如多花玫红紫藤、金森女贞、金边过路黄等。

2．西亚区域

西亚里海沿岸的阿塞拜疆、伊朗、土库曼斯坦的部分地区与上海气候比较接近，这一论述在前人文献中尚未出现。这一区域位于高加索山脉东南部，濒临黑海，独特的小气候条件使中间的平原、低地呈现亚热带气候类型，1月平均气温为1～3℃，7月平均气温为27～29℃。地理、地形以及海陆位置等多个因素造成其气候条件与上海基本吻合。

上海对这一区域几无引种记录。其原因可能是引种单位对此区域气候、地理条件不熟悉，缺乏必要的交流与了解，没有进行有针对性的引种尝试。

3．欧洲地中海区域

欧洲地中海沿岸的法国、希腊、保加利亚、罗马尼亚及非洲北部的突尼斯围合而成的环形区域也是与上海气候较为接近的区域。由于受到北大西洋暖流的影响，这一区域的地理纬度要比上海要高。这一区域是典型的地中海气候类型，植被类型主要属于亚热带常绿硬叶林带。降雨主要集中在冬春季节，与上海具有较大差异。因此，近10年来，引种植物主要为具有一定抗寒、抗水湿能力的树种。主要为南欧朴、红花七叶树、克里米亚椴、香桃木、地中海荚蒾等。

4．北美区域

美国东部、东南部是与上海气候比较接近的区域，也是我国从国外区域引种种类最多、数量最大的区域。受墨西哥湾暖流与北大西洋暖流影响，这一区域的地理位置要比上海略高。上海从这一区域引种的植物种类主要集中在蜡梅、杨梅、黑核桃、水紫树、美国流苏树、小花毛核木及壳斗科的沼生栎、柳叶栎、弗吉尼亚栎等。

5．南美区域

南美的阿根廷东南部、巴拉圭具有大陆东海岸气候类型的特点，与上海同属于亚热带常绿阔叶林带植被类型、亚热带季风和季风性湿润气候特点，是与上海气候比较接近的区域之一，但在前人研究中缺少对这一区域的论述。

上海地区对这一区域引种植物种类比较匮乏，主要是布迪椰子与菲油果。布迪椰子可以作为理想的行道树及庭园树应用，而菲油果作为抗盐碱、抗海潮风的新优植物种类，具有一定的应用潜力。

6．澳洲区域

澳大利亚东南部与上海气候具有一定相关性。由于四面环海，澳大利亚降水类型比较复杂，主要分为冬雨型、均雨型、夏雨型3种降水类型。而东南部主要是夏雨型降水类型，雨热同季，植被类型属于常绿阔叶林带。由于地理上的孤立性，澳大利亚的植物种类保持着高度的特有现象。植物种属的独特性和多样性是澳大利亚植物区系的特色，我国引种澳大利亚植物种类具有悠久的历史。木麻黄、桉树、红千层、松红梅等植物在上海人工经济林、水土涵养林营建、植物景观搭配中发挥了并将持续发挥重要作用。

1.4.4 结论和讨论

经过分析比较，国外与上海气候相近的区域主要集中于6个核心区域，分别是：东亚的日本、韩国；西亚里海西南沿岸；地中海沿岸的部分地区；美国东南部；南美的东南部；澳大利亚东南部。最为接近的站点区域出现在日本和韩国，其中日本最为接近，大阪、神户是国外地区与上海气候最为接近的站点。华盛顿、诺福克是美国与上海最为相近的站点。图文巴、莫里是澳大利亚与上海气候相近的站点。这一结论与江泽平教授提出的适于我国引种的国外区域基本相同。

在上述6个区域中，西亚里海沿岸、地中海地区、南美洲东南被提出为上海气候相似区域尚属首次，为园林植物引种提供了新的思路与方向。由于受到洋流影响，6个核心区域地理纬度稍有不同，但主要集中于南北纬28°～南北纬45°的区域（上海位于北纬31°）。

以往的引种分析仅从引种地与种源地之间海陆位置、地理纬度、植被类型等方面进行考虑，结合以往的引种经验，推测可能适于引种的区域，但这种分析不够详尽具体，缺少必要的数据支撑，缺乏种源地之间的量化比较。以气候相似性理论为基础，结合我国各引种单位的引种经验，逆向运用欧式距离模糊相似优先比法，对全球范围内969个站点的相关信息进行统计分析，从理论上划分适宜上海引种的全球区域。运用这一理论成果，可以有针对性地进行林木引种，克服传统引种方法的缺陷。

植物生长环境复杂，影响植物引种成功的因素也较多，引种相似性区域的划分依据是植物的分布、生长受月最高温度的平均值、月最低温度的平均值、月平均温度、月平均降水量、日平均日照时数及各地海拔高度的影响。极低、极高温度也是影响和限制植物引种成功的重要因素，但本次资料搜集过程中未能收集到较全的各站点极低、极高温度，待日后数据完整后，可使引种区域划分更加完善。在气候相似区域间相互引种，其成功的可能性较大。但这并不能忽视土壤和其他生态因子对植物生长、分布的影响。如限制茶树分布的主要因素不是温度和降水，而是空气湿度与土壤酸碱性。因此，园林植物引种区划时，要综合分析考虑气候条件、地形、土壤、生物关系等环境因子。

1.5　为特种园林植物选择最适宜栽培地

在对野生植物详细调查的基础上，用模糊相似优先比确定为引种栽培某一特定植物选择最适宜栽培地点的优化链，为植物的引种栽培提供了可靠理论依据。

外来或野生植物引种栽培地点选择是否得当，是关系到能否成功和产生效益的关键。过去为了发挥某种外来或野生植物在园林中的作用，通常是在不同城市或同一城市的不同地点进行多点试验，根据试验结果，推断植物的适宜栽培地，这样往往要耗费大量的人力、物力、财力和时间。鉴于植物本身特性和栽培地生境条件的模糊性，引入模糊相似优先比选择植物的适宜栽培地，可以避免选择引种栽培地点的盲目性，极大地提高引种成功的可能性和花卉栽培的经济、社会效益。

下面以金丝蝴蝶为例说明如何选择植物的适宜栽培地。金丝蝴蝶（*Hypericum ascyron*）是在北京山区有野生分布的一种宿根植物，花金黄色，花期6～7月，观赏价值极高，在园林中作为切花、花境、岩石园的优秀素材应大力推广。

1.5.1　分类因子的选取

运用逐步回归多元统计方法，筛选出影响金丝蝴蝶分布和引种驯化的主要限制因子作为分类因子，回归自变量为：土壤腐殖质层厚度、土层厚度、群落乔木郁闭度、土壤石砾含量、土壤pH值、土壤有机质含量、年平均气温、降水量、月平均最高气温，生长季平均气温、5cm年平均地温、≥10℃年平均气温、无霜期、生长季节空气相对湿度、湿润系数15个生态因子。

由复相关系数和方差分析可知，在原产地限制金丝蝴蝶分布的主要因子是，群落乔木郁闭度，年平均气温和土壤pH值，我们把这三个因子作为分类因子，进行回归分析。

1.5.2　典型生境的选择

在野外调查的131块样地中，有26块有金丝蝴蝶，其中有一些样地是其典型样地，在回归典型生境中植株生长健壮，分布量多，种子饱满，甚至在所处群落的某一层次占有重要地位。我们把回归的此个自变量对回归因变量进行全回归把观察结果与回归理论值统一分析，选取二者皆为最典型的一个样地作为野生花卉的典型样地，用典型样地作为识别的固定样地。

1.5.3　栽培地的选择

对原产北京山区的金丝蝴蝶分别在北京林业大学花圃、北京园林科研所、紫竹院公园、北京植物园等处进行引种试验，将上面四处作为被选样地，结果见表1–2。

金丝蝴蝶引种地及典型样地生态条件 表1-2

地点	因子		
	群落乔木郁闭度（%）	年平均气温（℃）	土壤pH值
紫竹院公园	65	11.6	8.10
北京林业大学花圃	0	11.6	8.28
北京园林科研所	85	12.4	8.30
北京植物园	0	11.8	7.80
金丝蝴蝶典型生境	0	1.2	6.40

1.5.4 用模糊相似优先比确定相似序

首先将原始数据作归一化处理，用欧氏距离计算被选样地X与固定样地X_k之间的距离，求得模糊相似优先比矩阵。利用求得的优先比矩阵中的元素由大而小地选取置信水平λ的截集评出相似程度，以首先达到全行为1的那一行所属的样地与金丝蝴蝶典型生境最为相似，序号为1，表明在水平上该行所属的植物比其他优先，体现了该植物优先比呈现时的水平，然后删掉该样品所属的行或列，再降低λ值，依次求出其他相似的样地，记序号为2，3。当$\lambda \geqslant 0.53$时，第4行北京植物园首先达到全行为1，记序号为1，当$\lambda \geqslant 0.470$时，第2行北京林业大学花圃达到全行为1，记序号为2，用法依次类推，见表1-3各样地优先比得分。

各引种地优先比得分序号 表1-3

序号	地点	置信水平 λ
1	北京植物园	0.53
2	北京林业大学花圃	0.470
3	紫竹院公园	0.446
4	北京园林科研所	0.41

1.5.5 根据相似序，确定最适宜栽培地

表1-3样地中各序号反映了3个因素综合相似程度，序号越小，金丝蝴蝶在该处引种成功的可能性越大，据此，得相似序为：植物园＞北京林业大学花圃＞紫竹院公园＞北京园林科研所，即若在北京选择引种栽培金丝蝴蝶地点时，北京植物园最合适，北京林业大学花圃、紫竹院公园次之，北京园林科研所在该四处中为最不适宜栽培地，经过四处引种栽培试验证明，理论计算与试验结果是一致的。

我国幅员辽阔，即使在同一城市不同地点气候条件、土壤性质也有较大差异。无论是引种栽培野生花卉还是外来植物，都可以借助于计算机和模糊识别的手段，在全国或全市范围内选择适宜引种栽培地，这样可以节省人力、物力、财力，不必进行多点试验，缩短引种程序，而得到良好的效益。如郁金香（*Tulipa gensneriana*）在我国各地栽种每年要花费大量外汇购进种球，但是，栽培较好的地方并不很多，可以用这种分析方法，在全国范围内选取1～2个栽培中心，加强科研、管理，这将极大地提高我国花卉生产在国际市场上的竞争能力。

参考文献

[1] 张京伟，张德顺，刘庆华．上海从澳大利亚引种园林植物的种源地选择[J]．中国园林，2010，26（7）：83-85.

[2] 潘静，唐德瑞，车少辉，张端伟．我国引种太平洋黄松的气候适生区区划[J]．西北林学院学报，2008（3）：80-84.

[3] 王德英，丁国栋，赵媛媛，等．中国珍稀荒漠植物梭梭在半干旱沙地引种适应性[J]．北京林业大学学报，2015，37（4）：74-81.

[4] 刘鸣，张德顺．近55年气候变化对上海园林树种适应性的影响[J]．北京林业大学学报，2018，40（9）：107-117.

[5] 阎洪．中国和澳大利亚的气候比较研究[J]．林业科学，2006（8）：30-36.

[6] 潘志刚，游应天．中国主要外来树种引种栽培[M]．北京：中国科学技术出版社，1994.

[7] 李传霞，沈家芬，苏开君．广州市园林木本植物原产区分析[J]．中南林学院学报，2003，23（5）：63-67.

[8] 梁淑云．合肥市观赏树木引种栽培现状分析[J]．安徽农业大学学报，1999，26（2）：229-232.

[9] 吴中伦．国外树种引种概论[M]．北京：科学出版社，1983.

[10] 陈有民．园林树木学[M]．北京：中国林业出版社，1990.

[11] 包志毅主译．世界园林乔灌木[M]．北京：中国林业出版社，2004.

[12] 杨永川，达良俊．上海乡土树种及其在城市绿化建设中的应用[J]．浙江林学院学报，2005，22（3）：286-290.

[13] 张庆费，夏檑．上海木本植物的区系特征与丰富途径的探讨[J]．中国园林，2008（7）：11-15.

[14] 吴征镒．中国种子植物属的分布区类型[J]．云南植物研究，1991，增刊Ⅳ：1-139.

[15] 陈益泰，王军，束云山，等．美国紫树属树种引种研究[J]．林业科学研究，2007，20（2）：198-203.

[16] 江泽平，王豁然，吴中伦．论北美洲木本植物资源与中国林木引种的关系[J]．地理学报，1997，52（2）：169-176.

[17] 张京伟，张德顺，有祥亮，等．基于模糊相似优先比法划分与上海气候相似的美国区域[J]．江西农业大学学报，2009，31（6）：1178-1182.

[18] 杨学军，唐东芹，钱虹妹，等．上海城市绿化利用树种资源的现状与发展对策[J]．植物资源与环境学报，2000，9（4）：30-33.

[19] 徐忠．从景观和科学的角度探讨景观树种引种工作——以上海辰山植物园为例[J]．安徽农业科学，2006，34（24）：6488-6489.

[20] 丛磊，刘燕．北京市国外树木引种现状分析[J]．中国园林，2004（12）：44-48.

[21] 江泽平．中国林木引种的现状和展望[J]．林业科技通讯，1995（3）：36-38.

[22] Steinschneider S, McCrary R, Mearns L O, et al. The effects of climate model similarity on probabilistic climate projections and the implications for local, risk-based adaptation planning[J]. GEOPHYS RES LETT, 2015, 42(12): 5014-5044.

第2章　风景园林的生态学研究

风景园林与建筑、城市规划学科的区别是以生态学为核心，在生态规划中以园林植物为龙头。生态学（Ecology）是研究生物体与其周围环境（包括非生物环境和生物环境）相互关系的科学。目前已经发展为“研究生物与其环境之间的相互关系的科学”。有自己的研究对象、任务和方法的比较完整和独立的学科。它们的研究方法经过描述—实验—物质定量三个过程。系统论、控制论、信息论的概念和方法的引入，促进了生态学理论的发展。生物包括动物、植物、微生物和人类本身，即生物系统。环境包括无机环境、生物环境，即环境系统。

生态学的定义还有很多：生态学是研究生物（包括动物、植物和微生物）怎样生活和它们为什么按照自己的生活方式生活的科学。Andrenathes定义生态学是研究有机体的分布和多度的科学，E. P. Odum阐述生态学是研究生态系统的结构与功能的科学，马世骏认为生态学是研究生命系统之间相互作用及其机理的科学。E. P. Odum在1997年又提出生态学是综合研究有机体、物理环境与人类社会的科学。生态学的目标是了解自然界系统运作的原则和预测其对变化的响应。

近代生态学阶段（公元17世纪～19世纪末）及巩固时期（20世纪初至20世纪50年代）的主要学派有：北欧学派，由瑞典的R. Sernauder、G.E.Du Rietz创建。以注重群落分析为特点；法瑞学派（又称区系学派或南欧学派），以法国的Braun-Blanquet为代表，用特征种和区别种划分群落类型，后与北欧学派合并，称西欧学派或大陆学派；英美学派（又称动态学派或演替学派），以美国的Clements与英国的Tansley为代表，研究植物群落的演替和顶极学说的创建；苏联学派，以圣彼得堡林学院的苏卡切夫为代表，他们注重建群种与优势种，建立了植被等级分类系统，以植物群落和植被为主，统称为“地植物学”。

2.1　生态学研究基本方法

2.1.1　生态学样方调查

本书以济南红叶谷生态文化旅游区为例，阐述在进行自然保护区、荒野保护地、国家公园、自然历史遗迹或地貌、栖息地、物种管理区、陆地景观、海洋景观、自然资源可持续利用自然保护地、风景名胜区、文化旅游区等各种类型的植被群落调查时，样方设计和群落特征分析的技术路线。

1．样方设计图（图2-1）

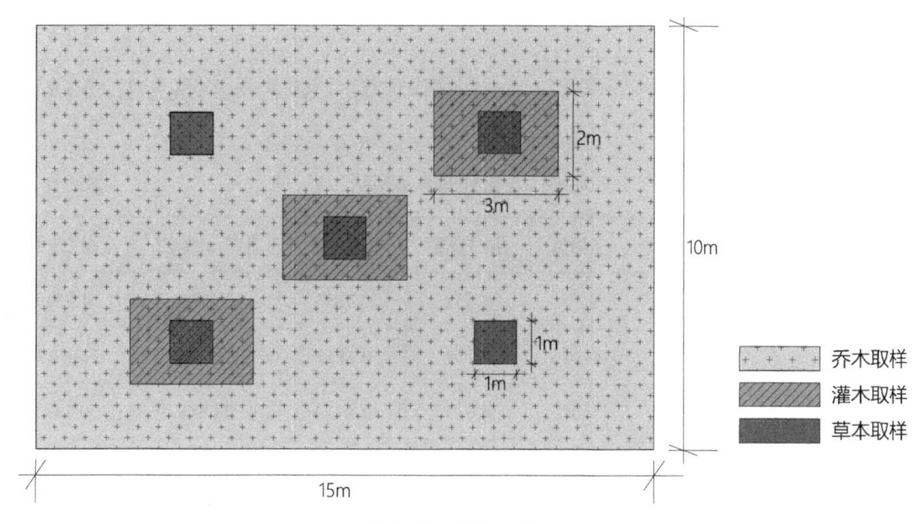

图2-1　样方设计图

2．植物群落样地调查表（表2-1）

植物群落样地调查表　　表2-1

样地号				调查日期			
调查者		土壤状况	A_0（cm）	A（cm）	B（cm）	土壤深度（cm）	石砾含量%
样地位置：				照片			
海拔（m）：		地貌：	山顶	山腰	山脚	山谷	其他
坡向		群落层次	高度（m）	覆盖度（%）	优势种	胸经（cm）	种数
坡度		上层乔木					
样地面积		中层乔木					
出现种数		下层灌木					
群落名称		地被层					
上层乔木				中层乔木			
植物名称	高度（m）	覆盖度（%）	胸经（cm）	植物名称	高度（m）	覆盖度（%）	胸经（cm）
下层灌木				地被层			
植物名称	高度（m）	覆盖度（%）	多度（cm）	植物名称	高度（m）	覆盖度（%）	多度（cm）

3．群落的主要描述特征

进入调查样地植物种类的多度（Abundance）、频度（Frequency）、优势度（Dominance）、相对多度（Relative Abundance，RA）、相对频度（Relative Frequency，RF）、相对优势度（Relative Dominance，RDo）和相对重要值（Relative Importance Value，RIV）（表2–2）。其中：

相对重要值（RIV）=相对多度（RA）+相对频度（RF）+相对优势度（RDo）

几种代表物种的群落特征　　表2–2

上层乔木	多度	频度	优势度	相对多度	相对频度	相对优势度	相对重要值
侧柏	116	8	2.77	0.659	0.3636	0.4286	1.4514
刺槐	28	4	0.4016	0.159	0.1818	0.0621	0.403
刺楸	6	1	0.3866	0.034	0.0454	0.0598	0.1393
黄栌	1	1	0.08	0.0056	0.0454	0.0123	0.0635
毛白杨	16	4	1.015	0.0909	0.1818	0.157	0.4298
小叶朴	8	3	0.435	0.0454	0.1363	0.063	0.2491
小叶杨	1	1	1.373	0.0056	0.0454	0.2125	0.2636
总计	176	22	6.4616	1	1	1	3
中层乔木	**多度**	**频度**	**优势度**	**相对多度**	**相对频度**	**相对优势度**	**相对重要值**
梓树	1	1	0.1066	0.0454	0.0588	0.0638	0.168
白蜡	1	1	0.06	0.0454	0.0588	0.0358	0.1401
板栗	1	1	0.06	0.0454	0.0588	0.0358	0.1401
扁担木	1	1	0.04	0.0454	0.0588	0.0239	0.1282
槲树	1	2	0.12	0.0454	0.1176	0.0717	0.2348
黄栌	10	5	0.7783	0.4545	0.2941	0.4656	1.2142
火炬树	2	1	0.12	0.0909	0.0588	0.0717	0.2215
麻栎	2	2	0.1066	0.0909	0.1176	0.0638	0.2723
柿树	1	1	0.1066	0.0454	0.0588	0.0638	0.168
早园竹	1	1	0.0066	0.0454	0.0588	0.0039	0.1082
梓树	1	1	0.1666	0.0454	0.0588	0.0997	0.2039
总计	22	17	1.6716	1	1	1	3

续表

灌木	多度	频度	优势度	相对多度	相对频度	相对优势度	相对重要值
白榆	7	2	0.71	0.0149	0.0186	0.0017	0.0354
本氏木蓝	4	1	0.6	0.0085	0.0093	0.0014	0.0193
扁担木	9	2	0.6	0.0192	0.0186	0.0014	0.0394
草木樨状黄芪	4	1	0.4	0.0085	0.0093	0.0009	0.0188
大叶胡枝子	2	1	0.2	0.0042	0.0093	0.0004	0.0141
鹅耳枥	3	1	0.9	0.0064	0.0093	0.0022	0.0179
杠柳	20	4	0.54	0.0428	0.0373	0.0013	0.0815
葛藤	1	1	0.05	0.0021	0.0093	0.0001	0.0116
黑榆	23	6	2.57	0.0492	0.056	0.0063	0.1116
总计	467	107	406.35	1	1	1	3

地被层	多度	频度	优势度	相对多度	相对频度	相对优势度	相对重要值
蓝萼香茶菜	0.2	1	0.2	0.0001	0.0039	0.003	0.007
菝葜	1	1	0.005	0.0005	0.0039	0	0.0045
白酒草	1	1	0.01	0.0005	0.0039	0.0001	0.0046
白射干	30	3	0.36	0.0164	0.0117	0.0054	0.0336
白头翁	3	1	0.1	0.0016	0.0039	0.0015	0.007
荩草	59	4	1.81	0.0324	0.0156	0.0275	0.0755
矩镰荚苜蓿	49	5	1.1	0.0269	0.0195	0.0167	0.0632
狼尾花	13	3	0.17	0.0071	0.0117	0.0025	0.0214
毛果扬子铁线莲	6	1	0.12	0.0032	0.0039	0.0018	0.009
山丹	1	1	0.02	0.0005	0.0039	0.0003	0.0047
歪头菜	7	1	0.37	0.0038	0.0039	0.0056	0.0133
紫花地丁	3	1	0.03	0.0016	0.0039	0.0004	0.006
总计	1821	256	65.73	1	1	1	3

2.1.2 群落指标的因子分析

将调查群落的27项指标进行因子分析，多元分析处理的是多指标的问题。由于指标太多，使得分析的复杂性增加。观察指标的增加本来是为了使研究过程趋于完整，但反过来说，为使研究结果清晰明了而一味增加观察指标又让人陷入混乱不清。在27项群落特征中，各指标间会具备一定的相关性，我们希望用较少的指标代替原来较多的指标，但依然能反映原有的全部信息，于是采用因子分析的方法。因子分析的基本目的就是用少数几个因子去描述许多指标或因素之间的联系，即将相关比较密切的几个变量归在同一类中，每一类变量就成为一个因子，以较少的几个因子反映原资料的大部分信息。根据因子得分信息对主成分1、2、3、4贡献较大的因子如表2-3所示。

群落特征对主成分的贡献聚类表　　表2-3

第一主成分	第二主成分	第三主成分	第四主成分
上层乔木高度（m）	石砾含量（%）	土层深度A0（cm）	中层乔木高度（m）
上层乔木覆盖度（%）	碱解氮（mg/kg）	土层深度A（cm）	中层乔木覆盖度（%）
上层乔木胸经（cm）	速效磷（mg/kg）	土壤深度（cm）	中层乔木胸经（cm）
上层乔木种数	速效钾（mg/kg）	pH值	中层乔木种数
中层乔木高度（m）	有机质（%）		
中层乔木覆盖度（%）	田间持水量（%）		
中层乔木胸经（cm）	灌木层覆盖度（%）		
中层乔木种数	灌木层种数		
	地被层种数		
乔木层指标	土壤理化性质及 灌木地被层指标	土壤深度和酸碱度指标	中层乔木指标

将40个样地、15个群落特征因子进行聚类分析，聚类结果可以将调查的样地分为4类：

第一类：沟谷杨树林，主要分布在阴坡低山地带，海拔300m，土壤厚度50cm上层以小叶杨、毛白杨为优势种；灌木层主要有荆条和黄栌；下层有黑麦草（*Lolium perenne*）、蓝萼香茶菜（*Rabdosia japonica* var. *glaucocalyx*）、葎草（*Humulus scandens*）、太行铁线莲（*Clematis kirilowii*）等。

第二类：侧柏纯林，主要分布在红叶谷东南坡和山顶部位，海拔500m，土壤厚度30cm，石砾含量20%；主要植物种类有连翘、黄栌；地被层植物种类较少，主要有多花胡枝子、西伯利亚远志（*Polygala sibirica*）、委陵菜（*Potentilla chinensis*）、蓝刺头等。

第三类：乔灌混交林，阳坡分布在海拔300～500m，阴坡一直到山顶。上层优势种有刺槐、刺楸、小叶朴等；灌木层以黄栌、连翘、小叶鼠李为主；林下地被植物种类丰富，主要有披针苔草、竖立鹅观草、兔儿伞、胡枝子（*Lespedeza microphylla*）、地榆、堇菜（*Viola verecunda*）、白射干、狼尾花（*Lysimachia barystachys*）、火绒草（*Leontopodium leontopldioides*）等。

第四类：落叶灌丛带，分布在阴坡200～500m和阳坡200～400m；土层厚度60～80cm。主要灌木种类有：黄栌、连翘、小叶鼠李、陕西荚蒾、卫矛（*Eunoymus alatus*）、鹅耳枥等；藤本植物主要有：南蛇藤、杠柳、葎叶蛇葡萄（*Ampelopsis humulifolia*）等；林下地被种类主要有：阴地堇菜、鸦葱、柴胡（*Bupleurum scorzonerifolium*）、沙参（*Adenophora polyantha*）、兔儿伞、地榆、委陵菜、直立百部（*Stemona sessilifolia*）等。

2.2　园林植物的区划研究

植被区划就是在一定地段上，依据植被类型及其地理分布特征的差异，划分出高、中、低各级彼此有区别，而其内部具有相对一致的植被类型及其有规律的组合的植被地理区。其主要意义在于：

（1）植物（被）区划是植物资源合理利用、开发和保护的基础，是最大限度将当地植物成为风景园林景观元素的基础特征。

（2）对风景园林生态规划和种植设计的适宜入选范围作出正确选择。

（3）将有可能在各城市气候环境下生长良好、经济美观的植物按其生态适宜程度和潜在分布范围进行划分与归类，以突出园林的地域特点，对我国各地依据自身地带气候和环境背景特点做出植被分区是准确遴选适宜园林绿化植物种类的依据。

（4）遵循气候、地理、区位、土壤、人文传统的基本原则，在区划原则指导下参考其他学科植被区划研究成果，在实地调查的基础上，针对物种的生物学特性和生态习性进行绿化树种筛选和甄别，用于各种类型的规划设计中去。

2.2.1　中国园林绿化树种区域规划

北京林业大学陈有民教授在参考了地理区划、气候区划、土壤区划、植被区划、林业区划相关科研成果的基础上，积极吸收国外有关经验，借鉴了美国农业部（USDA）以冬季最低气温平均值分区和植物耐寒性区划、1967年哈佛大学阿诺德树木园公布的美国加拿大耐寒区划、美国柯罗凯特（J. U. Crockett）提出的美加常绿树木栽培区划和美国野生花卉园区划、英国卡尔（David Carr）提出的英伦三岛和美国共同气候区划、德国克鲁斯门（Gerd Krüssman）欧洲耐寒性区划以及日本森林植物带区划等相关知识，“中国城市园林绿化树种区域规划”采用指标叠置法，应用687个气象台站平均最低温度、最冷月平均温度、年极端最低温度及其出现日期、最热月平均温度、平均极端最低温度，按比例绘制在地图上绘制等值线图，将有关图进行叠置，校正后得出全国城市园林绿化树种区划图。

在综合研究分析各种自然因素和现代科学技术措施的基础上，区域规划将全国划分为11个大区20个分区，如图2-2所示。

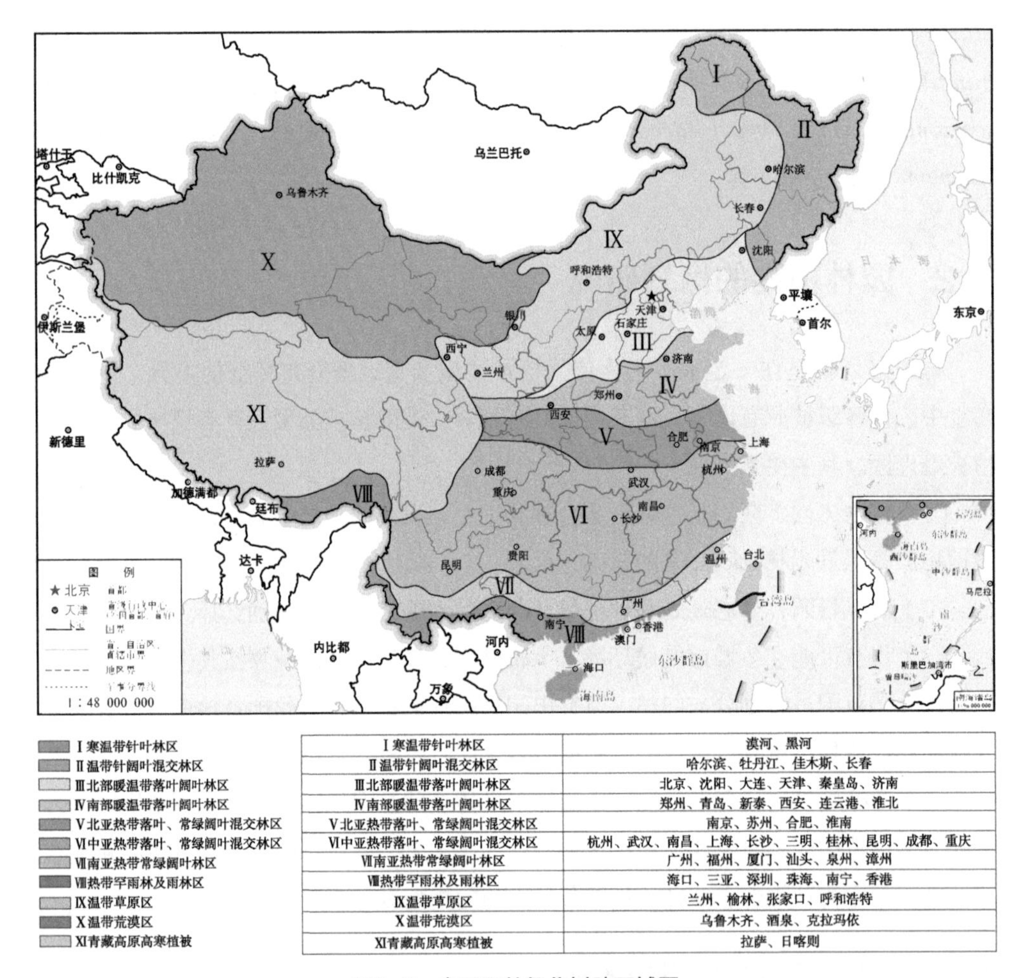

Ⅰ寒温带针叶林区	漠河、黑河
Ⅱ温带针阔叶混交林区	哈尔滨、牡丹江、佳木斯、长春
Ⅲ北部暖温带落叶阔叶林区	北京、沈阳、大连、天津、秦皇岛、济南
Ⅳ南部暖温带落叶阔叶林区	郑州、青岛、新泰、西安、连云港、淮北
Ⅴ北亚热带落叶、常绿阔叶混交林区	南京、苏州、合肥、淮南
Ⅵ中亚热带落叶、常绿阔叶混交林区	杭州、武汉、南昌、上海、长沙、三明、桂林、昆明、成都、重庆
Ⅶ南亚热带常绿阔叶林区	广州、福州、厦门、汕头、泉州、漳州
Ⅷ热带罕雨林及雨林区	海口、三亚、深圳、珠海、南宁、香港
Ⅸ温带草原区	兰州、榆林、张家口、呼和浩特
Ⅹ温带荒漠区	乌鲁木齐、酒泉、克拉玛依
Ⅺ青藏高原高寒植被	拉萨、日喀则

图2-2　中国园林绿化树种区域图

2.2.2　植物园聚类分区

个体植物园规划思路和理念在植物园发展史中，从初期单纯植物收集保存，发展到植物科研成果展示与应用，以及服务大众科普的综合功能性平台，植物园越来越注重展示出各自的独特个性。早期植物园起源于对药用植物的收集和教学。现代意义的植物园出现于16世纪，意大利的帕多瓦植物园（Padua）、波兰的布雷斯劳（Breslau）

植物园、德国的海德尔堡（Heidelberg）植物园等均以药用植物和经济植物展示为主。随着新大陆的发现和航海技术的发展，17、18世纪欧洲各国纷纷建立植物园。19世纪，植物园逐步由单纯植物资源的收集罗列转为按世界地理和气候的分区展示各地野生植物的模式，规划设计理念和功能性质日益丰富。20世纪，各地植物园将园林植物作为研究展示的主要内容之一，植物的形态美、生态美、文化美成为规划设计的吸引机制，其植物种类和配置模式已拓展为引领城市美化、风景建设的范例。我国植物园雏形最早可追溯至汉武帝“上林苑”，但是，现代植物园起步却较晚。1929年和1934年分别成立的南京中山植物园和江西庐山植物园是我国海归学者模仿英美模式筹建的植物园。中华人民共和国成立初期，在中国科学院系统倡导下组织和建立了一批新植物园，工作重心集中在“变野生为家生、外地变为本地、国外变为国内”的引种驯化过程。20世纪80年代起，全国农林、城建、医药、环保、教育系统陆续成立了一批植物园，在形式和内容上逐渐与国外植物园接轨。近一个世纪以来，在陈封怀先生倡导的“以科学的内涵和美丽的园林外貌相结合”的建园思想指导下，使我国植物园在园林艺术上具备了一定的风貌特征。贺善安先生在《植物园学》中也认为，植物园要有“科学的内容，艺术的外貌，文化的展示”，要体现人与自然和谐共存的哲理。21世纪，随着对物种与生境多样性、种质资源保护的新认识不断加深，当今植物园规划设计越来越呈现多元化的发展特点。以植物科研探索、引种驯化、物种杂交等为核心功能的植物园也积极为当地生态恢复、文化传承和城市园林建设贡献力量。同时，为了吸引更多的参观者兴趣，加强游客参与互动，也会开辟自然体验空间，开发植物产品，加速科研成果转化示范等活动的开展。尽管如此，目前，我国植物园整体建设水平上离科学与艺术融合、内涵与景观统一、研究与示范并重、启智与体验兼顾的理想目标还是有很多值得探索的空间。

作为具备科研功能保护乡土植被和珍稀濒危植物的科研机构。不同植物园之间的协作可以使全国分布的珍稀濒危植物得到有效的保护，中国的主要植物园的地理分布和气候特征见表2-4和图2-4。

主要分布如图2-3、图2-4所示。

20世纪80年代中国一些重要植物园的地理位置和气候因素　　表2-4

序号	名称	经度（°）	纬度（°）	高度（km）	年均温度（℃）	年最高温度（℃）	年最低温度（℃）	相对湿度（%）	年降水量（mm）
1	北京植物园（南园）	116.47	39.80	76.00	11.60	41.30	−17.50	61.00	634.20
2	北京植物园（北园）	116.47	39.80	113.00	11.80	38.00	−20.10	55.90	527.00
3	北京药用植物园	116.42	39.78	50.00	10.00	42.10	−20.20	57.50	600.00

续表

序号	名称	经度（°）	纬度（°）	高度（km）	年均温度（℃）	年最高温度（℃）	年最低温度（℃）	相对湿度（%）	年降水量（mm）
4	北京教育植物园	116.33	39.97	40.00	11.80	42.60	−22.80	60.00	638.80
5	上海植物园	121.43	31.17	4.00	15.50	40.20	−12.10	78.60	1143.40
6	呼和浩特植物园	111.68	40.80	1056.00	5.60	37.30	−32.80	61.00	426.10
7	磴口砂生植物园	106.58	40.48	1044.00	7.50	32.70	−23.80	47.00	137.00
8	五台山树木园	113.57	38.97	1936.00	−4.10	20.00	−44.80	68.00	913.30
9	沈阳应用生态研究所树木园	123.43	41.77	41.60	7.40	38.30	−30.50	57.00	755.40
10	沈阳树木园	123.42	41.78	41.60	7.80	38.30	−33.10	65.00	734.50
11	沈阳植物园	123.68	41.85	86.00	7.80	33.30	−30.60	65.00	700.00
12	熊岳树木园	122.15	40.02	22.40	9.20	36.60	−26.00	62.00	657.70
13	长春森林植物园	125.35	43.87	299.00	4.80	28.30	−36.54	69.00	645.30
14	浑江树木园	126.71	42.04	865.00	2.50	34.40	−39.40	68.00	1106.00
15	黑龙江森林植物园	126.63	45.72	145.50	3.60	36.40	−38.10	68.00	560.90
16	宜春树木园	128.90	47.72	267.93	0.50	34.43	−41.00	80.18	755.00
17	南京中山植物园	118.80	32.12	35.00	15.40	43.00	−13.00	76.00	1000.00
18	南京药用植物园	118.78	32.05	28.50	15.40	43.00	−14.10	76.00	1038.60
19	安徽生物植物园	117.07	31.97	45.00	15.70	41.00	−20.00	76.00	988.40
20	合肥植物园	117.28	31.25	32.98	15.70	41.00	−20.00	71.00	988.40
21	济南植物园	117.01	36.65	57.00	14.20	42.70	−19.70	58.00	685.00
22	青岛植物园	120.13	36.08	89.25	12.10	36.20	−16.40	75.00	693.30
23	山东林校树木园	117.12	36.20	200.00	12.80	40.70	−22.40	68.50	691.50
24	杭州植物园	120.10	30.25	26.42	16.10	41.00	−10.50	82.00	1400.70
25	浙江农大植物园	120.27	30.25	8.00	16.30	41.00	−10.50	81.00	1450.00
26	温州植物园	120.67	28.02	40.00	17.90	39.30	−4.50	81.00	1698.20
27	浙江竹类植物园	120.12	30.23	18.50	16.10	40.50	−9.60	81.00	1545.70
28	庐山植物园	115.82	29.58	1150.0	12.30	30.30	−16.80	80.00	1900.00
29	江西林科院树木园	115.80	28.77	350.00	15.60	36.00	−9.00	85.00	1600.00
30	大岗山树木园	114.75	27.83	293.50	17.50	39.90	−8.30	80.00	1593.70

续表

序号	名称	经度（°）	纬度（°）	高度（km）	年均温度（℃）	年最高温度（℃）	年最低温度（℃）	相对湿度（%）	年降水量（mm）
31	福州树木园	119.85	26.12	340.50	20.00	40.00	−2.00	79.00	1438.50
32	厦门植物园	118.07	24.58	137.50	21.24	38.20	2.00	74.00	1555.50
33	湖南森林植物园	113.02	28.33	81.00	17.50	40.20	−7.50	80.00	1380.00
34	南岳树木园	112.68	27.25	600.00	16.10	37.00	−5.00	78.00	1462.00
35	武汉植物园	114.40	30.55	26.50	16.30	40.00	−18.30	79.00	1282.00
36	武汉大学树木园	104.42	30.50	69.00	16.80	42.70	−17.30	77.00	1284.00
37	华南植物园	113.33	23.17	50.00	22.00	38.70	0.20	78.00	1933.30
38	深圳仙湖植物园	114.17	22.57	315.50	22.00	38.70	0.20	78.00	1933.30
39	鼎湖山树木园	112.57	23.17	60.00	22.80	38.00	−0.20	81.00	1953.00
40	海南热带经济植物园	109.50	19.50	147.79	23.40	38.40	1.50	81.50	1766.20
41	海南林科所树木园	109.93	19.10	200.00	23.00	39.30	2.80	85.00	2000.00
42	桂林植物园	110.28	25.02	240.00	19.20	38.00	−4.00	78.30	1899.35
43	广西药用植物园	108.32	22.85	92.50	21.60	40.40	−2.10	79.00	1300.60
44	广西喀斯特树木园	106.75	22.08	209.50	21.40	41.00	−1.50	79.00	1367.00
45	南宁树木园	108.35	22.67	150.00	21.60	39.50	−1.40	72.50	1340.00
46	贵州植物园	106.70	26.57	1310.50	14.00	32.10	−6.40	80.00	1200.00
47	贵州林科所树木园	106.72	26.63	1151.00	15.20	37.50	−7.30	77.00	1198.90
48	成都植物园	104.00	30.67	539.25	16.30	38.00	−5.90	82.00	976.00
49	重庆市观赏植物园	106.45	30.12	292.00	18.40	42.00	−5.00	80.00	1080.00
50	缙云山植物园	107.35	29.82	650.50	13.60	34.60	−0.70	87.00	1611.80
51	四川药用植物园	107.35	28.95	630.00	16.30	34.60	−3.00	84.50	1250.20
52	昆明植物园	102.68	25.02	1980.00	14.70	31.50	−5.40	73.00	1879.60
53	昆明园艺园林植物园	102.78	25.09	2046.50	15.60	30.50	−7.80	69.00	1079.00
54	西双版纳热带植物园	101.42	21.68	570.00	21.60	40.00	3.00	81.00	1500.00
55	西安植物园	108.97	34.22	437.47	13.30	41.70	−20.60	71.00	604.00
56	宝鸡植物园	107.13	34.35	598.00	12.00	39.60	−16.70	68.50	701.00
57	云南树木园	109.52	36.60	1073.50	9.40	39.70	−25.40	70.00	550.00
58	玉林砂生植物园	109.20	38.33	1100.00	8.00	38.60	−32.70	69.00	412.00
59	麦积山树木园	106.00	34.33	1749.50	8.00	29.00	−13.40	74.00	860.00

续表

序号	名称	经度（°）	纬度（°）	高度（km）	年均温度（℃）	年最高温度（℃）	年最低温度（℃）	相对湿度（%）	年降水量（mm）
60	民勤砂生植物园	102.97	38.57	1340.00	7.40	39.50	−27.30	47.00	110.00
61	银川植物园	107.37	38.47	1115.00	8.50	37.20	−27.90	55.75	135.30
62	西吉树木园	105.52	35.90	2194.50	5.00	32.60	−27.90	47.00	425.70
63	盐池旱地沙生灌木园	107.40	37.78	1350.00	7.70	38.10	−29.60	51.00	296.50
64	西宁植物园	101.77	36.62	2293.00	5.70	33.50	−26.60	61.00	368.70
65	吐鲁番沙漠植物园	98.18	40.85	−85.50	13.90	47.60	−28.00	41.00	16.40
66	乌鲁木齐植物园	78.55	43.90	715.00	6.40	40.90	−41.50	45.50	194.60
67	福山植物园	121.72	24.77	900.00	18.20	35.30	−1.00	96.00	4067.00
68	恒春植物园	120.82	21.95	225.00	25.60	39.10	13.70	92.00	2500.00
69	台北植物园	121.52	25.05	60.00	22.00	38.10	7.00	75.50	2124.00
70	井冈山植物园	114.20	26.42	848.00	14.30	34.80	−11.00	84.00	1865.50
71	兰州植物园	103.78	36.08	1768.50	9.30	39.10	−23.10	58.00	329.70
72	赣南树木园	114.04	25.85	415.50	18.50	36.20	−7.10	80.00	1612.00

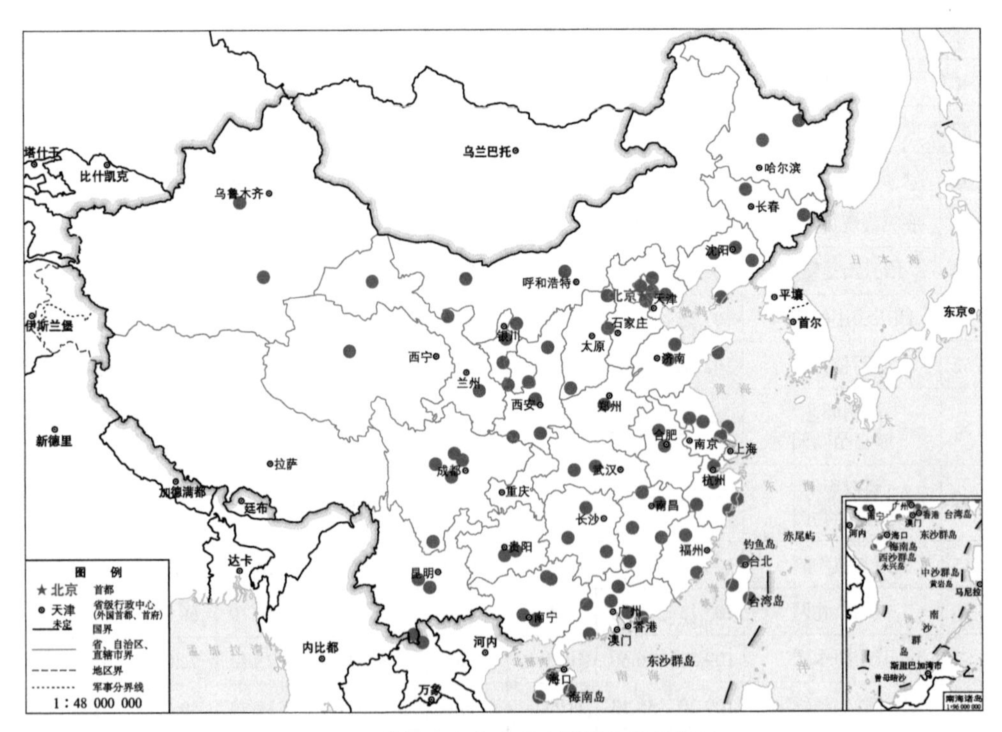

图2-3　20世纪80年代中国主要植物园分布图

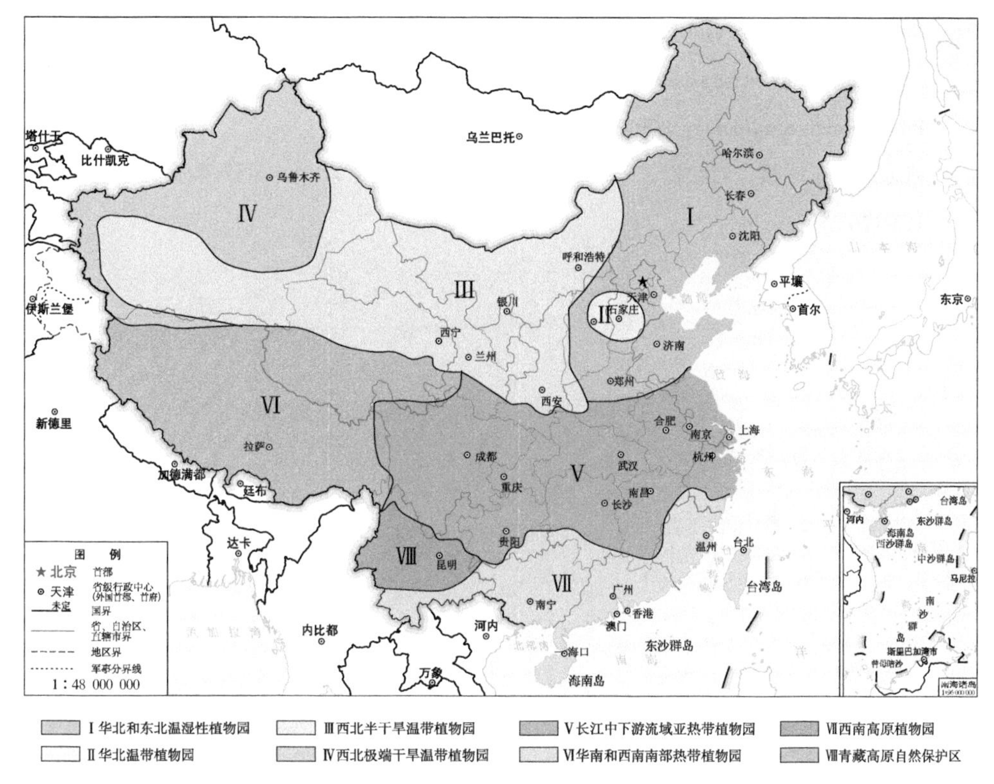

图2-4　20世纪80年代中国主要植物园特征聚类图

植物园的区划可以和区域内野生植物的迁地保护，珍稀濒危植物的分区分工，物种、标本、科研的借鉴和互助，布局全国的植物资源调查和研究作出贡献，使植物园成为展现科技、文化、艺术和园林的重要场所。融合风景规划、植物分类、植物生态等学科知识，成为风景外貌、科技内容及可持续发展的多维景观实体。

参考文献

[1]　Alister Hardy. Foreword: Charles Elton’s Influence in Ecology [J]. Journal of Animal Ecology, 1968, 37 (1): 3-8.

[2]　李博．生态学[M]．北京：高等教育出版社，2000.

[3]　张德顺，陈有民．北京山区野生花卉调查分析[J]．北京林业大学学报，1989（4）：80-87.

[4]　陈有民．中国园林绿化树种区域规划[M]．北京：中国建筑工业出版社，2006.

[5] Zhang Deshun. Rare and Endangered Plant Conservation in Chinese Botanical Gardens, -The Construction and Analysis of Database of Rare and Endangered Plants [J]. Korean Journal of Environment and Ecology, 2001(1): 1-16

[6] 张德顺，王维霞，刘红权，等. 植物园规划创新模式探索[J]. 风景园林，2016（12）: 113-120.

第3章 园林植物气候适应性评价与服务功能选择定量化

园林植物的气候适应性评价与服务功能选择是绿地园林树种规划与选择的前期工作之一。本章主要从植物物候观测定量化、树种气候适应性评价定量化以及服务功能选择定量化3个方面进行阐释。

首先，城市热岛效应和气候变暖影响着园林植物的物候发生和景观季相，揭示和把握植物花期受气候作用的时空响应规律是风景园林植物景观规划与设计的基础。对上海市公共绿地中的梅花（*Armeniaca mume*）、玉兰（*Magnolia denudata*）和东京樱花（*Cerasus* × *yedoensis*）3种早春开花植物的花期物候观测资料进行定量化分析，能揭示早春时期上海城市热岛现象与植物花期在时间和空间上的响应。

其次，采用物种分布模型（Species Distribution Model），对上海1961～2015年这55年间40种园林树种气候适应性的定量化评估，探讨气候变化对树木健康生长产生的潜在影响，为适应未来气候的园林树种选择和科学管理提供依据。

最后，通过50种上海园林树种的“功能性状–生态系统服务”评价框架的构建和17个性状变量因子的定量化分析，探讨树种功能性状与生态系统服务之间存在的关联性。为园林树种的选择和树种规划提供了一种客观理性的方法，便于针对不同的生态系统服务进行有效的树种选择，以实现城市绿地综合效益最大化。

3.1 上海木本植物早春花期对城市热岛效应的时空响应

由于全球气候变暖和城市热岛效应的作用，城市园林植物的生长节律和发育周期受到了不同程度的影响，而城市变暖的速率远大于全球平均变暖速率，故伴随着土地利用变化而形成的城市化和工业化所引起的城市热岛（UHI/Urban Heat Island）效应更加剧了气候变暖的程度。

植物物候（Plant Phenology，Phytophenology）在响应区域气候和气候变化方面，被公认为是最敏感、最易于观测和理想的重要感应器。但前人物候观测大多选择在植物园、树木园、公园和城市绿化带等地方，都会受到较大城市热岛效应的影响。并且，城市气候自身特点的不同，植物物候期的早晚也有较大差异。春季城市较周围的乡村普遍气温高出1～4℃，几乎所有的城市物候期都早于乡村地区，城市越大，气候变化和物候变化越显著，特别是在像北京、伦敦、纽约、东京和墨西哥城这样的世界特大城市或城镇群。因冬季和早春的热岛效应比晚春和初夏更显著，使得早花植物比晚花植物的始花期明显提前，如在日本，自20世纪80年代以来，大型城市中心早春热岛效应明显改变了樱花的花期，东京城内的樱花比周边乡村平均提前了8d，而京都和大阪则提前了4～5d。

经过30多年快速城镇化的发展，我国城市热岛效应已非常明显。北方城市大部分平均温度的上升，在很大程度上是由于城市热岛效应引起的。已有研究证实，北京城市热岛效应是引起城市物候变化的主要原因，热岛效应促使早春草本植物的开花物候期平均提前了2～4d。同样，随着城市热岛效应的增强，武汉大学东京樱花的始花期（2000～2008）比前54年（1947～2000）平均提前了2d。

上海因其位于长江入海口的特殊区位，兼有季风性气候和海洋性气候特点。作为我国特大型城市之一和长三角城镇群的核心城市，上海的城市化和现代化程度高，人口密度大，工商业发达，交通密集，高楼林立，也已形成了典型的城市气候特征。然而，目前以风景园林的视角，探讨园林植物与气候变化的响应研究却较少见诸报道，特别是关于园林植物物候变化的实证研究更为罕见。基于此，通过对上海市绿地早春开花植物进行物候调研，以花期的早晚来测度城市热岛在时间和空间上的变化规律，以期为更好地适应和利用城市热岛资源，为城市园林树木引种、树种规划、绿地设计以及市民、游客春游赏花提供参考依据。

3.1.1 上海早春的城市热岛现象

为观测上海城市热岛，从城市中心至远郊依次选取延中绿地（YZ）、同济大学（TJ）、长风公园（CF）、世纪公园（SJ）、上海植物园（SZ）、滨江森林公园（BJ）、上海辰山植物园（CS）和上海海湾国家森林公园（HW）8个绿地单元作为观测点。按距离市中心远近，将延中绿地作为中心城区核心区测点，同济大学、长风公园、世纪公园、上海植物园作为中心城区边缘区测点，滨江公园作为近郊测点，辰山植物园和海湾国家森林公园作为远郊参照点。2016年1～3月，在每个测点内设置一台自动温度记录仪（联测SIN-TH412N），仪器均放置在近地面百叶箱内，周围无高大建筑或树冠遮挡，每10min自动读数1次，每台仪器读数前均经过调零校准。

数据显示（图3-1），市中心延中绿地的日均温最高（10.6℃），城区其他测点的日均温随着距离市中心的梯度而逐渐降低。但辰山植物园的日均温却未见明显降低（10.0℃），因其离城区较远，不受城市热岛效应控制，可能与其北山南水的局地暖湿小气候有关。

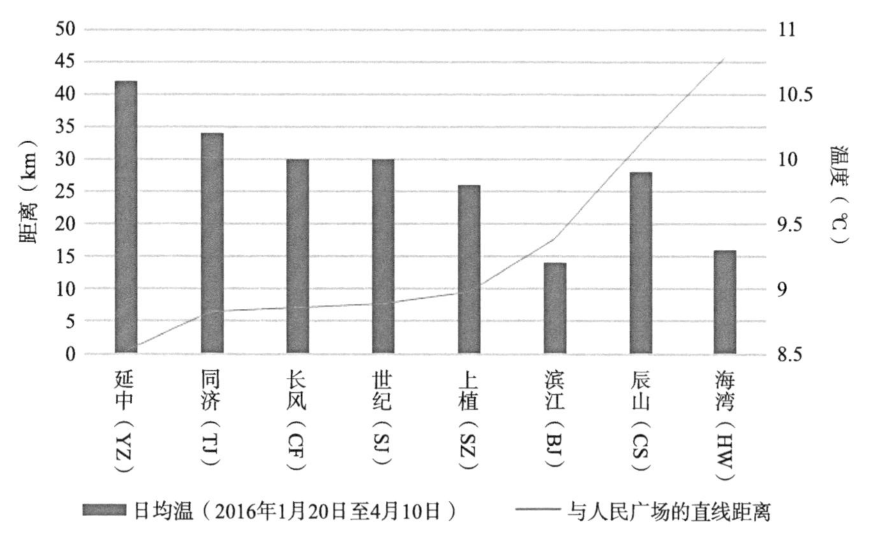

图3-1　8个测点的日均温与距离人民广场的直线距离

从上海1～3月平均气温的分布特征图（图3-2）所示，1月城市建成区平均气温比近郊区高了0.5℃，比远郊区高1.0℃，城市热岛现象明显，辐射覆盖面积最大。虽然2月和3月城市热岛有逐渐缩小的趋势，但中心城区核心区的平均气温仍然比周围区域明显高出0.5℃。

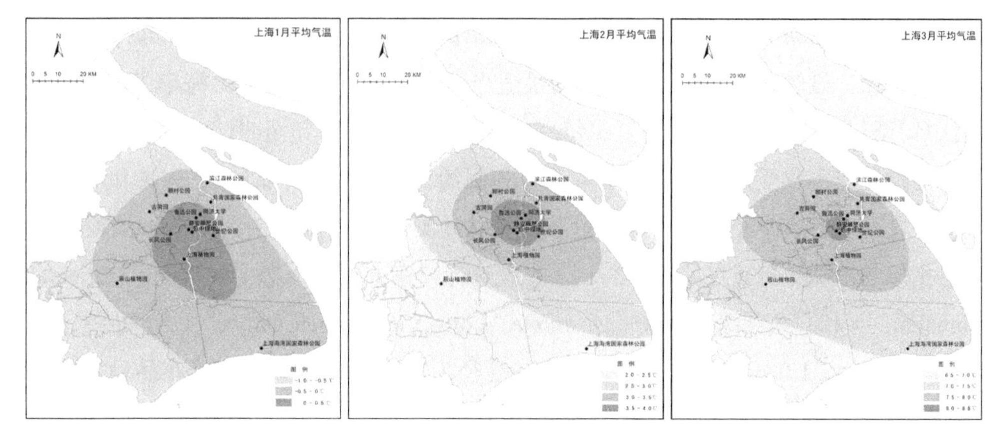

图3-2　上海1～3月平均气温的分布特征

通过计算中心城区至城区近郊6个站点的气温与距离的相关系数可知（表3-1）：1～3月的日最高气温、日均气温和日最低气温都与其距离呈负相关关系，说明在早春时期，上海城市热岛效应随距离梯度依次减弱的现象相对明显。其中，1月日最高气温的相关系数最高，且在0.01水平显著相关，有力地证明了在寒冬与早春更替之际，受人工热源而产生的城市热岛现象突出，正是由于城市热岛对南下冷空气的缓冲功能，才为城市园林树木在抵御低温寒害冲击上提供了有效的保护圈和庇护所。尽管如此，城市热岛可能还受其他环境因子的影响，如建筑结构、道路布局、风向风速等。

城区内6个样地气温指标与城市中心（人民广场）的直线距离的相关关系　表3-1

Pearson相关系数	1月日最高气温	2月日最高气温	3月日最高气温
	−0.961**	−0.680	−0.640
	1月日平均气温	2月日平均气温	3月日平均气温
	−0.834	−0.856	−0.932*
	1月日最低气温	2月日最低气温	3月日最低气温
	−0.764	−0.783	−0.766

注：* 在 0.05 水平（双侧）上显著相关；** 在 0.01 水平（双侧）上显著相关。

3.1.2　早春木本植物花期物候观测

1．研究对象

在对上海园林植物的实地调研的基础上，选取各公园广泛栽培的梅花、玉兰和东京樱花3种早春开花且花期较短的树种为研究对象。这是因为局地微气候对植物生长发育的影响比大区域气候更重要，且花期较短的植物比花期较长的植物对气候变化更敏感，例如在慕尼黑及其近郊，选择具有最小始花期变动范围（16d）的欧洲樱桃（*Cerasus avium*），与欧洲栗（*Castanea sativa*）（30d）和桃树（*Amygdalus persica*）（35d）相比，显然是地方性气候影响的最适当的证明。在上海地区，梅花花期一般在2月中旬至3月初，玉兰在3月初至中旬，东京樱花在3月中下旬至4月初。

植物开花不仅受众多环境因素的调节和制约，由于种类（品种）、树龄和产地的不同，花期也各有早晚差异。为尽量减少性状差异，选择上海12个绿地内品种相同、规格相似的植株为研究对象（表3–1）。梅花选择‘东方朱砂’梅（*A. mume*‘Oriental Cinnabar’）和‘久观绿萼’梅（*A. mume*‘Long View Green Calyx’）2个品种，平均地径为18.0 ± 1.0cm；玉兰选择栽培种，地径为20.0 ± 3.0cm；东京樱花品种均选择‘染井吉野’樱（*C.* × *yedoensis*‘Yoshino Cherry’），地径20.0 ± 3.0cm。需要说明的是，同济大学内的玉兰和东京樱花已种植数十年，虽树龄较长，但具有较强对比价值，另外，海湾国家森林公园的玉兰和东京樱花树龄稍偏小，但作为城市远郊重要的参照点也仍列为研究对象。

2．研究样地

按各绿地中实际树种差异，分为梅花组、玉兰组和东京樱花组3个组别，其中梅花组包含5个样地，玉兰组8个样地，东京樱花组12个样地（表3–2）。在空间上，以

样地基本情况表

表3-2

组别	序号	样地名称	代码	区位	品种（数量）	样本数量 N	地径 D±SD（cm）	树高 H+SD（m）	冠幅 P+SD（m）	纬度（°）/经度（°）	备注
梅花组	1	静安雕塑公园	JA	中心城区核心区	‘久观绿萼’（2）、‘东方朱砂’（5）	7	17.1 ± 2.5	4.1 ± 0.8	4.6 ± 0.4	31.236908/121.460505	梅园
	2	世纪公园	SJ	中心城区边缘区	‘东方朱砂’	10	19.3 ± 3.1	3.6 ± 0.8	5.0 ± 0.5	31.214863/121.543772	梅园
	3	上海植物园	SZ	城市近郊区	‘久观绿萼’	2	18.7 ± 3.2	3.4 ± 0.3	4.0 ± 0.4	31.146263/121.435166	梅园
	4	辰山植物园	CS	城市远郊区	‘东方朱砂’	2	18.9 ± 2.4	4.2 ± 0.8	5.0 ± 0.4	31.074491/121.175421	梅园
	5	上海海湾国家森林公园	HW	城市远郊区	‘久观绿萼’（5）、‘东方朱砂’（5）	10	16.0 ± 2.4	3.5 ± 0.9	5.0 ± 0.5	30.859450/121.702750	梅园
玉兰组	1	延中绿地	YZ	中心城区核心区	栽培种	10	22.9 ± 4.1	9.9 ± 1.0	7.4 ± 0.6	31.226275/121.466337	广场公园西部
	2	鲁迅公园	LX	中心城区核心区	栽培种	5	18.7 ± 4.8	7.9 ± 1.9	4.2 ± 0.3	31.276508/121.480291	北大山南部
	3	同济大学	TJ	中心城区边缘区	栽培种	5	25.9 ± 5.7	10.5 ± 1.8	6.4 ± 0.9	31.285540/121.495004	西南楼南部
	4	上海植物园	SZ	中心城区边缘区	栽培种	5	21.9 ± 5.6	8.5 ± 1.3	7.0 ± 0.8	31.148499/121.437481	木兰园
	5	共青国家森林公园	GQ	城市近郊区	栽培种	10	23.9 ± 3.2	8.6 ± 1.5	6.8 ± 0.7	31.318259/121.547490	丰乐亭
	6	滨江森林公园	BJ	城市近郊区	栽培种	10	24.5 ± 3.7	7.2 ± 0.9	6.4 ± 0.5	31.387165/121.525243	木兰园
	7	辰山植物园	CS	城市远郊区	栽培种	5	20.6 ± 4.0	6.2 ± 0.7	4.0 ± 0.2	31.073823/121.176986	南门
	8	上海海湾国家森林公园	HW	城市远郊区	栽培种	10	12.4 ± 2.7	5.5 ± 0.6	4.0 ± 0.1	30.866702/121.692006	19队苗圃
东京樱花组	1	延中绿地	YZ	中心城区核心区	‘染井吉野’	15	18.7 ± 2.6	6.7 ± 0.9	5.8 ± 0.5	31.229321/121.474269	音乐广场东部
	2	鲁迅公园	LX	中心城区核心区	‘染井吉野’	15	22.0 ± 2.3	5.7 ± 0.7	7.8 ± 0.4	31.271826/121.475865	樱花园
	3	同济大学	TJ	中心城区边缘区	‘染井吉野’	15	31.5 ± 9.1	7.6 ± 0.8	9.4 ± 0.4	31.284821/121.496956	樱花大道
	4	长风公园	CF	中心城区边缘区	‘染井吉野’	15	18.5 ± 4.0	6.1 ± 1.1	6.0 ± 0.6	31.223821/121.392662	樱花苑
	5	世纪公园	SJ	中心城区边缘区	‘染井吉野’	15	18.3 ± 6.2	7.1 ± 1.3	6.2 ± 0.5	31.217389/121.549993	樱花岛
	6	上海植物园	SZ	中心城区边缘区	‘染井吉野’	15	21.9 ± 4.5	5.5 ± 0.7	6.6 ± 0.4	31.145839/121.436948	樱花大道
	7	共青国家森林公园	GQ	城市近郊区	‘染井吉野’	15	21.4 ± 2.7	7.6 ± 1.1	7.0 ± 0.9	31.322145/121.547371	友好林东部
	8	顾村公园	GC	城市近郊区	‘染井吉野’	15	18.4 ± 3.3	7.2 ± 0.9	5.6 ± 0.5	31.342717/121.373360	樱花大道
	9	古漪园	GY	城市近郊区	‘染井吉野’	5	21.9 ± 4.3	8.0 ± 1.8	7.2 ± 0.8	31.293134/121.311484	九曲桥南侧
	10	滨江森林公园	BJ	城市近郊区	‘染井吉野’	15	17.6 ± 4.6	6.5 ± 0.9	7.8 ± 0.7	31.388476/121.519825	樱花路
	11	辰山植物园	CS	城市远郊区	‘染井吉野’	15	19.6 ± 0.9	7.3 ± 1.0	5.4 ± 0.3	31.073698/121.178460	樱花路
	12	上海海湾国家森林公园	HW	城市远郊区	‘染井吉野’	15	10.5 ± 0.5	3.6 ± 0.5	4.4 ± 0.3	30.865126/121.680626	樱花园

人民广场中心为坐标原点，按距离梯度把各观测样地划归为4类区域：中心城区核心区（0～5.0km）、中心城区边缘区（5.1～10.0km）、城市近郊区（10.1～20.0km）和城市远郊区（>20km）。

3．研究方法

对各个样地内的梅花、玉兰和东京樱花分别进行花期物候观察。物候观察在南向进行，均选择开花性状稳定的健壮植株。观测时间为2016年1～3月（10:00～15:00），每5日（1候）巡查1次，如遇花期，则适当增加观察次数。

为相对精确的衡量热岛效应对植株群体开花的作用大小，对整个开花过程做精细化计量。传统物候观察法将开花期分为始花期、盛花期和末花期3个重要节点，但各物候相之间的界定较为模糊，不宜直接采用。

该研究引入开花指数（Flowering Index）对各样本的开花程度进行定量性评估。该指数是英国研究人员通过研究记录405种植物，40万朵花在250年内每年的首开时间编制而成。开花指数由英国皇家气象学会组织统计的，用以测评植物开花的时间，从而了解自然界的气候变化。

首先，细化植物开花物候期评价指标。参照《中国物候观测方法》及其他文献进行指标设定（表3–3）。

植物开花期物候评价指标　　表3–3

指标项目	评分等级
单株小枝可见膨大花蕾，但尚未见开花	1
单株小枝零星开花或群体开花量至30%	2
单株小枝开花至半或群体开花量至50%	3
单株小枝开花过半或群体开花量至70%	4
单株小枝开花至梢顶或群体开花量至90%	5

然后，计算评价值与最大值的比率即定义为开花指数。其计算公式（3–1）如下：

$$F=\frac{\sum_{i=1}^{n}k_i}{\sum_{i=1}^{n}Max} \tag{3–1}$$

其中，F为开花指数，k_i为评价值，Max为最大值，n为单日评价总次数，i为单日单次评价次数。F的取值范围为（0，1），数值越接近0，表示开花程度越弱，相反，数值越接近于1，则越接近末花期。设定$F \geqslant 0.300$时，观察样本进入始花期；

$F \geqslant 0.600$为盛花期；$F \geqslant 0.900$末花期。

需要说明的是，为了主要关注对整个样本群体开花程度的评估，故每次物候观测采用随机抽样法，规定每次对每个样地内的样本评价次数不少于60次，取其均值作为最终记录值，以尽量减少主观误差。对个别异常提前或推迟开花的物候记录值融入群体观测值中。如以同济大学（TJ）样地为例，2016年3月9日～3月27日共记录东京樱花花期物候11次，记录结果整理如下（表3-4）：

同济大学样地樱花物候花期记录表　　表3-4

编号	日序	观测日期	评定样本数	评定均值	标准差	开花指数
1	69	3月9日	60	1.07	± 0.254	0.213
2	72	3月12日	60	1.10	± 0.305	0.220
3	73	3月13日	60	1.13	± 0.343	0.227
4	75	3月15日	120	1.48	± 0.648	0.297
5	77	3月17日	180	2.21	± 1.186	0.442
6	79	3月19日	210	3.02	± 1.45	0.605
7	80	3月20日	75	3.14	± 1.27	0.629
8	81	3月21日	225	3.27	± 1.498	0.654
9	84	3月24日	180	3.76	± 1.122	0.751
10	86	3月26日	225	3.95	± 1.068	0.789
11	87	3月27日	60	4.9	± 0.305	0.980

以横轴为日序（1月1日记为1d），以纵轴为开花指数，绘制同济大学东京樱花开花曲线（图3-3）。经过线性拟合，发现三次拟合率最高（一次=0.948，二次=0.954，三次=0.966），这也与实际开花过程的“S”形曲线最相符。故从图中可知：同济大学东京樱花的始花期（F=0.300）为3月15日，盛花期（F=0.600）为3月20日，末花期（F=0.900）为3月26日。

3.1.3　结果与分析

1．植物花期与城市热岛效应

温度是决定木本植物花期的主要因素，温度升高，春季物候期提前，且积温对植物生长期的开始起着重要作用。经分析，梅花、玉兰和东京樱花的开花物候期与积温呈极显著正相关关系（表3-5），其中，梅花和玉兰的花期主要受＞0℃积温调控，而东京樱花还与＞10℃积温相关，结论与其他文献研究结果相一致。

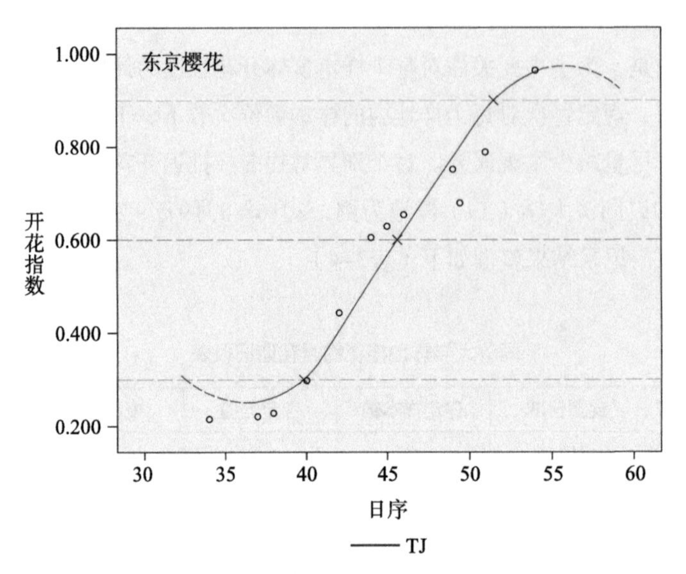

图3-3 同济大学东京樱花开花曲线

梅花、玉兰和东京樱花物候期与积温指标的相关系数 表3-5

	种	>0℃积温	>5℃积温	>10℃积温
Pearson相关系数	梅花	0.920**	0.889**	0.844**
	玉兰	0.897**	0.819**	0.886**
	东京樱花	0.919**	0.873**	0.921**

注：**在0.01水平（双侧）上显著相关。

按区域分类（表3-6），以城市近郊样本为参照，中心城区的植物花期受城市热岛效应作用显著，平均提前了2.2d，但市中心核心区内样本花期的标准差差异较大，个别样本甚至略有推迟的现象，这与城市核心区大气污染、雾霾严重、光照不足等恶劣生境有关。中心城区边缘区和城市近郊区的花期随距离梯度而逐渐推迟，平均每推移10km，花期推迟约1d，至远郊20km左右，城市热岛效应作用基本消失。远郊西南部的松江区早春花期反而有提前的趋势，平均花期提前约0.8d，分析其原因，一方面可能与当地山环水抱的温暖局地微气候和较好的土壤理化性质有关，另一方面也表明远离市中心的松江山林地区几乎不受城市热岛效应的影响。南部远郊滨海地区早春花期则要推迟一周左右，不仅受到相对较低的气温的限制，而且滨海盐渍化土壤对花期也有一定的抑制作用。

各样地平均花期物候期提前日数　　表3-6

区域划分	始花期 平均提前 d	盛花期 平均提前 d	末花期 平均提前 d	花期 提前均值 d
中心城区核心区（0～5.0km）	0.9 ± 4.3	2.3 ± 3.2	3.5 ± 4.4	2.2 ± 3.5
中心城区边缘区（5.1～10.0km）	0.4 ± 2.7	1.1 ± 1.6	2.3 ± 3.0	1.0 ± 1.8
城市近郊区（10.1～20.0km）	0.0 ± 1.7	0.0 ± 1.5	0.0 ± 3.3	0.0 ± 1.5
城市远郊区（＞20km；松江）	0.9 ± 5.5	0.8 ± 4.5	0.8 ± 3.5	0.8 ± 4.5
城市远郊区（＞20km；南汇）	−6.8 ± 3.8	−6.5 ± 3.4	−7.5 ± 4.5	−6.9 ± 3.6

注：以城市近郊为参照。

2．梅花花期与城市热岛效应

上海著名的赏梅公园有静安雕塑公园、世纪公园、上海植物园、莘庄公园、辰山植物园和海湾国家森林公园，各公园的梅花品种丰富多样，几乎涵盖了11个梅花“品种群”中记载的多数品种，但各品种间花期差异仍然较大，早花品种与晚花品种有的甚至相差近一月，故无法从不同品种反映出城市热岛效应的作用大小。经过对各公园梅花品种名录筛查，并结合现有梅花物候观测资料，选择‘东方朱砂’梅和‘久观绿萼’梅2个品种作为代表进行分析。

作为上海梅花的代表品种，‘东方朱砂’梅于2009年2月在上海国际登录，后在各大公园广泛栽培。从开花曲线上看（图3-4），市区核心区静安雕塑公园内的‘东方朱砂’梅的始花期比市区边缘的世纪公园早1d，盛花期（2月20日）几乎同日，末花期略迟1d，说明2月份城市热岛覆盖面较广。但与远郊的辰山植物园和海湾国家森林公园相比，盛花期分别推迟了3d和6d，仍反映出城市热岛对植物花期有促进作用。

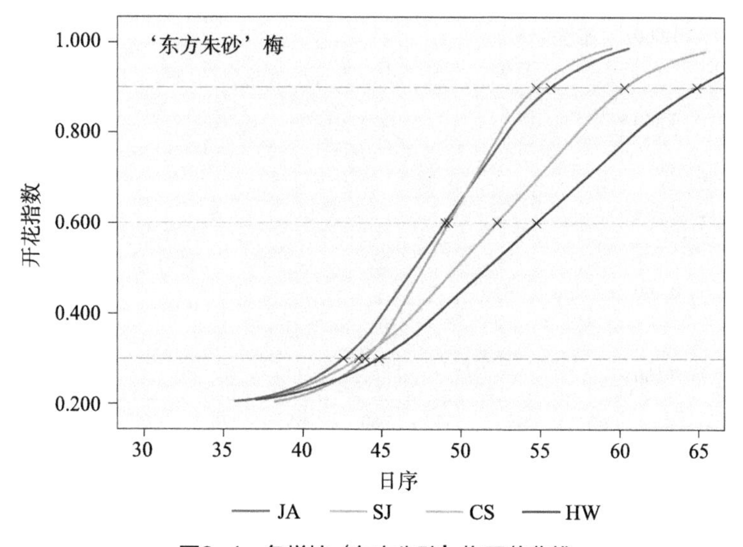

图3-4　各样地‘东方朱砂’梅开花曲线

‘久观绿萼’梅在静安雕塑公园、上海植物园和海湾国家森林公园内都有栽培，分别代表中心城区核心区、中心城区边缘区和远郊区。无论是始花期、盛花期还是末花期（图3-5），静安雕塑公园都早于上海植物园2d，而远郊区的‘久观绿萼’梅始花期推迟了6d，盛花期则推迟了10d，说明其花期受城市热岛效应作用较为明显。

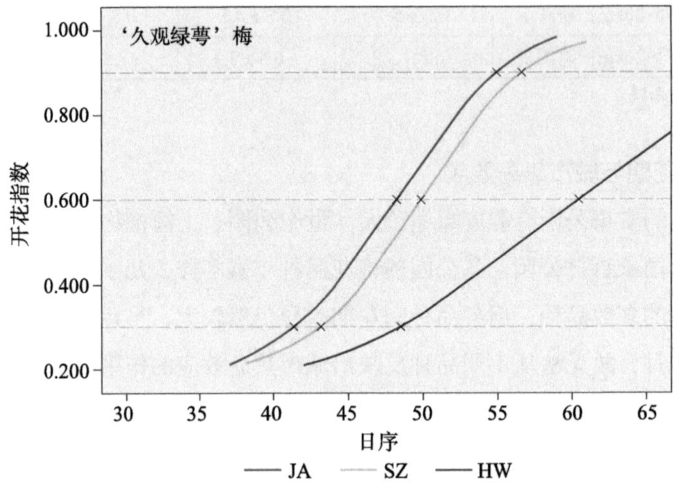

图3-5　各样地‘久观绿萼’梅开花曲线

3．玉兰花期与城市热岛效应

各样地内的玉兰盛花期前后相差了12d（图3-6）。人民公园进入盛花期最早（2月24日），比其他各样地提前了5d，受城市热岛效应作用非常明显。除海湾森林公园

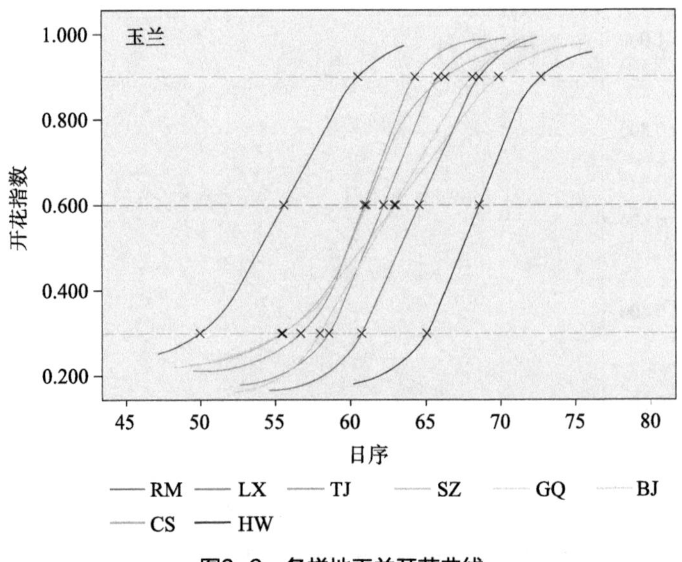

图3-6　各样地玉兰开花曲线

外，其他样地的盛花期都集中于2月29日～3月3日，位于中心城区边缘区的同济大学和上海植物园比近郊区的共青森林公园和滨江森林公园提前了1～2d。但鲁迅公园略迟于近郊区的样地，而远郊的辰山植物园则较中心城区和近郊区提前2d进入盛花期，因辰山位于上海西部松江境内，受大陆气候调节比海洋性气候影响明显，早晚温差大，加之西北面的佘山山丘对早春冷空气的阻挡，四周湖泊的湿润微气候的调节使之花期较早。

4. 东京樱花花期与城市热岛

与玉兰相似，远郊辰山植物园的东京樱花进入盛花期最早（图3-7），比中心城区和近郊区提前2～5d。中心城区核心区的延中绿地、鲁迅公园与中心城区边缘区的世纪公园内的东京樱花在3月17日同时进入盛花期，受城市热岛效应作用明显。与之相比，近郊的共青森林公园盛花期推迟了1d。中心城区边缘的同济大学、长风公园、上海植物园和近郊区的古漪园、顾村公园则推迟1～2d，滨江森林公园迟3d。海湾国家森林公园与位于市中心的延中绿地相比，花期推迟了10d，于3月27日进入盛花期。

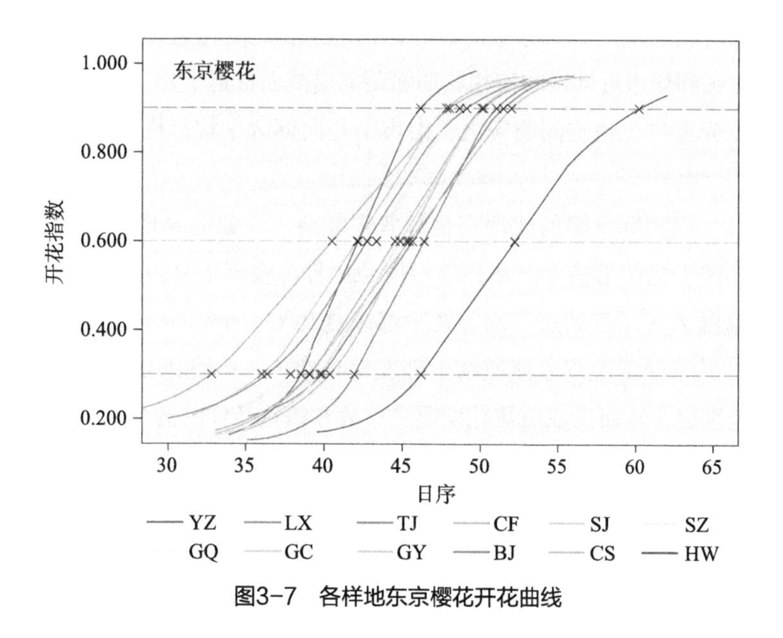

图3-7 各样地东京樱花开花曲线

3.1.4 结论与讨论

1. 上海城区具有明显的城市热岛现象

据数据显示，冬末春初（1～3月），城市热岛由城市核心区向周围近郊区蔓延辐射，中心城区（0～10.0km）各月平均气温比近郊区（10.1～20.0km）高0.5℃，比远郊区（＞20.0km）高1.0℃。位于市中心的延中绿地、静安雕塑公园、鲁迅公园等直接受城市热岛控制，增温暖化现象最为明显。世纪公园、上海植物园、共青国家森林公园、长风公园、顾村公园、古漪园等位于城区边缘区和近郊区的公园次之，远郊公园几乎不受热岛影响。

虽然城市热岛较为明显，但由于上海襟江面海的特殊海陆区位，也会在城区各个方向上形成局部气候差异。如2016年1月23～26日，上海受寒潮侵袭，延中绿地站点测得日最低气温−1.9℃，为市域气温最高记录，中心城区边缘区的世纪公园、上海植物园和长风公园在−5.6～−6.5℃，西南远郊的辰山植物园为−7.4℃，空间距离上的降温梯度为城市热岛现象提供了有力证据。但是，位于城区北部长江口的滨江森林公园日最低气温为−7.5℃，成为市域最寒冷记录（除崇明外），而东南部远郊的海湾国家森林公园虽距离城区较远，日最低气温记录却为−6.5℃，与城区边缘区相仿。

2．城市热岛效应对园林植物的影响不容忽视

早春城市热岛的增温暖化现象明显促进植物花期的提前，在时间和空间上都有明显的反映。上海梅花、玉兰和东京樱花3种植物花期与城市热岛效应的相关关系依次为：东京樱花（R^2=0.921, P＜0.01）＞梅花（R^2=0.920, P＜0.01）＞玉兰（R^2=0.897, P＜0.01）。在时间响应上，中心城区核心区内的植物花期比近郊区平均提前了2.2d，中心城区边缘区和城市近郊区的植物花期随距离递减而推迟了1d，南部远郊滨海地区花期则要推迟6d左右。在空间响应上，由市中心向郊区平均每推移10km，花期约推迟1d。

尽管如此，但实际气温的波动变化却非常复杂，气象变异现象经常发生，这对植物正常花期的干扰作用较大。2016年2月8～13日（农历正月初一至初六），上海出现罕见反常高温天气，各站点日均温几乎都超过20℃，个别站点日最高温甚至超过25℃，这突如其来的增温现象使植物生理发育异常，一些晚花品种纷纷提前或一些早花品种被迫推迟，从而造成梅花花期混乱。故在梅花品种的选择上，不得不舍弃大量异常的物候观测数据，这也是梅花与城市热岛效应的相关系数偏低的原因之一。

从历史物候观测数据上对比，近年来上海城市热岛效应也非常明显。如根据《中国动植物物候观测年报（1981～1986年）》中上海市普陀区少年宫的物候记录（表3-7），玉兰盛花期的平均日期为3月24日，而2016年已提前至3月1日，花期竟提前了3周以上。再次证明了30年以来，随着上海城市建设发展而不断增强的热岛效应对城区植物的生长发育产生了极其显著的影响，对城市植被动态演替过程和城市生态系统的稳定性和持续性必然会产生作用，期待进一步研究工作的开展。

3．针对各地不同的城市气候变化特点提出适应性的应对策略是具有前瞻性和预测性的工作

随着全球气候变化的日益加剧，城市气候变化更加重了一些气候灾害发生的风险，如热浪、暴雨和干旱，特别是像上海这样的沿海特大城市，还将面临海平面上

上海玉兰花期物候观测记录（1981～1986年）　　表3-7

年份	始花期	盛花期	末花期
1981年	3月21日	3月24日	3月27日
1982年	3月14日	3月19日	4月1日
1983年	3月18日	3月22日	3月31日
1984年	3月30日	4月2日	—
1985年	3月27日	3月29日	4月8日
1986年	3月13日	3月15日	3月31日

升、海水倒灌、城市内涝、饮用水安全等诸多人居环境问题和挑战。从早春植物花期的早晚评估了上海城市热岛效应的作用范围和程度，为进一步深入研究园林植物应对气候变化以及制定适应性或缓解性城市树种规划策略提供了参考。但该研究结果是在当年物候观察资料的基础上总结形成的，为了更加正确理性地了解气候变化趋势和对未来城市园林发展所面临的诸多潜在机遇或危机，仍需要多年数据的积累和分析。最后，在物候调研中难免会出现的一些主观误差，希望在今后的研究中不断改进和提升，努力提高定量化研究的精度。

3.2　近55年气候变化对上海园林树种适应性的影响

城市园林树木对气候变化的响应极为敏感，人们可以很容易通过感知花期的提前或推迟，生长期的延长或缩短来证实这种变化。特别是近30年来，城市区域的升温速度远比全球平均升温幅度剧烈，城市地区的树木物候变化格外引人注目。在欧洲，几乎所有城市的早春花期物候都要比农村地区提前。同样，我国北方城市受冬季变暖影响，园林植物的物候也明显提前，延长了城市树木的生长季。在亚热带地区的上海，由于早春城市热岛效应，促使市区木本植物花期比郊区平均提前了2.2d。树木年轮研究也证实，由气候变化引起的中欧城市干旱，对不同树种产生了不同程度的影响，挪威槭（*Acer platanoides*）和欧亚槭（*A. pseudoplatanus*）的生命活力逐渐下降。

面对气候变化，国际上提出了两种应对策略，即“减缓性策略（Mitigation Strategy）”与“适应性策略（Adaptive Strategy）”。减缓性策略是通过节能减排等主动性措施来缓解气候变化对人类社会产生的影响，其中，种植更多的树木是减缓性策略的一项重要措施，希望利用树木的固碳作用来减低空气中的CO_2。适应性策略则属于被动性措施，由于气候变化的影响在相当长的一段时期内将持续发生作用，且现阶段的减缓性策略并不能彻底扭转气候变化，人类不得不采取适应性的策略来应对气候变化，如选择抗逆性更强的树种来适应气候变化，应对诸如高温、干旱、内涝、风害、病虫害、海平面上升等各种极端气候事件，尽最大可能地降低气候变化对城市树木造成的潜在威胁。因此，为当地选择气候最适性园林树种，保障城市树木健康生长的适应性策略研究显得尤为迫切。

目前，关于城市树木气候适应性策略研究在全球引起了广泛的关注。通过制定相应的脆弱性评估（Vulnerability Assessment）为改善城市园林管理提供了一种新的契机。2009年，德国Andreas Roloff教授用气候—物种矩阵（Climate–Species Matrix）综合评估了中欧地区园林树木的抗寒性和抗旱性，提出了适应中欧地区气候变化的城市树木管理对策。同年，在美国费城进行了一项园林树种气候适应性评估，为园林树木的病虫害风险管理提供了有益建议。2014年，芝加哥地区制定了《城市树木气候变化应对框架》，借助对当地树木的脆弱性评估，制定了面向未来的适应性管护策略。气候适应性策略的关键问题在于高适应性树种的选择，如果树种选择不当，直接结果是无法适应未来气候变化，更严重的是对城市生态造成的长期性不良影响将持续若干年甚至几十年。因此，开展当地园林树种的气候适应性评估具有实际意义。例如，希腊地中海克里特岛通过的一项脆弱性评估表明，近期需改变部分树种种类和种植结构，以适应未来气候变化引起的内涝风险。

然而，我国城市园林树木应对气候变化的适应性评估研究尚不多见。本研究通过对上海1961～2015年这55年间40种园林树种气候适应性的定量化评估，探讨了气候变化对其健康生长产生的潜在影响，为适应未来气候变化的园林树种选择和科学管理提供依据。

3.2.1 研究区域

上海是中国东部特大城市，总人口2400万，面积6340.5km^2，属亚热带海洋性季风气候。自然植被为亚热带常绿阔叶林和落叶阔叶混交林。由于长期的人为干扰，原生植被已基本不存或零散残存。自开埠以来，一直从全国各地和世界范围引种驯化各类园林植物，以丰富其物种多样性。

3.2.2 研究方法与数据来源

采用物种分布模型（Species Distribution Model，SDM）来量化各个树种的最适气候因子。SDM假定气候因子是物种的环境限制与偏好，通过量化的气候幅度来确定物种的潜在适生范围。模型排除了一些假设条件，不包括生物间相互作用、当地适应和现有物种范围的扩散限制，这对研究园林树种引种和规划设计是最有帮助的，因为，园林树种栽培管理往往会尽量排除其他干扰因子。由于SDM很大程度上依赖于地理分布数据，输出结果对初始假设、数据输入和建模方法都很敏感，有其优势也有其局限性，但大量研究案例证明，SDM用于探讨物种对气候变化的初步预测是切实可行的。

根据生物气候相似性原理，虽然树种的现实分布区不一定就是其最适生存地区，树种原产地分布的宽窄与树种适应性大小并非具有同等的意义，但是，种源地与引种地二者之间的相似程度是可以作为树种引种依据的。每个物种的生存和生长都有其最低、最适、最高极限，即所谓的“生长三基点”（Three Cardinal Points），其自然分布可以反映物种对不同环境条件的耐受力。

SDM的建模步骤首先是从世界范围内对40种目标树种的地理分布进行广泛而全面的信息收集，然后查找其地理分布所在区域的气候因子数据，构建树种气候因子数据库，确定树种最适气候范围。最后，采用欧式距离法计算各树种的气候最适因子与上海气候指标之间的差距，根据差距大小，对树种在上海不同年际（1961～1990年与1986～2015年）和不同区域（市区、郊区、全市平均）的气候适应性作出评估。

1．气候数据

上海气候数据来源于上海市气象信息中心，分为1961～1990年与1986～2015年的两个气候年（各30年）的月值气温和降水数据，包括市区（徐家汇）和郊区（宝山、嘉定、浦东、青浦、闵行、南汇、松江、奉贤、金山、崇明）共11个站点，基本覆盖了上海市域全部陆地范围。

2．树种选择与地理分布

选取上海40种园林树种为研究对象（表3-8），选择标准以其在城市园林绿地中所承担的使用功能为依据，主要包括：①行道树和庭荫树；②群落建群种；③具有较高观花、观叶、观果功能的树种；④近些年从国外引进，具有新优潜质的树种。

树种分布数据来源于中国数字植物标本馆（Chinese Virtual Herbarium，CVH，http: //www.cvh.ac.cn/，2018年1月访问）和全球生物信息机构网站（Global Biodiversity Information Facility，GBIF，https: //www.gbif.org/，2018年1月访问）。通过学名检索，查阅了全部40个树种在中国和全球分布的地理信息，共获得有效地理坐标记录15667条（表3-8），其中，除全缘叶栾树（30）和红豆树（47）样本数量较少外，其他树种的有效样本量均＞50，基本上可以代表各树种的自然地理分布。将分布范围5%与95%的值界定为有效气候值（Effective Climate Value）。其中，乐昌含笑、白栎、红豆树、花榈木等10种仅在我国有分布信息，而弗吉尼亚栎和红花槭在我国几乎没有分布信息。

3．树种气候因子

选取9项与树木生长相关的气候因子，包括①年均温（Annual Mean Temperature，*AMT*，℃）；②年均生物温度（Annual Biotemperature，*ABT*，℃，Holdridge）；③温暖指数（Warmth Index，*WI*，℃·month，Kira）；④最冷月平均气温（Min Temperature of Coldest Month，*MTCM*，℃）；⑤最热月平均气温（Max Temperature of Warmest Month，*MTWM*，℃）；⑥年均降水量（Annual Precipitation，*AP*，mm）；⑦最湿月

上海40种园林树种的用途与分布信息　　表3-8

编号	种	缩写	功能与用途	CVH 树种分布数据	GBIF 树种分布数据	树种分布数据合计
1	银杏 *Ginkgo biloba*	GB	观叶 Foliage Tree	195	332	527
2	广玉兰 *Magnolia grandiflora*	MG	行道树 Street Tree	49	346	395
3	乐昌含笑 *Michelia chapensis*	MC	观花 Flower Tree	52	0	52
4	含笑 *M. figo*	MF	观花 Flower Tree	121	19	140
5	鹅掌楸 *Liriodendron chinense*	LC	观叶 Foliage Tree	106	12	118
6	玉兰 *Yulania denudata*	YD	观花 Flower Tree	150	10	160
7	香樟 *Cinnamomum camphora*	CC	行道树 Street Tree	272	220	492
8	天竺桂 *C. japonicum*	CJ	庭荫树 Shade Tree	33	40	73
9	白栎 *Quercus fabri*	QF	建群种 Constructive Tree	273	0	273
10	麻栎 *Q. acutissima*	QA	建群种 Constructive Tree	291	83	374
11	弗吉尼亚栎 *Q. virginiana*	QV	新优 New and Potential Tree	0	149	149
12	榉树 *Zelkova serrata*	ZS	行道树 Street Tree	55	126	181
13	朴树 *Celtis sinensis*	CS	庭荫树 Shade Tree	234	123	357
14	梧桐 *Firmiana simplex*	FS	观叶 Foliage Tree	143	42	185
15	悬铃木 *Platanus × acerifolia*	PA	行道树 Street Tree	54	165	219
16	红豆树 *Ormosia hosiei*	Oho	庭荫树 Shade Tree	47	0	47
17	花榈木 *O. henryi*	Ohe	庭荫树 Shade Tree	95	0	95
18	刺槐 *Robinia pseudoacacia*	RP	建群种 Constructive Tree	157	1794	1951
19	无患子 *Sapindus saponaria*	SS	行道树 Street Tree	153	852	1005
20	复羽叶栾树 *Koelreuteria bipinnata*	KB	行道树 Street Tree	104	0	104
21	全缘叶栾树 *K. paniculata* 'Integrifoliola'	KPI	行道树 Street Tree	30	0	30

续表

编号	种	缩写	功能与用途	CVH 树种分布数据	GBIF 树种分布数据	树种分布数据合计
22	七叶树 *Aesculus chinensis*	ACh	观叶 Foliage Tree	31	141	172
23	三角枫 *Acer buergerianum*	AB	观叶 Foliage Tree	167	210	377
24	樟叶槭 *A. coriaceifolium*	ACor	庭荫树 Shade Tree	304	299	603
25	梣叶槭 *A. negundo*	AN	观叶 Foliage Tree	76	2	78
26	五角枫 *A. pictum* ssp. *mono*	APM	观叶 Foliage Tree	98	44	142
27	红花槭 *A. rubrum*	AR	新优 New and Potential tree	85	0	85
28	柚 *Citrus maxima*	CM	观果 Fruit Tree	77	2267	2344
29	柑橘 *C. reticulata*	CR	观果 Fruit Tree	219	22	241
30	紫薇 *Lagerstroemia indica*	LI	观花 Flower Tree	3	1626	1629
31	南酸枣 *Choerospondias axillaris*	CHA	庭荫树 Shade Tree	197	11	208
32	黄连木 *Pistacia chinensis*	PCh	观叶 Foliage Tree	296	119	415
33	枫香树 *Liquidambar formosana*	LF	观叶 Foliage Tree	296	19	315
34	毛叶山桐子 *Idesia polycarpa* var. *vestita*	IPV	观果 Fruit Tree	82	0	82
35	乌桕 *Triadica sebifera*	TS	观叶 Foliage Tree	419	264	683
36	重阳木 *Bischofia polycarp*	BPo	行道树 Street Tree	80	0	80
37	冬青 *Ilex chinensis*	ICh	观果 Fruit Tree	197	32	229
38	桂花 *Osmanthus fragrans*	OF	观花 Flower Tree	217	23	240
39	构树 *Broussonetia papyrifera*	BPa	庭荫树 Shade Tree	422	344	766
40	光皮梾木 *Cornus wilsoniana*	CW	建群种 Constructive Tree	51	0	51
总计 Total				5931	9736	15667

平均降水量（Precipitation of the Wettest Month，*PWM*，mm）；⑧最干月平均降水量（Precipitation of the Driest Month，*PDM*，mm）；⑨干湿指数（Humid/arid Index，*HI*，Bailey）。其中，种源地*AMT*和*AP*是物种水平上适应性的保守性估计；*ABT*和*WI*指示树种生长季所需的有效热量，是限制树种向北分布的主要气候因子；*MTCM*和*MTWM*分别指示树种分布的气温最低和最高极限值；*PWM*和*PDM*反映降水的极限；*HI*表征气温和降水的综合气候特征。

根据树种气候分布特征，按半峰宽（Peak Width at half Height，*PWH*）计算法，确定每个树种各项气候因子的最适范围$RANGE_{opt}$。

气候因子数据均来源于全球气候数据网（Global Climate and Weather Data，http://worldclim.org/）。

其中，*ABT*、*WI*、*HI*、*PWH*与$RANGE_{opt}$的计算公式如下：

$$ABT = \frac{1}{12}\sum t_i \tag{3-2}$$

$$WI = \sum (t_j - 5) \tag{3-3}$$

$$HI = \sum_{h=1}^{12} H_h \tag{3-4}$$

$$PWH = 2.354 * S \tag{3-5}$$

$$RANGE_{opt} = \left[\overline{X} - PWH/2, \overline{X} + PWH/2\right] \tag{3-6}$$

式中，t_i为（0,30]的月均温，最高为30℃；t_j为＞5℃的月均温；其中，$H_h = 0.18r/1.045^t$，*r*为月均降水量，*t*为月均温，*PWH*为半峰宽值，*S*、$\overline{X}$、$RANGE_{opt}$分别代表各项气候因子的标准差、均值和最适范围。

3.2.3 结果与分析

1．1961～1990年与1986～2015年上海的气候变化

（1）气温变化

20世纪90年代以来，上海气温持续偏高。全市平均气温由15.5℃上升至16.6℃。总体上，市区之间温差上升趋势最为突出，徐家汇站点比30年前平均上升了1.42℃，其次是郊区之间的平均温差上升了1.02℃，而市区与郊区之间的温差变化最小，仅0.48℃。

干季（11月～次年5月）与湿季（6月～10月）气温上升都比较明显，主要反映在市郊之间的温差变化上。全市干季平均气温的变化最明显（p=0.147），市郊之间的温差变化最弱（p=0.791）。其次是市区之间的气温变化，干季和湿季也分别达到1.63℃和1.13℃。尽管如此，上海气温变化均未达到的显著水平（p<0.05）（表3–9）。

上海气温1961～1990年与1986～2015年的变化　　表3-9

上海气温变化	年均（℃/Sig.）	干季（℃/Sig.）	湿季（℃/Sig.）
市郊之间气温变化	0.477/0.791	1.902/0.373	1.407/0.411
市区之间气温变化	1.421/0.693	1.632/0.598	1.125/0.654
郊区之间气温变化	1.017/0.349	1.206/0.181	0.753/0.289
全市平均气温变化	1.054/0.308	1.244/0.147	0.787/0.244

上海近55年来的增温特征是普遍性和整体性的，无论干湿季，还是市区、近郊以及远郊之间，都表现出明显的气温升高趋势，尤其城市热岛效应最为突出，这与其他相关文献的研究结论是一致的。总体上，上海逐渐趋暖的气候条件对树木生长是有利的。

（2）降水变化

与温度相比，上海降水的变化更为明显。年均降水量由1990年的1086.0mm上升至1198.9mm。湿季全市平均降水（p=0.035）、郊区之间（p=0.044）、市郊之间（p=0.049）的降水变化均达到显著性水平（$p<0.05$）（表3-10），但市区之间的降水变化未达到显著性水平。

上海降水1961～1990年与1986～2015年的变化　　表3-10

上海降水变化	年均（mm/Sig.）	干季（mm/Sig.）	湿季（mm/Sig.）
市郊之间降水变化	6.69/0.486	4.49/0.691	34.35/0.049*
市区之间降水变化	11.25/0.604	4.67/0.718	20.46/0.567
郊区之间降水变化	9.23/0.105	3.22/0.441	17.63/0.044*
全市平均降水变化	9.41/0.088	3.36/0.395	17.89/0.035*

注：* 表示 $p < 0.05$。

上海近30年降水偏多，且集中发生于夏秋湿季。未来降水量可能还将继续保持稳定的增加趋势，这对喜湿树种的生长更为有利。

2．气候因子最适范围分析

通过9个气候因子最适范围的统计（图3-8），40种园林树种的*AMT*和*ABT*与上海气候均值非常接近，大致反映出这40种园林树种在上海地区的生长基本上是适应的，另一方面也说明这40种园林树种可以代表上海当地园林树种的平均气候特征。

温度方面，大部分树种的*AMT*在上海地区处于最适范围。仅有柚、弗吉尼亚栎和

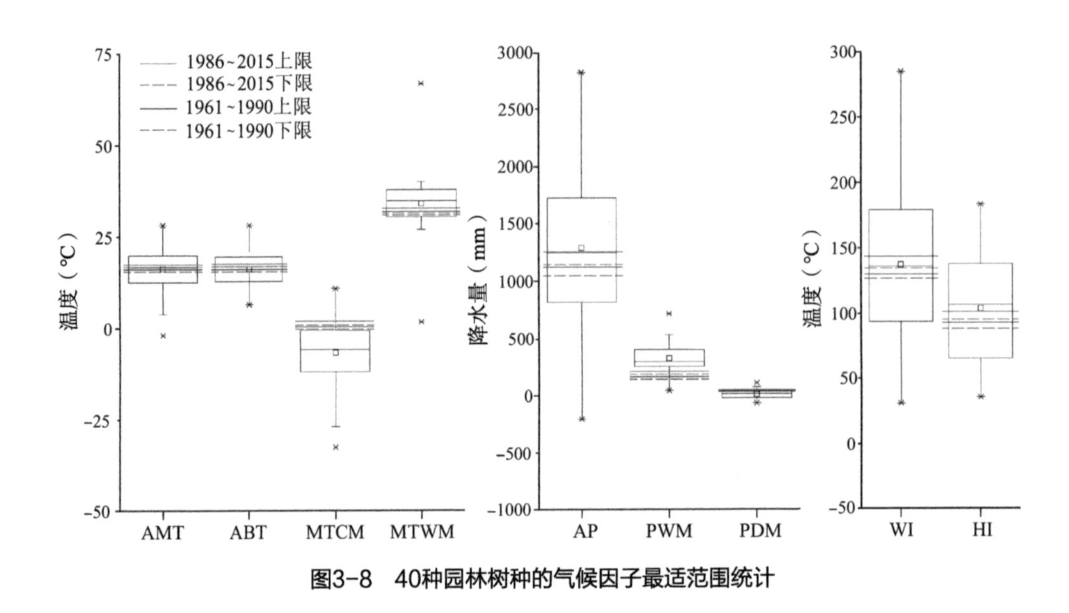

图3-8　40种园林树种的气候因子最适范围统计

无患子的*AMT*最适范围下限值高于上海各时期上限，五角枫的*AMT*低于1961～1990年间上海平均下限值，梣叶槭和刺槐则低于1986～2015年平均下限值，表明上海地区的温度尚不能满足它们的最适生长条件。

花榈木、含笑、乐昌含笑、香樟、柑橘、重阳木、南酸枣等树种的*ABT*最适下限值由前30年的＜1.0℃升高为＞1.0℃，表明近年来上海地区的增温大幅度提高了南方树种在上海的适生性。相对的，五角枫、梣叶槭、刺槐的*ABT*最适范围上限值逐年来渐低于上海温度下限，表明在未来继续变暖的情景下，这3种树种已不能达到最适生长条件，可能不适合大面积推广种植，其他存在潜在影响的树种还有银杏、榉树、红花槭等北方树种。

银杏和五角枫的*WI*值分别低于前30年和近30年的平均下限值，表明上海地区的积温条件对银杏和五角枫而言是相对较热的。所有树种的*MTCM*最适值下限均低于上海平均下限，表明各树种均能在上海正常越冬，不受冬季冻害威胁。几乎所有树种的*MTWM*平均值都＞33℃，弗吉尼亚栎的*MTWM*最适下限值甚至高于上海近30年平均上限，类似的还有无患子、柚、天竺桂等树种，其*MTWM*最适下限高于1961～1990年的平均上限值，表明这些树种对上海夏季极端高热干旱气候具有高度的适应性。

降水方面，花榈木与天竺桂的*AP*最适范围下限值高于上海近30年平均上限值，乐昌含笑与含笑则高于前30年平均上限值，表明上海地区的年均降水量对这些树种而言仍略显不足，而其他树种的*AP*均在最适范围内。除广玉兰、五角枫、银杏、弗吉尼亚栎、悬铃木、刺槐、梣叶槭、红花槭的*PWM*最适下限低于上海地区平均上限外，其他树种的*PWM*均高于上海地区平均水平，说明上海雨季降水量对大部分树种而言并不充沛，特别是受副热带高压影响下，上海夏季伏旱气候对大部分树种的生长存在潜在威胁。所有树种的*PDM*最适范围下限值均低于上海各时期平均下限，说明所有树种在干季均有一定的耐干性。除天竺桂的*HI*最适上限值略高于上海地区外，其他树种在上海地区均处于最适范围内，表明近年来上海趋于温暖湿润的气候条件对各个树种的生长是有利的。

3. 园林树种气候类型划分

标准差（Standard Deviation，*SD*）大小可用于检测气候因子对树种分布的限制作用的大小，*SD*最小的气候指标是限制该树种分布的主要气候因子。由表3-11可知，*ABT*和*HI*的*SD*分别在温度（0.698）和降水（8.549）上最小，故可作为主要的气候限制因子。

40种园林树种气候因子均值与标准差　　表3-11

气候指标	均值	标准差
ABT（℃）	3.137	0.698
AMT（℃）	3.442	1.476
MTCM（℃）	4.610	2.363
MTWM（℃）	3.883	3.966
HI	31.484	8.549
WI（℃·mon）	40.664	11.423
PDM（mm）	22.172	12.448
PWM（mm）	68.754	22.903
AP（mm）	401.063	183.362

以*ABT*和*HI*为坐标轴，对40种树种进行气候类型划分，大致可分为4类（图3-9），分别为炎热干燥气候型、温暖湿润气候型、温凉干燥气候型和温凉湿润气候型。

4. 上海气候变化与园林树种最适性排序

为探讨上海气候变化对园林树种适生性的影响，采用欧式距离计算各树种9项气候因子最适值与上海气候的综合差距，然后分别与上海前30年（1961～1990年）和近30年（1986～2015年）市区、郊区、全市平均气候进行比较（图3-10），对各个树种在上海的最适性做出综合评估。

结果显示，前30年上海郊区的气候条件最适宜温凉干燥气候型树种生长，悬铃木排名第一，其次，温凉湿润气候型的树种次之，而温暖湿润型树种除樟叶槭排名较高外，其他树种均居于中等偏下部，炎热干燥气候型树种居末。

在全市平均水平上，最适排名仅个别树种略有变化。但由于市区温度升高和降水趋势的增强，温凉湿润型和温暖湿润型树种排名整体前移，而温凉干燥型却整体后

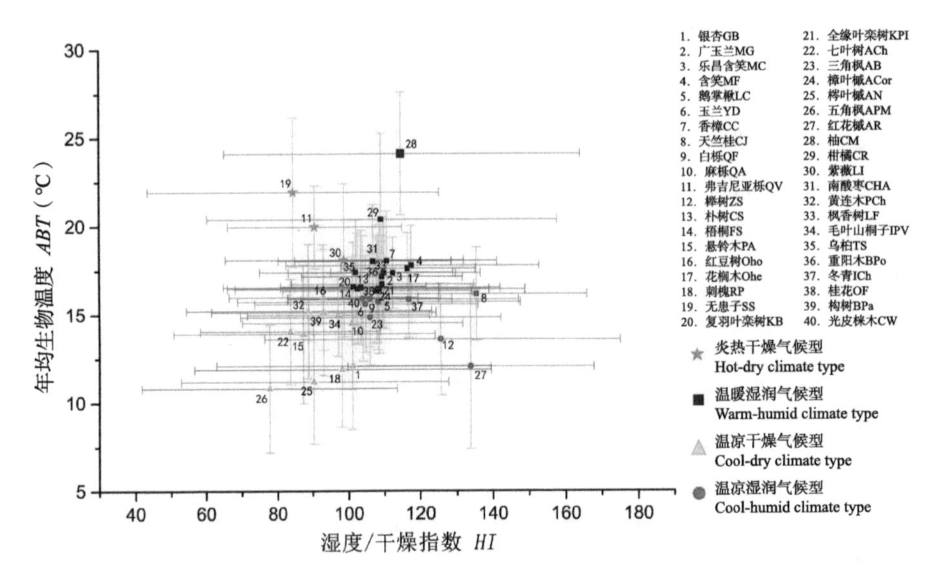

图3-9 40种园林树种的4种气候类型划分

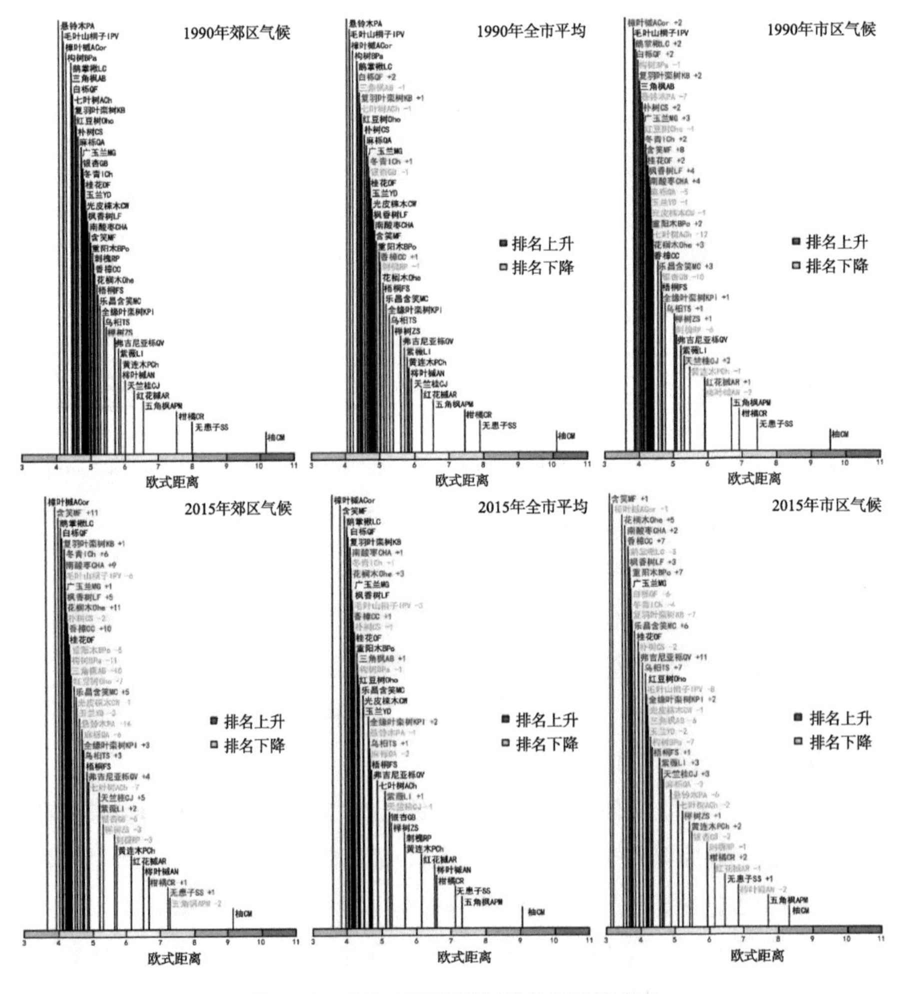

图3-10 上海40种园林树种的最适性序列

退。其中，悬铃木、麻栎、七叶树、银杏等树种的排名下降最为剧烈，含笑、枫香、南酸枣的排名则迅速上升。

近30年，以悬铃木为代表的温凉干燥型树种，除毛叶山桐子外，已几乎全部退出前半部。温暖湿润型树种与温凉湿润型树种则交替占据前列，其中，含笑、花榈木、香樟、南酸枣上升均超过10名以上。在全市平均水平上，温暖湿润型的个别树种，如花榈木和南酸枣，继续小幅上升，温凉干燥型树种持续后退。

市区内，温暖湿润型树种已占据绝对优势，香樟、重阳木、乐昌含笑、花榈木等高降水需求的树种迅速提前。但是，同为温暖湿润型的复羽叶栾树、樟叶槭则可能由于稍偏干燥气候而排名下降。温凉湿润型树种，如鹅掌楸、白栎、冬青则表现出较明显的下降趋势。温凉干燥气候型树种持续大幅退后。

炎热干燥型树种一直居于排名底部，但是，近30年市区的气候变化促使弗吉尼亚栎排名上升了11位，接近中等水平。

3.2.4 结论与讨论

1．上海近55年来的气候变化以温度的普遍升高和湿季降水的显著增加为主要特征

通过对上海1961～1990年与1986～2015年的气温与降水变化分析可知，城市热岛、雨岛效应最为突出。市区徐家汇站点比30年前平均上升了1.42℃，而市区与郊区之间的温差变化仅为0.48℃。年均降水量由1086.0mm上升至1198.9mm，湿季全市平均、郊区之间、城郊之间的降水变化均达到显著性水平。

2．上海气候变化对园林树种的适应性产生了潜在影响

温度方面，上海的*AMT*仍低于柚、弗吉尼亚栎和无患子的最适下限，但高于五角枫最适上限，表明上海地区不是其最适生长区域。近30年的趋暖变湿使梣叶槭和刺槐从最适状态变为潜在不适状态，可能不宜大面积推广和栽培，但有利于花榈木、含笑、乐昌含笑、香樟、柑橘、重阳木、南酸枣温暖湿润型树种在上海生长。

降水方面，乐昌含笑、含笑、花榈木与天竺桂的*AP*最适范围下限值高于上海平均上限值，表明上海地区的年均降水不能满足其最适条件，而广玉兰、五角枫、银杏、弗吉尼亚栎、悬铃木、刺槐、梣叶槭、红花槭的*PWM*最适下限低于上海平均上限，说明上海雨季降水量不能满足其最适要求，上海夏季频发的高热干旱事件会对其造成潜在影响，不利于其健康生长。几乎所有树种的*HI*均处于最适范围内，表明更加温暖湿润的气候对各园林树种的生长具有一定的正向促进作用。

3．上海气候变化改变了园林树种选择的优先序列

1961～1990年间，温凉干燥气候型树种在上海地区的气候适应性是最高的，最具有优先选择权，温凉湿润气候型树种次之，温暖湿润型树种居中，炎热干燥型树种居末。但经过30年的气候变化，温暖湿润型与温凉湿润型树种优先，温凉干燥型树种居中，炎热干燥型树种仍然居末。

这种选择序列的变化，从30年前，上海园林绿化优先选择种植悬铃木，到目前优先选择香樟的结果，从上海园林树种引种与栽培历史上也能得到一定的验证。例如，悬铃木作为温凉干燥型树种的典型代表，在上海的引种栽培已有上百年的历史了。早在1887年，上海法租界开始引种悬铃木，直至1980年开始的全球变暖之前，上海气候一直较为平稳，并未出现大的起伏变化，对悬铃木这些喜温凉干燥气候的树种是较为适宜的。而香樟是温暖湿润型代表树种之一，上海大面积种植始于20世纪70年代。据1504年《上海县志》记载，香樟原是本地树种，但在1918年上海县立苗圃所列出的植物名录中，与其他栽培树种比较，并未获得过多关注。至1968年，上海才开始大量栽培，可以推测由于当时气候相对较冷，香樟在上海仍处于其自然分布的北缘，经常受寒潮冻害，但由于近年来上海地区气候变暖，为其生长提供了较为有利的条件，可以预测未来上海气候变化对香樟的生长更为有利。

再如，温暖湿润型树种之一的樟叶槭，在上海的栽培也有较长的历史，在豫园中现仍存有几株大树，树高超过10m，胸径平均40cm左右，长势良好。弗吉尼亚栎是最近几年从北美东南部引种的树种，通过在辰山植物园、中国亚林所的实地观察，目前长势旺盛，似乎具有适应未来气候变化的潜质。

综上所述，半个世纪以来，上海园林绿化一直从全国乃至世界各地引种驯化各类园林植物，以丰富其物种多样性，取得了一定的成果。实践证明，基于自然区域分布的园林树种适应性评价对于城市园林树种的引种驯化工作是具有指导意义的。应对气候变化的园林树种选择，除充分考虑与气候变化直接相关的树种气候适应性外，还需考虑由气候变化引发的间接性影响，以及城市立地条件的特殊性。例如，城市内涝、海平面上升、土壤盐渍化、高温干旱、病虫害等诸多问题，都需要作进一步的深入研究和探讨。

3.3 基于“植物功能性状-生态系统服务”评价框架的园林树种选择方法

园林树木作为城市生态系统服务的承载主体，在固碳释氧、空气净化、小气候调节、减低风速、缓解暴雨径流以及娱乐游憩等服务方面均具有重要作用。然而，城市园林树种的选择过程也是一个多重功能比较的过程，需要根据实际功能需求权衡各树种之间的效益和服务。1959年，吴中伦先生首次提出了我国城市园林树种的选择和规划问题，但限于当时的形势和实际需求，偏重于园林树种的供给服务，如木材、油料、果品树种的优先。1979年，城市园林树种的选择和规划工作在全国范围内展开，园林树种选择以城市周边自然山林和城区现有树种调查为依据，以满足广大市民群众的观赏感受需求为优先。随着城市绿地系统规划和园林树种规划研究的进一步开展，目前园林树种选择机制普遍存在的两种导向：一是景观效果导向，偏重形态色彩等美观度来选择树种，树种只视为美化城镇空间的材料。二是抗逆性导向，选择抗逆性强的树种以应对城镇中更为复杂恶劣的环境。虽然在某种程度上为园林树种的选择提供了依据，但并非是园林树种功能评价的最佳途径，没有从整体城市生态系统的全局观看待园林树种，缺乏对园林树木所承担的城市生态系统服务的关注与思考。

近年来，全国城市绿化面积虽然在逐年增加，但生态系统服务质量却在下降，提升城市园林绿地的综合效益，是当前亟待解决的实际问题。近20年来，植物功能性状（Plant Functional Trait）与生态系统服务（Ecosystem Services）之间的关联性研究进展迅速，取得了一系列重要的研究成果，增强了人们对“植物功能性状–生态系统服务”关系的认识和理解。不仅在生态系统自然属性的调节、供给、支持服务方面，也体现在社会属性的文化服务方面。通过借鉴“植物功能性状–生态系统服务”的研究成果，探讨了上海50种园林树种的功能性状与城市生态系统服务之间的关联性，尝试构建面向城市生态系统服务的园林树种选择框架和评价方法，并探讨了这种方法在实际应用中的客观性和适用性。

3.3.1 研究区域

上海，地处长江三角洲东缘，是中国东部特大城市，总人口2400万，陆地面积6340.5km^2，属亚热带海洋性季风气候，四季分明。平均海拔高度约4m。年均气温16.6℃，年均降水量1106.5mm。自然植被为亚热带常绿阔叶林和落叶阔叶混交林。由于长期的人为干扰，原生植被已基本不存在或者零散残存，土地利用等人类活动对植被和生态系统有直接的影响。

3.3.2 研究方法

1. 基于植物功能性状的园林树种生态系统服务评估框架

千年生态系统评估（Millennium Ecosystem Assessment）是较为广泛认可生态系统服务框架。但是，针对城市园林树种的生态系统服务评估并没有统一的分类体系和标准。参照“中国生物多样性与生态系统服务评估指标体系”，将城市生态系统服务分为供给服务、调节服务和文化服务3类15项（表3–12）。

城市园林树木提供的服务主要集中于调节服务（固碳释氧、空气净化、小气候调节、径流调节、土壤保育、降噪隔声）与文化服务（审美与游憩）。但对于供给服务和支持服务却存在不同的理解，焦点在于城市园林树木不同于自然森林中的林木，应不包括原材料和食物的供给，但却能为城市中的鸟类和昆虫提供鸟嗜食物和蜜源。城

表3-12 园林树木的生态系统服务

服务功能类型	树种服务	受益对象与受益类别	功能	功能性状与属性	参考文献与说明
供给服务	碳氧平衡	自然/人类健康	释氧	TH, LAS, SLA, PHOTO, TRMMOL	乔木释氧量显著高于灌木，常绿树低于落叶树种；高比叶面积的植物叶片光合能力强
		自然/人类健康	固碳	TH, CH, CW, LAS, SLA	植物光合能力直接反映碳同化能力；比叶面积能够反映植物对碳的获取与利用的平衡关系；木本植物支撑器官的碳含量高且难于分解，是生态系统碳的重要贮存形式
	物质循环	自然健康	氮素与营养	LMA, SLA	高比叶重的植物一般具有较低的叶氮含量，低比叶重则富氮
	生物多样性	生物	鸟嗜植物	FRUIT	冬春宿果型乡土有利于留鸟保护
		生物	鸟巢材料	TH, LL	鸟类首选高大落叶树种营巢
		生物	传粉与蜜源植物	FLOWER	开花植物优先，蜜蜂偏爱黄色和蓝色花，其次是紫色和白色花
调节服务	空气净化	人类健康	过滤与吸收	LAS, LA	过滤功能随叶片面积增大而增强；叶面沟槽深且间距大、润湿性好、气孔密度较大有利于滞尘；气孔密度越大越有利于滞尘；叶面绒毛影响$PM_{2.5}$滞留量；水平方向的收集是去除微粒的主要过程；与叶表面质地、树冠结构有关；落叶乔木吸收SO_2大于灌木和针叶树
	小气候调节	人类健康	遮阴与降温	LAS, LA, LL	随着叶面积指数和郁闭度的增加，降温增湿作用越大；乔木叶面积降温量大于灌木
		人类健康	蒸腾与增湿	SLA, LMA, TRMMOL	与叶片厚度、质地相关，纸质叶片蒸腾较革质叶片植物大
	暴雨与径流调节	人类安全	树冠截留与径流减缓	LA, LAS	与总叶面积与叶片大小相关
			枯落物水土保持	SLA, LMA, FI	小而简单的树叶和树枝形成更致密的枯落物层，可以有效缓解水土流失，减少土壤侵蚀
	消声减噪	人类健康	隔音	CH, CR, AR, LAS	行道树能够发挥消减噪声的功能
文化服务	文化价值	人类健康	精神象征	COLOR, FLOWER, FRUIT	树木生长形式可以作为民族和人类品质的符号表征，具有精神价值，植物的开花和结实也具有显著精神内涵
	风景与审美	人类健康	观花与色叶	COLOR, FI, FLOWER	颜色具有美学价值，植物各个部分的色调（包括叶、花和果实）都会影响人们的偏好
		人类健康	心理与休憩	CR, LL	冠高比较大的树木较受欢迎；绿色树冠最能让人平静，舒展的树冠与降低血压和更积极的情绪反应相关

注：TH= 树高；CH= 冠高；CW= 冠幅；CR= 树冠高宽比；AR= 树木高宽比；LAS= 叶面积；LA= 单叶面积；FI= 叶片分形指数；SLA= 比叶面积；LMA= 比叶重；PHOTO= 光合速率；TRMMOL= 蒸腾速率；FLOWER= 观花树种；COLOR= 色叶树种；FRUIT= 观果树种；LL= 叶寿命

市周边近自然林中的树木具有一定的生物多样性保育功能，但在城市建成区，由于受人类活动的频繁干扰，公共绿地中的树木应不承担生物栖息地和生物多样性保育为主导的功能。此外，并非所有的城市树木都具有水源涵养功能，只有特殊区域内的水源涵养林才有此服务。

综上可知，与供给服务相关的树种性状或属性主要有光合速率、蒸腾速率、树高、叶面积、比叶重、比叶面积、叶寿命、观花树种；与调节服务相关的主要性状，主要反映在叶面积、单叶面积、比叶重、比叶面积、叶寿命、冠高、树冠高宽比、树木高宽比、蒸腾速率等指标上；文化服务则体现在叶寿命、色叶树种、观花树种、叶片分形指数、树冠高宽比等性状或属性上。

2．性状指标测定

将50种园林树种性状的种间变异组成一个数据集，通过主成分分析（PCA）建立各项生态系统服务与树种种间功能性状的关联，最终，对50种园林树种的生态系统服务进行序列评定。

2016～2017年6～8月，对上海45个公园和9条街道中50种园林树种的1730株实测13个形态和生理变量，每种树种不少于30株，同时，判定了其叶寿命、色叶树种、观花树种、观果树种4个分类变量，具体方法如下：

（1）树高、冠高与冠幅

树高和冠高是受土地利用和非生物环境强烈影响的反应性状，同时指示植物对光照资源获取和传播体扩散的优势，冠幅决定了树木的生长、固碳、遮阴、空气过滤与风害风险。树高和冠高用树高仪（Haglöf，VERTEX-IV，Sweden）测量。冠幅用激光测距仪（Leica，DISTO D8，Germany）在树木东西南北4个方向测量后取其均值。

（2）树木高宽比与树冠高宽比

高宽比指示树形和冠形的形状，是重要的形态指标。

$$CR=\frac{CH}{CW} \tag{3-7}$$

$$AR=\frac{TH}{CW} \tag{3-8}$$

（3）总叶面积

总叶面积是对树冠全部叶片面积的估计值，对调节服务有重要影响。

$$LAS=\pi\times CH\times CW/4 \tag{3-9}$$

（4）单叶面积与单叶周长

单叶面积和周长对叶片能量和水平衡具有重要影响。将受试叶片经扫描仪扫描后，导入AutoCAD中，统一校正描绘。

（5）叶片分形指数

叶形分形指数指示叶片形状特异性，具有审美作用。取值范围为[1,2]，1指最简单的正方形或圆形，2指复杂形状。

$$FI = 2\ln(LP/4)/\ln(LA) \tag{3-10}$$

（6）比叶面积与比叶重

比叶面积直接或间接地影响着植物的光合作用、呼吸作用、蒸腾作用。比叶重反映了碳增益和叶寿命之间的权衡。对采集的叶片放入80℃的烘箱内48h至恒重后用普通电子天平称重（精度0.01g），分别计算SLA与LMA。

（7）净光合速率与蒸腾速率

净光合速率与蒸腾速率是重要的生理活力指标。利用光合呼吸仪（PPsystem，Li-Cor6400XT，USA）于无风晴朗日的AM9:00～11:00取树冠南面中部外侧完整叶片测定，光源选择LED红蓝光源，光强设定为1500μmol/（$m^2 \cdot s$），CO_2浓度设定为400μmol/mol，叶室温度分别设定为30℃，重复测量3次取均值。

3.3.3 研究对象

选取50种上海园林树种为研究对象（表3-13），均是北亚热带地区常见园林绿化树种，在上海城市绿地中承担主要的生态系统服务，其中，部分为近几年从外地引种的，已在上海推广栽植的新优树种，如巨紫荆、弗吉尼亚栎和纳塔栎。

50种上海园林树种物种信息　　表3-13

序号	种名	拉丁名	序号	种名	拉丁名
1	银杏	*Ginkgo biloba*	13	弗吉尼亚栎	*Quercus virginiana*
2	广玉兰	*Magnolia grandiflora*	14	薄壳山核桃	*Carya illinoinensis*
3	乐昌含笑	*Michelia chapensis*	15	枫杨	*Pterocarya stenoptera*
4	黄心夜合	*Michelia martinii*	16	榆树	*Ulmus pumila*
5	鹅掌楸	*Liriodendron chinense*	17	榉树	*Zelkova serrata*
6	玉兰	*Yulania denudata*	18	朴树	*Celtis sinensis*
7	香樟	*Cinnamomum camphora*	19	梧桐	*Firmiana simplex*
8	天竺桂	*Cinnamomum japonicum*	20	悬铃木	*Platanus × acerifolia*
9	月桂	*Laurus nobilis*	21	巨紫荆	*Cercis gigante*
10	麻栎	*Quercus acutissima*	22	红豆树	*Ormosia hosiei*
11	白栎	*Quercus fabri*	23	花榈木	*Ormosia henryi*
12	纳塔栎	*Quercus nuttallii*	24	刺槐	*Robinia pseudoacacia*

续表

序号	种名	拉丁名	序号	种名	拉丁名
25	无患子	*Sapindus saponaria*	38	重阳木	*Bischofia polycarp*
26	复羽叶栾树	*Koelreuteria bipinnata*	39	枫香树	*Liquidambar formosana*
27	全缘叶栾树	*Koelreuteria paniculata* 'Integrifoliola'	40	毛叶山桐子	*Idesia polycarpa* var. *vestita*
28	七叶树	*Aesculus chinensis*	41	垂柳	*Salix babylonica*
29	三角枫	*Acer buergerianum*	42	冬青	*Ilex chinensis*
30	樟叶槭	*Acer coriaceifolium*	43	桂花	*Osmanthus fragrans*
31	梣叶槭	*Acer negundo*	44	女贞	*Ligustrum lucidum*
32	五角枫	*Acer pictum* subsp. *mono*	45	白蜡	*Fraxinus chinensis*
33	柑橘	*Citrus reticulata*	46	东京樱花	*Cerasus yedoensis*
34	紫薇	*Lagerstroemia indica*	47	枇杷	*Eriobotrya japonica*
35	南酸枣	*Choerospondias axillaris*	48	光皮梾木	*Cornus wilsoniana*
36	黄连木	*Pistacia chinensis*	49	柿	*Diospyros kaki*
37	乌桕	*Triadica sebifera*	50	构树	*Broussonetia papyrifera*

3.3.4　结果与分析

1．性状指标之间的差异性分析

树种种间外观以落叶树种和常绿树种的分异最为明显。除比叶重外，无论是在形态指标上，还是叶片经济指标，落叶树种均比常绿树种要高。这与上海所处的亚热带常绿落叶阔叶混交林的植被地带性紧密相关的。落叶树种性状集中表现出形态高大、叶片平展轻薄、光合呼吸旺盛等特点，而常绿树种的总体性状特征为树形适中、叶片规则厚质、新陈代谢速率平缓（表3-14）。

树种性状统计表　　表3-14

性状	落叶树种	常绿树种	平均
	均值 ± 标准差	均值 ± 标准差	均值 ± 标准差
树高（m）	9.73 ± 3.57	6.89 ± 1.80	8.88 ± 3.39
冠高（m）	6.35 ± 3.23	4.53 ± 1.46	5.81 ± 2.92
冠幅（m）	4.77 ± 1.29	3.74 ± 0.93	4.46 ± 1.28
树冠高宽比	0.66 ± 0.25	0.64 ± 0.28	0.65 ± 0.26
全株高宽比	1.08 ± 0.28	1.03 ± 0.28	1.07 ± 0.28
叶面积（m^2）	25.68 ± 19.36	13.77 ± 6.99	22.11 ± 17.45
单叶面积（cm^2）	111.99 ± 137.78	47.38 ± 35.90	92.61 ± 120.15
叶周长（cm）	119.88 ± 163.13	47.56 ± 49.78	98.18 ± 142.46

续表

性状	落叶树种	常绿树种	平均
	均值 ± 标准差	均值 ± 标准差	均值 ± 标准差
叶片分形指数	1.32 ± 0.21	1.18 ± 0.16	1.28 ± 0.20
比叶面积（cm^2/g）	95.80 ± 23.39	58.41 ± 13.48	84.59 ± 27.04
比叶重（g/dm^2）	1.11 ± 0.29	1.80 ± 0.42	1.32 ± 0.46
净光合速率［$\mu molCO_2/(m^2 \cdot s)$］	6.38 ± 3.35	5.09 ± 1.97	5.99 ± 3.04
蒸腾速率［$mmolH_2O/(m^2 \cdot s)$］	2.20 ± 1.30	1.49 ± 0.70	1.99 ± 1.19

2．树种种间性状相关性分析

树木形态指标之间大多呈现出显著相关性（表3–15），但树高比、冠高比只与树高具有显著相关性，与冠幅不相关，说明纵向树木的高度是决定树木形态的主要因子，而非横向的冠幅宽度。叶面积与冠高显著弱相关，但与树高不相关，说明树木的叶面积主要由冠形决定，故对于降温增湿、净化过滤、调节径流等调节服务，应主要从冠形上选择，而非树木的整体形态。

叶片水平上，比叶面积与比叶重都与叶片分形指数呈现显著性弱相关，表明在一定程度上，叶片的异形程度决定了叶片的面积和质量。净光合速率与蒸腾速率之间显著性正相关，但两者与比叶面积和比叶重之间均未表现出相关性，说明从叶片形态上很难判断叶片光合呼吸的强弱。叶寿命与比叶重显著正相关，与比叶面积、树高、冠幅显著负相关，即落叶树种能在较快的时间将更多的资源分配给横向枝及高生长上，而常绿树种采用更稳健的生长策略，在高度和冠幅上并不过分伸张，故经常形成近似球形的冠型。色叶树种与比叶面积显著正相关，而与比叶重显著负相关，说明色叶树种基本上具有轻薄宽广的叶片。观花树种、观果树种与其他性状指标均不相关，说明从以上指标上并不能对观花、观果树种进行有效的判断，即落叶树或是常绿树种中都具有观花、观果树种的存在。

3．功能性状与生态系统服务之间的关联

由PCA分析（KMO=0.615，p<0.01），取特征值>1的成分得到5个主成分，解释总方差为84.14%。从荷载图中可知（图3–11），第一主成分以叶片性状比叶面积、比叶重、叶寿命、色叶树种、叶片分形指数等为主，很大程度上反映了常绿树种与落叶树种的叶片性状的区别；第二主成分以叶面积、冠幅、树高、冠高等树木高低、冠幅尺寸等指标相关；第三主成分则主要单叶形状指标；第四主成分反映冠幅比例大小；第五主成分为光合蒸腾的生理值。

供给服务性状主要集中于第一、二、五主成分；调节服务几乎与所有主成分相关；文化服务主要体现第一、三、四主成分上。通过计算主成分贡献值与得分数据转

树种性状之间的相关性　　表3–15

性状	TH	CH	CW	CR	AR	LAS	LA	LP	LMA	SLA	FI	Photo	Trmmol	LL	COLOR	FLOWER
CH	.895**															
CW	.741**	.631**														
CR	.538**	.746**	–.018													
AR	.514**	.516**	–.190	.838**												
LAS	.896**	.860**	.919**	.322*	.142											
LA	.073	.052	.110	–.022	–.033	.113										
LP	.094	.044	.160	–.076	–.073	.142	.928**									
LMA	–.514**	–.363**	–.415**	–.103	–.192	–.458**	–.274	–.375**								
SLA	.522**	.371**	.400**	.129	.225	.453**	.276	.372**	–.997**							
FI	.111	.015	.179	–.131	–.081	.142	.547**	.806**	–.489**	.484**						
Photo	–.115	–.049	.033	–.080	–.199	.001	–.084	–.055	.033	–.023	–.051					
Trmmol	.037	.072	.093	.010	–.055	.108	–.041	–.009	–.141	.156	.007	.891**				
LL	–.437**	–.283*	–.425**	–.043	–.095	–.425**	–.206	–.270	.692**	–.681**	–.314*	–.162	–.274			
COLOR	.453**	.303*	.478**	.021	.047	.479**	.282*	.400**	–.612**	.604**	.517**	.009	.098	–.802**		
FLOWER	–.162	–.037	–.233	.165	.070	–.209	.279*	.169	.231	–.213	–.124	.229	.123	.175	–.276	
FRUIT	.072	.067	.116	–.038	–.050	.122	.271	.293*	.081	–.085	.193	.104	.115	.070	.049	–.098

注：**：$p < 0.01$；*：$p < 0.05$。

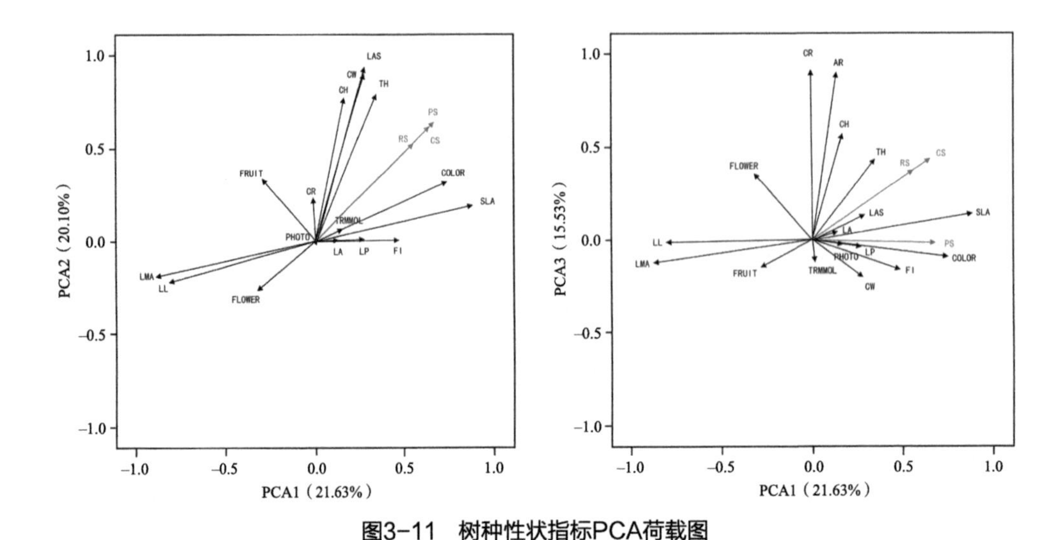

图3-11　树种性状指标PCA荷载图

换，可得到供给、调节与文化服务3项的综合得分，然后与各性状指标之间做线性回归分析（表3-16）。从回归系数上可知，在供给服务方面，光合速率和蒸腾速率的贡献值较大，故树种的供给服务能在碳氧平衡能上较明显的体现其功能服务。而叶寿命、叶面积、比叶重、比叶面积等性状指标的较高贡献值表明氮素的营养循环在叶片尺度上集中得到了体现。在调节服务方面，树冠高度对调节服务具有重要作用。叶周长和叶面积则指示单叶叶片较大的树种调节能力较强。文化服务则比较复杂，贡献值较高的冠高、比叶面积、冠高、树高等树冠形态指标似乎与偏重视觉感官体验为主的文化服务并无直接相关性，但也有文献表明冠高比较大的树木较受欢迎。叶寿命能反映色叶树具有较高文化服务的事实。供给、调节与文化服务之间呈显著性正相关（图3-12），其中，供给服务与调节服务、文化服务的相关系数几乎均等，而调节服务与文化服务的相关系数要略高一些，表明两者相关性更密切。

树种性状与服务的回归系数　　表3-16

性状	供给服务 PS		性状	调节服务 RS		性状	文化服务 CS	
Traits	Standardized Coefficients	Sig.	Traits	Standardized Coefficients	Sig.	Traits	Standardized Coefficients	Sig.
Trmmol	.193	.000	Trmmol	.153	.000	CH	.164	.000
LL	–.177	.000	CH	.145	.000	SLA	.154	.000
Photo	.172	.000	Photo	.129	.000	LMA	–.152	.000
LAS	.158	.000	LP	.129	.000	Crown ratio	.140	.000
COLOR	.141	.000	LA	.127	.000	Aspect ratio	.140	.000
LMA	–.137	.000	Crown ratio	.131	.000	LAS	.136	.000

续表

性状	供给服务 PS		性状	调节服务 RS		性状	文化服务 CS	
SLA	.135	.000	SLA	.116	.000	LL	–.134	.000
CH	.093	.000	LAS	.115	.000	COLOR	.113	.000
FLOWER	–.074	.000	LL	–.113	.000	FRUIT	–.060	.000
LA	–.054	.000	LMA	–.110	.000	FLOWER	–.046	.000
Aspect ratio	–.050	.000	Aspect ratio	.101	.000	Trmmol	.023	.000
LP	–.030	.000	FLOWER	.100	.000	LA	–.023	.000
CR	–.025	.000	COLOR	.093	.000	Photo	–.016	.000
FI	.016	.000	FI	.086	.000	LP	–.016	.000
FRUIT	–.003	.000	FRUIT	.059	.000	FI	.014	.000
TH	.000	.171	TH	.000	.029	TH	.000	.104
CW	.000	.323	CW	.000	.074	CW	.000	.102

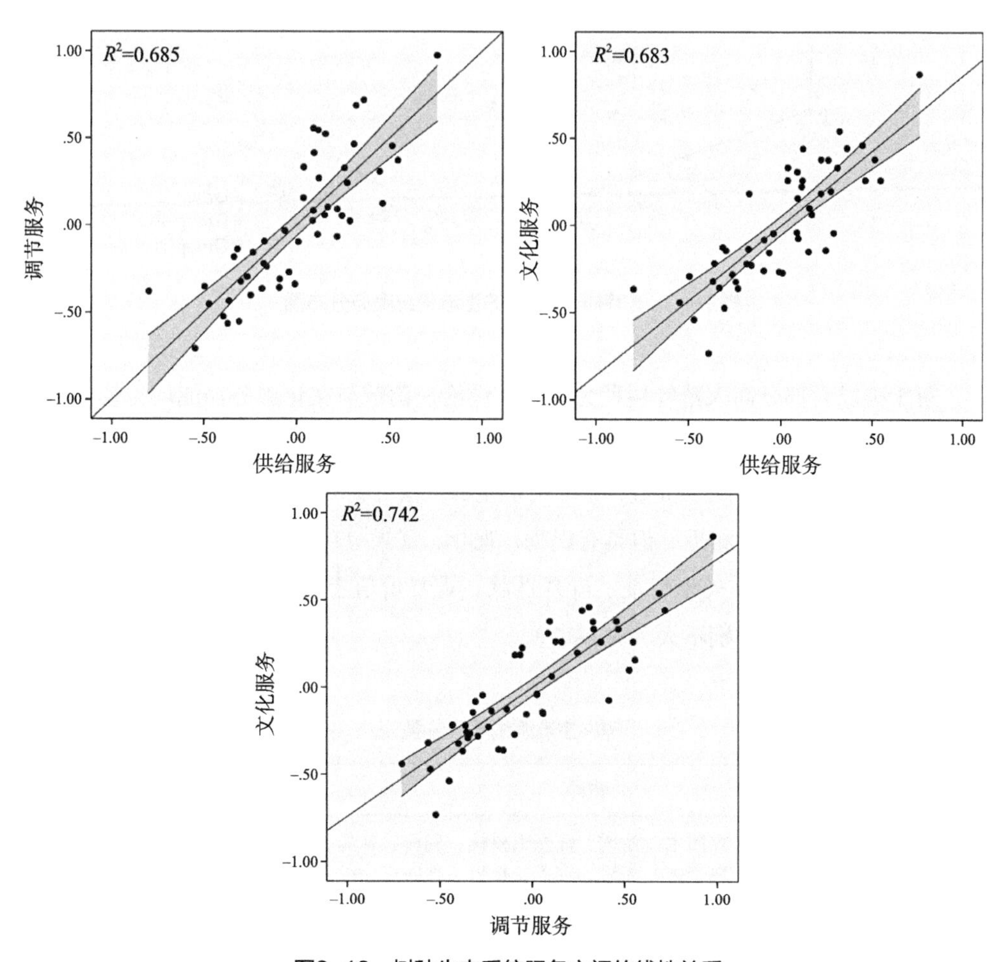

图3–12 树种生态系统服务之间的线性关系

4. 树种“性状-功能”分组

依据植物性状在生态系统功能中的作用，可划分为不同的植物功能型/组（Functional Type/Group），以反映植物承担生态系统服务的差异（图3-13）。由图可知，50种树种非常明显地划分为3个“性状-服务”功能群。

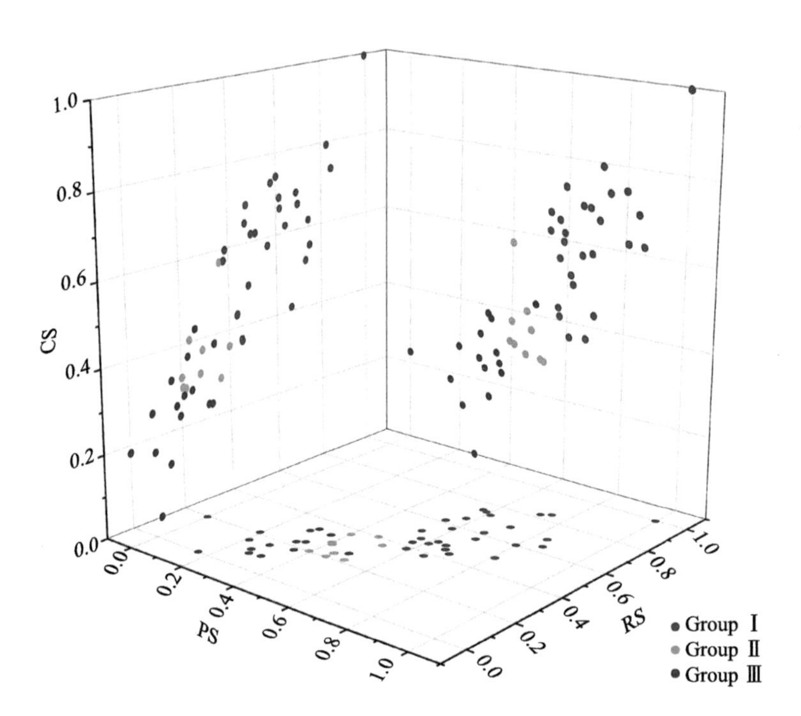

图3-13 50种园林树种的生态系统服务分布图

第Ⅰ类以大部分高大落叶树种为主，其供给、调节与文化服务功能均比较突出，因其具有较大的树高、较宽广的树冠、单叶面积较大且质地轻薄，又基本上属于色叶树种，具有较高的美学观赏价值；第Ⅱ类也全部由落叶树种组成，但树形体量比第一类树种小，与常绿树种相近，但具有观花、观叶、观果等功能；第III类包括树形中等的常绿树种，无论是在外形特征、叶片性状、观赏价值上都非常接近，所承担的供给、调节与文化服务差别不大（表3-17）。

树种生态系统服务分类 表3-17

分类	树种	生态系统服务
第Ⅰ类（26种）	悬铃木、乌桕、重阳木、榆树、薄壳山核桃、刺槐、枫杨、麻栎、柿、白蜡、枫香树、构树、垂柳、朴树、紫薇、全缘叶栾树、黄连木、银杏、七叶树、榉树、无患子、复羽叶栾树、三角枫、南酸枣、鹅掌楸、梧桐	高供给、高调节、色叶树种

续表

分类	树种	生态系统服务
第Ⅱ类（9种）	毛叶山桐子、光皮梾木、巨紫荆、五角枫、白栎、东京樱花、玉兰、榉叶槭、纳塔栎	中等供给、中等调节、色叶、观花、观果树种
第Ⅲ类（15种）	香樟、红豆树、天竺桂、月桂、乐昌含笑、女贞、广玉兰、花榈木、弗吉尼亚栎、樟叶槭、枇杷、柑橘、桂花、冬青、黄心夜合	低供给、低调节服务，常绿观花树种

3.3.5 讨论与结论

1. 生态系统服务与树种功能性状具有关联性

通过树种“性状–服务”评价框架的构建与因子分析发现，植物功能性状与生态系统服务之间存在明显的关联性。落叶树种将大量的能量有效地用于空间上的迅速生长，在较短的时间形成高大的形体提供较高的供给与调节服务。常绿树种则往往由于受限于光合呼吸速率，一般单株树木承担的供给与调节服务较低一些。

树木文化服务直接与人类的偏好相关，具有复杂性和特殊性。由于女贞、香樟、樟叶槭、冬青等常绿树种在一年中形态和叶色变化不大，较少给人视觉感受上的冲击和惊喜，故总体上文化服务较低。文化服务中的性状因子既有正向变量，也有负向变量，各变量之间相互对立、抵消，表现出较大的“权衡（Trade-off）”现象。榉树、朴树、榉叶槭、五角枫、黄连木等落叶树种仅只有色叶观赏价值，花较小而不明显，而常绿树种不具有色叶观赏价值，但很多树种的花却具有很高的观赏性，如桂花、广玉兰与乐昌含笑等。传统上，园林树种的选择方法主要偏重于叶、花、果实的观赏价值，即偏重于文化服务功能的实现，然而，某些具有较高的文化服务的中等色叶树种与常绿观花树种却因为变量之间的消减而居于中下部。

2.“植物功能性状–生态系统服务”评价框架有助于园林树种选择

通过上海地区50种园林树种的“性状–服务”的关联性分析，发现落叶树种比常绿树种在树高上有优势，树木高度决定了树木形态和冠幅大小，并且具有较强的光合呼吸作用，以及养料供给循环等生态过程，同时，落叶树种宽广的树冠在气候调节、径流调节、空气净化和消声减噪等调节服务中均较为理想，从树种外在形态、体量上有助于高供给服务、高调节服务，以及高观赏价值的树种选择。这种“性状–服务”关联性可以为园林树种的选择提供一种客观理性的评价框架。

另一方面，多种性状之间也存在相互制约的权衡关系。这种权衡很大程度上体现在树种的文化服务选择文化价值的树种选择，为满足不同的观赏偏好，而忽视生态系统服务之间的权衡和协同可能会导致某些生态系统服务的下降与缺失，从而对整个生态系统的稳定和安全造成威胁。仅仅从个别性状特征上进行树种选择存在一定风险性。生态系统服务管理必须权衡和兼顾多种生态系统服务的实现，使其综合效益最大化。

从上海50种园林树种的生态系统服务三轴分布图（图3-14）中可知，仅有极少的树种具有单一的服务功能，绝大部分树种的综合服务相对集中的分布于中心，说明这些树种在供给、调节以及文化服务方面的差异性并不大。可以认为各树种种间性状和生态系统服务是趋同的，而并不是分异的，所谓的“最优树种”或“最佳树种”的提法并不适当，而“适地适树”的树种选择机制和规划原则才是最适合的。

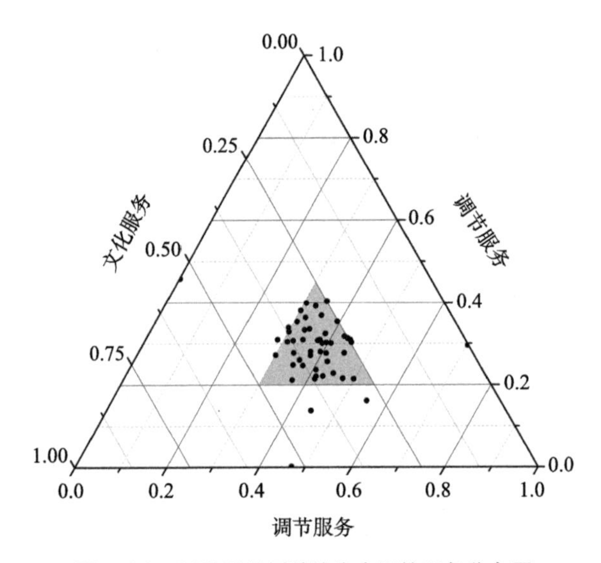

图3-14　50种园林树种的生态系统服务分布图

此外，关于城市园林树种选择的其他制约因素也值得关注，如树龄寿命、生长空间与生理抗性，还有个别种属树种具有潜在生态系统危害（Ecosystem Disservices），如夏栎、杨树、二球悬铃木等高挥发性有机物（VOC）树种。这些实际问题仍值得做进一步的研究和探讨。

参考文献

[1] Luo Z, Sun O J, Ge Q, et al. Phenological responses of plants to climate change in an urban environment [J]. Ecological Research, 2007, 22(3): 507-514.

[2] Schmidt G, Schönrock S, Schröder W. Plant Phenology as a Biomonitor for Climate Change in Germany: A Modelling and Mapping Approach [M]. New York: Springer, 2014.

[3] 裴顺祥，郭泉水，辛学兵，等. 国外植物物候对气候变化响应的研究进展[J]. 世界林业研究，2009（6）：31-37.

[4] Heidt V, Neef M. Benefits of Urban Green Space for Improving Urban Climate [M]. New York: Springer, 2008.

[5] Roetzer T, Wittenzeller M, Haeckel H, et al. Phenology in central Europe–differences and trends of spring phenophases in urban and rural areas[J]. Int J Biometeorol, 2000, 44(2): 60-66.

[6] Reckien D, Flacke J, Dawson R J, et al. Climate change response in Europe: what's the reality? Analysis of adaptation and mitigation plans from 200 urban areas in 11 countries [J]. Climatic Change, 2014, 122(1-2): 331-340.

[7] Lu P, Yu Q, Liu J, et al. Advance of tree-flowering dates in response to urban climate change [J]. Agricultural and Forest Meteorology, 2006, 138(1-4): 120-131.

[8] 王连喜，陈怀亮，李琪，等. 植物物候与气候研究进展[J]. 生态学报，2010，20（2）：447-454.

[9] Primack R B, Higuchi H, Miller-Rushing A J. The impact of climate change on cherry trees and other species in Japan [J]. Biological Conservation, 2009, 142(9): 1943-1949.

[10] 许格希，裴顺祥，郭泉水，等. 城市热岛效应对气候变暖和植物物候的影响[J]. 世界林业研究. 2011（6）：12-17.

[11] 王静，常青，柳冬良. 早春草本植物开花物候期对城市化进程的响应——以北京市为例[J]. 生态学报，2014，34（22）：6701-6710.

[12] Zhenghong C, Mei X, Xuan C. Change in flowering dates of Japanese Cherry Blossoms (P. yedoensis Mats.) on campus of Wuhan University and its relationship with variability of winter temperature[J]. Acta Ecologica Sinica, 2008, 28(11): 5209-5217.

[13] 张京伟，张德顺，刘庆华. 上海从澳大利亚引种园林植物的种源地选择[J]. 中国园林，2010，26（7）：83-85.

[14] 王振，张京伟，张德顺. 基于模糊相似优先比法划分与上海气候相似的全球区域[J]. 中国园林，2012，28（1）：91-93.

[15] 宛敏渭，刘秀珍. 中国物候观测方法[M]. 北京：科学出版社，1979.

[16] 陈效逑，喻蓉. 1982～1999年我国东部暖温带植被生长季节的时空变化[J]. 地理学报，2007（1）：41-51.

[17] 龚高法，简慰民. 我国植物物候期的地理分布[J]. 地理学报，1983（1）：33-40.

[18] 张学霞，葛全胜，郑景云，等. 近150年北京春季物候对气候变化的响应[J]. 中国农业气象，2005（4）：61-65.

[19] 陈效逑，张福春. 近50年北京春季物候的变化及其对气候变化的响应[J]. 中国农业气象，2001（1）：2-6.

[20] Fukuoka Y. Biometeorological studies on urban climate [J]. Int J Biometeorol, 1997, 40(1): 54-57.

[21] P. A.克拉特采尔著. 城市气候[M]. 谢克宽译. 北京：中国工业出版社，1963：70.

[22] Guédon Y, Legave J M. Analyzing the time-course variation of apple and pear tree dates of

flowering stages in the global warming context [J]. Ecological Modelling, 2008, 219(1-2): 189-199.
[23] Luo Z, Sun O J, Ge Q, et al. Phenological responses of plants to climate change in an urban environment [J]. Ecological Research, 2007, 22(3): 507-514.
[24] Lu P, Yu Q, Liu J, et al. Advance of tree-flowering dates in response to urban climate change[J]. Agricultural and Forest Meteorology, 2006, 138(1-4): 120-131.
[25] He X, Xu S, Xu W, et al. Effects of climate warming on phenological characteristics of urban forest in Shenyang City, China [J]. Chinese Geographical Science, 2016, 26(1): 1-9.
[26] 张德顺，刘鸣．上海木本植物早春花期对城市热岛效应的时空响应[J]．中国园林，2017（1）：72-77.
[27] Gillner S, Rüger N, Roloff A, et al. Low relative growth rates predict future mortality of common beech (Fagus sylvatica L.) [J]. Forest Ecology and Management, 2013, 302: 372-378.
[28] 李阔，许吟隆．适应气候变化技术识别标准研究[J]．科技导报，2015（16）：95-101.
[29] Ordóñez C, Duinker P N. Climate change vulnerability assessment of the urban forest in three Canadian cities [J]. Climatic Change, 2015, 131(4): 531-543.
[30] Roloff A, Korn S, Gillner S. The Climate-Species-Matrix to select tree species for urban habitats considering climate change [J]. Urban Forestry & Urban Greening, 2009, 8(4): 295-308.
[31] Yang J. Assessing the impact of climate change on urban tree species selection: a case study in Philadelphia [J]. Journal of Forestry, 2009, 107(7): 364-372.
[32] Brandt L, Derby Lewis A, Fahey R, et al. A framework for adapting urban forests to climate change [J]. Environmental Science & Policy, 2016, 66: 393-402.
[33] Kourgialas N N, Karatzas G P. A flood risk decision making approach for Mediterranean tree crops using GIS; climate change effects and flood-tolerant species [J]. Environmental Science & Policy, 2016, 63: 132-142.
[34] Fan P, Ouyang Z, Basnou C, et al. Nature-based solutions for urban landscapes under post-industrialization and globalization: Barcelona versus Shanghai [J]. Environmental Research, 2017, 156: 272-283.
[35] Wang H, Qin J, Hu Y, et al. Detecting the plant species composition and diversity among the farmers' settlement types in Shanghai [J]. Landscape and Ecological Engineering, 2015, 11(2): 313-325.
[36] 上海科学院．上海植物志[M]．上海：上海科学技术文献出版社，1999.
[37] 沈泽昊，张新时．中国亚热带地区植物区系地理成分及其空间格局的数量分析[J]．植物分类学报，2000（4）：366-380.
[38] Banta J A, Ehrenreich I M, Gerard S, et al. Climate envelope modelling reveals intraspecific relationships among flowering phenology, niche breadth and potential range size in Arabidopsis

thaliana[J]. Ecology Letters, 2012, 15(8): 769-777.

[39] Brandt L A, Benscoter A M, Harvey R, et al. Comparison of climate envelope models developed using expert-selected variables versus statistical selection[J]. Ecological Modelling, 2017(345): 10-20.

[40] Buma B, Wessman C A. Forest resilience, climate change, and opportunities for adaptation: A specific case of a general problem [J]. Forest Ecology and Management, 2013, 306: 216-225.

[41] Miller J. Species Distribution Modeling [J]. Geography Compass, 2010, 4(6): 490-509.

[42] Zhang M, Slik J W F, Ma K. Using species distribution modeling to delineate the botanical richness patterns and phytogeographical regions of China[J]. Scientific Reports, 2016, 6(1).

[43] Mckenney D W, Pedlar J H, Lawrence K, et al. Beyond Traditional Hardiness Zones: Using Climate Envelopes to Map Plant Range Limits [J]. Bioscience, 2007, 57(11): 929-937.

[44] 方精云，李莹．北美东部8种温带树种向北分布的限制气候因子（英文）[J]. Acta Botanica Sinica，2002（2）：199-203.

[45] Higa M, Tsuyama I, Nakao K, et al. Influence of nonclimatic factors on the habitat prediction of tree species and an assessment of the impact of climate change [J]. Landscape and Ecological Engineering, 2013, 9(1): 111-120.

[46] Booth T H. Estimating potential range and hence climatic adaptability in selected tree species[J]. Forest Ecology and Management, 2016(366): 175-183.

[47] 史军，崔林丽，杨涵洧，等．上海气候空间格局和时间变化研究[J]．地球信息科学学报，2015（11）：1348-1354.

[48] 史军，崔林丽，田展，等．上海百余年来气温日间波动特征及城市化影响[J]．资源科学，2011（5）：989-994.

[49] 崔林丽，史军，周伟东．上海极端气温变化特征及其对城市化的响应[J]．地理科学，2009（1）：93-97.

[50] 王轩，尹占娥，迟潇潇，等．气候变化下上海市降水问题[J]．热带地理，2015（3）：324-333.

[51] Zhang K, Wang R, Shen C, et al. Temporal and spatial characteristics of the urban heat island during rapid urbanization in Shanghai, China[J]. Environmental Monitoring and Assessment, 2010, 169(1-4): 101-112.

[52] 卞娟娟，郝志新，郑景云，等. 1951-2010年中国主要气候区划界线的移动[J]．地理研究，2013（7）：1179-1187.

[53] 郑景云，卞娟娟，葛全胜，等．中国1951-1980年及1981-2010年的气候区划[J]．地理研究，2013（6）：987-997.

[54] 上海园林志编纂委员会．上海园林志[M]．上海：上海社会科学院出版社，2000.

[55] 秦大河，Stocker Thomas. IPCC第五次评估报告第一工作组报告的亮点结论[J]．气候变化研究进展，2014（1）：1-6.

[56] 周伟东，朱洁华，梁萍．近134年上海冬季气温变化特征及其可能成因[J]．热带气象学报，2010（2）：211-217.

[57] 贺芳芳，赵兵科．近30年上海地区暴雨的气候变化特征[J]．地球科学进展，2009（11）：1260-1267.

[58] 殷杰，尹占娥，于大鹏，等．基于情景的上海台风风暴潮淹没模拟研究[J]．地理科学，2013（1）：110-115.

[59] Gillner S, Vogt J, Roloff A. Climatic response and impacts of drought on oaks at urban and forest sites[J]. Urban Forestry & Urban Greening, 2013, 12(4): 597-605.

[60] Gillner S, Korn S, Roloff A. Leaf-Gas Exchange of Five Tree Species at Urban Street Sites[J]. Arboriculture & Urban Forestry, 2015, 41(3): 113-124.

[61] 阎洪．计算机引种决策支持系统的建立及其应用Ⅰ——引种区划[J]．林业科学，1989（5）：395-400.

[62] 吴中伦．园林化树种的选择与规划[J]．林业科学，1959（2）：1-27.

[63] 陈新美，雷渊才，张雄清，等．样本量对MaxEnt模型预测物种分布精度和稳定性的影响[J]．林业科学，2012（1）：53-59.

[64] 徐文铎．东北主要树种的分布与热量关系的初步研究[J]．东北林学院学报，1982（4）：1-10.

[65] 洪必恭，李绍珠．江苏主要常绿阔叶树种的分布与热量关系的初步研究[J]．生态学报，1981（2）：105-111.

[66] 张粤，陈玮，何兴元，等．中国东北城市森林树种选择与气候的关系[J]．生态学杂志，2003（6）：173-176.

[67] Holdridge LR.Determination of world plant formations from simple climatic data[J].Science, 1947, 105: 367-368.

[68] Kira T. On the altitudinal arrangement of climatic zone in Japan[J]. Kanti Nougaku, 1948, 2: 143-173.

[69] Bailey H P. Semiarid climates: their definition and distri-bution[J]. Ecol Study, 1973(34): 73-97.

[70] Derkzen M L, van Teeffelen A J A, Verburg P H. Quantifying urban ecosystem services based on high-resolution data of urban green space: an assessment for Rotterdam, the Netherlands[J]. J APPL ECOL, 2015, 52(4): 1020-1032.

[71] Davies H J, Doick K J, Hudson M D, et al. Challenges for tree officers to enhance the provision of regulating ecosystem services from urban forests[J]. ENVIRON RES, 2017(156): 97-107.

[72] 郄光发，王成，彭镇华．我国城市森林建设树种选择现状与策略[J]．世界林业研究，

2012（4）：63-66.

[73] 吴泽民，王嘉楠. 应对气候变化——城市森林树种选择思考[J]. 中国城市林业，2017（3）：1-5.

[74] 吴中伦. 园林化树种的选择与规划[J]. 林业科学，1959（2）：1-27.

[75] 柴思宇，刘燕. 对我国城市园林树种规划现状的思考[J]. 黑龙江农业科学，2011（2）：141-144.

[76] 陈俊愉. 关于城市园林树种的调查和规划问题[J]. 园艺学报，1979（1）：49-63.

[77] 俞慧珍，王诚录，朱明良，等. 城市园林绿化树种规划的理论基础及其在江苏的实践[J]. 中国园林，1989（3）：37-41.

[78] 蓝增全. 城市绿化树种信息系统的研究[J]. 北京林业大学学报，2003（4）：85-87.

[79] 张宝鑫，张治明，李延明. 北京地区园林树种选择和应用研究[J]. 中国园林，2009（4）：94-98.

[80] 吴霜，延晓冬，张丽娟. 中国森林生态系统能值与服务功能价值的关系[J]. 地理学报，2014（3）：334-342.

[81] 陈莹婷，许振柱. 植物叶经济谱的研究进展[J]. 植物生态学报，2014（10）：1135-1153.

[82] Goodness J, Andersson E, Anderson P M L, et al. Exploring the links between functional traits and cultural ecosystem services to enhance urban ecosystem management[J]. ECOL INDIC, 2016(70): 597-605.

[83] 傅伯杰，刘世梁，马克明. 生态系统综合评价的内容与方法[J]. 生态学报，2001（11）：1885-1892.

[84] 傅伯杰，于丹丹，吕楠. 中国生物多样性与生态系统服务评估指标体系[J]. 生态学报，2017（2）：341-348.

[85] 胡艳琳，戚仁海，由文辉，等. 城市森林生态系统生态服务功能的评价[J]. 南京林业大学学报（自然科学版），2005（3）：111-114.

[86] Vogt J, Gillner S, Hofmann M, et al. Citree: A database supporting tree selection for urban areas in temperate climate[J]. LANDSCAPE URBAN PLAN, 2017, 157: 14-25.

[87] Tzoulas K, Korpela K, Venn S, et al. Promoting ecosystem and human health in urban areas using Green Infrastructure: A literature review[J]. LANDSCAPE URBAN PLAN, 2007, 81(3): 167-178.

[88] 冯继广，丁陆彬，王景升，等. 基于案例的中国森林生态系统服务功能评价[J]. 应用生态学报，2016（5）：1375-1382.

[89] 王兵，任晓旭，胡文. 中国森林生态系统服务功能及其价值评估[J]. 林业科学，2011（2）：145-153.

[90] 余新晓，鲁绍伟，靳芳，等. 中国森林生态系统服务功能价值评估[J]. 生态学报，2005（8）：2096-2102.

[91] 赵同谦，欧阳志云，郑华，等．中国森林生态系统服务功能及其价值评价[J]．自然资源学报，2004（4）：480-491.

[92] 李少宁，王兵，赵广东，等．森林生态系统服务功能研究进展——理论与方法[J]．世界林业研究，2004（4）：14-18.

[93] 王伟，陆健健．生态系统服务功能分类与价值评估探讨[J]．生态学杂志，2005（11）：64-66.

[94] 郑鹏，史红文，邓红兵，等．武汉市65个园林树种的生态功能研究[J]．植物科学学报，2012（5）：468-475.

[95] 宋贺，于鸿莹，陈莹婷，等．北京植物园不同功能型植物叶经济谱[J]．应用生态学报，2016（6）：1861-1869.

[96] 孙梅，田昆，张贇，等．植物叶片功能性状及其环境适应研究[J]．植物科学学报，2017（6）：940-949.

[97] 宝乐，刘艳红．东灵山地区不同森林群落叶功能性状比较[J]．生态学报，2009（7）：3692-3703.

[98] Díaz S, Kattge J, Cornelissen J H C, Wright I J, Lavorel S, Dray S, Reu B, Kleyer M, Wirth C, Colin Prentice I, Garnier E, Bönisch G, Westoby M, Poorter H, Reich P B, Moles A T, Dickie J, Gillison A N, Zanne A E, Chave J, Joseph Wright S, Sheremet Ev S N, Jactel H, Baraloto C, Cerabolini B, Pierce S, Shipley B, Kirkup D, Casanoves F, Joswig J S, Günther A, Falczuk V, Rüger N, Mahecha M D, Gorné L D. The global spectrum of plant form and function[J]. NATURE, 2016, 529(7585): 167-171.

[99] 王绪平，李德志，盛丽娟，等．城市园林中鸟类及蜂蝶的重要性及其招引与保护[J]．林业科学，2007（12）：134-143.

[100] 杨佳，王会霞，谢滨泽，等．北京9个树种叶片滞尘量及叶面微形态解释[J]．环境科学研究，2015（3）：384-392.

[101] Zhang Z, Liu J, Wu Y, et al. Multi-scale comparison of the fine particle removal capacity of urban forests and wetlands[J]. SCI REP-UK, 2017, 7: 46214.

[102] 裘璐函，何婉璎，刘美华，等．杭州市6种常见绿化树种滞尘能力及光合特性[J]．浙江农林大学学报，2018（1）：81-87.

[103] 罗红艳，李吉跃，刘增．绿化树种对大气SO_2的净化作用[J]．北京林业大学学报，2000（1）：45-50.

[104] Asgarzadeh M, Vahdati K, Lotfi M, et al. Plant selection method for urban landscapes of semi-arid cities (a case study of Tehran)[J]. URBAN FOR URBAN GREE, 2014, 13(3): 450-458.

[105] 刘海轩，金桂香，吴鞠，等．林分规模与结构对北京城市森林夏季温湿效应的影响[J]．北京林业大学学报，2015（10）：31-40.

[106] 郭太君，林萌，代新竹，等．园林树木增湿降温生态功能评价方法[J]．生态学报，2014

（19）：5679-5685.

[107] 薛雪，张金池，孙永涛，等. 上海常绿树种固碳释氧和降温增湿效益研究[J]. 南京林业大学学报（自然科学版），2016（3）：81-86.

[108] 莫健彬，王丽勉，秦俊，等. 上海地区常见园林植物蒸腾降温增湿能力的研究[J]. 安徽农业科学，2007（30）：9506-9507.

[109] Westoby M, Wright I J. The leaf size-twig size spectrum and its relationship to other important spectra of variation among species[J]. OECOLOGIA, 2003, 135(4): 621-628.

[110] Dias A T C, Cornelissen J H C, Berg M P. Litter for life: assessing the multifunctional legacy of plant traits[J]. J ECOL, 2017, 105(5): 1163-1168.

[111] Bello F D, Lavorel S, Díaz S, et al. Towards an assessment of multiple ecosystem processes and services via functional traits[J]. BIODIVERS CONSERV, 2010, 19(10): 2873-2893.

[112] Lavorel S, Grigulis K, Lamarque P, et al. Using plant functional traits to understand the landscape distribution of multiple ecosystem services[J]. J ECOL, 2011, 99(1): 135-147.

[113] Pretzsch H, Biber P, Uhl E, et al. Crown size and growing space requirement of common tree species in urban centres, parks, and forests[J]. URBAN FOR URBAN GREE, 2015, 14(3): 466-479.

[114] Cornelissen J H. A triangular relationship between leaf size and seed size among woody species: allometry, ontogeny, ecology and taxonomy[J]. OECOLOGIA, 1999, 118(2): 248-255.

[115] 唐青青，黄永涛，丁易，等. 亚热带常绿落叶阔叶混交林植物功能性状的种间和种内变异[J]. 生物多样性，2016（3）：262-270.

[116] 许洺山，赵延涛，杨晓东，等. 浙江天童木本植物叶片性状空间变异的地统计学分析[J]. 植物生态学报，2016，40（1）：48-59.

[117] 祝介东，孟婷婷，倪健，等. 不同气候带间成熟林植物叶性状间异速生长关系随功能型的变异[J]. 植物生态学报，2011，35（7）：687-698.

[118] 梁琴，陶建平，张炜银. 植物功能型及其划分方法[J]. 西南大学学报（自然科学版），2007（10）：97-103.

[119] 戴尔阜，王晓莉，朱建佳，等. 生态系统服务权衡：方法、模型与研究框架[J]. 地理研究，2016（6）：1005-1016.

[120] Sjöman H, Nielsen A B. Selecting trees for urban paved sites in Scandinavia-A review of information on stress tolerance and its relation to the requirements of tree planners[J]. URBAN FOR URBAN GREE, 2010, 9(4): 281-293.

[121] Vlachokostas C, Michailidou A V, Matziris E, et al. A multiple criteria decision-making approach to put forward tree species in urban environment[J]. Urban Climate, 2014, 10: 105-118.

[122] Meier F, Scherer D. Spatial and temporal variability of urban tree canopy temperature during summer 2010 in Berlin, Germany[J]. THEOR APPL CLIMATOL, 2012, 110(3): 373-384.

第4章　城市广场小气候特征与空间构成的相关性测析

近30年来，气候（Climate）成为学界、政界、舆论界的热门话题，其变化深入影响着人类的生活，全世界没有一个地方免受气候变化的影响，气象、生态、农业、林业、水利、海洋、环保、旅游是最为敏感和需要积极应对的学科。对风景园林学科而言，小气候调控可以减缓和适应气候变化的胁迫，使人居环境控制在可以适应甚至舒适的幅度之内。

在气候学中，气候是人类能够感知的某一区域在一定时间内大气的平均状态，用各种气候要素的统计值表示。通常，气候学研究中会根据不同的研究尺度、范围对气候研究的进行分类。把大范围的气候称为“大气候”，把中等尺度的气候称为“中气候”，把小范围的气候称为“小气候”或“微气候”。在小气候研究的过程中，不同的研究者对气候研究的尺度及概念存在着不同的认识和定义，常见的气候尺度分类见表4-1。

气候研究尺度汇总表　　表4-1

空间尺度（m）	Orlanski（1975年）	Kraus（1983年）	Böer（1959年）	Hupfer（1989年）	Flohn（1959年）	Barry（1970年）
10^7	大-β尺度	宏观范围	大气候范围	全球气候	大气候	全球风带
10^6	中-α尺度	概要范围		地带性气候		地区大气候
10^5	中-β尺度	中观范围		地形气候	地区气候	
10^4	中-γ尺度		地区气候范围		地区（中）气候	地区（地形）气候
10^3	小-α尺度	微观范围		地区小气候		
10^2	小-β尺度	局部范围		小型气候	小气候	小气候
10^1	小-γ尺度					
10^0			小气候范围	边界层气候		

2014年国家自然基金委员会给风景园林学科下达了重点项目“城市宜居环境风景园林小气候适应性设计理论和方法研究”（No. 51338007），根据城市绿地的类型，分

为点线面空间的小气候规律的测定、研究和分析，下面以点状空间的代表城市广场为例，阐述一下城市小气候的定量化研究思路。

良好的城市广场空间形态可以改善广场的小气候，提高逗留质量，提升城市宜居水平。本章主要从广场冠层、天穹扇区和水体等三方面研究空间形态与城市广场小气候要素的关系，为小气候适宜性广场的营建提供设计策略。

首先，研究不同冠层与热环境间、人体热舒适度与行为活动间的关联特征。以上海创智天地广场为研究对象，对小气候要素进行冬夏两季昼夜连续监测。研究冬夏季不同太阳方位角和高度角对场地阴影的影响，解析不同冠层在空间和时间两个维度上的组间差异、冬夏差异，并归纳其作用规律。通过对比行为注记与人体热舒适度数据，分析空间热舒适度对广场单位面积人流量的作用规律。

然后，研究广场中不同遮蔽情况在太阳运行条件下，小气候及人体热舒适度的变化特征。根据天球模型、太阳视运动轨迹原理，在测点天空鱼眼照片上，叠加日轨图和天空图，绘制成天穹图。比较天空开阔度和太阳运行所在扇区天空开阔度对日间不同时刻小气候及热舒适度影响的差异，通过组间差异分析、相关性分析和热舒适度分析定位对小气候及热舒适度最易受影响的时间、天穹范围和空间位置。

最后，研究水景对上海夏季城市广场的降温效果，以上海创智天地广场和世纪广场为研究对象，对广场中动态水体（喷泉组）、静态水体（水池组）和硬质铺装（对照组）进行小气候要素的连续监测，分析水景与场地微气候要素太阳辐射、表面温度、空气温度和人体热舒适度的关系，分析水景和小气候之间的相关性，比较不同降温方式的小气候及人体热舒适度适宜性。

4.1　研究基础

4.1.1　气候条件

上海地区属亚热带海洋性季风气候，夏季炎热、冬季阴冷、春季温暖、秋季凉爽，雨热同期，雨量充沛，通常在每年6月中旬至7月上旬前后，为梅雨季节，阴雨连绵不断，时大时小，高温高湿。气候温和湿润，四季分明。

根据上海市气象中心统计数据分析，上海市最高温度多出现在7、8月份，最冷温度多出现在1、2、12月份；1991～2013年的23年间，7月平均温度为28.6℃、最高温度为40.6℃，8月平均温度为28.1℃、最高温度为41.2℃，1月平均温度为4.3℃、最低温度为−8.5℃，2月平均温度为6.2℃、最低温度为−6.7℃，12月平均温度为7.0℃、最低温度为−8.5℃。

4.1.2 研究场地

本研究的场地主要是上海市的创智天地广场、世纪广场、国歌纪念广场和海粟绿地广场。

1．创智天地广场

上海创智天地广场位于上海市杨浦区创智天地园区，东靠江湾体育场，西临淞沪路，南北两侧均为创智天地园区商业办公楼，是园区内开放的商业广场。场地呈"T"字形，面积为11800m^2，"T"形短边长140m、宽57m，"T"形长边长152m、宽40m，长边为西北—东南走向（西偏北28°）。广场中央具有50m^{2}喷泉，每天12:00～13:00和18:00～19:00喷涌2小时，北部有面积约1000m^{2}的静水面，水面上架有镂空木栈道。

2．世纪广场

上海世纪广场位于上海浦东新区，东起广场东路，西至广场西路，北临浦东新区区政府、南靠上海科技馆，世纪广场兼具区政府前市政广场、科技馆前集散广场、地铁站出口交通广场等功能的综合性广场。广场呈方形对称状，总面积为44000m^2，其中水体面积3400m^2，四周高5.6m的高台将广场围合在中央。

3．国歌纪念广场

上海国歌纪念广场位于上海市杨浦区，东起荆州路，西至大连路，南接霍山路，北抵长阳路。广场的平面布局为梯形，面积为20500m^2，梯形短边长145m，长边为166m，高为137m，场地长轴方向为西北—东南走向（北偏西39°）。

4．海粟绿地广场

上海海粟绿地广场位于上海市长宁区，东接刘海粟美术馆，西临凯旋路，南依延安西路，北靠昭化路，原名为凯桥绿地，为长宁区的街头绿地广场，现兼具刘海粟美术馆的附属绿地和街头绿地的功能。全园占地约34500m^2，实测研究的广场区占地约6000m^2。中心为下沉广场，最大高差为2.5m。

4.1.3 研究仪器及方法

1．小气候实测

小气候测量仪器为美国光谱技术公司（Spectrum Technologies，Inc）生产的WatchDog Model 2900ET小型气象站，该小型气象站可以进行1min、5min、10min、15min、30min或60min间隔的气象数据自动记录，其主要监测指标有：空气温度、相对湿度、地面温度、太阳辐射强度、风速、风向等。城市气象数据采集间隔为30min，监测数据有空气温度、相对湿度、风速、风向。

城市广场小气候的测试在晴朗少云的天气下进行，数据采集间隔为10min。监测的小气候指标有空气温度、相对湿度、表面（铺装或土壤）温度、太阳辐射、风速、风向，数据采集时空气温度和相对湿度传感器的高度为1.5m，风速、风向传感器的高度为2m。监测分为昼夜连续监测和分段监测（8:00~20:00）2种。

2. 行为活动分析

根据丹麦建筑师扬·盖尔（Jan Gehl）在《交往与空间》将公共空间中的户外活动分为必要性、自发性和社会性活动3类（表4-2），创智天地广场中的活动可尽数归于其中，3种活动在交织融会中发生，共同使广场空间富于生机与魅力。其中，自发性活动环境质量的要求最高。按照使用时间可以分为3类，早上以中老年人晨练为主，白天以上班族通行、小憩为主，晚间以周围居民休闲为主。还可以按照工作日和休息日将使用时间分为2类，在工作日的使用者多为相对固定的人群，如晨练者、上班族、附近居民、递送货物的员工等，休息日的使用者组成较为自由，如早教班的儿童及家长、聚会的朋友、购物的亲友、游戏的少年儿童及固定的晨练和附近居民。

创智天地广场行为活动表 表4-2

活动类型	必要性活动	自发性活动		社会性活动
活动因素	上学（N1）	赏景（O1）	遛狗（O7）	儿童游戏（S1）
	上班（N2）	戏水（O2）	散步（O8）	交谈（S2）
	购物（N3）	饮食（O3）	健身（O9）	广场舞（S3）
	等人（N4）	玩耍（O4）	小坐休憩（O10）	群体操（S4）
	递送（N5）	纳凉（O5）	驻足观望（O11）	
	巡视（N6）	晒太阳（O6）		

采用加拿大Point Grey公司产LadyBug5全景摄像机、单反相机、用户访谈等方式进行使用人群的行为注记。行为注记采集间隔为1h，观察时间为10min，记录活动人群的位置、数量和活动类型，并通过摄像机和照相机对行为注记的结果进行补充和核对。

3. 场地测量

场地测量仪器主要有瑞士产徕卡（Leica）激光测距仪D810（测试范围：0.05~200m，测量误差：±1.0mm）、瑞士产Haglof超声波测高测距仪Vertex IV（测试高度范围：0~999m、使用异频雷达收发机：30m，测量误差：±0.1m）、卷尺等。使用卷尺进行常规距离的测量，30m以下的树木、建筑可通过超声波测高测距仪器进行，更长、更高的测量可以使用激光测距仪。

4. 天空开阔度测量

天空开阔度是指地面对天空的视角系数，表示测点平面表面接收（或发射）的辐射量与其整个天空半球接收（或发射）的辐射量之比。可用于衡量某特定位置的辐射传输被阻挡的程度。SVF为0时表示天空被完全遮挡以至于辐射全部被阻截，为1时表示天空没有被遮挡，表面会接收（或发射）全部辐射。

天空开阔度SVF测量采用Canon 60D相机搭载4.5mm f/2.8鱼眼镜头，该镜头视角范围为对角线180°。SVF测试时，使用鱼眼镜头相机在小型气象站太阳辐射传感器上方进行拍摄，拍摄时保持指北针的方向。拍摄所得的天穹照片经过HemiView冠层数字分析系统进行处理得到每个扇区的SVF值及整体SVF值。

4.2 广场冠层小气候效应及人体热舒适度研究

4.2.1 实验设计

根据广场冠层特点，将广场空间分为常绿植物冠层、落叶植物冠层、建筑冠层、无广场冠层4种，另设广场对照组（图4–1）。测点周边及覆盖条件见表4–3。

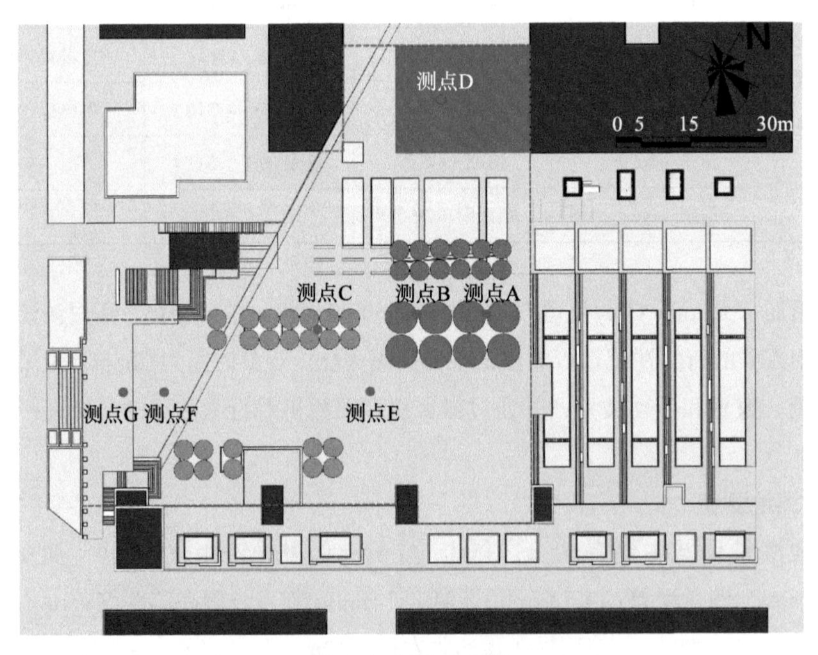

图4–1 测点分布图

测点详解表　　表4-3

测试组编号：P1　冠层类型：常绿植物

	测点照片	鱼眼镜头照片	SVF	说明
测点A		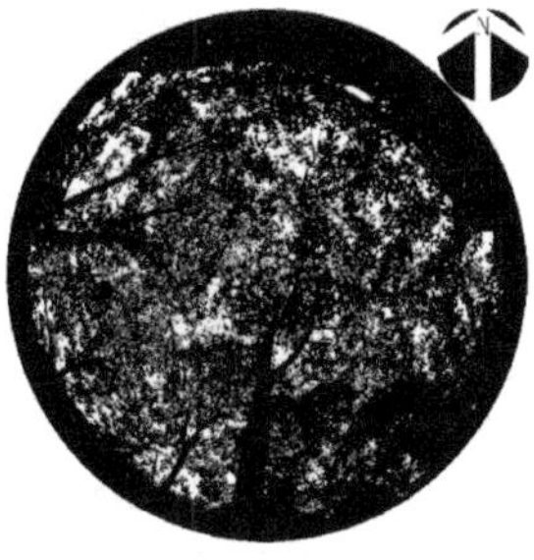	0.136	常绿乔木女贞树下
	测点照片	鱼眼镜头照片	SVF	说明
测点B		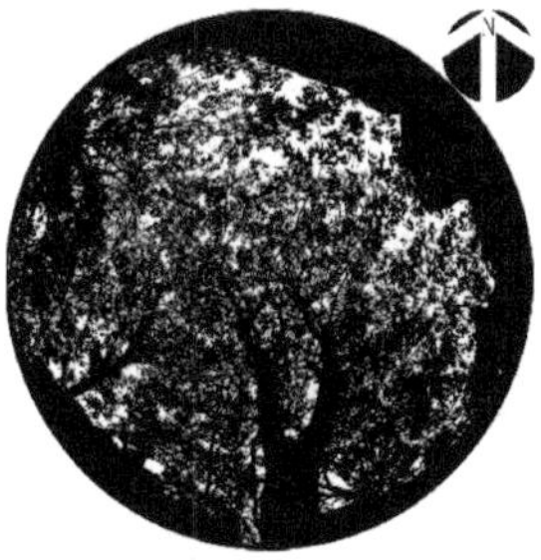	0.187	常绿乔木女贞树下

测试组编号：P2　冠层类型：落叶植物

	测点照片	鱼眼镜头照片	SVF	说明
测点C			0.537	落叶乔木樱花树下
			0.272	

续表

测试组编号：P3 冠层类型：建筑悬挑

	测点照片	鱼眼镜头照片	SVF	说明
测点D			0.108	建筑悬挑下

测试组编号：P4 冠层类型：无（广场内）

	测点照片	鱼眼镜头照片	SVF	说明
测点E			0.685	下沉广场硬质铺装
	测点照片	鱼眼镜头照片	SVF	说明
测点F			0.652	下沉广场硬质铺装

测试组编号：CK1 冠层类型：无（广场外）

	测点照片	鱼眼镜头照片	SVF	说明
测点G			0.707	广场未下沉部分硬质铺装

4.2.2　结果分析

1. 不同冠层形式下冬夏热环境分析

辐射是宇宙能量传输与交换的主要方式，太阳能是地球上能量的唯一原始来源。城市广场主要能量来源是地球表面接受的太阳辐射。局部的热湿环境、风环境和大气环境等，也受到太阳辐射的直接影响。故选择太阳辐射量作为热环境研究的切入点，展开分析研究。

（1）太阳辐射量空间分布分析

根据太阳直射点的季节性移动，结合日出日落时间，取6:30～18:00，5:00～19:00作为冬夏两季的太阳辐射分析时段。

比较各类空间与广场对照组太阳辐射值的平均差值，如可以发现：①在冬夏两季，下沉广场各类空间均有降低太阳辐射强度的作用。平均辐射差趋势在冬季为P1＞P3＞P2＞P4，在夏季为P3＞P1＞P2＞P4。②冬季平均辐射差值最大为P1，夏季为P3，其原因为悬挑建筑较高，冬季太阳高度角较低时，太阳直射可到达测点，夏季太阳高度角较高时，无太阳直射；落叶植物排序未变，但由于落叶植物在夏季枝叶繁茂，冬季树叶凋落，覆盖率变化较大，导致在冬夏季相差335.99wat/m^2，为4组中最大。③P4和CK虽同为无冠层空间，但由于P4位于下沉广场中，围合形式和程度与CK不同，太阳辐射量在冬夏季均较低。

由此发现，影响广场太阳辐射强度的外因有太阳方位角，高度角，日照时间等；内因有广场内外的围合形式及程度，广场内乔木冠层的覆盖率、高度及植物的季节性变化等因素（图4–2）。

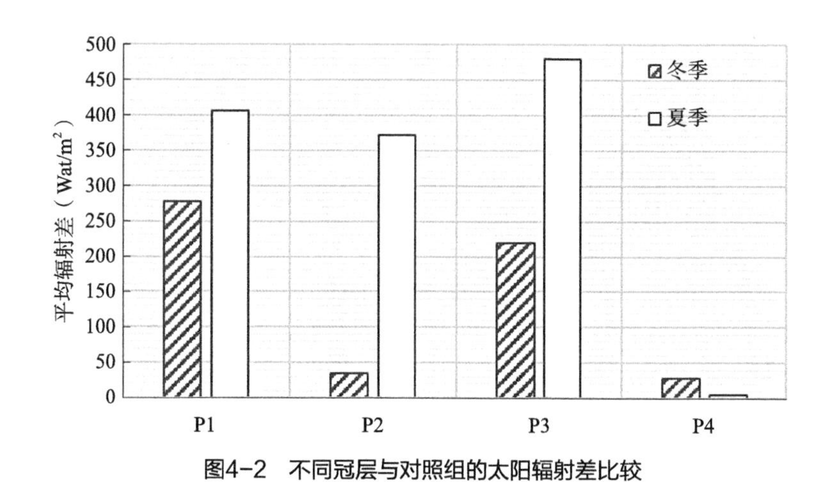

图4–2　不同冠层与对照组的太阳辐射差比较

（2）太阳辐射量时间变化分析

影响太阳辐射日变化规律的为天文辐射的周期性变化，和大气污染的日变化。上海大气污染浓度的日变化呈两高两低型，8:00和18:00大气污染物浓度较高；0:00和12:00大气污染物浓度较低。晴天太阳直接辐射在清晨和傍晚时，受到的削减更为显著。因此，场地中各测点太阳辐射日变化基本趋势为早晚低，正午高。

根据太阳辐射对时间的导数分析各时段太阳辐射的增减速率，可以将日变化阶段分4种：①缓升—速升—稳定—缓降，②缓升—速升—稳定—速降—缓降，③缓升—速升—稳定—速降，④缓升—速升—速降—缓降。综合图4-3、图4-4发现：①有无

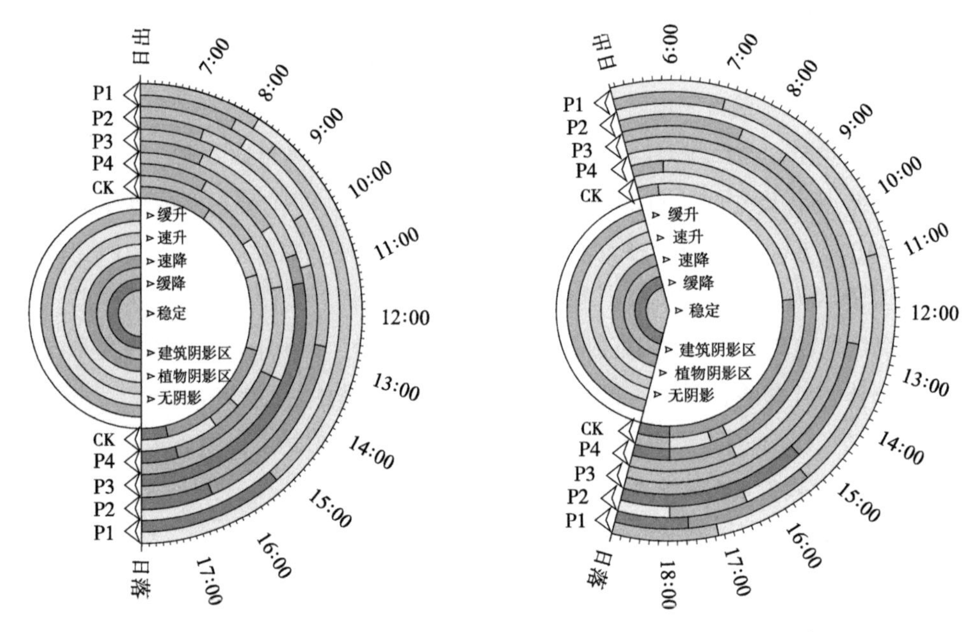

图4-3　场地阴影与太阳辐射日变化对比图（左为冬季，右为夏季）

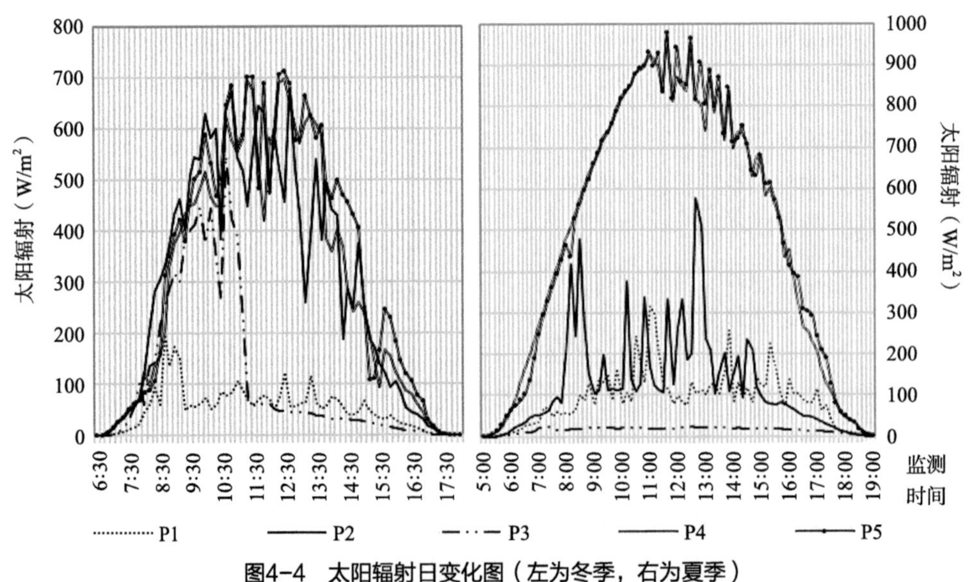

图4-4　太阳辐射日变化图（左为冬季，右为夏季）

太阳直射可以使太阳辐射值迅速增长或迅速降低的时间提前，如夏季无阴影的P4、CK太阳辐射值比阴影下的各组提前70～110min开始迅速提高，冬季P3组的太阳辐射变化与日影变化基本吻合；②分析有阴影各组发现，除P3组夏季外，阴影条件下，随着天文辐射量的增加，太阳辐射值增长速度也会从缓升到速升跃进。③植物冠层的孔隙度使树下的太阳辐射量呈波动状态，夏季树下太阳辐射迅速升高阶段比冬季开始时间早，持续时间长，达到的太阳辐射值高；③常绿植物夏季波动幅度和太阳辐射量大于冬季，落叶植物夏季同常绿植物相似，冬季树叶脱落，仅剩枝干阻挡太阳直射，与夏季相比太阳辐射量和波动幅度均增加。不同冠层形式下冬夏人体热舒适度与行为活动分析。

2. 不同冠层形式下冬夏人体热舒适度与行为活动分析

（1）热舒适度与行为活动的空间分布

使用生理等效温度（Physiologically Equivalent Temperature，简称PET）作为广场人体热舒适度（Human Thermal Comfort，简称HTC）评价指标，PET是由Höppe和Mayer基于MEMI（Munich Energy Balance Model for Individuals）模型提出的人体热舒适度指标，PET可等效于人体在维持体内和体表温度达到人体热量平衡时相对应的典型室内环境中的空气温度，体现了人体能量平衡和室外空间长波辐射通量的相互关系，是最合适的户外人体热舒适度评价指标。根据测得的太阳辐射、空气温度、相对湿度和风速数据，在人体因素为175cm高、75kg重的35岁男性，服装热阻为0.5clo，新陈代谢率取80W/m^{2}条件下，使用Rayman热环境评价软件计算PET。

对各类空间冬夏PET的日均值和行为注记结果进行对比分析。可以发现：①冬季日均值排序为CK＞P4＞P2＞P3＞P1，夏季为CK＞P4＞P2＞P1＞P3；行为注记结果表明，冬季单位面积上人流量排序为P4＞P1＞CK＞P2＞P3，夏季为P3＞P1＞P4＞CK＞P2。②根据图4-5可知，在冬季PET越高，人感到越舒适，不具冠层的空间比具

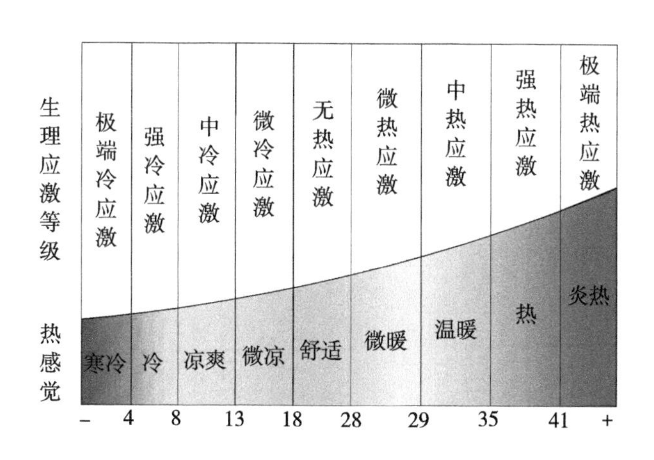

图4-5　PET热感觉和生理应激等级

有冠层的空间更舒适，总体趋势与SVF呈正相关，但P1和P3两组相反，其原因为P3处悬挑空间高度大，冬季太阳直射提高了太阳辐射和气温，以提高人体热舒适度。夏季PET越低，人感到越舒适。具有冠层的空间比不具冠层的空间更舒适，且舒适度随SVF降低而增大。③冬季最舒适的空间是CK和P4，最不舒适的空间是P1和P3；夏季相反，最舒适为P1和P3，最不舒适为CK和P4。人在冬夏不同气候条件下的人体舒适度要求不同，冬季需要增光、增温、减少通风，夏季需要遮光、降温、通风。因此在冬夏小气候调节时，需要统筹考虑两季大气候特征和人体热舒适诉求（图4-6）。④P2组在冬夏两季中PET均处于居中位置，种植落叶乔木是保持广场热舒适度水平的稳妥之举。⑤影响冬季单位面积人流量排序的原因主要有枝下高、空间形态，座椅数量及材质，人体热舒适度等。枝下高影响如P2的植物分枝点较低，树下无法开展活动。CK的空间形态为临街的线性空间，以通过性活动为主（不在此次统计中），少有逗留。P1座椅数量较多，材质为木材和石材2种；P3座椅数量小，且座椅为石材，使P3热舒适度高于P1，但使用率低于P1。排除以上原因后，发现P4单位面积人流量最高的原因是该空间的热舒适度最高，即使排除喷泉吸引的人流，其单位面积人流量仍为最高。⑥夏季行为活动和人体热舒适度关系更为密切，除P2分枝点过低无人活动外，其他类空间单位面积人流量与热舒适度呈正相关。即使夏季喷泉可以吸引众多戏水、赏景者，P4的单位面积人流量仍较低。

（2）热舒适度与行为活动的时间变化分析

比较分析各类空间热舒适度和行为活动的日变化特征如图4-7所示。可知：①热舒适度的变化规律为中午高、早晚低，最低值出现在日出前后。PET对时间的导数

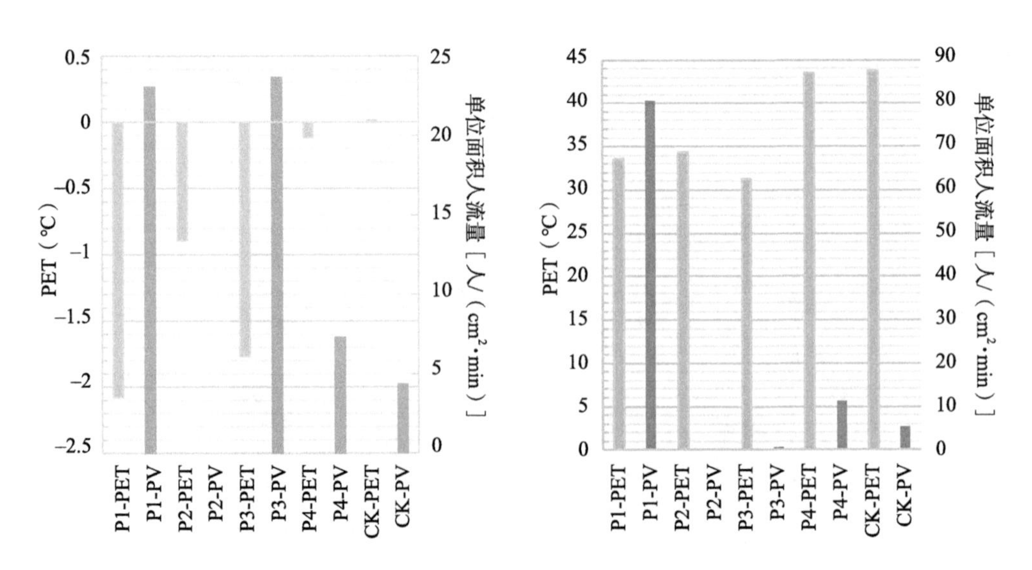

图4-6　人体舒适度与人流量关系图（左为冬季，右为夏季）

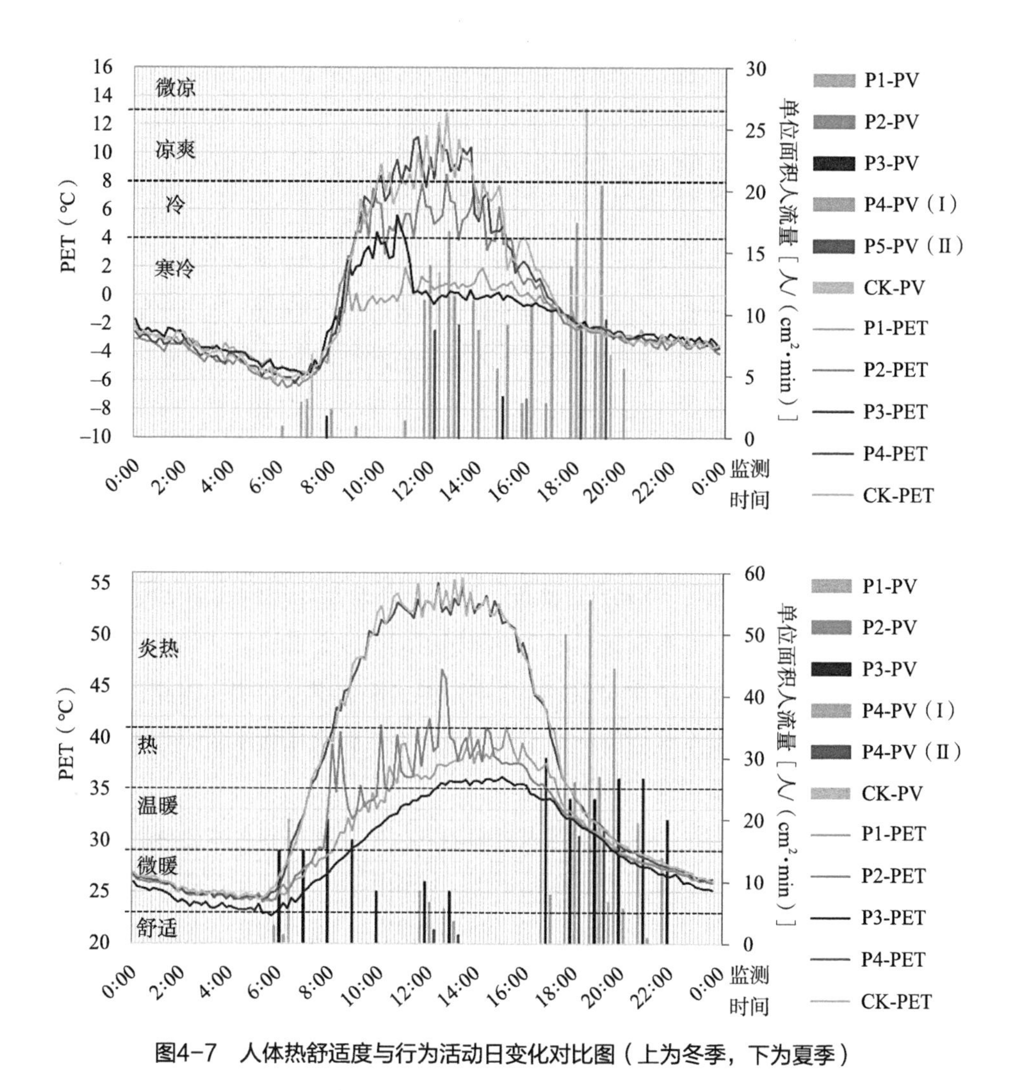

图4-7　人体热舒适度与行为活动日变化对比图（上为冬季，下为夏季）

可知各空间PET值增降速率。在冬季17:30至翌日8:30、夏季18:00至翌日5:30，PET值较低时增降速率较一致。白天各组增减速率各有不同，基本趋势与太阳辐射相近。②热舒适度对行为活动具有一定的影响。冬季中午热舒适度均高于其他时段，各测试组中午单位面积人流量也比上下午多。夏季夜晚热舒适度高，各测试组夜晚单位面积人流量比白天多。③单位面积人流量在夜晚均高于同季节的中午，恰与冬季热舒适变化相反。比较两季各测试组夜晚单位面积人流量占全天的比例可知，下沉广场中各测试组夏季均高于冬季2倍以上。说明虽然受到白天工作夜晚休息的基本生活规律影响，夜晚活动人数较多，但是人们行为活动仍然受到热舒适度的影响，在舒适的夏夜活动人数比例远高于不舒适的冬夜。④夏季中午热舒适度最低，P3、CK组中午人流量低于其他时段，受到喷泉和午餐休息影响，夏季中午P1、P4组人流量高于白天其他时段，对比两季P1、P4测试组中午单位面积人流量占全天的比例可知，P1、P4组冬季值是夏季值的4.50倍、1.81倍。可见，在同样外因的影响下，热舒适度对行为活动的影响重大。

4.2.3 结论与讨论

1．结论

通过对高密度地区商业中心开放空间中具有代表性的广场冠层形式的冬夏小气候要素的连续测定，分析不同广场冠层形式下太阳辐射的空间分布和时间变化特征，评估其对热环境（以太阳辐射为主要研究对象）的改善作用，在空间和时间维度上分析人体热舒适度对广场行为活动的影响，得到以下结论。

（1）影响广场各冠层下太阳辐射量的因素可以分为外因和内因，外因包括：不同季节的太阳方位角、高度角和日照时间等；内因包括：广场内外的围合形式、围合程度等，广场冠层的覆盖率、乔木冠层高度，常绿植物和落叶植物的季节性变化特点等。天文辐射的早晚低，正午高的日变化规律是影响场地太阳辐射日变化的基础，在场地内外因的影响下，太阳直射可以影响各空间的升降速率及趋势，因此，不同SVF和植物冠层空隙直接影响了各空间的太阳辐射量，进而影响其热环境。变化最明显者为冠层为落叶植物和高悬挑建筑物的空间。

（2）在冬夏气候条件、服装热阻等因素影响下，冬夏两季的人体热舒适度标准和诉求差别较大。由于活动空间尺度，活动类型，座椅位置、数量及材质，基本生活规律诸多等因素的影响，不同冠层空间、不同时间段下的单位面积人流量呈现较大差异。通过不同冠层空间同季节比较、冬夏比较，同时段冬夏比较、同季节不同时段比较发现，人体热舒适度是影响场地行为活动的重要因素。

2．讨论

城市广场从物理学的层面上看，必须通过物质手段而设立并获得形式，从而显示出空间特征；从社会学层面上讲，必须满足人的愿望及其他非物质层面的要求。因此，在城市广场的规划设计中，既要实现广场的集散、交通、商业等基本功能，又要营造良好的小气候环境满足人们对环境的基本要求。

（1）太阳辐射条件是影响广场热环境的基础，不同季节对太阳辐射的要求不同，夏季需要减少太阳辐射量，增加阴影面积，冬季需要增加太阳辐射。不同的休闲空间、活动类型对阳光和阴影的要求也不同。因此在广场设计中应对冬至日、夏至日的光照进行分析，根据组织空间和活动。

（2）在小气候适宜性广场规划中，可以根据冬夏小气候诉求和行为活动特征划分分隔的冬夏活动区，如在冬季活动区注重增加光照、提高温度、减少通风等，在夏季活动区注重减少光照、降低温度、增加通风等。可以根据行为活动的时间和性质，进行针对性的小气候设计和空间的优化组合，着重处理早中晚活动使用的空间，自发性活动使用空间等。

（3）利用植物、建筑物、构筑物等营造适宜冬夏小气候特征的空间。根据各地常年气象数据，计算人体热舒适度及极端冷/热应激的时间，并结合行为活动习惯，评估冬夏小气候限定和偏好的权重值。

（4）场地内外的建筑方位、围合形式及程度都对场地热环境具有一定的影响，尤其在冬季太阳高度角较低时，遮挡形成的阴影面积。从季节动态角度思考，建筑可以提供夏季遮阳降温，但在冬季会形成更大的不舒适的低温阴影区。因此，建筑并非小气候适宜性设计的最佳选择。

（5）植物冠层在夏季、冬季具有遮挡阳光、降低温度的作用。与常绿植物相比，落叶植物夏季枝繁叶茂遮阳效果相似，但冬季叶落后透光性强，热舒适度更高。因此，在满足广场必要活动所需的硬质空间外，可以适当增加大乔木面积，乔木选择时在保证季相景观效果和常绿落叶比例的同时，可以多种植高大落叶植物，以调节冬夏两季的热环境。

（6）基础设施方面，可采用可移动或可开合的遮阳设施，实现夏季遮阳、冬季透光的小气候适应性的动态设计。在热舒适度较高的空间设置座椅，或利用台阶、种植池、小品等增加休闲空间。

（7）人群的行为活动需要适宜的活动尺度，植物、遮阳设施下的高度过低或面积过小，会影响正常活动、通风和阴影面积，故应在热舒适度较高的空间采用合适的空间尺度，以保证活动的正常进行。

4.3　天穹扇区对夏季城市广场小气候及人体热舒适度的影响

研究SVF对广场小气候及热舒适的影响；然后将天穹分为若干扇区，通过日轨图（Daytrack，即太阳视运动轨迹图）将各时间点的太阳位置定位到扇区，研究各扇区天空开阔度（Sky View Factor in Skymap Sectors，简称$SVF_{sectors}$）对小气候及热舒适的影响；最后得到影响广场小气候的关键扇区，为改善适宜性小气候广场规划设计提供理论参考和对策。

4.3.1　实验设计

测试地点为上海市长宁区海粟绿地广场、杨浦区创智天地广场和国歌纪念广场、浦东新区世纪广场，共布置46个测点（图4–8）。按广场冠层性质分，测点中有建筑、花架、常绿落叶植物、无冠层等；按下垫面性质分，测点中有花岗岩、混凝土、草坪、水泥砖等。测试场地分布均匀，涵盖常见广场的冠层和下垫面类型，具有研究的普遍意义。

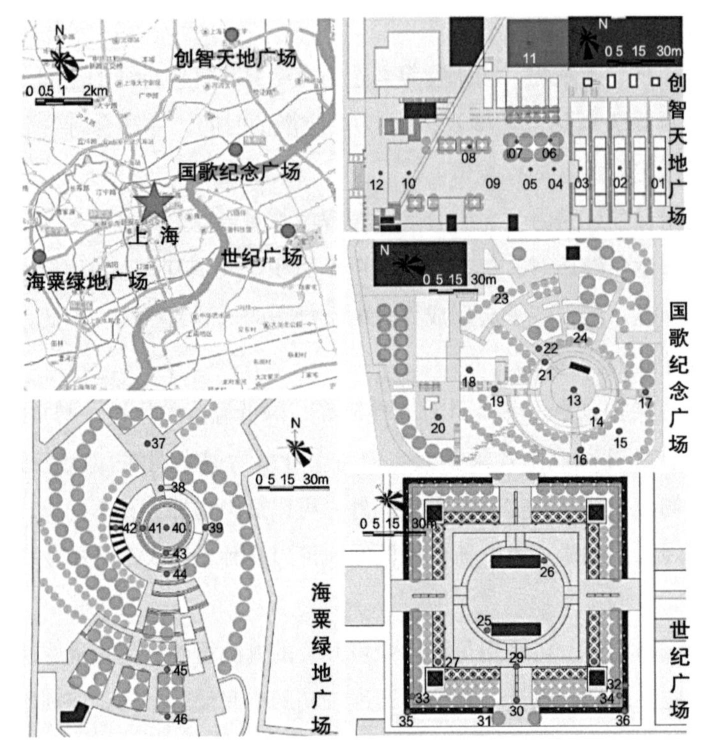

图4-8 测试场地区位与测点图

（注：数字为对应测点）

4.3.2 结果分析

1. 天空开阔度对小气候及人体热舒适度的影响

研究发现，天空开阔度较低的山谷的年实照时间和太阳辐射年总量比SVF较高的测点减少了39%~65%和21%~35%，天空开阔度对城市中太阳辐射、热岛强度、风速等都有影响。通过分析天空开阔度的不同分组对日间小气候及热舒适度的影响，得出关系模型，为适宜性小气候环境设计提供理论依据。

（1）天空开阔度聚类分组

使用欧式距离平方（Squared Euclidean Distance）对46个测点的SVF进行组间连接的系统聚类，将测点分为4组，Ⅰ到Ⅳ组SVF增大，即天空越来越开阔（表4-4）。计算各组SVF、小气候和热舒适度的均值，相邻两组间各均值的增（减）率。发现各组的空气温度和相对湿度的差异最小，最大增（减）率不足7%和4%，说明SVF的变化对空气温度和相对湿度的影响较小；Ⅰ/Ⅱ组和Ⅱ/Ⅲ组的表面温度、太阳辐射和热舒适度增长率明显高于Ⅲ/Ⅳ组，说明三个指标值随SVF增加而增加，且SVF在0~0.6之间变化较大，超过0.6以后变化幅度较小；Ⅰ/Ⅱ组和Ⅲ/Ⅳ组的风速增长率明显高于Ⅱ/Ⅲ组，说明SVF在0.2~0.6之间时变化较小，在0~0.2和0.6~1区间中随SVF增加而增加，且变化较大。

SVF聚类分组结果　　表4-4

聚类分组	Ⅰ	Ⅱ	Ⅲ	Ⅳ
SVF取值范围	0—0.2	0.2—0.4	0.4—0.6	0.6—1
测点编号	6、7、11、23、24、31、32、33、34、42、45、46.	8、14、19、21、22、41、43、44.	17、20、37、38、39、40.	1、2、3、4、5、9、10、12、13、15、16、18、25、26、27、28、29、30、35、36.

（2）相关性分析

为描述空间围合与小气候和热舒适度线性相关强弱的程度，对各测点的SVF与小气候和热舒适度的日均值进行Pearson相关分析，分析发现，SVF与表面温度、太阳辐射、热舒适度间呈极高度正相关（0.8以上），与空气温度、风速呈高度正相关（0.6～0.8），与相对湿度呈中度负相关（0.4～0.6）。

（3）线性回归分析

根据Pearson相关分析结果，对各个测点的SVF与标准化后的小气候及热舒适度进行回归分析。由线性倾向率可知，空间围合对小气候及热舒适指标的影响力排序为太阳辐射＞表面温度＞热舒适度＞风速＞空气温度＞相对湿度，R^2显示，表面温度、太阳辐射、风速和热舒适度的拟合度较高，相对湿度和空气温度的拟合度较低。因此在适宜性小气候设计中可根据空间围合情况，通过线性模型表达式预测夏季小气候及热舒适度。

2．扇区天空开阔度对小气候及人体热舒适度影响

太阳的位置始终在变化，测点的SVF为固定值，只能体现测点围合情况，当考虑太阳位置与测点实时遮蔽情况的关系对小气候及热舒适度的影响时，需要将太阳实时位置定位到SVF的扇区上，分析$SVF_{sectors}$对小气候及热舒适的影响。

（1）太阳视运动轨迹分析

天穹图为自下而上拍摄，故方位如图4-9所示，太阳日运动轨迹为从左向右。当太阳运行到某时刻时，如果在日面中心-观测点连线上存在遮挡物时，太阳短波辐射便无法到达测点；在天穹图上，即该时刻的太阳视运动轨迹线下有遮挡物。太阳运动的时间性与广场冠层的空间共同影响了测点的遮蔽状况及能量变化。

（2）SVF、$SVF_{sectors}$与小气候及人体热舒适度相关性分析

比较8:00至日落间的整点小气候及热舒适度与SVF和$SVF_{sectors}$的Pearson相关系数，其中，相对湿度取绝对值，当$SVF_{sectors}$的相关系数大于SVF时，说明此刻扇区的遮蔽条件比整体遮蔽条件对小气候及热舒适度的影响大，反之亦然。测点四周的围合对风速的影响强于上空扇区的遮蔽，故$SVF_{sectors}$对风速的影响弱于SVF。由图4-10可知，17:00以后SVF与小气候及热舒适度的相关系数均大于$SVF_{sectors}$，说明该时段SVF对小

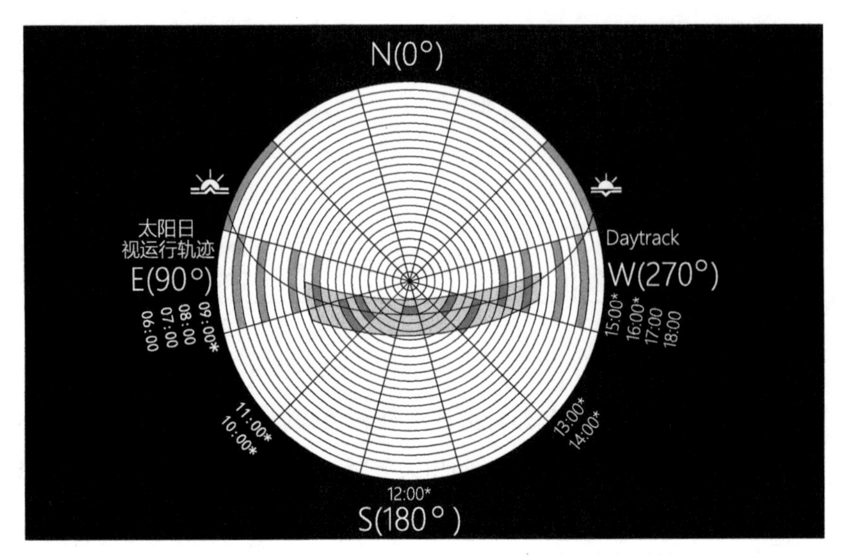

图4-9　天穹图

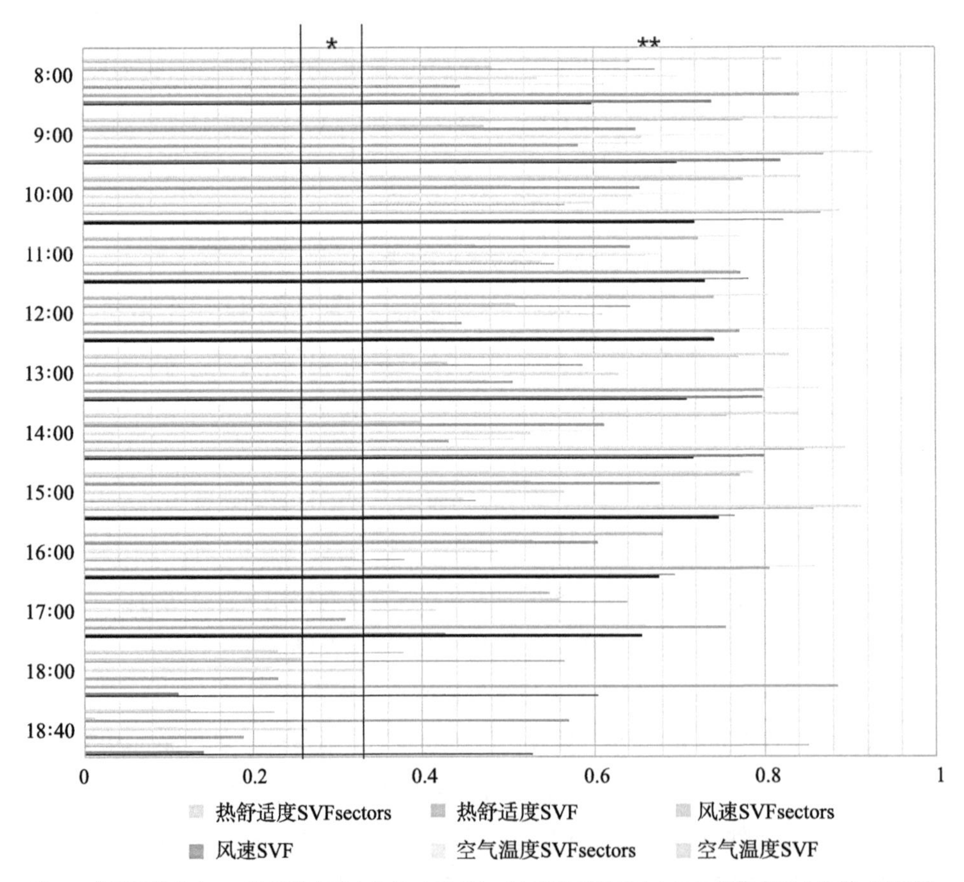

注：* 表示相关性在0.05的置信水平上生效（双尾）；** 表示相关性在0.01的置信水平上生效（双尾）。

图4-10　小气候要素及热舒适度与SVF、$SVF_{sectors}$相关性比较

气候影响较大；对8:00～16:00，$SVF_{sectors}$的相关系数大于SVF的情况进行统计，表面温度和太阳辐射各有1处，仅相差0.001和0.004，热舒适度无，相对湿度4处，空气温度5处，研究该时段$SVF_{sectors}$对小气候及热舒适度影响是可行的。

（3）关键扇区选择

关键扇区是指一天中，太阳运行所在扇区的遮蔽条件对小气候及热舒适度影响最大，且热舒适度最差时的区域。在关键扇区的选择时，要考虑$SVF_{sectors}$对小气候及热舒适度的影响强于SVF，$SVF_{sectors}$对小气候及热舒适度的影响具有统计学上意义，关键扇区所对应的时间段内，热舒适度可改善的空间大，即热舒适度最差。因此，通过分析各$SVF_{sectors}$分组对小气候及热舒适度作用的组间差异、$SVF_{sectors}$与小气候及热舒适度的相关性和热舒适度等级3方面的对关键扇区进行分析、选择。

1）组间差异分析

天穹图中所有扇区$SVF_{sectors}$之和为该测点的SVF，每环的最大天空开阔度均不同。对各扇区天空开阔度进行标准化为0～1的无量纲量，0为全遮蔽，1为无遮蔽。将太阳视运动中整点及日落时太阳所在扇区的标准化后天空开阔度（$SVF_{sectors}$）进行系统聚类，将测点分为表4-5中4组，Ⅰ到Ⅳ组的归一后扇区天空开阔度增大，即天空越来越开阔。

$SVF_{sectors}$聚类分组结果　　表4-5

聚类分组	Ⅰ	Ⅱ	Ⅲ	Ⅳ
$SVF_{sectors}$取值范围	0—0.3	0.3—0.6	0.6—0.8	0.8—1

对Ⅰ和Ⅳ组作单因素方差分析，比较各时间段两组差异的显著性发现，8:00～15:00中，Ⅰ和Ⅳ组之间的各项小气候和热舒适度指标差异性均为显著水平以上；16:00～17:00，在表面温度、太阳辐射、空气温度、风速和PET等5项指标上，Ⅰ和Ⅳ组之间的差异性均为显著水平以上，在相对湿度上，两组差异性呈不显著水平；18:00以后，各项指标的Ⅰ和Ⅳ组差异性均为不显著。

2）相关性分析

为描述关键扇区的遮蔽程度与小气候和热舒适度线性相关关系，对各测点数据整点时太阳视运动轨迹所在扇区的$SVF_{sectors}$与当时小气候和热舒适度进行Pearson相关分析，并将相对湿度的相关系数取绝对值作图如图4-11所示，根据相关程度的划分标准及研究中的具体情况，将相关系数0.6～1.0作为可信区间，视为相关，其他情况视为不相关，相关系数即作为关键扇区划分的标准之一。在8:00～16:00中，表面温度、太阳辐射、PET均与$SVF_{sectors}$为相关关系，17:00后仅太阳辐射与$SVF_{sectors}$为相关关系；

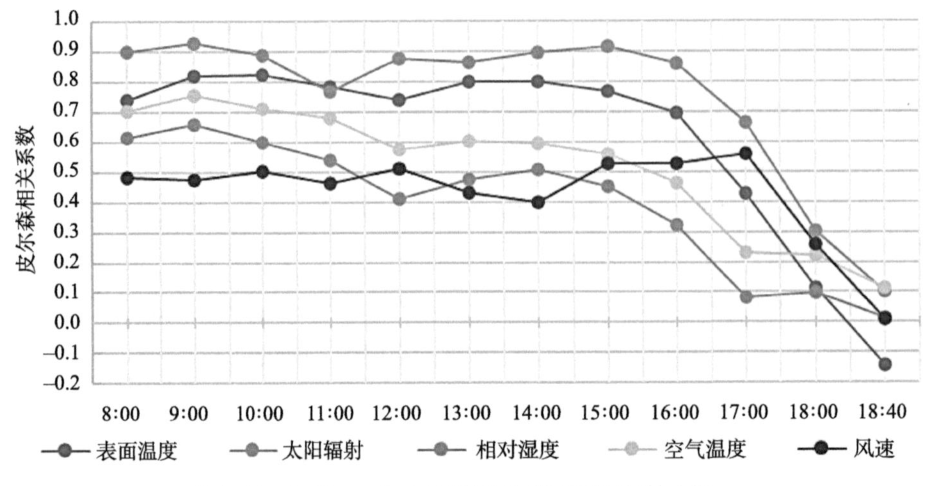

图4−11　$SVF_{sectors}$与小气候要素和热舒适相关性分析

空气温度、相对湿度与$SVF_{sectors}$分别在8:00～11:00、9:00为相关，风速全天与$SVF_{sectors}$的关系均为不相关。

3）热舒适度分析

PET越高时，$SVF_{sectors}$对热舒适度的改善效果越明显，依据PET热感受和生理应激等级，取热感受为炎热，生理应激等级为极端热应激的41℃作为关键扇区选择标准之一。测试期间，Ⅰ组PET均低于41℃，日均值为32.208℃；Ⅳ组在9:00～16:00中，PET均在41℃以上，平均值为45.112℃，其他时段PET均低于41℃，日均值为41.601℃。天空开阔度较高的Ⅳ组的PET明显高于天空开阔度较低的组。

4）重点时段与关键扇区选择

通过分析9:00～16:00的小气候及热舒适度发现，该时段内Ⅰ和Ⅳ组PET差值的平均值为11.618℃，其他时段中，两组相差平均不足5.000℃；表面温度差值的平均值为12.394℃，其他时段中，两组差值的平均值仅为1.610℃；太阳辐射差值的平均值为549.814wat/m^2，其他时段中，两组差值的平均值仅为125.095wat/m^2。两组的空气温度、相对湿度、风速数据的差值比其他时段大，但并不明显，原因是空气温度和相对湿度的数据是在遮阳通风的百叶箱中采集，不易受太阳辐射影响，故关键扇区的天空开阔度对其影响较小，风速受周边环境的围合程度的影响较大，关键扇区较小且位置多在测点上方，对风的阻滞或引导作用较小。

热舒适度是表征人体热感受的直观指标，也是衡量广场小气候的综合指标。因此，在关键扇区选择时首先应考虑$SVF_{sectors}$的影响强于SVF，然后考虑热舒适的状况。最后对$SVF_{sectors}$组间差异、$SVF_{sectors}$与小气候及热舒适度的相关性进行考量，综合分析4方面因素（图4−12），关键扇区对应的时间为9:00～16:00，测试日为上海夏季最炎热的时期，所得9:00～16:00太阳运行所在关键扇区时段可以作为夏季的标准。

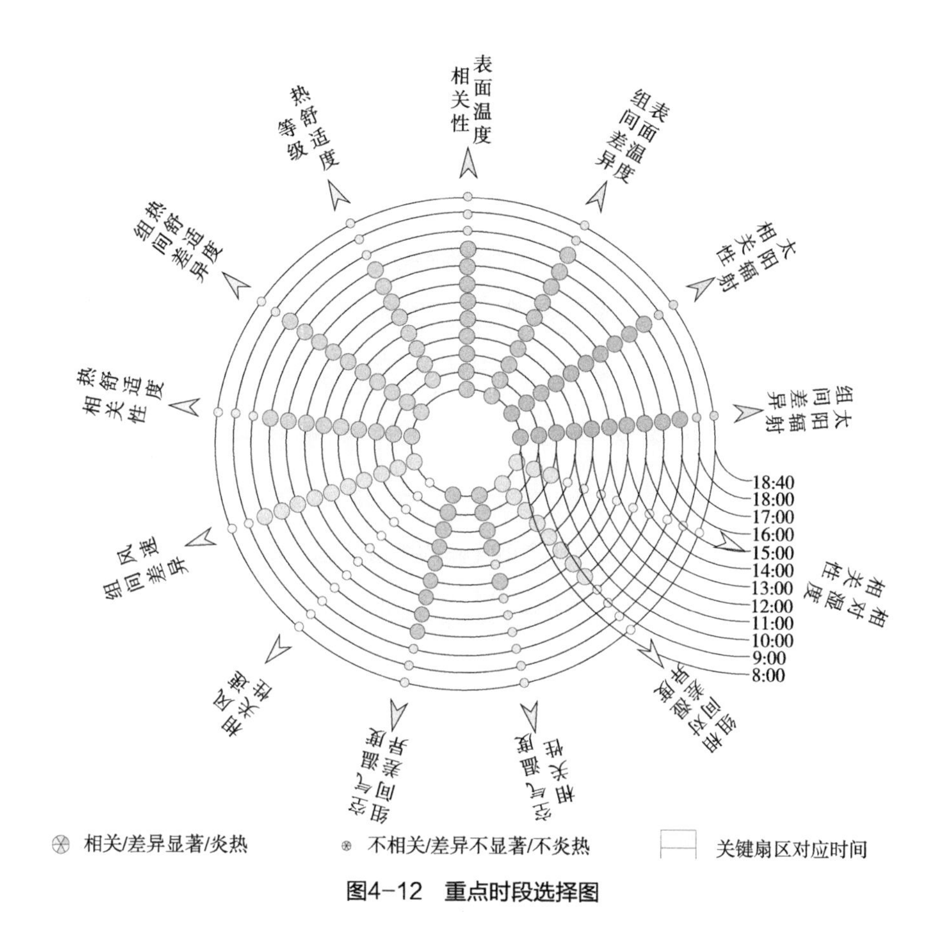

图4-12　重点时段选择图

测试时间短而集中，太阳视运行轨迹约为一条曲线，为得到全夏季小气候关键扇区，根据上海1991～2013年气象数据，上海气温最高月份在夏至以后的7、8月；将夏至日、测试日（均值），7月初和8月底的9:00、12:00和16:00太阳位置汇总（表4-6）；绘制能使固定点在7、8月9:00～16:00中始终处于阴影中的最小遮蔽物（高3m）及整点阴影区（图4-13）。定位7、8月9:00～16:00太阳视运动区域边界（表4-6），绘制该

重点时刻太阳位置汇总表　　表4-6

时间	太阳位置	夏至日	7月1日	测试日	8月31日	关键扇区边界范围
9:00	高度角（°）	50.4	49.9	47.5	43.6	43−50
	方位角（°）	90.1	90.3	95.9	109.2	90−110
12:00	高度角（°）	82.2	81.9	77.6	67.6	67−82
	方位角（°）	186.7	183.3	179.1	183.2	180
16:00	高度角（°）	35.9	36.2	35.0	29.1	29−36
	方位角（°）	277.8	277.2	272.1	262.4	262−277

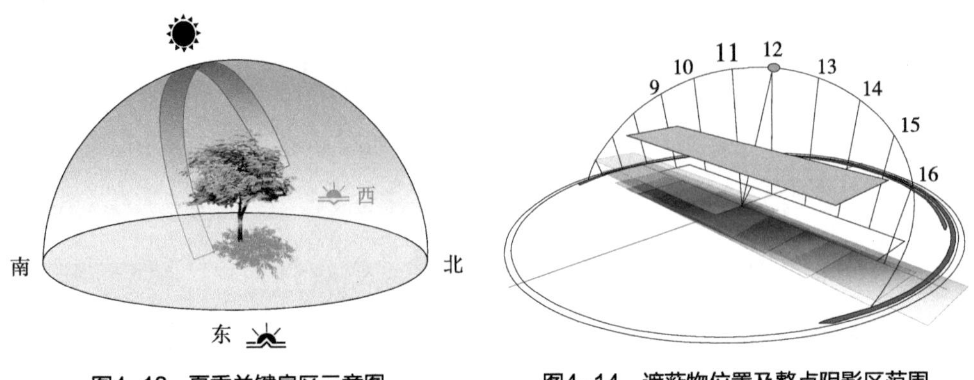

图4-13　夏季关键扇区示意图　　图4-14　遮蔽物位置及整点阴影区范围

区域（图4-9、图4-13）作为影响夏季小气候的关键扇区，绘制能使固定点在7、8月9:00～16:00中始终处于阴影中的最小遮蔽物（高3m）及整点阴影区（图4-14）。

4.3.3　结论与讨论

1．结论

通过对上海4处广场46个测点的SVF和小气候的实地测定，从SVF和$SVF_{sectors}$两方面研究天空开阔度对小气候和热舒适度的影响。得到如下结论：①SVF方面，系统聚类分组发现，SVF对表面温度、太阳辐射、热舒适度、风速影响较大，在最空旷和最郁闭时，风速更易受到SVF的影响，在最空旷时，SVF对表面温度、太阳辐射、热舒适度的影响弱于较郁闭情况；相关性分析发现，SVF与表面温度、太阳辐射、热舒适度呈极高度正相关，与空气温度、风速呈高度正相关，与相对湿度呈中度负相关；线性回归分析发现，表面温度、太阳辐射、热舒适度和风速的线性倾向率和拟合度较大，可以通过线性回归模型进行预测。总之，SVF对广场表面温度、太阳辐射、风速和热舒适度的影响较大。②$SVF_{sectors}$方面，8:00～16:00，$SVF_{sectors}$对小气候和热舒适度的影响比SVF大，17:00至日落，SVF的影响作用更大；影响夏季广场小气候和热舒适度的关键扇区是9:00～16:00太阳运行所在扇区；根据测试日所得关键扇区方法，推论至整个夏季小气候，综合7、8月太阳视运动轨迹，绘制出影响上海夏季小气候的关键扇区及能始终处于阴影中的最小遮蔽物的空间位置。

2．讨论

在大气候条件影响下，不同季节、着衣条件、活动类型对太阳辐射的要求都不尽相同，小气候适应性城市广场设计中应注意2个关系。①动静关系。广场落成后，周边建筑和内部空间结构在较长时间内呈稳定状态，即广场的SVF为静态，而一天的小气候，一年四季的小气候都是在变化的，即广场的关键扇区为动态。在广场设计之初，应考虑适应动态小气候变化特征，提供良好小气候环境。②矛盾关系。人们的热偏好是冬季喜阳，夏季喜遮阴，太阳运行的自然规律是夏季太阳高度较大，形成的阴影小，冬季相反。因此，冬暖夏凉的愿望和冬冷夏热的自然规律之间矛盾关系在设计中应引起注意。

（1）分区设计

考虑到广场设计中的动静关系和人与自然的矛盾关系，在设计时可以根据环境和热偏好划定小气候设计分区，以长宽均为100m，宽高比（*D*/*H*）为3∶1的广场为例，通过Ecotect软件根据冬至日和夏至日的太阳运动轨迹，提出冬夏小气候设计分区的概念模型（图4-15）。在冬季，舒适区①是连续5h及以上处于太阳照射的区域，不适区③是全天处于阴影下的区域，其余空间为中立区；在夏季，舒适区④是13点后共同的阴影区，不适区⑥是连续8h及以上处于太阳照射的区域，其余空间为⑤中立区。

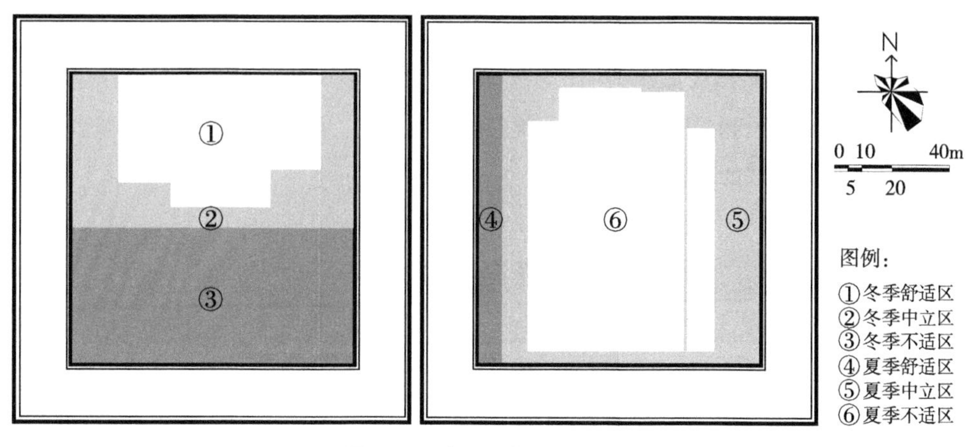

图4-15　冬夏小气候设计分区

小气候设计分区可以为广场要素的布置提供参考，如提供观赏，休闲类的要素更适合布置在热舒适区内，在不适区内更适合布置提高热舒适度，改善广场小气候的要素。在实际案例中可根据场地周边情况计算分区，统筹考虑冬夏两季的场地小气候，合理布置广场要素，提高广场小气候的适宜性。

（2）要素设计

与固定的周边建筑相比，广场内部的要素，可以直接改变关键扇区$SVF_{sectors}$，属于景观设计师的设计范畴。动态的广场要素设计可以更好地适应人们热偏好与太阳一日或冬夏运行规律间的矛盾关系，改善广场要素在关键扇区或整个广场的遮蔽情况，在夏季遮阳降温，在冬季透光增温，提高广场的热舒适度。如迪拜的XDubai Skatepark（图4-16），在夏季开启遮阳帘，减少场地太阳辐射；在冬季关闭遮阳帘提高场地太阳辐射。目前国内室内大型电动遮阳帘的工艺已十分成熟，在造价允许的情况下可以引入广场设计中，以提高广场的热舒适度。

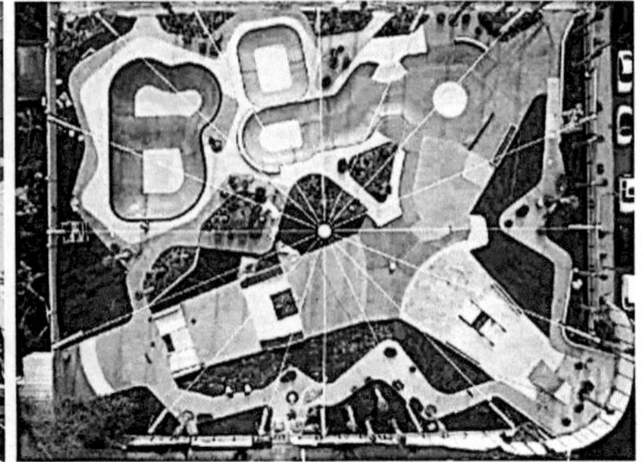

图4-16　迪拜XDubai Skatepark遮阳帘

落叶植物在夏季枝繁叶茂可以遮挡烈日，在冬季枝叶凋敝可以增加太阳直射，是良好的动态调整广场遮蔽太阳辐射的设计元素，但在应用中宜选择冠大荫浓的高大植株，保持冠下通风良好，提高树冠下的人体热舒适度。

除了可以直接阻挡太阳辐射的广场要素，通过喷泉、喷雾的夏季降温作用，景墙、绿篱的夏季引风和冬季阻风作用，铺装材质的吸热、反射特性也可以对城市广场小气候环境形成有效的改善。

4.4　水景的夏季城市广场降温策略

4.4.1　试验设计

测试场地为上海市杨浦区创智天地广场和浦东新区世纪广场，共布置9个测点（表4-7）。创智天地广场共设置5个测点，喷泉组2点，水池组1点，对照组2点；世纪广场设置4个测点，水池组2点，对照组2点。试验时间为2015年7月14～8月2日的晴朗少云、空气温度相近时进行，世纪广场3天内测试喷泉组和对照组，创智天地广场测试6天，其中3天为测试喷泉组和对照组，3天为测试喷泉组、水池组和对照组。

测点详解　　　　表4-7

测点	测试组	广场	图片
1 2	喷泉组	创智天地广场	

续表

测点	测试组	广场	图片
3	水池组	创智天地广场	 
4 5	水池组	世纪广场	 
6 7	对照组	创智天地广场	
8 9	对照组	世纪广场	

4.4.2　结果分析

1．水池的降温效益

水池降温效益研究的数据源于世纪广场实测（水池1和CK1）、创智天地广场实测（水池2和CK2）和虹桥气象站（CK城市1和CK城市2）。通过比较各小气候要素的平均值发现（图4-17），当水池组太阳辐射量高于其他组时，水池组的表面温度、空气温度和PET的日均值都低于对照组，空气温度高于城市对照组；当水池组太阳辐射量低于其他组时，水池组与对照组的差距更大，水池组空气温度与城市对照组相差较小。可见，在夏季白天水池具有较好的降温作用，在遮阴条件时，降温效果更佳。

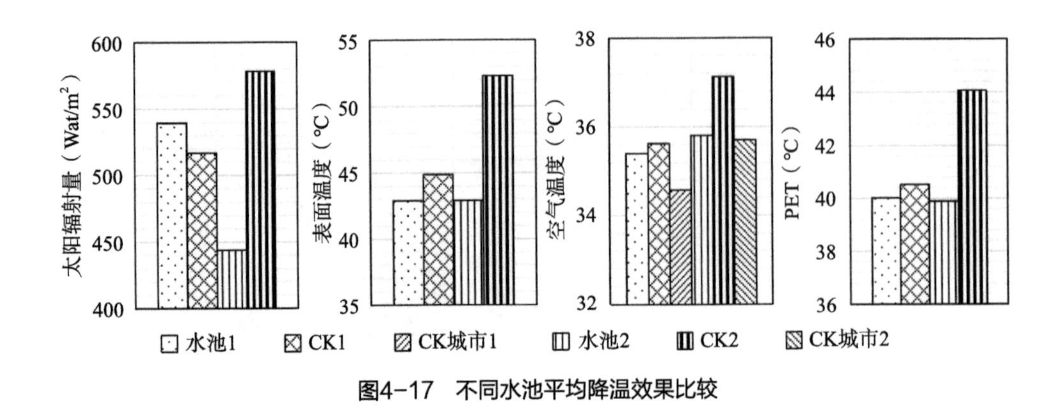

图4-17　不同水池平均降温效果比较

不同时段的水池平均降温效果比较　　表4-8

分组与时间	表面温度（℃）	空气温度（℃）	PET（℃）
水池1与CK1 8:00～20:00	1.96	0.23	0.51
水池2与CK2 11:30～15:00	13.23	1.32	3.56
水池2与CK2 15:00～18:00	13.40	1.59	6.14

由图4-18可知，各组的太阳辐射、表面温度、空气温度和人体热舒适度的日变趋势相似，均为早晚低，正午高。由图4-18和表4-9可知，世纪广场水池的降温效益较弱，是因为水池组测点距离水体水平距离为1.5m，距离较远。比较11:30～15:00全光照时段和15:00～18:00遮阴时段的降温效果发现，由于水池组位于水面正上方的镂空防腐木地面上，在夏季高温影响下，水分蒸发速率加快，吸热量增大，水体的热容量还可以吸收和储存辐射能，周围温度降低，创智天地广场水池的降温效益较好，在全光照下和遮阴下水池达到相似的降温效果。

2．喷泉的降温效益

喷泉组降温效益研究的数据源于创智天地广场不连续的两次监测（喷泉1、CK1和喷泉2、CK2）和虹桥气象站（城市组-1和城市组-2）。本组数据仅用于研究喷泉对广场小气候的影响，喷泉喷涌时间为12:00～13:00、18:00～19:00，故只分析11:00～20:00的数据。通过图4-19和表4-9可知，由喷泉组与对照组的太阳辐射量的平均值和日变化趋势可知，两组所处的太阳辐射环境相同。在这种情况下，通过比较各小气候要素的平均值发现，各时段喷泉组的表面温度平均值低于对照组，两测试组的空气温度和PET的平均值相差不大。喷泉的降温效益排序为表面温度＞PET＞空气温度，是因为喷泉喷水造成地面积水，降低了表面温度和空气相对湿度，从而降低了PET，但是喷泉处于广场中心，太阳暴晒的增温作用大于喷泉的冷却效果，故空气温

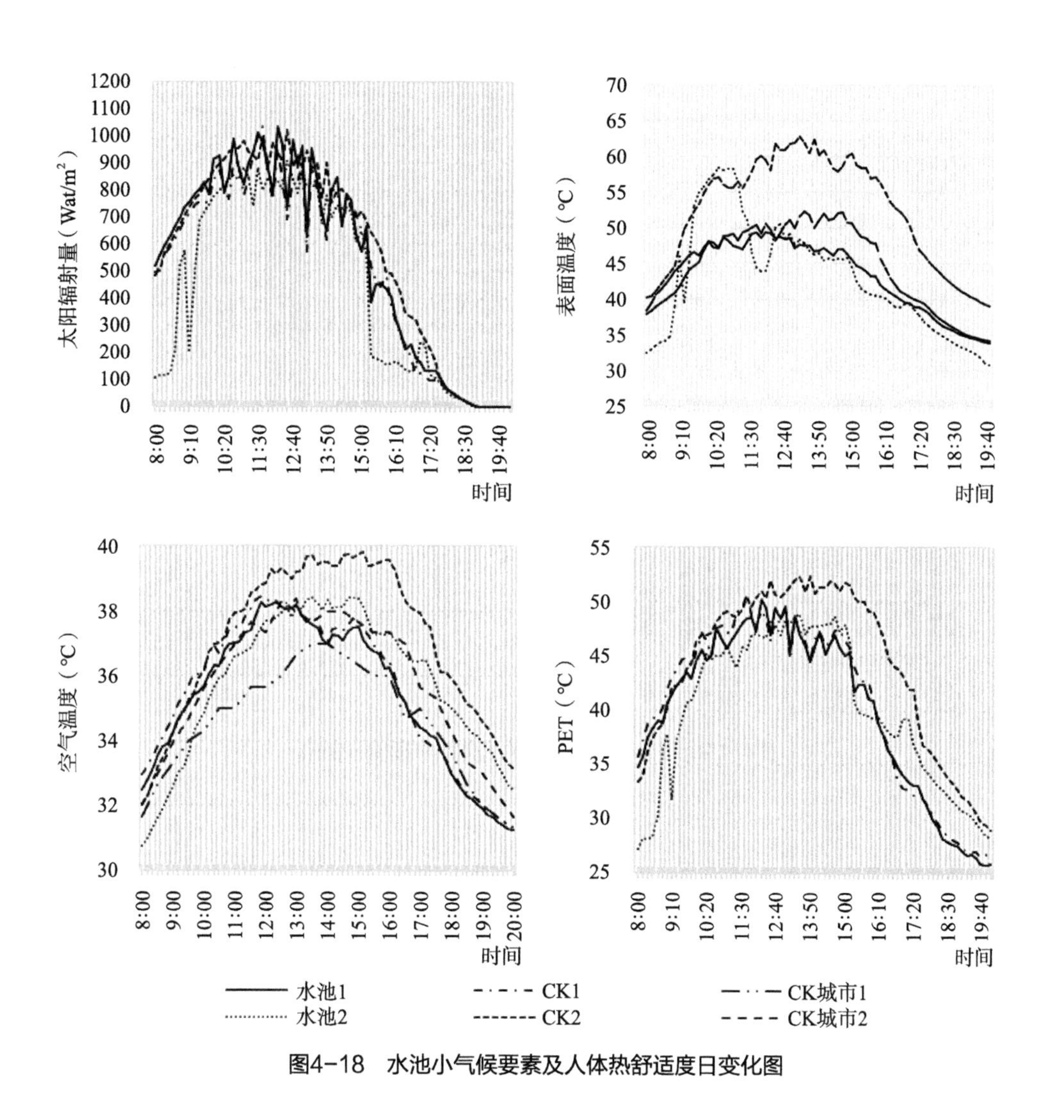

图4-18 水池小气候要素及人体热舒适度日变化图

不同时段的喷泉平均降温效果比较 表4-9

测试组	时间	表面温度（℃）	空气温度（℃）	PET（℃）
喷泉1	12:00～13:00	2.31	0.12	0.46
	13:00～14:00	4.28	0.19	0.71
	14:00～15:00	4.51	−0.05	−0.29
	18:00～19:00	0.34	−0.003	−0.03
	19:00～20:00	0.12	−0.12	−0.21
喷泉2	12:00～13:00	6.11	0.01	0.34
	13:00～14:00	9.69	0.32	1.19
	14:00～15:00	4.51	0.11	0.63
	18:00～19:00	2.56	0.003	0.31
	19:00～20:00	2.38	−0.05	−0.11

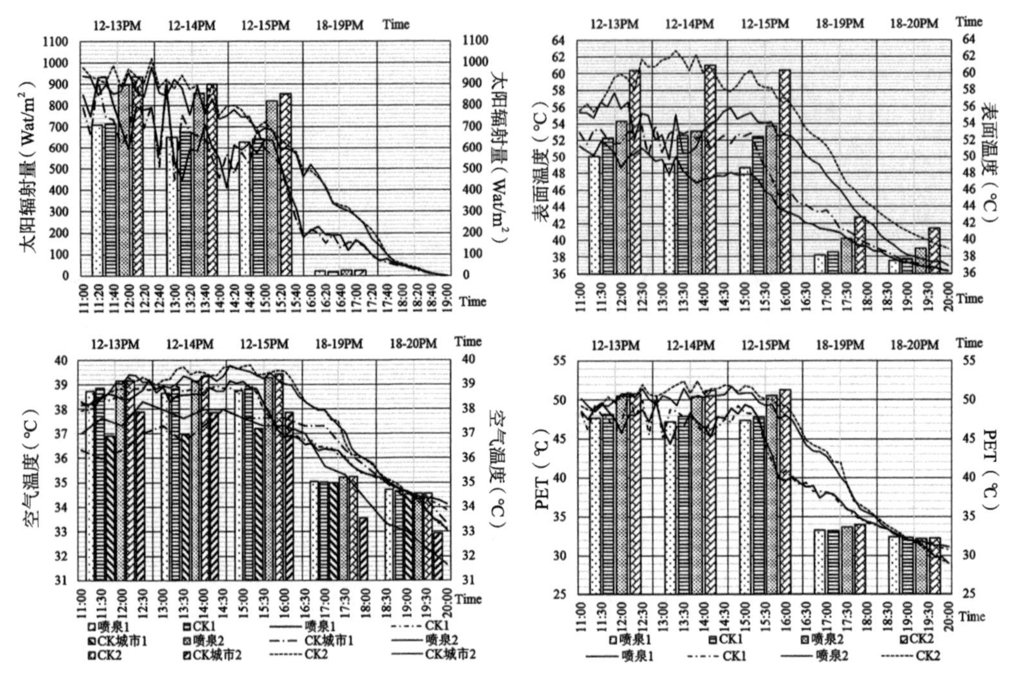

图4-19　喷泉小气候要素及人体热舒适度日变化

度和PET的降温效果很不明显。

各组的太阳辐射、表面温度、空气温度和人体热舒适度的日变趋势相似，其中，太阳辐射量在午后逐渐下降（图4-19），表面温度、空气温度和人体热舒适度分别在15:00、16:00和15:00前保持高温，随后迅速降温（表4-9）。喷泉组的太阳辐射、空气温度和人体热舒适度的日变化趋势与对照组相似，即喷泉对三者无明显削弱作用。经过上午热量的集聚，场地内的热量较高，喷泉的降温作用需要一定的时间，在喷泉结束后的1小时内降温效益达最高，最大降温值可达11.31℃。另外，18:00喷涌的喷泉未见明显降温效果。可见喷泉可以有效降低周围的表面温度，但是对空气温度和人体热舒适度的降温效果较弱。

3. 水体降温效益比较

水体降温效益的比较的数据源于创智天地广场的同时监测（喷泉组、水池组和对照组）和虹桥气象站（城市组）。通过比较各时段小气候要素的平均值发现（图4-20），喷泉组、水池组和对照组的太阳辐射量数值相近，即三组太阳辐射环境相近。喷泉组和对照组的空气温度和人体热舒适度相近，即喷泉在空气温度和人体热舒适度上的无降温效益，只在表面温度方面有一定的降温效果。水池组的降温效果排序为表面温度＞人体热舒适度＞空气温度。可见，水池比喷泉具有更强的夏季降温效益，其原因主要有喷泉喷涌时间、水体特性、水面面积等。

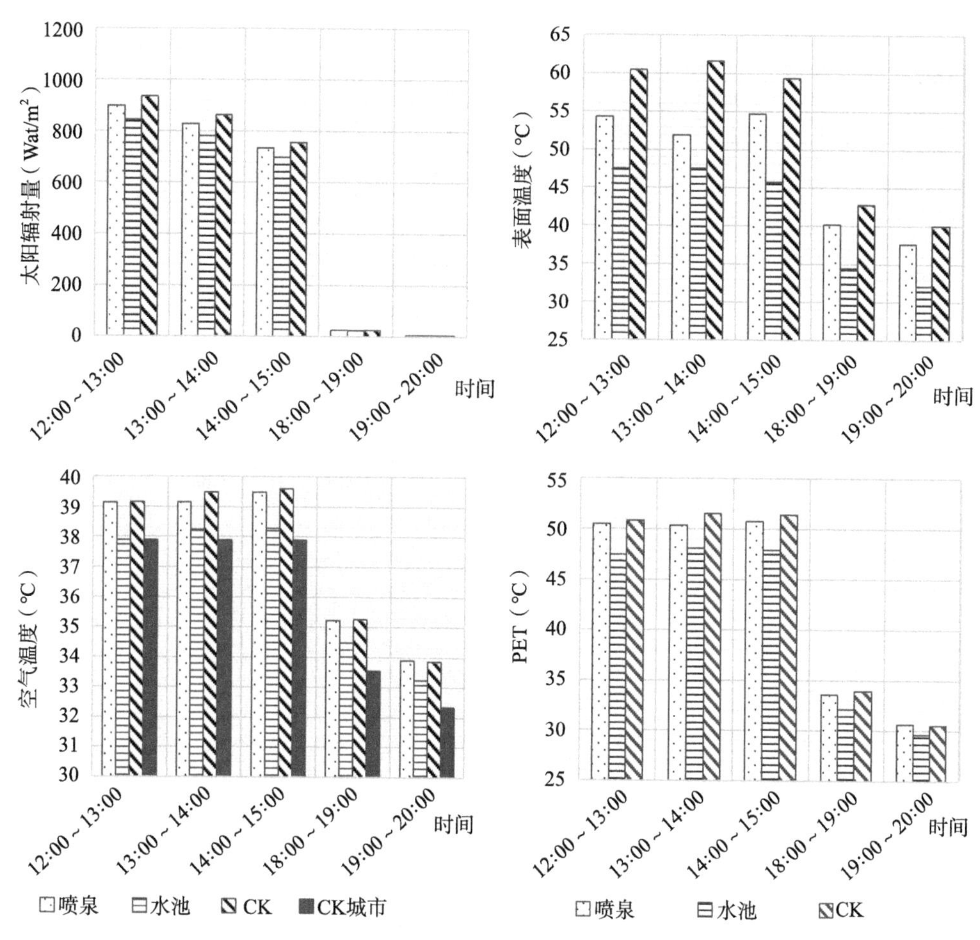

图4-20　不同水池和喷泉平均降温效果比较

由图4-21可知，各组的太阳辐射、表面温度、空气温度和人体热舒适度的日变趋势相似，均为早晚低，正午高。其中，根据太阳辐射日变化图可知，喷泉组、水池组和对照组的太阳辐射日变化趋势和数据较相似，仅水池组在8:50前和15:00后低于其他组。

由表面温度日变化趋势可知，水池组在9:10后表面温度开始增温，至11:00开始降温，其增温原因为，8:50起水池组有太阳直射，太阳辐射骤增；降温原因是，随着气温升高，水池中水分蒸发速率加快，吸热量增大，温度降低；在喷泉喷涌的影响下，喷泉组在12:00表面温度开始下降，并在13:00达降至该时段最低值；可见影响太阳辐射是表面温度升高的重要原因，水体是降低表面温度的因素，其中大面积的水体的降温效益强于喷泉。水池组在白天的空气温度城郊的城市气象站数据相近，夜间高于城郊气象站，全天都低于广场的喷泉组和对照组；喷泉组和对照组的空气温度几乎相同，可见喷泉对空气温度的降温效果微乎其微。喷泉组和对照组的人体热舒适度相似，可见喷泉对人体热舒适度的降温效果较弱，水池组具有一定的降温效果。

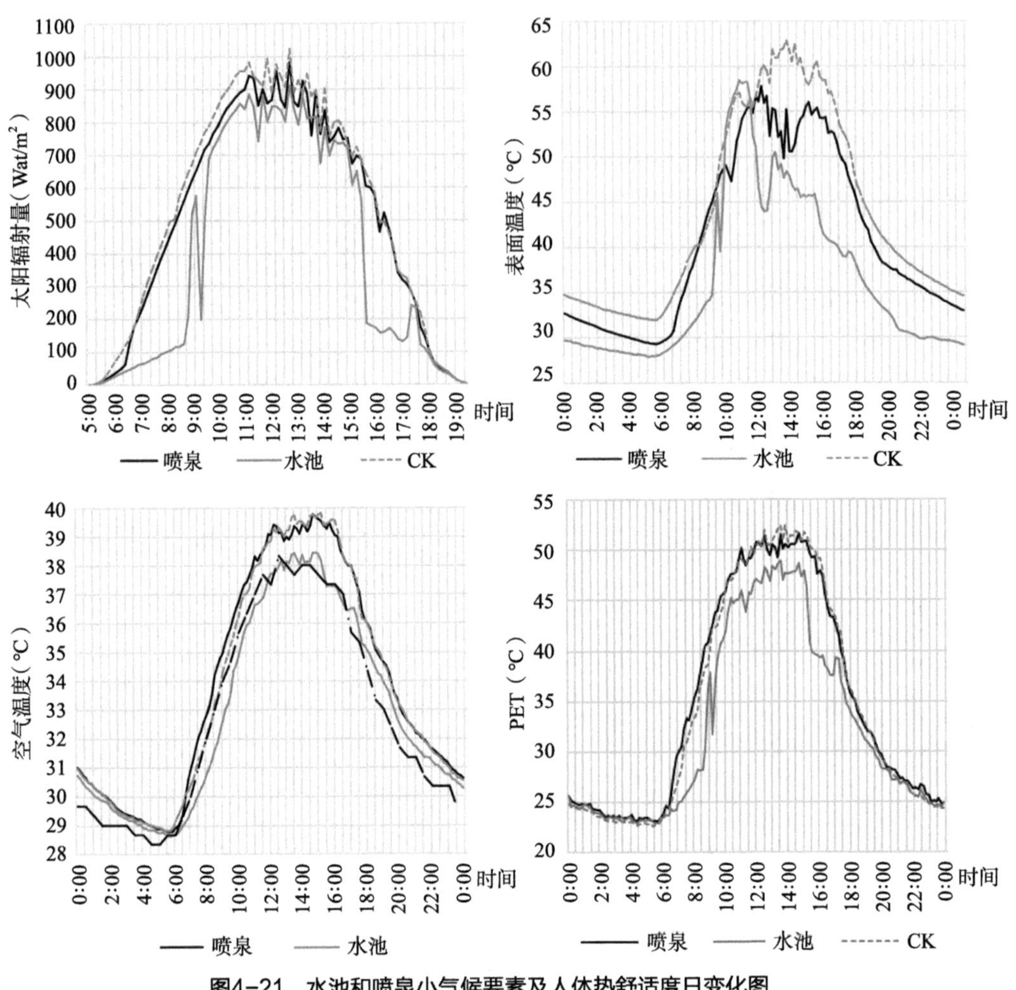

图4-21 水池和喷泉小气候要素及人体热舒适度日变化图

4.4.3 结论与讨论

1. 结论

通过对上海城市广场水景夏季小气候要素的连续测定，分析广场中喷泉和水池的小气候和人体热舒适度的特征，评估其对夏季广场的降温效益，得出以下结论。

（1）水池具有良好的降温效果，甚至与遮阴的降温效果相近。在炎热夏季正午，水分蒸发速率增强，降温效果显著，水体热容量大，可以吸收和储存热量，降低环境温度。

（2）喷泉在降低日间表面温度上有一定作用，且降温作用有一定延时性，对日间空气温度和人体热舒适度，夜间表面温度、空气温度和人体热舒适无降温作用。

（3）水池的降温效果优于喷泉，但降温效果与离水的距离、铺装形式、水体面积、水体体积、阴影状况等因素影响。

2．讨论

基于水景在夏季城市广场中的降温效益研究结果，在城市广场的小气候适宜性设计中，要考虑如下策略：

（1）设置一定面积的水池，若条件不允许，可以设置铺装水池两用的多功能空间，解决不同季节、不同功能的需求。

（2）设置喷泉，喷泉喷涌可以产生气流变化，凉湿的气流可以降低人体热舒适度，受到喷泉和气象站高度的影响，这一点并未被气象站所记录。通过对广场人流的观察发现，喷泉是广场上极具吸引力的景观元素，游客可以与水产生生理和心理感应，降温效果十分明显。

（3）设计中要考虑夏季人体热舒适的综合性，不仅要降低空气温度，还应该增加空气流通，加强通风。

参考文献

[1] Orlanski I. A rational subdivision of scales for atmospheric processes [J].Bulletin of the American Meteorological Society, 1975, 56(5): 527-530.

[2] Kraus H. Meso-und mikro-skalige Klimasysteme [J].Berlin: Akademie-Verlag, 1983, 20: 4-7.

[3] Böer W. Zum Begriff des Lokalklimas [J].Z Meteorol, 1959, 13: 5-11.

[4] Hupfer P. Klima im mesoräumigen Bereich [J].Abhandlungen des Meteorologischen Dienstes der DDR, 1989, 141: 181-192.

[5] Flohn H. Bemerkungen zum Problem der globalen Klimaschwankungen [J].Archiv für Meteorologie Geophysik und Bioklimatologie Serie B, 1958, 9(1): 1-13.

[6] Barry R G. A Framework for Climatological Research with Particular Reference to Scale Concepts[J]. Transactions of the Institute of British Geographers, 1970, 49: 61-70.

[7] Hajer M, Reijndorp A.In search of new public domain: analysis and strategy [M]. Rotterdam: NAi Publishers, 2001: 7-10.

[8] 扬．盖尔．交往与空间[M]．第四版．何人可译．北京：中国建筑工业出版社，2002：13-18.

[9] Watson I D, Johnson G T. Graphical estimation of sky view-factors in urban environments [J]. International Journal of Climatology, 1987, 7(2): 193-197.

[10] Bourbia F, Boucheriba F. Impact of street design on urban microclimate for semi arid climate (constantine) [J]. Bourbia F, Boucheriba F. Impact of street design on urban microclimate for semi arid climate (Constantine) [J]. Renewable Energy, 2010, 35(2): 343-347.

[11] 刘加平，等．城市环境物理[M]．北京：中国建筑工业出版社，2011：23.

[12] 周淑贞，郑景春．上海城市太阳辐射的日变化和季节变化[J]．华东师范大学学报（自然科学版），1992（2）：63-73.

[13] Mayer H, Hoppe P. Thermal Comfort of Man in Different Urban Environments[J].Theoretical & Applied Climatology, 1987, 38(1): 43-49.

[14] Soderstrom G F, DuBois E F. The Water Elimination through Skin and Respiratory Passages in Health and Disease [J].Archives of Internal Medicine, 1917(5PartII): 931-957.

[15] Makaremi N, Salleh E, Jaafar M Z, et al. Thermal Comfort Conditions of Shaded Outdoor Spaces in Hot and Humid Climate of Malaysia[J].Building and Environment, 2012, 48: 7-14.

[16] 蔡永洁．城市广场[M]．南京：东南大学出版社，2006，3：5.

[17] 吴菲，李树华，刘娇妹．林下广场、无林广场和草坪的温湿度及人体舒适度[J]．生态学报，2007，27（7）：2964-2971.

[18] 晏海，王雪，董丽．华北树木群落夏季微气候特征及其对人体舒适度的影响[J]．北京林业大学学报，2012，34（5）：57-63.

[19] 何佩云，穆彪，徐向华，等．赤水、习水沟谷地区的日照和太阳辐射状况[J]．贵州大学学报（农业与生物科学版），2002（6）：404-408.

[20] Chen L, Ng E, An X, et al. Sky view factor analysis of street canyons and its implications for daytime intra-urban air temperature differentials in high-rise, high-density urban areas of Hong Kong: a gis-based simulation approach [J]. INTERNATIONAL JOURNAL OF CLIMATOLOGY, 2011, 32(1): 121-136.

[21] Matzarakis A, Mayer H, Iziomon M G. Applications of a universal thermal index: physiological equivalent temperature [J]. INTERNATIONAL JOURNAL OF BIOMETEOROLOGY, 1999, 43(2): 76-84.

[22] Mahmond A H A. Analysis of the microclimatic and human comfort conditions in an urban park in hot and arid regions [J]. Building and Environment, 2011, 46(12): 2641-2656.

[23] 张德顺，王振．高密度地区广场冠层小气候效应及人体热舒适度研究——以上海创智天地广场为例[J]．中国园林，2017（4）：18-22.

[24] 张德顺，王振．天穹扇区对夏季广场小气候及人体热舒适度的影响[J]．风景园林，22018，25（10）：27-31

[25] 张德顺，王振．夏季城市广场降温策略研究[C]//刘滨谊，董芦笛，刘晖，等．风景园林与小气候—中国第一届风景园林与小气候国际研讨会论文集．北京：中国建筑工业出版社，2018：120-127.

第5章　古典园林的小气候智慧与现代规划的对策实践

中国古典园林之美举世闻名，概因相地合宜，构园得体；巧于因借，精在体宜；虽由人作，宛自天开。然而其中的小气候智慧，视觉、生理及心理上的舒适度很少被系统挖掘。颐和园作为风景园林学历史、理论、规划、设计、植物和工程的活教材，小气候舒适度是其成为“天下第一园”的核心内涵。

颐和园、圆明园和避暑山庄是“引进创新”和“集成创新”的典范。所有的理法、技术和理论均能在江南园林中找到“原型”，深入理会上海古典园林的小气候舒适度策略，可以更好地诠释中国古典园林小气候舒适度的价值。

小气候的理论需要不断传承，技术需要不断创新，方法需要不断开拓。在现代风景园林项目设计中如何亮化小气候的功能呢？本章通过对北方皇家园林——颐和园及上海传统私家园林——豫园为例，研究古典园林中的小气候智慧，以期对当代风景园林的小气候环境营造提供借鉴。

5.1　古典园林小气候研究的意义

近年来全球性的气候变化显著，极端天气的出现愈加频繁。人们为了获得舒适的休憩环境，不得不更多地依赖于空调、风扇等温度、风的调控设备，随之而来的是能源浪费、环境污染及热岛效应加剧等问题。但也因此大多数人失去了对自然的体会、忘却了对气候变化的感知、模糊了季节更替的时空变化、淡化了温湿度的生理感应、遗忘了风吹扑面的记忆。自然的冷暖交替、干湿异同、气动风清都与我们的身心感觉和生活方式失去了必然关系。当代的风景园林设计由此面临着更多的挑战，一方面，坚持生态可持续理念的同时，风景园林设计要适应并改善气候变化所带来的负面影响；另一方面，人们生活水平的提高，也促使风景园林设计必须朝向更加人性化、舒适化的方向不断进步，以满足人们高标准的环境体验追求。

在资源和技术有限的农业时代，人们没有先进的材料和设备，只能利用当地现有的材料和环境条件来营造舒适的人居环境以摆脱恶劣气候的困扰。园林是人类追求最理想的人居环境的产物，创造更加舒适宜人的小气候环境，是享受园林生活乐趣的前提。因此，我国古典园林都十分注重利用自然气候条件，在庭园中营造出舒适宜人的小气候环境[1]。《园冶》[2]中就提出一种“凉亭浮白，冰调竹树风生；暖阁偎红，雪煮炉铛涛沸”的惬意园林生活方式。在江南夏季闷热和冬季阴冷的气候环境中，通过巧妙的构思，不仅使得园林中时有凉风吹拂，甚至在高大的厅堂建筑间借助“狭管效应”来“形成过堂风”，从而保证园林中空气的交换流通。而另一方面，为了严防冬季寒风，则需遵循“北面小庭，不可太广，以北风甚厉也”的传统设计原则。这些传统的气候营造智慧，对我们现在风景园林的气候适应性设计具有很好的借鉴意义，既能帮助设计师在有限的条件下创造出舒适的小气候环境，又能将传统的营造技艺继承创新。

5.2 颐和园布局小气候的舒适度

颐和园湖光山色，曲栏回廊、春花秋色造就了名扬天下的皇家园林。尽管270年前没有气候学理论的指导，其布局集合了风景园林中地形变化、植物种植和建筑景点要素，将风、湿、热、光等因子调控的园林气候适宜性，使其成为规划设计的经典之作。

5.2.1 颐和园概况

颐和园是驰名中外的皇家园林，始建于1750年，主要由万寿山和昆明湖组成，面积达290hm^2，水面占75%。颐和园以湖山真意、借景有方著称，吸引了众多中外游客。万寿山前昆明湖畔41m高的佛香阁是全园的中心，728m的长廊似彩链把千姿百态的古建筑群连缀在一起。波映重阁，山藏宫殿，春花秋色，古松参天，构成了胜似仙境的游览胜地。

5.2.2 测量方法

为研究这个以水面为主的古典园林的夏季小气候特点，陆鼎煌等人于1984年7月和1985年6月进行了小气候观测。在颐和园中设后湖、万寿山顶、长廊、昆明湖中央4个观测点，基本上处于佛香阁之东的一个南北向中轴线上。后湖区林木覆盖率达90%，林木主要是白杨、侧柏、松树、栾树等大乔木，林下有禾本科和蕨类植物。万寿山顶林木主要是白皮松和侧柏，平均高5m，灌木有酸枣和荆条，高1～1.5m，草被有狗尾草、灰草等，林木覆盖率55%。长廊观测点设在乐寿堂前长廊上，南北均10m宽的平地，长廊高出地面0.5m。昆明湖面的测点设在湖中央的玻璃钢小船上，夏季湖水较浑浊，水深1m。对照点设在北京市中心区的天安门广场。观测项目有漫辐射、总辐射、反射辐射、气温、空气湿度、下垫面湿度、1m高处风向风速等，每间隔1h观测一次。

5.2.3 舒适度指标计算

人在一个环境中是否舒适，牵涉到生理和心理两方面的因素。人们的舒适和对外界热状况的生理反应，取决于他们产生的新陈代谢热量、环境气象因素（空气温度、湿度、空气流动速度、辐射温度等）水平以及人们穿着的服装样式。这些因素不仅同时作用于人体，而且它们中的任何一项的作用都取决于其他因素的水平。

为了估价环境气象的各种物理刺激的联合作用，许多科学研究人员试图采用数学公式来表征环境热状况以及人体生理反应，即所谓生物气象指标。下面我们应用几种人体舒适指标，以评价夏季颐和园的环境小气候。

1．烦闷指标（EHI）

烦闷指标（即过度的热压力指标）与环境空气的温度和湿度成正比。Thom Bosen的烦闷指标公式写为

$$EHI=0.4(T_a+T_w)+15 \tag{5-1}$$

式中：T_a、T_w分别为空气的干球温度和湿球温度（℉）。显然，温度越高，湿度越大，环境愈闷热不适，烦闷指标也愈高。本指标缺点在于：①未考虑风速的影响；②湿球温度愈低，空气湿度愈小，但并不一定愈令人舒适。根据观测资料计算的烦闷指标结果如表5-1所示。从表中看出，烦闷指标的日变化趋势与温度变化一致，午后14:00时左右烦闷指标达到最高值。就盛夏晴天的烦闷指标看，颐和园的长廊、昆明湖和后湖区是烦闷指标较小的地区。这些地方有一半时间烦闷指标在80以下，长廊上三分之二时间的烦闷指标低于80，人们在那里可获得较多的舒适。天安门广场由于空气湿度小，烦闷指标有所降低，但仍有2/3时间的烦闷指标超过80。万寿山顶区温度高、湿度大，烦闷指标最高，是颐和园中夏季白天最少舒适的地方。

颐和园内夏季晴天的烦闷指标（EHI）　　表5-1

时间	天安门广场	万寿山顶	后湖区	昆明湖上	长廊
8:00	76.1	76.2	75.3	76.2	76.7
10:00	76.5	78.4	78.4	76.9	77.2
12:00	80.0	85.1	80.1	78.7	79.5
14:00	82.8	88.4	83.5	81.9	81.2
16:00	81.8	84.3	82.8	83.7	82.6
18:00	82.6	81.1	79.3	80.0	79.8

2．等值温度指标（Teg）

等值温度指标主要考虑了有效温度和辐射热，并作了气流订正，但忽略了空气湿度对人体舒适感的影响作用。Dafron的等值温度指标表达式为

$$T_{eg} = 0.522T_a + 0.478T_s - 0.0147\sqrt{V}(100 - T_a) \quad (5\text{-}2)$$

式中：T_a、T_s分别为空气温度和环境温度；V为风速。据夏季晴天8:00～18:00五次观测记录的计算结果如表5-2所示。可见有效温度和辐射热影响下的等值温度指标在天安门广场和万寿山顶都较大，对人体舒适不利，而长廊、后湖区和昆明湖指标低，是较为舒适的地方。

颐和园内夏季晴天的等值温度指标（Teg） 表5-2

时间	天安门广场	万寿山顶	昆明湖上	后湖区	长廊
8:00	82.78	80.97	80.37	79.60	79.80
11:00	84.69	85.11	81.60	79.78	82.68
13:00	89.06	87.65	85.36	85.51	84.55
15:00	89.82	89.06	88.20	87.40	86.02
18:00	85.76	84.68	83.99	82.92	83.70
平均	88.42	85.49	83.90	83.05	83.35

3．综合舒适指标（S）

上述指标均存在影响舒适因子考虑不全的缺点，为此，需要确定一个新的舒适指标，以供评价环境小气候。根据5年对城市绿化小气候的研究实践经验，并参考环境卫生学方面的有关资料，全面考虑温湿风三个主要小气候要素对人体夏季舒适的影响，提出综合舒适度指标，其式为

$$S = 0.6(|T_a - 24|) + 0.07(|RH - 70|) + 0.5(|V - 2|) \quad (5\text{-}3)$$

式中：S——综合舒适度指标；

T_a——空气温度（℃）；

RH——空气相对湿度（%）；

V——风速（m/s）。

并确定

$S \leqslant 4.55$ 舒适

$4.55 < S \leqslant 6.95$ 较舒适

$6.95 < S \leqslant 9.00$ 不舒适

$9.00 < S$ 极不舒适，难以忍受

根据观测资料，利用综合舒适度指标公式，计算夏季晴朗白天各时舒适度指标见表5-3。

颐和园夏季晴天的综合舒适度指标（S） 表5-3

时间	天安门广场	万寿山顶	后湖区	昆明湖面	长廊
8:00	3.78	2.82	8.44	2.37	2.72
9:00	2.92	2.76	2.55	2.72	3.37
10:00	2.59	3.97	2.78	3.62	3.25
11:00	4.07	6.06	2.95	3.63	3.54
12:00	5.65	10.37	4.58	3.16	3.64
13:00	8.36	6.89	5.74	5.19	4.77
14:00	8.98	7.55	7.83	5.59	7.30
15:00	9.76	6.98	8.08	7.89	6.03
16:00	9.75	6.28	7.12	7.45	5.82
17:00	9.24	5.37	6.67	5.68	5.20
18:00	5.22	4.46	4.52	5.45	3.73
19:00	3.76	3.80	4.45	3.53	3.26
20:00	3.64	3.71	3.85	3.94	3.54

由表5-3可见，颐和园内盛夏晴天的不舒适时间最短，长廊和昆明湖面仅午后13:00~14:00稍感闷热不舒适。而天安门广场在整个下午都是不舒适的。颐和园中基本上不出现极不舒适、使人难以忍受的环境小气候条件，而城市中心广场上竟有3h令人极不舒适，并达到难以忍受的地步。

5.2.4 总结

颐和园内日平均气温比市中心的天安门广场可低1.5℃。长廊终日不出现33℃以上高温。园内的空气湿度接近于人的最舒适湿度状态，比天安门广场高15%~20%。长廊夏天常有2~3级微风，使人顿感凉爽；冬季背风向阳，使人多晒温和。烦闷指数低1.3，等值温度指标低2.14，综合舒适度指标平均好于周围0.62。

5.3 颐和园的风景园林小气候测析

5.3.1 太阳辐射

太阳辐射穿越大气的过程中，由于大气。分子的散射作用，大气中水汽和尘埃等微粒的吸收、散射作用，即要有选择地受到损失，这种太阳辐射的削弱作用称为大气的消光作用。受到大气削弱后的太阳辐射可写为

$$I_m=\int_0^{\infty} I_{0\lambda} e^{-amd\lambda} \tag{5-4}$$

或
$$I_m = \int_0^{\infty} I_{0\lambda} P^{m}{}_{\lambda} \mathrm{d}\lambda \quad (5\text{–}5)$$

这里的$I_{0\lambda}$是指大气上界的辐射通量密度。式中的波长积分范围实际上主要在300nm与3000nm之间。根据克林公式

$$I_m = I_0 P_m^m \quad (5\text{–}6)$$

因此

$$P_m = \sqrt{\frac{\int_0^{\infty} I_{0\lambda} e^{-a\lambda m d\lambda}}{I_0}} \quad (5\text{–}7)$$

式中P_m为大气透明系数。显然，大气透明系数是随辐射透过的大气光学质量增大和总辐射的消光系数减小而增大的。

据1984年7月24日辐射观测资料，经计算各时大气透明系数如表5-4所示。总的来说，北京全天的大气透明度是不好的。城市中心区尤为严重。这反映了城市气候和污染分布的特点。颐和园空气透明度系数较大与公园内绿化较好有关。

颐和园各时的大气透明系数和总辐射[cal/（cm^2·min）]　　表5-4

时间	大气光学质量 m	大气透明系数		总辐射	
		天安门广场	颐和园	天安门广场	颐和园
8:00	2.00	0.29	0.30	0.17	0.12
9:00	1.49	0.14	0.19	0.10	0.16
10:00	1.23	0.14	0.21	0.18	0.29
11:00	1.10	0.15	0.31	0.61	0.89
12:00	1.05	0.34	0.34	0.99	1.00
13:00	1.06	0.45	0.29	0.95	0.79
14:00	1.12	0.31	0.46	0.79	1.00
15:00	1.25	0.31	0.43	0.56	0.83
16:00	1.47	0.30	0.42	0.33	0.56
17:00	2.22	0.31	0.35	0.15	0.19
日平均或日总量		0.27	0.33	302.85	373.47

颐和园在北京城西北约10km，这里空气中污染微粒比市中心少，因此辐射日总量平均比市中心的天安门广场要多。而且差异在中午时减小，表明城市中午对流加强，空气中污染物质获得较好的扩散，空气质量有所改善。

太阳辐射到达下垫面后，并非全部为下垫面所吸收，其中一部分将反射回大气中去。各种不同性质的下垫面对太阳辐射的反射也不相同。下垫面反射能力常用反射率

来表示。各种下垫面的反射特性的差异主要与其物理性质（尤其是颜色、湿度、粗糙程度等）有关。表5-5是1984年7月24～25日的平均观测值。天安门广场是水泥铺装地面，颐和园万寿山顶和后湖区为黄沙土壤，二者色泽相近似，地面反射率很接近，平均都在19%～20%之间。昆明湖面的反射率较小，只及上述两种下垫面的一半。

颐和园的下垫面反射率（%）　　表5-5

时间	天安门广场	颐和园	昆明湖
8:00	18.2	18.8	11.3
9:00	17.8	19.2	9.8
10:00	19.7	17.2	7.5
11:00	20.0	18.0	8.3
12:00	18.2	19.4	6.3
13:00	24.2	25.4	8.1
14:00	13.9	21.0	9.3
15:00	21.4	18.0	9.0
16:00	18.2	20.0	10.5
17:00	20.0	20.6	18.0
平均	19.2	19.8	9.8

不论何种下垫面，反射率均有随着太阳高度角的减小而增大的趋势。这是因为太阳高度角小时，太阳辐射通过地球大气的路径较长，这时，太阳辐射光谱中波长较长的部分比重较大，而地面对长波辐射的反射能力较强；同时，太阳高度角小时，阳光的入射角大，所以反射能力也较强。

由上可知，颐和园的大气透明系数大于北京市中心的天安门广场，而两者的下垫面反射率近似相等。因此，下垫面所获得的太阳辐射能也是颐和园多于市中心。尤其是颐和园的昆明湖面，因反射小而获得更多的太阳辐射能。这对于颐和园内的园林植物生长显然是有利的。

5.3.2　温、湿、风

1. 温度

颐和园下垫面获得的太阳辐射能虽然多于市中心，但颐和园的日平均温度却低于北京市中心的天安门广场。万寿山顶比天安门广场低0.7℃，长廊和后湖则低1.7～2.2℃（表5-6）。这是由于颐和园森林植物较多，夏季消耗于蒸散的能量远比天安门广场多的结果。

后湖地面温度的日较差最大，反映了后湖区闭塞地形小气候的特点。这里晴天中

颐和园的日平均温度（℃） 表5-6

	天安门广场	颐和园平均	万寿山	后湖	昆明湖	长廊
150cm气温	29.7	28.2	29.0	27.5	28.2	28.0
50cm气温	29.1	28.1	28.7	27.6	28.2	27.9
下垫面温度	32.6	29.4	29.8	31.4	28.5	27.9

午地面可升到50℃以上，夜间冷空气也容易在此沉积，温度在25℃左右。与之相应的气温日振幅也较大。万寿山顶地势平缓，周围有较多园林植物阻挡，风速较小，白天地面接收的太阳辐射热散失较少，夜间辐射冷却也较厉害，因此这里地面和空气的温度日振幅亦较大。天安门广场下垫面和空气温度日较差减小，是由于这里风速较大，空气能较好混合。同时表明水泥铺装下垫面热容量比土壤要大。昆明湖面和长廊的温度日较差最小，是由于水的热容量大和长廊地面不受太阳直射的缘故。

盛夏晴天北京市中心的天安门广场中午12:00以后气温常升高到33℃以上，并一直延续到17:00，高温持续时间可达5h以上，但颐和园内平均不超过2h。尤其是长廊和昆明湖上几乎终日不出现33℃以上的高温（表5-7）。

颐和园的温度的日振幅（℃）和气温在33℃以上持续时数 表5-7

测点	150cm 气温		50cm 气温		下垫面温度		日平均风速 m/s		33℃以上高温
	晴天	多云	晴天	多云	晴天	多云	晴天	多云	日持续时数
天安门广场	7.2	6.4	8.0	7.7	14.5	10.7	3.7	2.1	5
万寿山	10.1	8.3	12.3	9.3	17.6	14.3	0.8	0.2	4
后湖区	8.6	7.9	9.3	7.9	27.7	16.4	0.7	0.4	3
昆明湖	8.1	5.7	7.3	5.7	6.7	3.9	3.2	2.5	1
长廊	6.7	5.8	6.9	5.8	6.0	5.0	1.5	1.2	0

2. 湿度

由于城市中大部分雨水通过下水道排走，不能渗入土中，大量城市建筑下垫面取代了自然植被和土壤下垫面，限制了城市下垫面的蒸散。因此，城市空间湿度减小成了城市气候的一个显著特征。而且城市内外湿度差异在夏季最为明显，所以有人把夏季城市湿度减小称为城市沙漠现象。

据我们两年夏季的观测，市中心天安门广场的日平均相对湿度比颐和园要小15%～20%（表5-8）。颐和园内空气湿度非常接近于人的最舒适的湿度状态，而天安门广场午后5个小时以上相对湿度在40%左右，使人有干燥不适的感觉。

颐和园各测点的空气相对湿度（%）　　表5-8

项目	日平均				日最小	
天气型	晴天		多云		晴天	
高度（cm）	150	50	150	50	150	50
天安门广场	55	58	48	47	39	40
万寿山顶	76	78	77	77	66	66
后湖区	63	64	62	62	48	50
昆明湖	68	70	70	71	46	52
长廊	69	72	69	71	53	60

颐和园中长廊和昆明湖上空气湿度最为宜人，而且日变化较小，绝大部分时间空气相对湿度在60%~80%。

3. 风

颐和园内日平均风速较小，平均不及天安门广场风速的1/2。这是因为天安门广场虽地处市中心，但由于广场面积大，开阔而周围又很少遮蔽，因此夏季风速较大，午后常有三级风。颐和园内树木和建筑多，小气候风速明显减小，只有辽阔的昆明湖面上，风速较大。万寿山顶和后湖区测点周围有园林植物或地物遮挡，故成了公园中风速最小的地方。长廊靠近昆明湖畔，高出地面约有半米，同时又由于某些建筑结构上的特点，夏季常有阵阵清风，成为游客驻足休息的好地方（表5-9）。

颐和园各测点的风速（级）　　表5-9

测点	天安门广场	万寿山顶	后湖区	昆明湖	长廊
7月24日	3.7	0.8	0.7	3.2	1.6
7月25日	2.1	0.2	0.4	2.5	1.2

5.3.3　总结

（1）北京颐和园的大气透明系数比市中心的天安门广场大6%（昙天），辐射日总量比市中心大23%，反映了空气污染市区大于郊外绿地。

（2）天安门广场水泥铺装地面与颐和园黄沙壤土下垫面具有相近似的反射率（约19.5%），而昆明湖面的反射率小于10%。因此，颐和园的土壤下垫面夏季接受的太阳辐射量多于市内，昆明湖面吸收的太阳辐射量则更多（约比土壤下垫面多一倍）。

（3）颐和园内日平均气温比市中心的天安门广场可低1.5℃。33℃以上的高温持续时间，天安门广场可达5h以上，颐和园内平均不超过2h。长廊和昆明湖面上终日不出现33℃以上高温，说明绿化环境和水面对温度具有良好的调节作用。

（4）颐和园内的风速平均比天安门广场小1m/s，尤其后湖区和园林植物遮挡的万寿山顶小气候风速很小，昆明湖面和长廊则常有2～3级风。

5.4　上海传统园林小气候效应实例

“北面小庭，不可太广，以北风甚厉也……”——文震亨（明）《长物志》

“凉亭浮白，冰调竹树风生；暖阁偎红，雪煮炉铛涛沸”——计成（明）《园冶》

人与自然的互动是匠心独运的主旋律。古代人们已经意识到合理的园林空间布局可以最大限度地趋利避害，营造舒适宜人外部活动场所。随着风景园林在适应和减缓气候变化中扮演者越来越重要的角色，对传统园林的小气候调节作用及相关技术手段和营造模式的研究尤其要值得关注。

5.4.1　上海的气候环境

上海市位于亚洲大陆东沿，气候区属北亚热带季风气候，总体特征为冬冷夏热，四季分明，降水充沛，日照较多。受季风气候的影响，上海年平均气温15.8℃，月平均气温27.8℃，极端最低气温－12.7℃，极端最高气温40.2℃，年日照时间2000h左右，全年无霜期241d（表5-10）。

上海气候与宜人小气候统计表　　表5-10

位置			日照		空气温度（℃）					
北纬（°）	东经（°）	气象台海拔（m）	夏至（入射角）	冬至（入射角）	年平均温度	年较差	日较差	极端最高	极端最低	月平均气温
30.40～31.53	120.52～122.12	3	82°19′	35°21′	15.8	24.3	7.6	40.2	－12.7	27.8
					舒适温度（℃）					
					21～24					

相对湿度（%）		最多风向及风速（m/s）							年暴雨数（mm）
最热月平均	最冷月平均	年平均	日最大	夏平均	冬平均	30年一遇最大	1月	7月	
83	75	3.28	5.39	3.2	3.1	29.7	NW15	SSE19	43.1
舒适湿度（%）		夏季舒适风速（m/s）				冬季舒适风速（m/s）			
45～65		2～3				小于0.15			

5.4.2　上海地区营造理想小气候的考虑因素

1．风速

上海陆风、海风都较多，适量的风在夏季可以带走热量，使人体感觉凉爽，但过多北风在寒冷的冬季却常使人感到不适。因此在不同季节，应选择相应的手段对园林环境进行导风或避风。

2．湿度

相对湿度在45%～65%是人体感到舒适的湿度范围，湿度达到80%以上时，会使人感到沉闷，当湿度低于30%时，人开始觉得干燥。上海地区普遍潮湿，冬季阴冷刺骨，夏季闷热难耐，年湿度平均值超过60%，在梅雨季节更是达到90%。因此无论是在夏季还是冬季，控湿是营造舒适环境所必须考虑的。

3．温度

人体对温度的感知较为敏感，温度在21～24℃时，最为舒适；当低于14℃时，具有明显寒冷感，相邻空间的温差在5～10℃为宜。上海地处亚热带地区，夏季较长，7、8、9月存在长时间的高温天气，需采取适当的降温制冷措施。而冬季天气严寒，日照率偏低，又需增加阳光照射的机会。

5.4.3　上海传统园林空间布局及其与小气候营造关系

上海传统园林历经几代兴废，现存实例按时间段可分为三类。一类较多存留了明代至清初“一河两岸”清旷的园林特点，如秋霞圃、古猗园、醉白池；一类大致保存着清中期建筑围绕山林、水体紧凑的园林特点，如曲水园；另一类具有明显晚晴前期海派园林空间分割丰富、柔化、趣味化的园林特点，如豫园点春堂、得月楼、内园。

总的可概括为围合空间布局、中心空间布局、线性空间布局三种典型布局方式（表5-11）。曲水园、醉白池以及豫园中部“得月楼”景区，建筑、山石、植物紧紧围绕水体布置，形成视域开敞的园林环境，为典型的开敞围合布局；豫园东部“点春堂”、内园“观涛楼”空间划分细小，且尺度在15m×15m的范围内，各园林空间之间联系较弱，为郁闭的围合空间布局。

古猗园“不系舟”、豫园“大假山”景区是典型中心结构布局，形态上是以一个点状要素作为主导，其他园林要素围绕其布置，这种园林点在不同尺度上表现为不同的形式，小尺度上可以是单体的建筑、植物、叠石等，如山亭；在大尺度上表现为园林的组合形态，如大假山、池中岛等。

秋霞圃、醉白池为线性空间布局，其主要遵循“一河两岸”的传统模式，布局以“线”为主，其特征是布局的限定要素在空间两侧线性展开，界定出有一定方向性、延展性或引导性的深远的空间构图。

上海传统园林空间布局模式归纳 表5-11

园林空间布局模式	主要园林要素	使用功能	具体实例
“围合空间布局”	建筑（亭、阁、轩、舫等）、水体（池、塘等）、植物（环植）、山石、地面铺装	赏景、垂钓、顾曲、社交、读书、作画	豫园“九狮池”、“绿杨春榭”、秋霞圃“岁寒亭”、醉白池“玉兰园”、曲水园“有觉堂”景区、古猗园“松鹤园”景区、豫园“仰山堂”、“玉华堂”景区、曲水园“竹榭”景区、古猗园“戏鹅园”景区
“中心空间布局”	建筑（亭、台、堂、楼、榭、馆等）、山石（局部围合）、植物（孤植）	赏景、远眺、饮诗、引吭、高歌	豫园“大假山望江亭”、古猗园“不系舟”、“白鹤亭”景区
“线性空间布局”	建筑（廊、桥、墙等）、水体（带状）、植物、园路	游园、嬉戏	古猗园的“绘月廊”、秋霞圃“依依小榭”景区、豫园“渐入佳境”、“会心不远”、醉白池“池上草堂”、“乐天轩”景区

1．围合空间布局与小气候营造关系

围合空间布局分为：开敞与郁闭两种围合方式。开敞的围合空间布局多以建筑、山石、花木等园林要素环绕水体四周，这有利于形成一个风、湿度及温度环境都适宜的园林小气候。而郁闭的围合空间布局尺度相对较小，可视做独立的庭院使用，此类空间布局模式多以围合性较强的园林建筑为主导，可形成一些特定的冬暖夏凉的小气候环境。主要满足一些安静、稳定的园林活动，如读书、吟诗、作画等。

（1）风的调节：醉白池“池上草堂”、内园“观涛楼”

在园林围水而设的空间布局中，因水比热较大，夏天在吸收热量的同时也增加了空气的流动性，如醉白池“池上草堂”，其建筑位于水面上，且选择通透性较强、少有门墙的围合方式，即便在炎热的夏季，堂中也常有凉风徐来；而内园“观涛楼”中较为郁闭的围合方式，则可以保护其中人或物在严寒的冬季免受西北寒风的直接吹袭，具有挡风作用（图5-1）。其他实例如豫园“鱼乐榭”、秋霞圃“青松岭”“岁寒亭”等。

（2）控温与控湿：内园“九狮池”

在一些较小尺度的庭院或园中园中，如内园“九狮池”，其通过较为郁闭的围合方式，营造出一个具有隐蔽、私密、内向等特性的园林活动空间，所谓“园中有园，自成气候”，可长时间保持一个稳定的小气候环境；加上植物种植密度较大，保水性强，在闷热的夏季可避免太阳的直接照射，而在严寒冬季可避免冷风的侵袭，其温度、湿度都可以保持在一个较为舒适的范围内，不受周围大环境的影响（图5-2）。其他实例如内园“观涛楼”、醉白池“玉兰园”等。

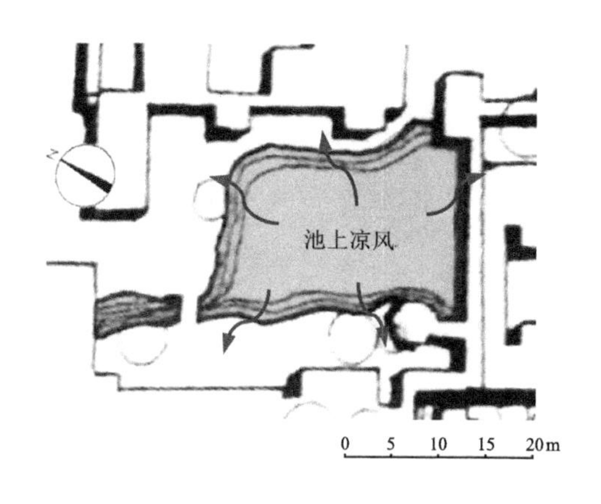

图5-1　醉白池围合空间布局

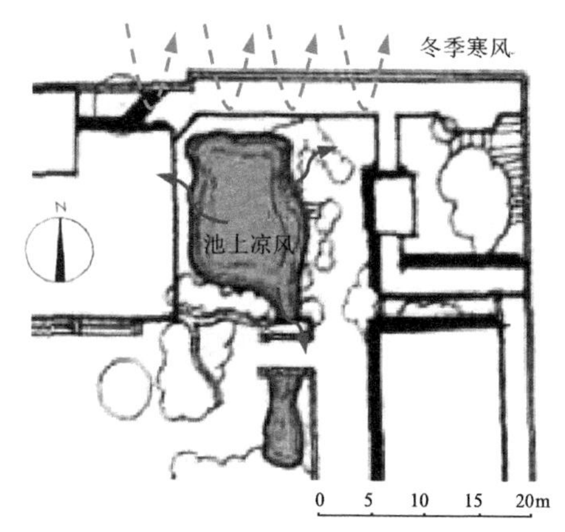

图5-2　豫园九狮池围合空间布局

（3）温度的调节：醉白池中心景区

夏季降温是上海传统园林小气候考虑的关键因素。尤其在7～8月份，通常阳光照射强烈，多闷热天气。而园林中最有效制冷的园林要素便是水体，通过合理的围合布局可以整体提升庭园的小气候。水面的蒸发能够吸收大量的太阳辐射，其自身却升温速度较慢，为增加制冷机会，上海传统园林大多将重要的空间围水而设，在醉白池中心景区，其主要的园林建筑面水而建，甚至直接架在水面上。夏季水面上浮萍、水藻等碧绿如玉，人在此游玩可享受清凉之意。到了冬季，水体以对流传热和分子热传导的方式，由水体下方向水体表面传输热量来弥补水面在冷季的热量散失，所以冬季水体温度比临近环境的温度要高，通过热交换可以在一定程度上提高周围园林环境的温度。其他实例如豫园“仰山堂”“九狮轩”、秋霞圃“池上草堂”等。

（4）噪声的调节

围合空间布局使得传统园林虽置身于闹市，却可以留有一片静谧之地，如豫园“绿杨春榭”“得月楼”，虽只与园外城隍庙闹市一墙之隔，却因其周边山石、花木、水体的合理布置，环境宁静，现常作为画家、诗人、作家集会之所。

2．中心空间布局与小气候营造关系

中心空间布局作为园林中活动的焦点所在，其布局模式相对灵活，可开敞，可郁闭，前者如置于假山之上的亭、轩，冬季可接受较多阳光照射，起到增温作用，而夏季由于其位置较高，又可迎风纳凉；后者以湖中岛、近岸及半岛形式创造相对隔离的空间，其上置榭、台或亭可以较好地利用周边水体的小气候效应，做到制冷、增湿的作用。而在小尺度的私家庭园中，岛山的形式用石峰来代替，同样可利用土石材料较好的热惰性，在春秋两季昼夜温差较大时，白天可以吸收并储存热量，夜晚慢慢消散，这样就促成了庭院温度的恒定（图5-3）。

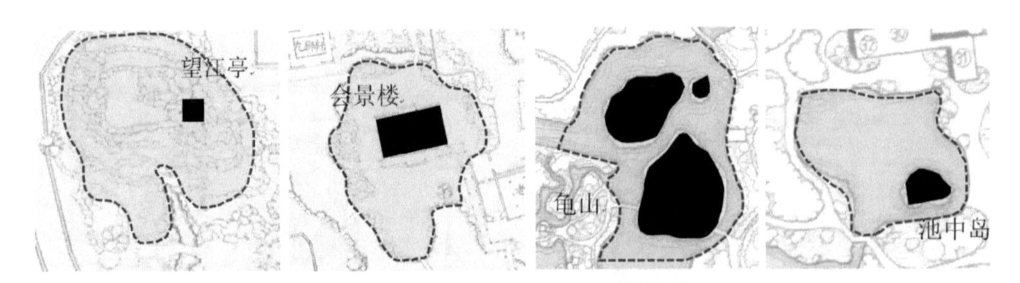

图5-3　上海传统园林中心空间布局归纳

（1）风与温度的调节：豫园“望江亭”

“中心空间布局”通过在高处设置亭、台，在严寒的冬季可最多的接纳阳光照射。豫园“大假山”在开敞的山顶设置“望江亭”，其向南一面无围合以尽可能的吸纳阳光，以达到在冬季最大化的增温效果，同时为避免冬季严寒的西北风，在建筑的背面盛行风方向使用假山、土山或者植被等做法，营造坚实的西北围合，从而减少冷风的侵袭，减少热损失，达到保温的效果（图5-4）。而夏秋两季，置身于山顶、亭中，又能感受到东风拂面，空气宜人，一番高爽之意。其他实例如秋霞圃“即山亭”。

（2）风与湿度的调节：古猗园的“龟山”

上海夏季多炎热潮湿的气候，合理的控湿是营造舒适宜人小气候环境的必要条件，相对于前文围水而建的“围合空间布局”模式，古猗园“龟山”作为被水围合的“孤岛”，在炎热的夏季，四周环绕的水体因大量蒸发而带走多余的热量，局部形成空气对流，产生微风，加上地势较高，湿气难以到达，从而达到缓解闷热的目的（图5-5）。其他实例如秋霞圃的“半岛”。

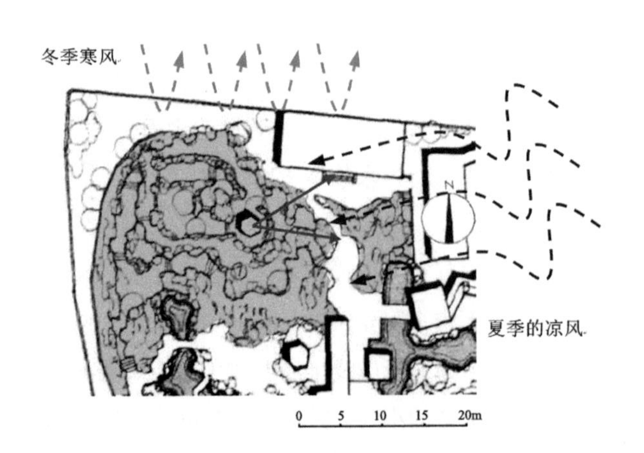

图5-4　豫园“大假山”中心空间布局温度与风的调节模式

图5-5　古猗园的“龟山”中心空间布局控温、控湿调节

3．线性空间布局与小气候营造关系

线性空间布局相对流动，此类空间布局模式多以廊道、园路沿蜿蜒的水体曲折布置，满足一些游赏活动，同时巧妙利用园林要素来营造舒适的小气候。如山间步道无顶界面而具有一定的水平界面，在小气候上有利于挡风、遮阳；而廊道则以顶界面围合，开敞的水平界面或单侧开敞，有利于导风、遮阳、挡雨，对于通行和短时停留都较为舒适。

（1）风与湿度的调节：曲水园“涌书亭”、豫园“渐入佳境”

线性空间布局模式由于其自身流动性的特点，通常具有合理引导风向的作用，如曲水园“涌书亭”景区通过线性水体的布局，更多地给园林带来新鲜的凉风补给，为亭中增添乐趣、满足吟诗乐酒的功能要求。在一些相对较为郁闭的“线性空间布局”中，如豫园“渐入佳境”，以绿色植物掩映墙体，甚至是覆盖其上，加上精心点缀的石品，这样相对封闭的组合，因植物可以吸收过强的太阳辐射，在炎热的夏天也可以带来清凉之意（图5-6、图5-7）。其他实例如“万花楼”景区。

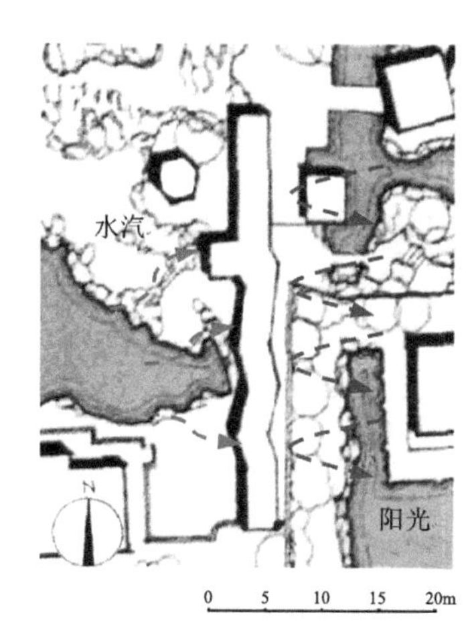

图5-6　豫园“渐入佳境”线性空间布局温度与湿度的调节模式

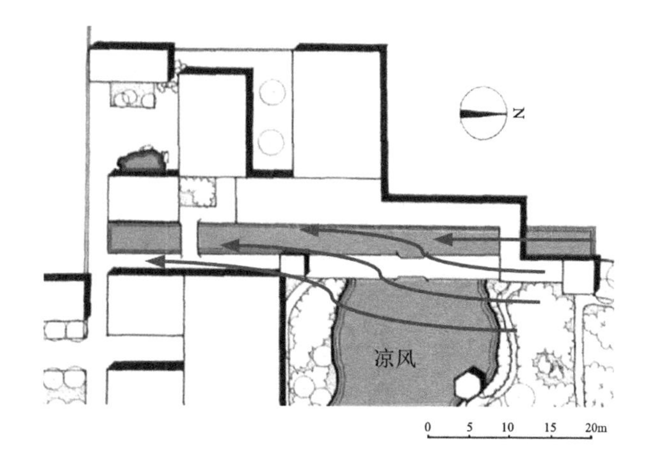

图5-7　曲水园“涌书亭”线性空间布局风的调节模式

（2）温度与风的调节：豫园“会景楼”水廊

传统园林中线型的廊子也是营造舒适小气候的重要手段。“会景楼”水廊“或蟠山腰，或穷水际，通花渡壑，蜿蜒无尽”引导人们步移景异赏景的同时，廊子也可以遮阳、避雨、引导风向，为人们营造舒适的小气候环境。其他实例如曲水园“紫藤廊”、古猗园“曲香廊”“绘月廊”。

（3）豫园“大假山”——风的调节

通过山石的堆叠，形成人工的峡谷沟壑，引导气流穿过其间，使其加密，从而风速增大，达到降温制冷的效果，就沟壑式步道来说，最典型的例子莫过于豫园“萃

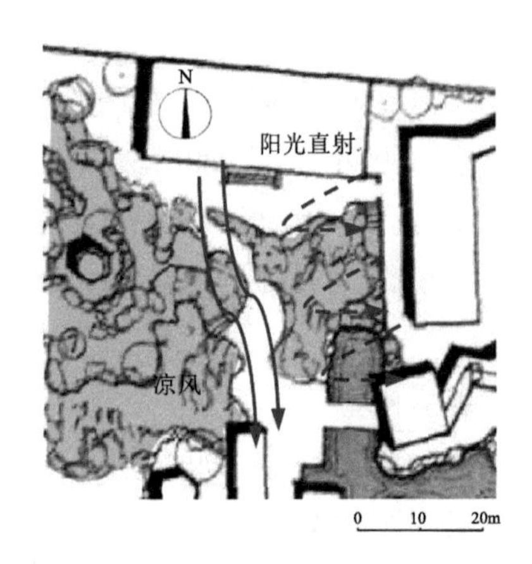

图5-8 豫园“渐入佳境”线性空间布局风的调节模式

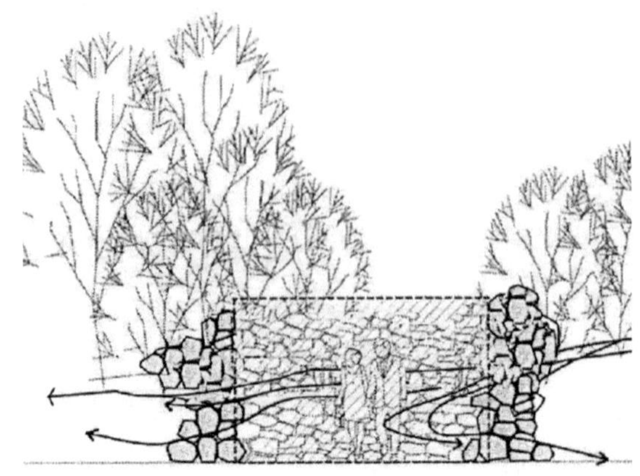

图5-9 豫园“大假山”线性空间布局风的调节模式

秀堂”南部大假山的沟壑堑道，即使在盛夏，走在其中也可时常感受到清凉的微风（图5-8、图5-9）。

4．总结

综上所述，上海传统园林各空间布局中小气候营造的特色归纳如表5-12所示。

上海传统园林各空间布局中小气候营造的特色　表5-12

<table>
<tr><th colspan="2">园林空间布局模式</th><th>小气候调节模式</th><th>园林要素</th><th>具体实例</th><th>营造方法</th><th>季节适应性</th></tr>
<tr><td rowspan="8">“围合空间布局”</td><td rowspan="4">开敞结构</td><td>制冷、增温</td><td>建筑、水体</td><td>醉白池中心景区</td><td>建筑围水而建，已接受清凉水汽</td><td>夏季</td></tr>
<tr><td>增温、增温</td><td>建筑、山石、水体</td><td>豫园“仰山堂”</td><td>建筑北面水与山石共同起到增温作用</td><td>冬季</td></tr>
<tr><td rowspan="2">导风</td><td>建筑、水体</td><td>豫园“鱼乐榭”</td><td>建筑延水布置，有利于风的流动</td><td>夏季</td></tr>
<tr><td>建筑、水体</td><td>醉白池“池上草堂”</td><td>建筑通透且临水之上，通风良好</td><td>夏季</td></tr>
<tr><td rowspan="4">封闭结构</td><td rowspan="2">控温、控温</td><td>建筑、水体</td><td>豫园“点春堂”</td><td>庭间设一池清潭，起到控温、控温效果</td><td>冬、夏季</td></tr>
<tr><td>植物、山石</td><td>醉白池“玉兰园”</td><td>植物遮阳及蒸腾作用有利于控温</td><td>冬、夏季</td></tr>
<tr><td>避风</td><td>植物、山石</td><td>秋霞圃“青松岭”</td><td>植物山石间郁闭环境有利于避风</td><td>冬季</td></tr>
<tr><td>降噪</td><td>建筑、植物</td><td>豫园“绿杨春榭”</td><td>植物与高墙隔离噪声</td><td>冬、夏季</td></tr>
</table>

续表

园林空间布局模式	小气候调节模式	园林要素	具体实例	营造方法	季节适应性
“中心空间布局”	增温	建筑、山石	豫园“望江亭”	山石高耸，有利于接受阳光照射	冬季
	控温	水体、山石	古猗园“龟山”	水体围绕山石，蒸发以减温	冬、夏季
	导风	建筑、山石	秋霞圃“即山亭”	山顶设置亭榭，可接受凉风吹息	夏季
“线性空间布局”	降温	建筑、植物	豫园“渐入佳境”	植物遮蔽太阳光，创造舒适环境	夏季
	增温、避风	建筑、植物、水体	豫园“会心不远”	建筑东西廷水而建，有利于避北风	冬季
	导风	山石、植物	豫园“大假山”	山石堆砌，形成狭窄壁道，有利于通风	夏季
	降噪	建筑、植物	曲水园“紫藤廊”	廊道与植物搭配，隔离旁边环境噪声	冬、夏季

（1）上海传统园林空间布局与地域环境有一定联系。上海传统园林空间布局方式多样，但都反映出了跟上海地域气候的关系。巧妙地利用山石、植物及水体的布局组合方式，达到夏季降温、控湿、引风的作用，而冬季则满足更多采暖避风的需求。

（2）不同的空间布局方式在创造宜人小气候环境方面各有所长。如围合空间布局主要通过水的布局设置，在湿度与风的调节上有明显的效果，在冬夏两季都可发挥积极的作用；而中心空间布局则在控湿与控温调节方面有明显效果，但其作用范围相对于围合空间布局较为有限；最后，线性空间布局则在导风方面有明显的作用效果。

（3）除了传统园林的空间布局外，园林要素与材料的精心选择以及园林文化都在园林小气候营造中发挥了积极作用，如传统园林中水体、植物、山石等园林要素在遮阳、通风、降温和改变局部气流等方面都可以发挥其特定的用；而气候要素作为自然现象的一部分，往往也是中国传统园林文化的重要组成部分，以气候为景增加了传统园林的观赏性、趣味性和季节性，如豫园中的“两宜轩”以及“绿阳春榭”中就营造了一种“凉亭浮白，冰调竹树风生；暖阁偎红，雪煮炉铛涛沸”的惬意园林生活方式。

（4）对园林小气候要素的测定。除了继续对传统布局、园林要素进行更深入分析，探寻构成舒适小气候环境的模式外，对于小气候要素自身（风环境、湿环境、热环境）也需有较进一步研究，关键的是重视实地小气候数据的测试，对古典园林中人可感知到的风、湿、热量化研究使得传统小气候研究的结果也具有科学性与可行性。

5.4.4 上海豫园夏季晴天小气候实测研究

1. 豫园概况

上海豫园位于老城厢东北部，原是明代上海人潘允端（字仲履，号充庵）的花园。万历五年（1577年）始建，数年后基本建成，建园是为了“愉悦老亲”，故取名豫园。经历了几多战乱和兴废，豫园一度遭到严重破坏。中华人民共和国成立后，曾拨专款修复。后1988年又大修，整修后的豫园典雅精巧，布局合理，植物配置得当，胜似当年。罹难与修复交织的豫园，其现状仍呈现出多样化的风格，较能代表上海甚至江南传统园林的营造特色。除山石堆叠之外，豫园中的水体布局方式、建筑样式及植物种植，亦各有特色，以其为例可深入探寻园林要素营造与小气候调控的关联性。

豫园西部景区（旧称西园）保存较好，面积适中，可作为典型的上海园林代表，具体包括：“三穗堂”景区、“大假山”景区、“会心不远”景区及“万花楼”景区。以此区域为研究范围，把各景点主导的园林要素作为测定局地小气候的基本单元。对豫园西部景区各园林要素面积及墙体长度进行划分（见表5-13）。

平面资料主要来源于Google Earth（2010年9月10日）影像地图及相关园林平面图，并结合各点的实测相互叠加而成。在此基础上，通过AutoCAD、SketchUp软件描绘并建立出四个区域园林山水空间模型。

各实测区域造园要素数据统计表　　表5-13

	建筑面积	山体面积	水体面积	铺装面积	种植面积	总面积	外围墙体长度	内部墙体长度
“三穗堂”景区	399m^2	53m^2	—	351m^2	21m^2	824m^2	81m	18m
“大假山”景区	488m^2	802m^2	257m^2	291m^2	126m^2	1534m^2	157m	—
“会心不远”景区	255m^2	212m^2	79m^2	319m^2	58m^2	923m^2	106m	59m
“万花楼”景区	199m^2	111m^2	54m^2	244m^2	85m^2	693m^2	86m	—

2. 小气候数据实测方法

测定时间选择在上海夏季最为炎热的8月，分别在2014年8月5日～8月7日期间进行了为期3天的实地测量。为了排除气象因素的干扰，观测日均选择晴朗无风（风速＜2.0m/s）的天气状态。试验采用Watchdog小气象站及手持温湿度计对豫园的4个不同区域进行同步观测（见图5-10），测试时间从8:00起，包含完整的白昼和夜晚气候数据，仪器每10min读取一次数据，测量高度距地面1.5m。观测过程中，每个区域选择各自特征的掇山、理水进行测定，内容包括：空气温度、相对湿度、风速、风向等，同时，在豫园外环境设置对照点，同步测定空气温度和相对湿度。收集测试期间的城市空气温度、露点温度，推导平均高低温度比的动态曲线表。

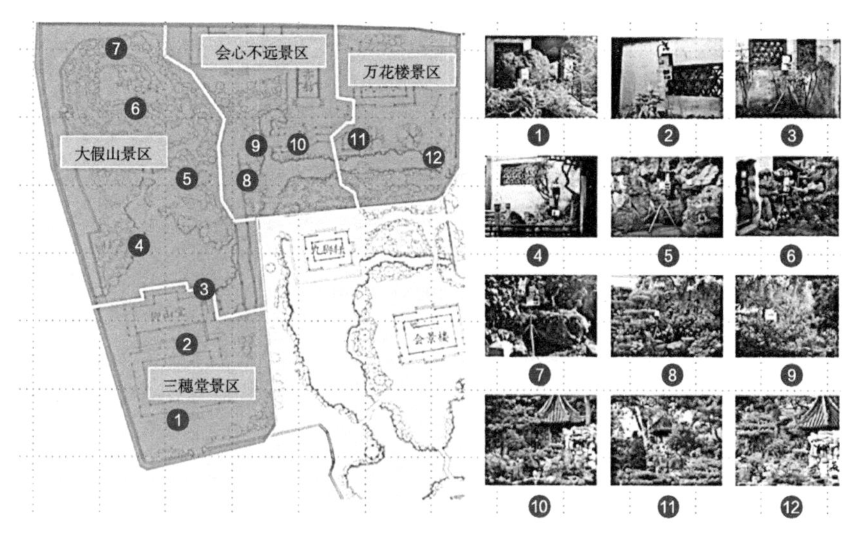

图5-10　Watchdog气象站实测点分布示意图

3．典型断面温、湿度分布格局

为了对豫园整体风、湿、热环境有更为直观的认知，方便对园林要素具体小气候营造模式的探索，通过实测数据，总结分析后绘制出西部园区的温湿谱简图。

由于传统园林中情况复杂，不能对全园的小气候进行拉网式测量，在此选择园中具有代表性的两个断面，作为系统布点的代表性，断面1南自豫园入口到三穗堂、仰山堂、水池、浥秀亭、望江亭最后北截止于萃秀堂，此沿线南北朝向上，分布了豫园中有代表性的厅堂建筑及中心、围合山水模式；断面2西自大假山旁巷弄，沿线分布有鱼乐榭、会心不远、复廊、亦舫、两宜轩、古树、万花楼，东截止于龙头墙，涵盖了豫园中典型的亭、廊建筑、线性山水模式及庭荫树等。如图5-11所示，测点与两线因地制宜布点，同时选取了较为理想的8月6日中每个实测点所记录的温度较低点（清晨6:00）及温度较高点（午后15:00）气候数据，分析结果如下：

图5-12、图5-13显示了断面1分别于8月6日6:00及15:00园内外沿测量线路的温湿度变化趋势，当天最高35℃、最低28℃、平均湿度75%。园内的气温明显低于园外的气温（参照点A），在园中部有水域出现的地方，相对湿度最高。总的来说，温湿度的变化呈现反向趋势。

图5-14、图5-15显示了断面2在8月6日6:00及15:00园内东西走向的山水测量线路的温湿度变化趋势。此区域由于处于整个园子的包围中，空气温度和相对湿度的变化趋势相对于断面1来说相对较为缓和，没有形成明显的“冷岛”和“湿岛”。由园西向园东两侧的移动，温湿度呈现出波动，但两者变化趋势相仿。

4．“仰山堂”景区小气候分析

仰山堂景区中厅堂建筑夏季温度与风的调节效益显著，厅堂附近不同区域园林小

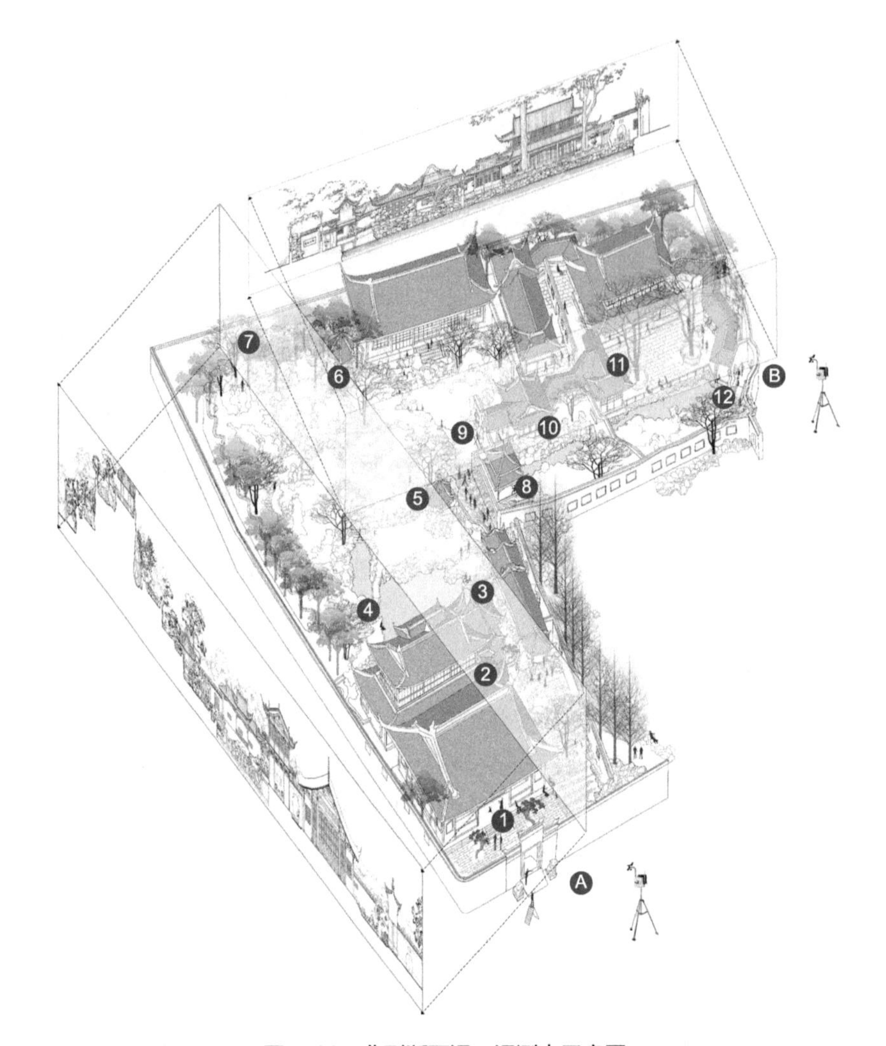

图5-11　典型断面温、湿测点示意图

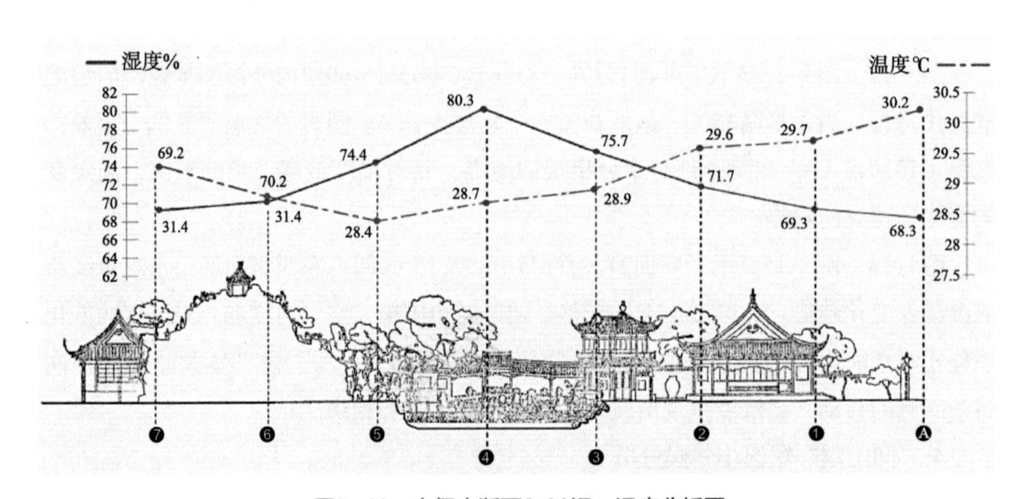

图5-12　大假山断面6:00温、湿度分析图

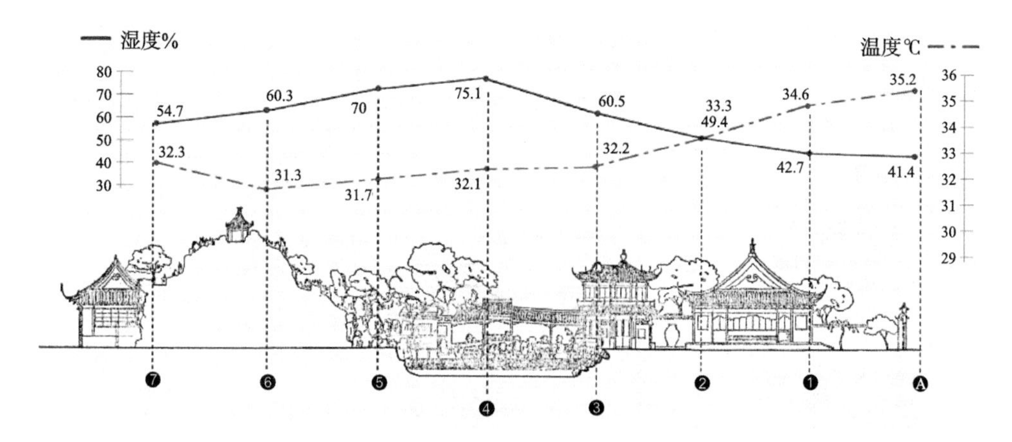

图5-13　大假山断面15:00温、湿度分析图

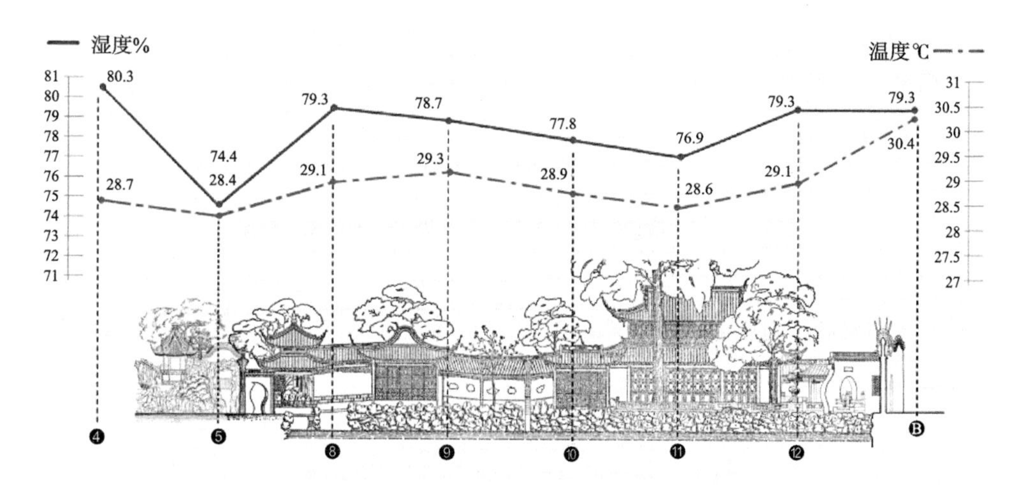

图5-14　万花楼断面6:00温、湿度分析图

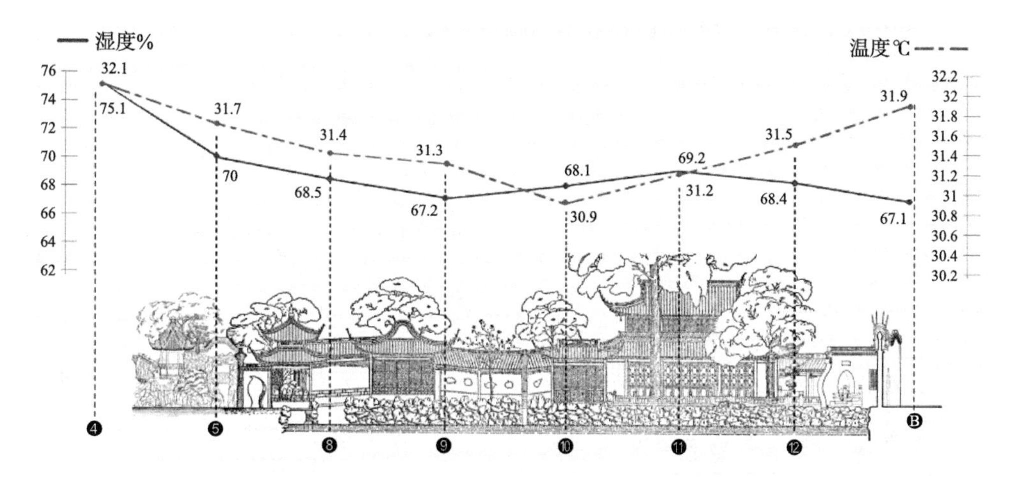

图5-15　万花楼断面15:00温、湿度分析图

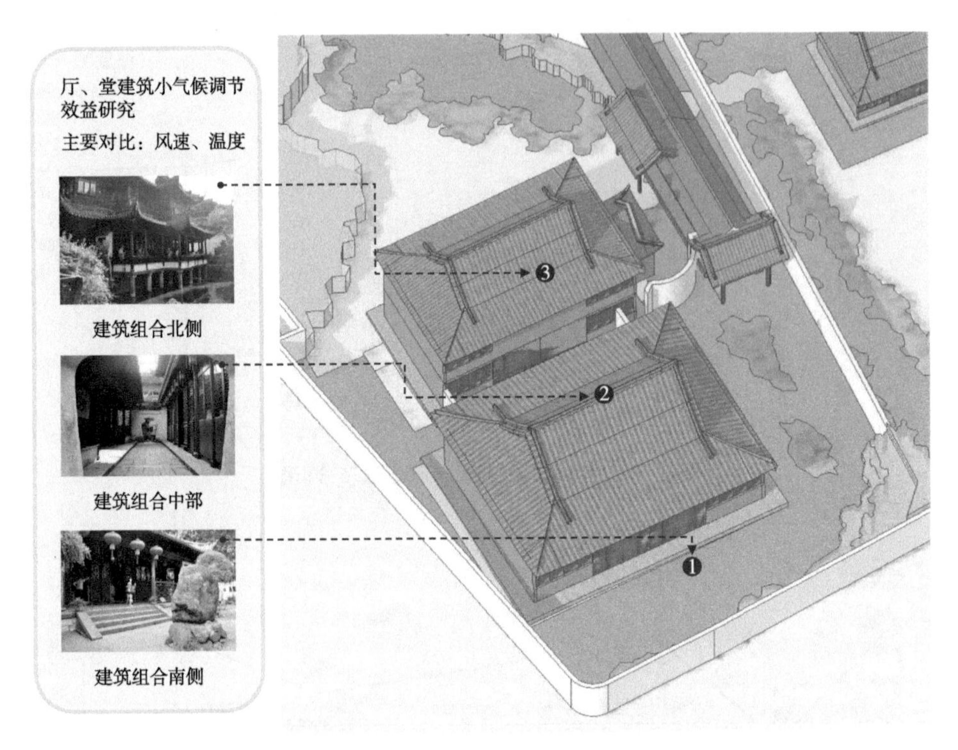

图5-16 “三穗堂”“仰山堂”小气候要素测点分布示意图

气候的区别明显。测点位于豫园“三穗堂”与“仰山堂”之间，分别于建筑南、中、北部选择相应测点（图5-16）。

（1）风速、温度与人群活动分析

设置在厅堂类型建筑下，距地面1.5m处的实测点中风速数据显示，由于建筑*D*/*H*比、穿堂风及拔风效应等的影响，该区域风速强度依次为：堂北＞中庭＞堂南。与此同时，3种建筑空间位置的气温呈堂南＞堂北＞中庭的变化趋势（图5-17、图5-18）。

另外根据对现场定时照相记录及问卷调查的耦合比对，发现游人在该区域停留时间较长时段为中午过后14:00～15:00，其中停留人数较多的是在仰山堂北的临水廊檐下，可达130人次左右，入口区域则相对停留人数较少（图5-19）。

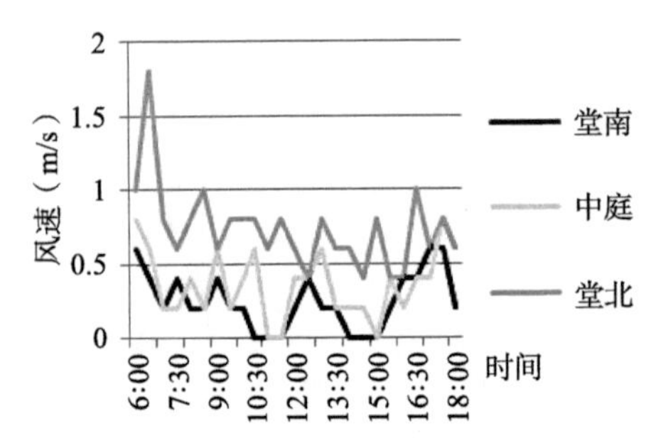

图5-17 仰山堂景点厅、堂建筑风速分析图

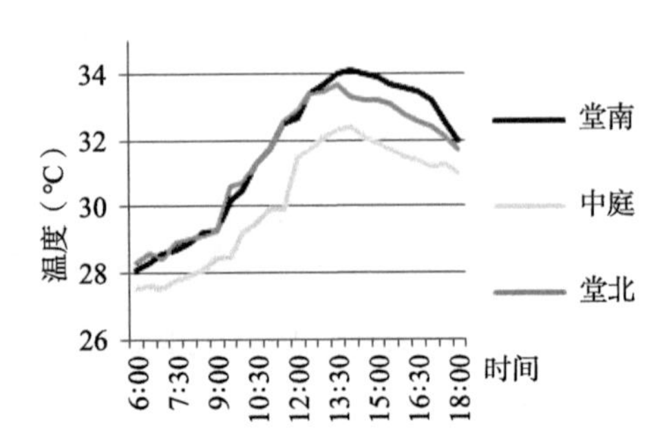

图5-18 仰山堂景点厅、堂建筑温度分析图

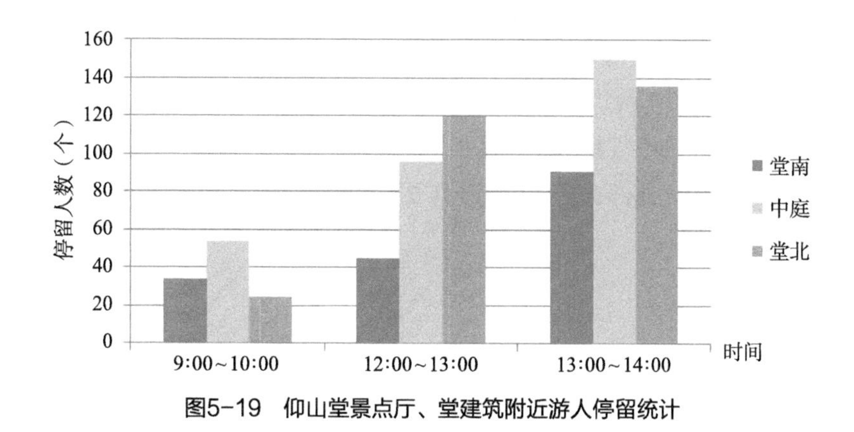

图5-19　仰山堂景点厅、堂建筑附近游人停留统计

（2）三穗堂景区小气候分析

实测数据经过系统分析后绘制的厅、堂建筑引风、遮阳示意图（图5-20）。豫园的“三穗堂”与“仰山堂”，空间高敞的厅堂建筑，在炎热的夏天，室内环境阴影深远，室内阴凉，加之建筑南北面接受太阳辐射热量的差异和北面水体蒸发降温效应，致使北部的空间温度较低，而前后的温差引发了空气的对流，产生了南北向明显的循环气流，使人感到微风吹拂，沁人心脾。仰山堂北面楼层处腰檐从二层屋顶窗下挑出，既不阻隔冬日的阳光射入，又在夏季延展了遮阳的功能。

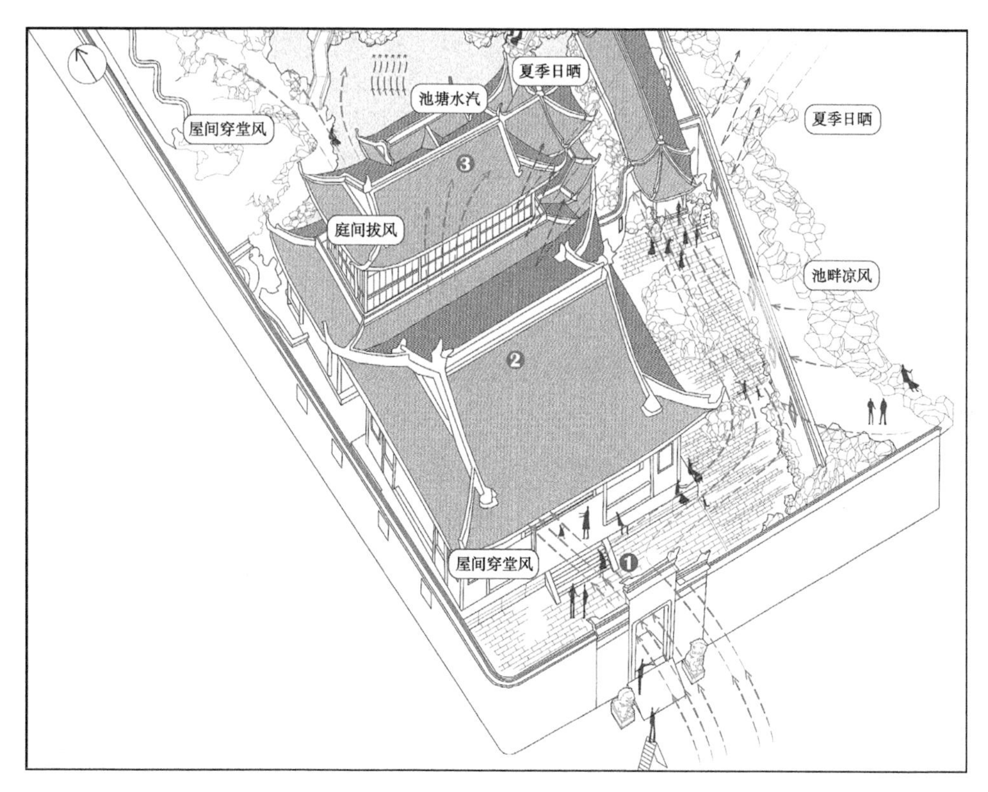

图5-20　三穗堂景点厅、堂建筑小气候示意图

5．“大假山”景区小气候分析

“大假山”景区“水南山北”的布局特点，使得温度与风的调节效应非常明显。明代假山石不同部位内小气候的差异显著，测点位于豫园“仰山堂”与“望江亭”之间，分别于山南、中、北部选择相应测点（图5–21）。

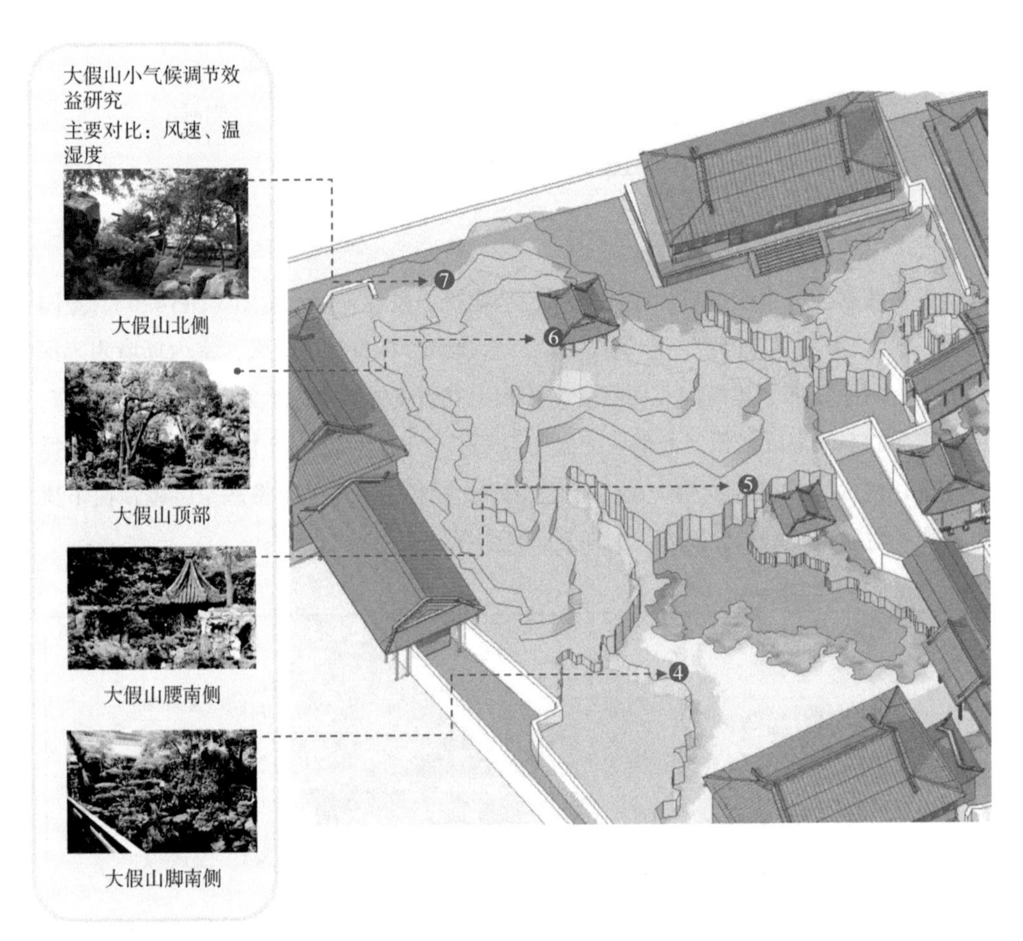

图5–21 “大假山”小气候要素测点分布示意图

（1）风速、温度与人群活动分析

测点设置在“围合”“中心”山水上，距地面1.5m处的实测点风速数据显示，不同山水空间区域内的风速在一天内的变化不同，风速强度依次为：山顶＞水畔≥山腰（北）＞山腰（南）；湿度强度依次为：水畔＞山腰（北）≥山腰（南）＞山顶；温度山顶＞山腰（北）≥山腰（南）＞水畔。由于豫园大假山目前禁止入内参观，故没有游人活动的数据统计（图5–22、图5–23、图5–24）。

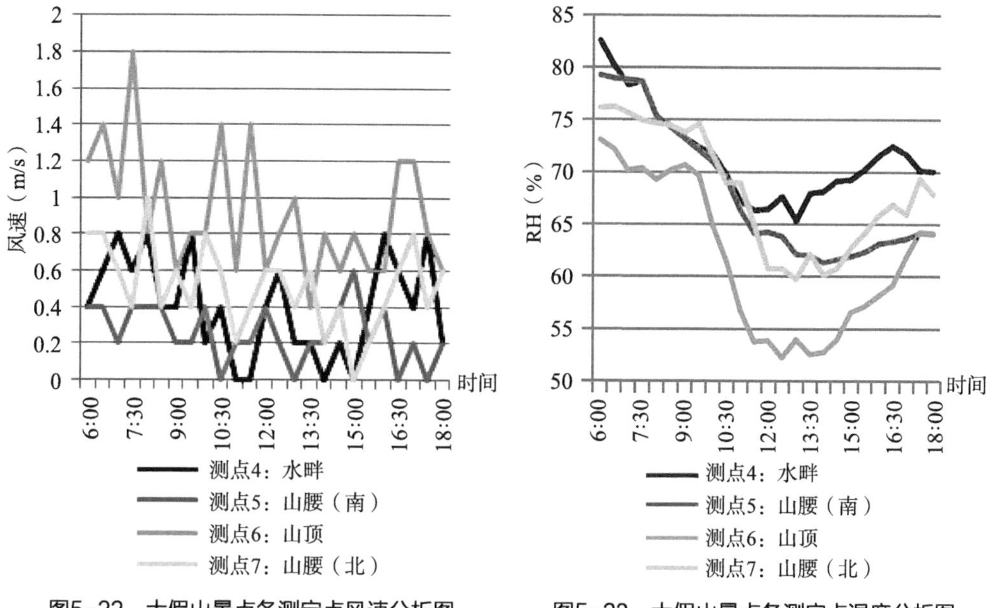

图5-22　大假山景点各测定点风速分析图

图5-23　大假山景点各测定点湿度分析图

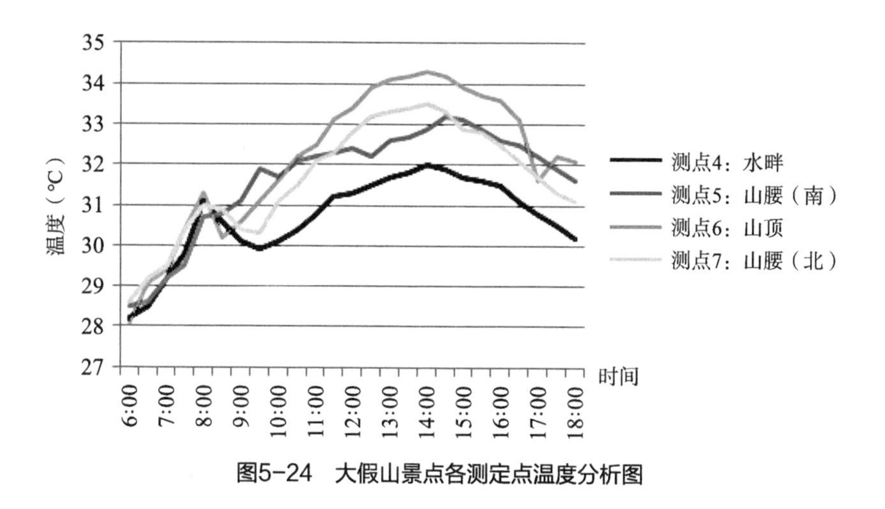

图5-24　大假山景点各测定点温度分析图

（2）大假山景区小气候分析

实测数据大假山小气候调节示意图绘制（图5-25）所示，豫园“大假山”通过合理的“围合”“中心”山水布局可以整体提升了庭园的小气候感受效果。上海夏季多炎热潮湿的气候，合理的降温、通风、控湿是营造宜人小气候的必要条件。一方面，水、气的比热差异，使水池的蒸发能够吸收太阳辐射，其水体及其周围的温度具有冬暖夏凉的特征；另一方面，周围温度形成空气对流，产生微风；再者，在人工堆叠的假山上置榭、台或亭可以较好地利用周边水体的小气候效应，加上地势较高，空气流通，湿度的垂直递减，达到了缓解闷热的目的。

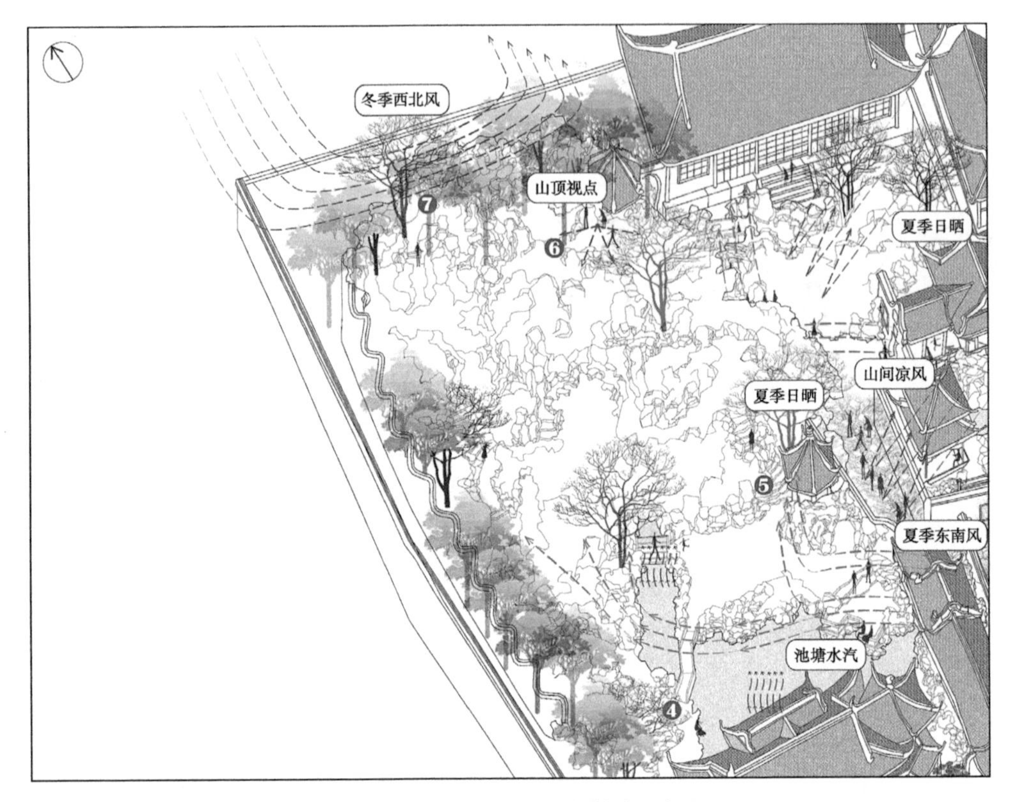

图5-25　大假山景点小气候效应示意图

6．结语

通过对传统园林小气候适应性的研究，可以深入揭示和解读其小气候营造中的传统智慧及其科学设计的调节机制。实测中，除了对传统布局、园林要素进行了深入分析，探寻了构成舒适小气候环境的模式，并结合传统园林小气候要素的测定，探索了小气候要素（风环境、湿环境、热环境）的调节作用。通过定量化的测定，科学地诠释了在传统古典园林中可感知的风、湿、热小气候调节的造园艺术和设计技巧，为现代园林规划设计提供了实测案例和指导建议。以豫园为例对传统园林中小气候的机制探究只是开端，希望借助古典园林小气候的研究，发现中国传统智慧的深刻内涵，为古典园林的研究提供一条新的思路，期待将中国独特的造园理论、造园技术在现代园林规划设计中传承发展。

5.4.5　上海传统园林小气候营造模式

当今社会的发展与环境的变迁，使得传统园林在当代的适用性时常难以得到充分发挥，从传统园林中如何提出对今天的园林设计有指导性的理论与方法，是学科研究与探索的一个重要组成部分。随着风景园林在适应和减缓气候变化中扮演着越来越重要的角色，对传统园林的小气候调节作用及相关技术手段和营造模式的研究受到很大的关注。在秀甲天下的江南园林中，上海传统园林，因其多样、合理的空间布局方式，一直占据着重要的一席之位，其园林的发展依赖于上海独特的地理气候环境。以上海各时期保存至今的园林遗存（豫园、曲水园、醉白池、秋霞圃、古猗园及内园）为例，探究在传统气候智慧中，人们如何巧妙地利用山石、水体、建筑及花木等园林要素的搭配组合，来达到制冷、消暑、避风、驱寒、增温、祛湿、通风等营造舒适小气候环境的目的；归纳不同园林要素及各要素之间的小气候营造方法与模式，从而对传统园林的传承创新、当代城市风景园林建设起到积极的意义。

1．掇山、理水与小气候

（1）上海传统园林掇山、理水与地域环境有一定联系。山水布局方式多样，但都反映出了跟上海地域气候的关系。巧妙地利用山石及水体的布局组合方式，达到夏季降温、控湿、引风的作用，而冬季则满足更多采暖避风的需求。

（2）不同的山石布局方式在创造宜人小气候环境方面各有所长。如“围合山水布局”主要通过水的布局设置，在湿度与风的调节上有明显的效果，在冬夏两季都可发挥积极的作用；而“中心山水布局”则在控湿与控温调节方面有明显效果，但其作用范围相对于“围合山水布局”较为有限；最后“线性山水”布局则在导风方面有明显的作用效果。

（3）除了传统园林的山水布局外，水石要素与材料的精心选择，以及园林文化都在园林小气候营造中发挥了积极作用，如传统园林中厚实的黄石、通透的湖石要素在遮阳、通风、降温和改变局部气流等方面都可以发挥其特定的作用；而水石要素作为园林自然再现的一部分，往往也是中国传统园林文化的重要组成部分，以山水为景增加了传统园林的观赏性、趣味性和季节性，如豫园中的“大假山”“浣云峰”“积玉峰”中就营造了一种“千峦环翠，万壑流清”《园冶》咫尺山林惬意的园林生活方式。

2．营造模式

（1）“围合山水布局”：宽广平静、波光粼粼的水面可创造出宁静安详的氛围，让人觉得“心静自然凉”；在湖心或沿岸架设亭、榭的开敞的建筑，以利于园中空气的对流通风，使得水面蒸发散热的降温效益充分发挥；水边任意设置顶部具有遮阴的石矶、石台等，方便游人休憩；濒水种植树木的浓荫可遮蔽水面，以有效存留蒸发出来的水汽。

（2）“中心山水布局”：作为园林中活动的焦点所在，山以石山为主、辅以动泉、溪涧，山顶阳光台地应该设置在山的南坡，其应该是三面围合，南侧敞开，以保证冬季光照的最大化；在北侧、东侧及西侧的围合物（多为常绿植物、山石及墙垣）要厚实，以抵挡冬季寒风，保证太阳辐射的热量；常绿树种不易种植在台地的南侧，影响视线的同时还会遮挡冬季珍贵的阳光。

（3）“线性山水布局”：通过山石、水体的营建，形成两面围合的峡谷沟壑，利于引导气流加密穿过其间，风速增大，改善园林风环境，且达到降温制冷的效果。水石岸间交互配置以花木、点缀奇石、架设亭廊与石桥，人可自由穿行与其间，沿路墙垣可开设窗洞，步移景异的同时，可引来邻园清风，更多地给园林带来新鲜的凉风补给，为园中游赏增添乐趣、满足园林“动观”游赏的需求。

（4）“洞壑”：而由山石堆叠而成的洞室建造因尽量模仿自然的岩洞，人处其中可避免外界阳光的直射而保持一个凉爽的内部环境；如果需要洞室有较好的控温效果，则需要在其上覆盖不少于1m厚的土层，如果条件允许则可种上植被；将洞室置于假山的中央，让其成为一个目的地或隐藏的休息场所，或者将营建成为一条幽闭的“隧道”，其内部至少须有4m^2，方便在其内部设置舒适的座位（图5-26、图5-27）。

3．园林建筑与小气候

（1）上海传统园林中建筑与地域气候联系紧密。园林建筑类型多样，每种类型为了更好地适应大的气候条件，营造出一个舒适的室内或半室内环境，形成了独特的风格样式。通过控制园林建筑的位置、尺度、朝向和疏密关系，在夏季降温、控湿、引

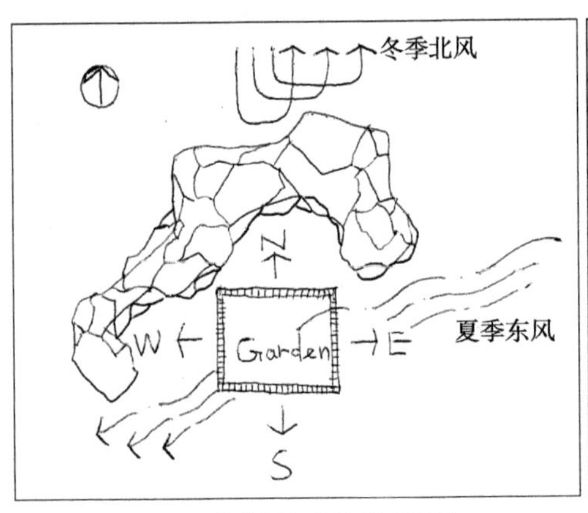

（a）山水布局与庭院关系示意

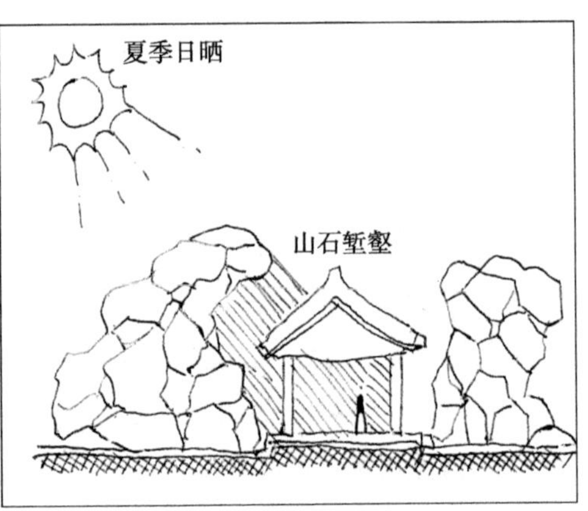

（b）线性山水：堑壑中易于引风、遮阳

（c）中心山水：园北高耸假山利于夏季纳凉引风、冬季避风保暖

图5-26　掇山、理水小气候营造模式图（一）

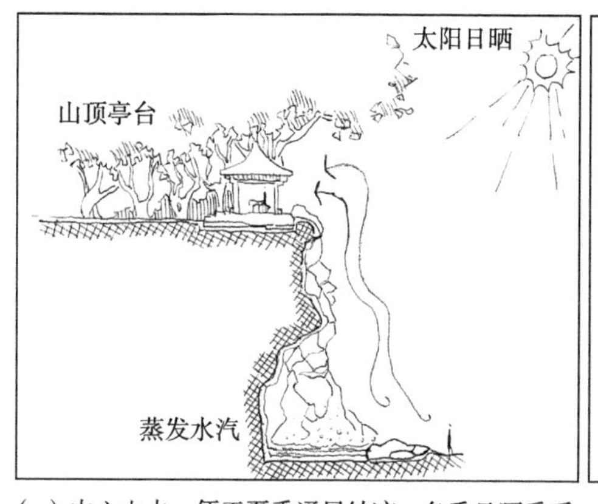

（a）中心山水：便于夏季通风纳凉，冬季日晒采暖

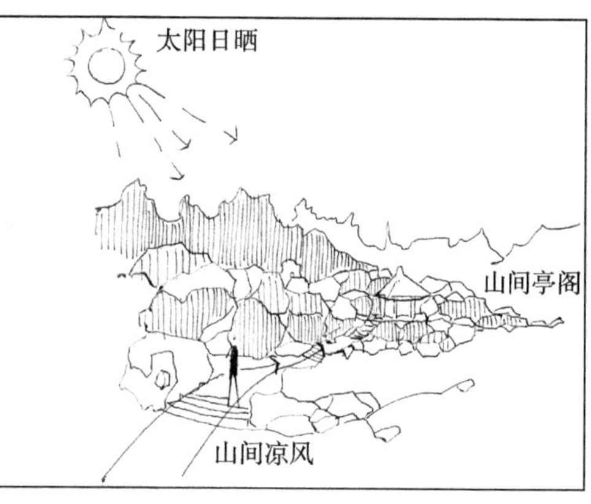

（b）线性山水：便于引风入境

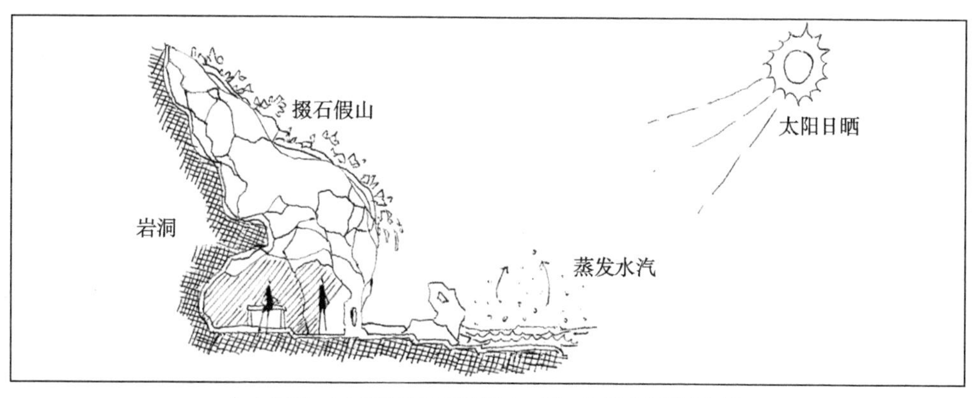

（c）洞室：半封闭的空间便于风、湿、热等小气候的调控

图5-27　掇山、理水小气候营造模式图（二）

风的作用，而冬季则满足更多采暖、保温、避风的需求。

（2）不同的建筑类型在创造宜人小气候环境方面各有所长。起居建筑作为园中主人起居及日常会客之处，使用频繁，体量较大，常处于园中重要位置，其主要通过建筑朝向及位置的选择，无论冬夏季，使得温、湿、风环境维持在稳定适宜的范围；而游赏建筑则重在观景，常处于半室外的自然环境汇总，在风的调节方面有明显效果，但温湿调节的作用范围相对于起居建筑则较为有限，时常需通过人体主动适应或被动添设、删减遮拦来达到小气候调节作用。

（3）除看得见的园林建筑外，园林铺砌材料、窗扇、墙垣的巧妙使用，以及一些季节性可移动装置的使用，如传统园林中的屏风、窗扇等要素在保温、控湿和调节气流等方面都可以发挥其特定的作用；而在季节的转变中，通过人工改善园林建筑小气候环境，可增加了传统园林的观赏性、趣味性和季节性。

4．园林建筑小气候营造模式总结

（1）厅堂建筑：在厅堂建筑以北局部设置高墙，可有效阻隔北风，同时在东西区域预留出足够空间，以使得两侧廊檐下石基在冬、夏都能为人提供休憩之地。在冬季，通过增设窗扇、帷幕来挡风，而夏季，开敞的窗洞又可引来凉风穿堂；建筑的挑檐因足够高，可遮挡夏季的阳光的同时，又能够让冬季的阳光射入檐下；厅堂可独立建造，也可以与其他园林建筑，例如：亭、廊等相互配合，形成廊檐，这样可以和室内空间形成一个亲切的整体；白色的灰泥墙体能够反射阳光，增添园林环境的温度及亮度，另外临水、跨水而设的厅堂，可以充分地利用水体的小气候调节功效。

（2）游赏建筑：亭、轩可根据需求布置在园林中的许多位置，理想状况下，开敞面因朝南向，北面坚实，并且最好濒临山石、水池、树木而设，夏季，尽量增大亭、轩朝向主导风向的开口，其屋檐的设计要注意保证在夏季能够为其遮阴，而在冬季则能让阳光射入，如果亭、轩设置在园中高处，则能更好地捕捉上升的气流，起到引风、降温的作用。廊随曲合宜，可穷水迹、可攀山腰，东西向游廊便于夏季引风，且有利于迎接阳光照，游廊中设置挡墙，可以阻挡寒风，同时灵活的增加了园林的私密性。

（3）建筑理微：夏季，在园林建筑的南面挂设垂直的幕帘，用拉绳来调节疏密与高度，以阻挡炽热的阳光，另外向幕帘上喷洒些水，或将幕帘张拉到临水池的上方，利用水分的蒸发也为起到降温效益；冬季，于建筑四周架设帷幕，又有挡风保暖的效果。在园林铺装的使用中，砖、石等大体量的石材常作为园林建筑四周的铺砌材料，而卵石往往以粒径小于50mm的尺寸出现在园林的道路、濒水、山道铺装上，结合沙土，形成花街铺地，具有良好的透水性和保温性，同时，人行走其上，石子斑驳成图案状，既美观也因凹凸的表面防滑、舒适（图5-28～图5-31）。

5. 花木种植小气候营造模式

（1）尽量选择乡土植物，并以自然的方式种植花木，以使得接受阳光的量最大化，从而保证树木的生长。同时大型的庭荫树能够产生数量可观的氧气，通过花木的种植来起到空气净化的目的。

（2）庭荫类：选用枝干高大，分支点高且树荫浓密的落叶植物（如梧桐、槐、银杏等）作为堂南庭荫树，这样冬夏两季都可常驻于树下，享受适宜的室外园居生活；而大片的常绿树种（如松、柏、香樟等）应种植在园区的北部、西部，修剪其下部的树枝以形成伞状的树冠，并保证它们足够密实，这样在夏季可以有效地隔离因西晒而产生的高温，而冬季可有效地阻挡北风的凛冽。

（3）濒水、山林类：山林、滨水之地的植物为达到“至若森林”的效果，通常多以丛植为主，通常由2～10株以内的大小乔木构成植物景观的主体，并适当辅以灌木的栽植方法，在搭配上，多以常绿、阔叶乔木为主，其底层再配置一些花、灌木，例如“松竹梅”“梅兰竹菊”“兰桂齐芳”等，可以起到很好的遮挡与庇护作用，夏季达到凉爽舒适的作用。到严寒、干冷冬季，于山体北面、西侧种植较多的常绿植物，既

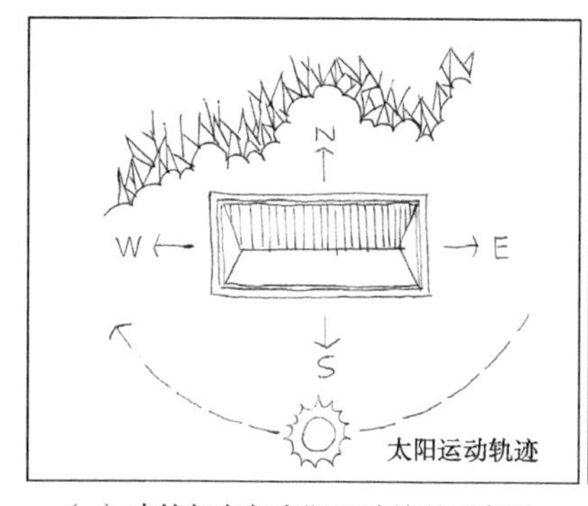

（a）建筑朝向与太阳运动关系示意图

（b）建筑位置布局方式与引风关系示意

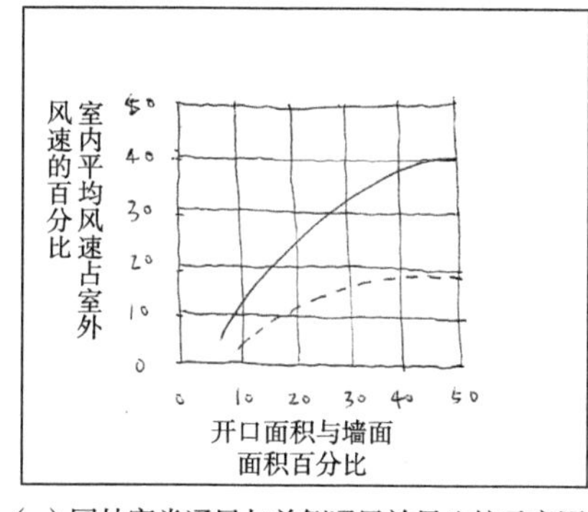

（c）园林穿堂通风与单侧通风效果比较示意图

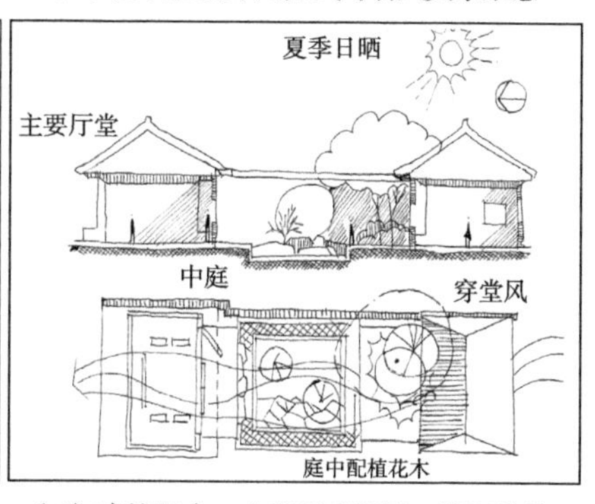

（d）建筑组合：中庭夏季通风、降温效益

图5-28 园林建筑小气候营造模式图（一）

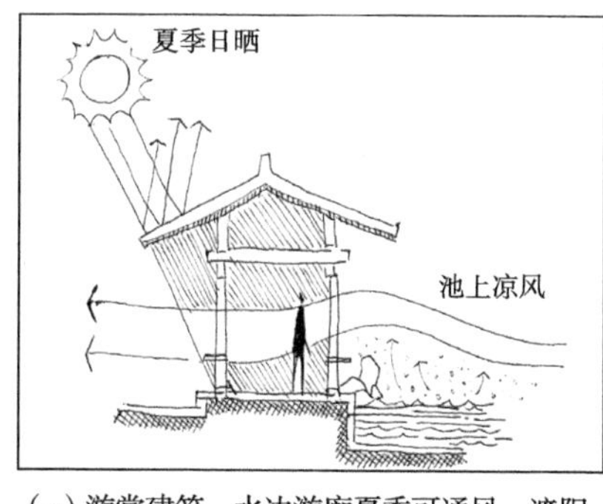

（a）游赏建筑：水边游廊夏季可通风、遮阳

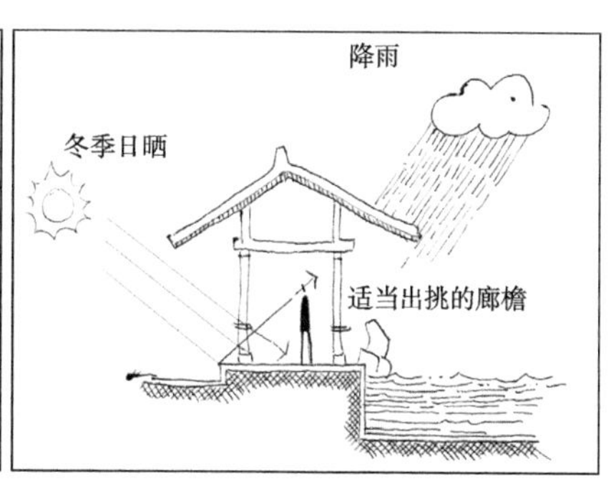

（b）游赏建筑：适当高度的挑檐亦可遮雨并透过冬季日晒

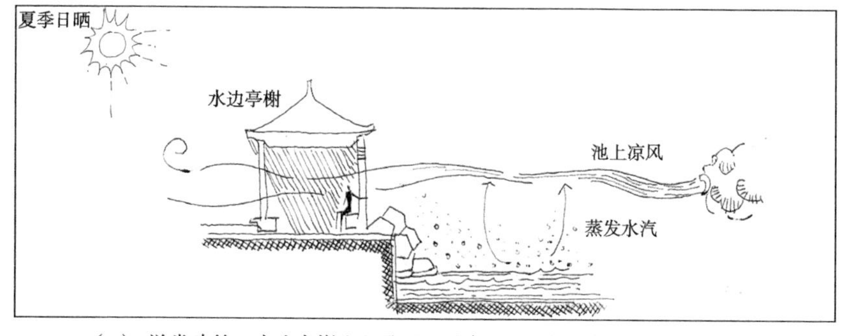

（c） 游赏建筑：水边亭榭配以叠石及适当花木种植，便于夏季通风纳凉

图5-29 园林建筑小气候营造模式图（二）

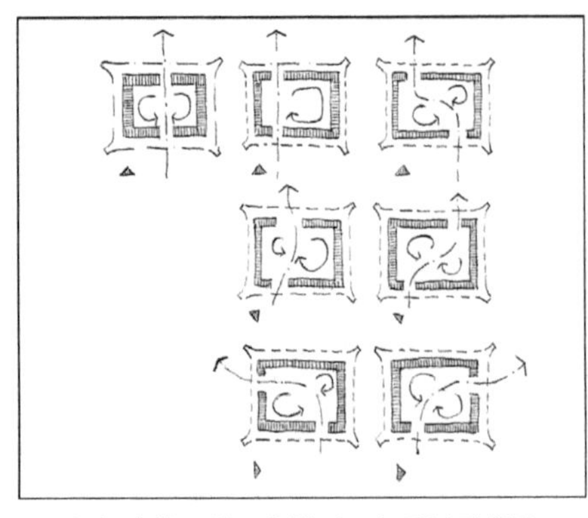

（a）建筑理微：亭榭开口与通风示意图

（b）建筑理微：庭院铺装对光热的反射与贮藏

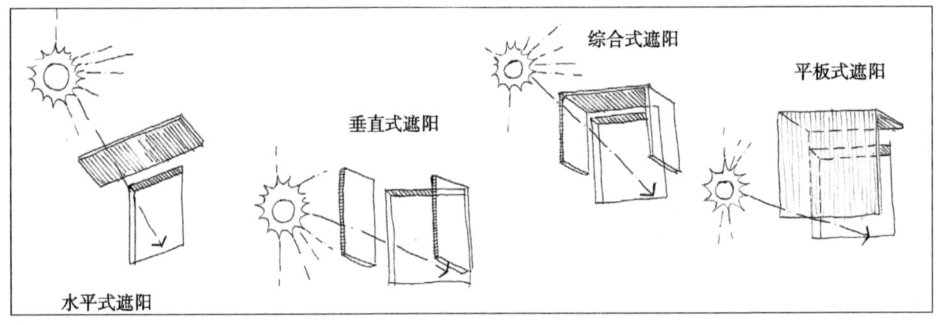

（c）建筑理微：窗扇、帘席对阳光的遮挡方式

图5-30　园林建筑小气候营造模式图（三）

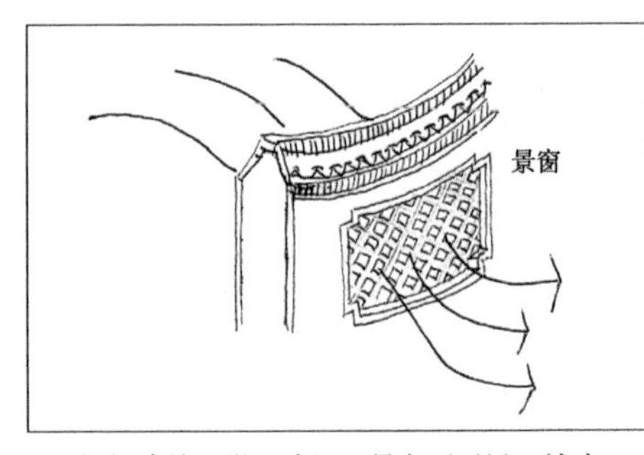

（a）建筑理微：墙垣上景窗可引风、纳凉

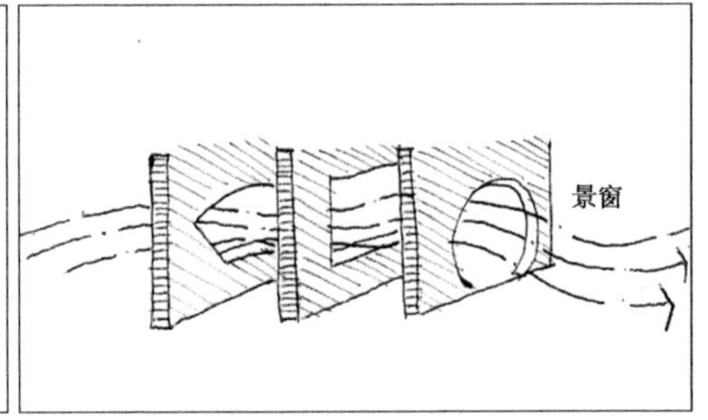

（b）建筑理微：多样的窗洞可增加空气流动

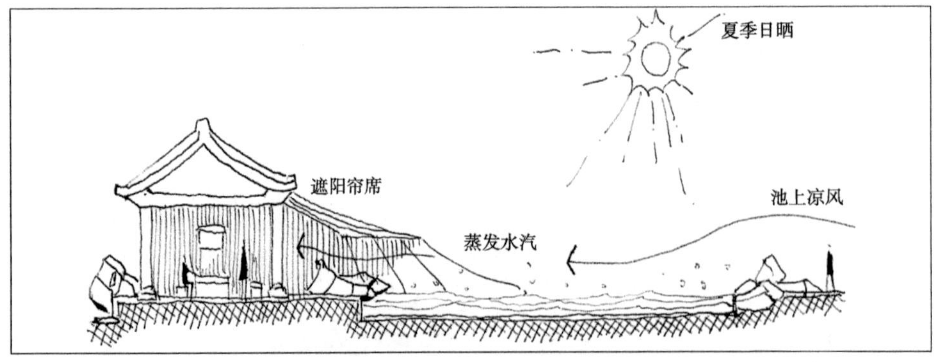

（c）建筑理微：帷幕、帘席可适当调节亭榭小气候

图5-31　园林建筑小气候营造模式图（四）

润色了冬季枯黄的山体，又形成了有效的挡风屏障。另外配置较好的群植花木自身亦可形成一个良好的微生系统，对空气及湿度起到净化与调节作用。

（4）棚架、花草类：利用凉棚和廊架来创造室外休闲空间，在其柱子的底部种植茂盛的藤蔓植物，并让通过牵引使它们的枝条覆盖构筑物的顶棚；当棚架与建筑、墙垣相结合时，其高度可以高达5、6m，其上的藤蔓植物可以在形成阳的同时起到良好的隔热作用，还有制氧、净化空气的作用（图5-32～图5-34）。

5.4.6　理想庭院小气候模式总结

继对于各要素中的不同层面与小气候营造直接相关的因素分析，及对各造园要素的总结归纳后，尝试推导出一种传统园林中的单元模式，其具有一定的普遍使用性来营造与调节理想微气候。在此将传统园林中最基本满足较为单一功能需要的空间定义为庭园单元，其是由水石、建筑、花木等园林要素有机组合而形成的。为了方便起见，在此以庭院单元应对太阳运行的规律，即是朝向，作为最基本的划分原则，把庭园单元按照东、南、西、北分为四种简洁的园林营造小气候基本单元。

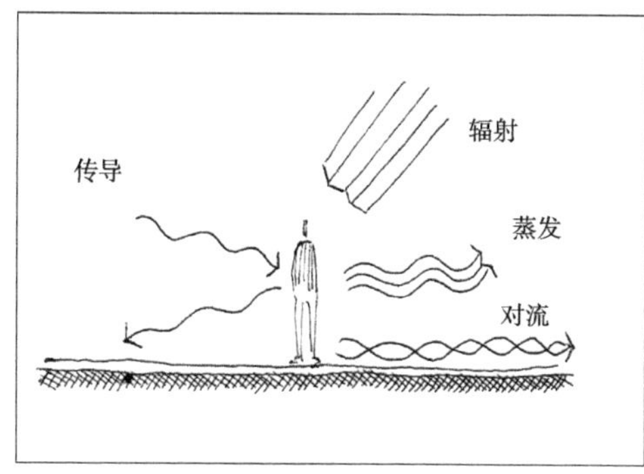

（a）人体热交换途径示意图

（b）花木种植调节庭院风向、风速

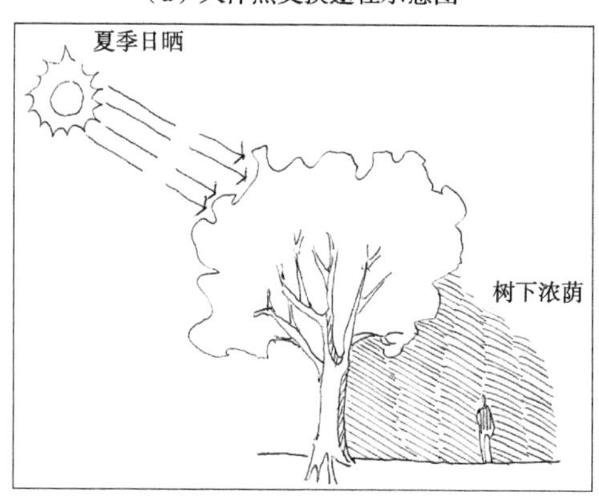

（c）庭荫类：乔木浓荫遮夏

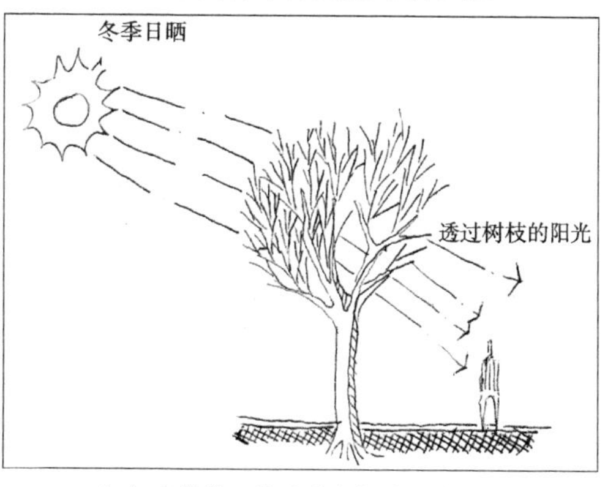

（d）庭荫类：落叶乔木冬季取暖增温

图5-32　园林花木小气候营造模式图（一）

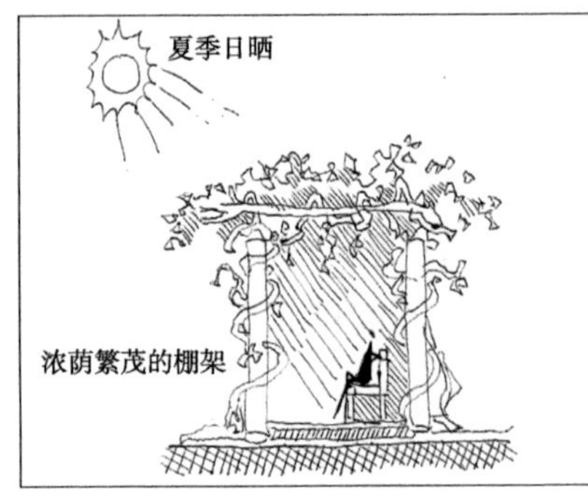

（a）棚架类：夏季草轩纳凉

冬季日晒

叶落稀疏的棚架

（b）棚架类：冬季暖廊增温

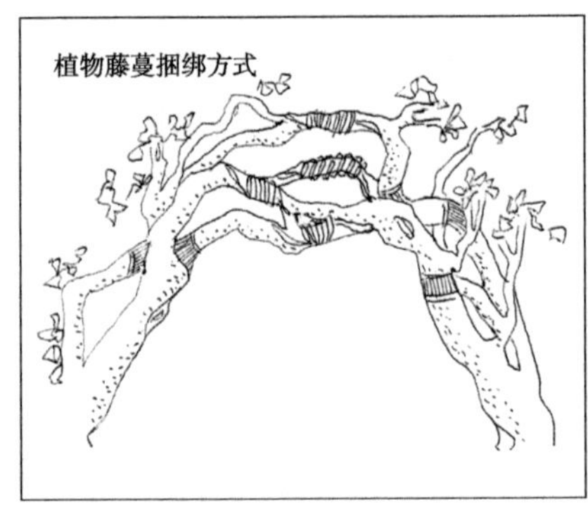

（c）棚架类：花木交柯成荫

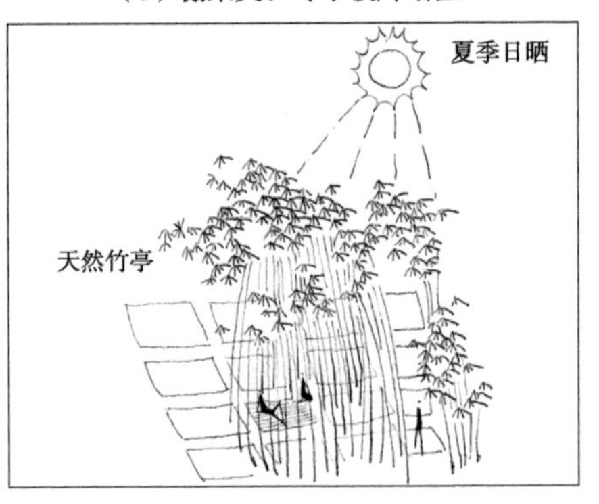

（d）棚架类：田间“竹屋”消夏

图5-33 园林花木小气候营造模式图（二）

（a）濒水种植：堤弯柳荫消夏

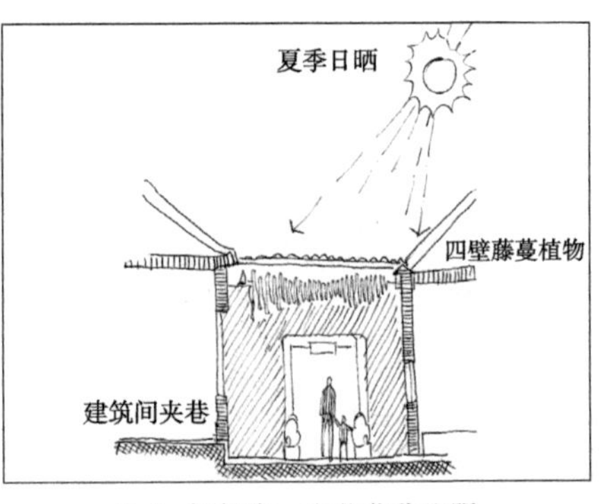

（b） 棚架类：夹巷藤蔓遮阴

（c） 庭荫类：屋旁植松柏纳凉

图5-34 园林花木小气候营造模式图（三）

（1）南面小庭：作为园中主要的休憩活动区域，需要在一年四季中都营造出良好的小气候环境，北部高大的厅堂建筑及种植的常绿植物在冬季提供很好的庇护；亭南种植高大落叶乔木，适当区域亦可架设附有藤蔓植物的棚架，这样炎热的夏季亦可提供凉荫；庭院中大面积的砖石、卵石铺装在该区域的温、湿度调控中发挥积极的作用；堂南大面积的水池也可使得该庭院冬暖夏凉。

（2）西面小庭：作为一个园中较为郁闭私密的空间，园西种植的大片松柏林可为庭园缓解夏季炎热的西晒的同时遮挡住冬季的寒风，建筑厚重的山墙及高耸的廊檐，又为人们提供遮蔽。位于建筑与树木之间的方池，则保证了庭园小气候环境的稳定，池塘边设置游廊与亭轩，方便人们于其中驻足，享受难得的悠闲园居生活。

（3）东面小庭：以线性山水作为庭院基本的布局手段，庭园东西向开敞，便于夏季引风纳凉，而南北向封闭有可在冬季祛风保暖，园西设置主要观赏休憩亭榭，四周种植花木遮阴，朝向东面以接纳四方之景，北面接以游廊，曲折向东，与南岸山水形成对景，廊檐出挑适宜，即便与夏季遮阴又利于冬季采暖，南北白粉墙上适当区域开设窗洞，便于接引邻园之凉风，增加空气流通。

（4）北面小庭：以围合山水作为主要布局手段，临水环绕营建庭园馆舍，水中植以荇菜、睡莲，夏季香远益清；池北掇砌高大假山，种植常绿乔木及灌草，以便冬季遮挡寒风；山顶设置亭台，便于春、夏两季登高望远；池东环以游廊，连接南北园区，利于接纳凉风的同时又方便人们游赏观览（图5-35、图5-36）。

（a）南面小庭：厅堂四周辅以落叶乔木、常绿松柏及山池，夏季利于遮阴降温，冬季则日晒增温

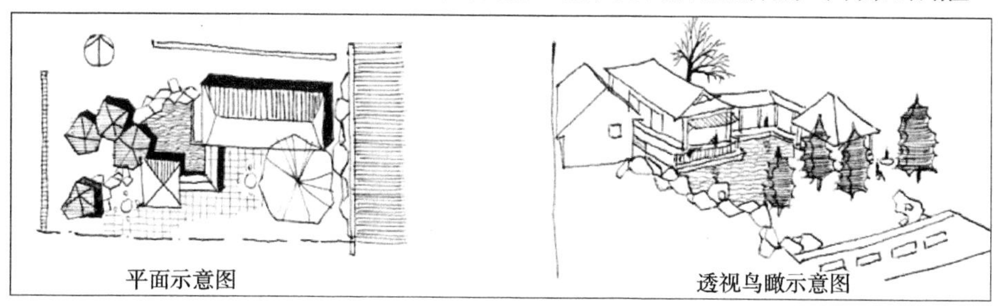

（b）西面小庭：方池、亭阁辅以丛植花木，夏季可缓解西晒，冬季则可避风保温

图5-35　理想庭院小气候营造模式图（一）

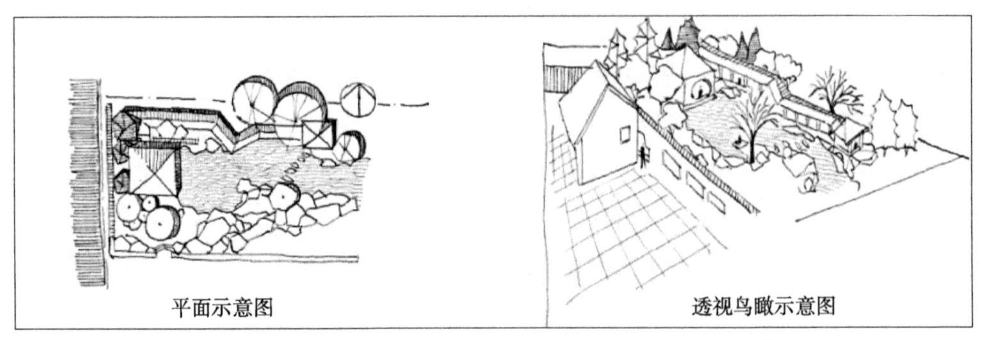

（a）东面小庭："线性"山水配以游赏亭廊便于夏季引风、纳凉

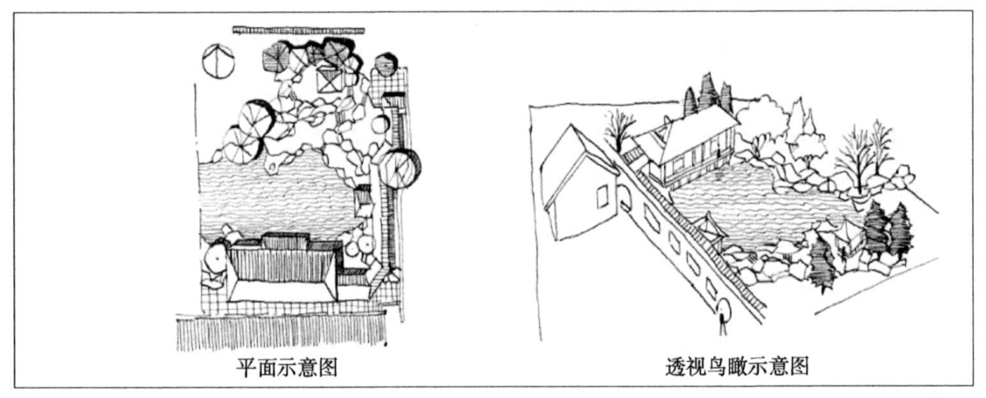

（b）北面小庭："中心"山水配以厅堂，便于夏季降温、增湿，冬季驱寒、避风

图5-36　理想庭院小气候营造模式图（二）

5.5　物候调控中的小气候智慧

5.5.1　基本概念与项目背景

1．物候调控

"物候"指的是动物和植物在生长、发育过程中对气候的反应，是生物长期适应气候条件的周期性变化而形成的与之相适应的生长发育节律。因此，在保护地设计中，"物候调控"指的就是通过调控温度、湿度、光照、通风、CO_2浓度等小气候因子来调节园林植物的生长规律，从而提高园林植物的产量和质量，催延花期、果期、观赏期和参入期，延展园林的观赏效果。

2．小气候

小气候也就是小范围的气候，具有小尺度的气候特点，这种小尺度的局部气候特点一般是表现在个别气象要素值或个别天气现象上，但不会改变决定于大过程的天气特性。常见的气象要素包括温度、湿度、光照、风等。而在风景园林规划设计的过程当中通过地形、水体、植物和建筑、铺装的物理、生理化学特性及其在空间上的组合方式影响园林内的温湿度、风环境、太阳辐射，使之成为不同于外界气候的小范围气候，我们称之为园林小气候。

3．保护地栽培

由人工设施所形成的小气候条件下进行的植物栽培即保护地栽培，这些人工设施即为保护地。它主要应用于蔬菜、果树、苗木、花卉等园艺作物和用植物的生产。在保护地内，温度、光照、空气、水分等环境条件都与露地有明显不同，可以使植物的生长一定程度上不受生产的季节性限制，使植物避开不利自然条件的影响而发育成长可以延长或提早植物的生长期和成熟期，成倍地增加其单位面积产量。

5.5.2　保护地形式及其具体应用

1．阳畦

阳畦，又称冷床，一般呈东西延长、北高南低。它是一种历史悠久的、利用太阳能作为光热源的、保持畦内较高温度的初级保护地类型，结构简单，成本低廉，应用广泛，调控的小气候因子是温度和光照。其结构一般由风障、畦框、透明覆盖材料、保温覆盖材料四部分组成。

阳畦可以种植当地常见的韭菜、菠菜、荠菜等蔬菜作物，主要起到一定的示范作用。阳畦的结构设计如图5-37所示。

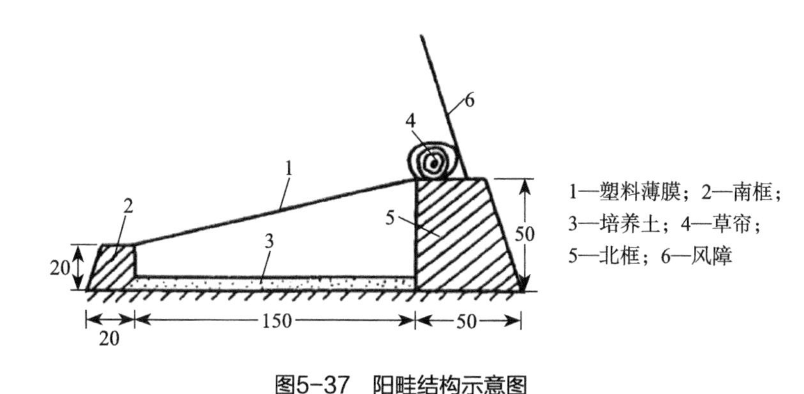

图5-37　阳畦结构示意图

2．荫棚

荫棚是一种在植物生长过程中起到遮阴作用的初级保护地类型，其调控的小气候因子是光照，主要适用于温和气候条件下人参、天麻、刺五加、楤木的栽培。夏季使用荫棚设施，可以防止阳光直射，减少作物光照强度，降低温度，节约灌溉用水；早春和晚秋时节，起到抑制空气对流换热、减少热损失的功能；当有霜冻时，可防止霜冻直接伤害植物。使用时，根据植物的不同需要，覆盖不同透光率的遮阳网。

荫棚用来种植一些对光照条件有较为特殊需求的植物。比如墨兰、春兰、建兰等适应半光照条件的植物以及人参、天麻、刺五加、杜鹃等光补偿点低的植物。这样园区就有条件种植一批花卉和药材作物，在起到展示作用的同时丰富区的园林植物产出类型（图5-38）。

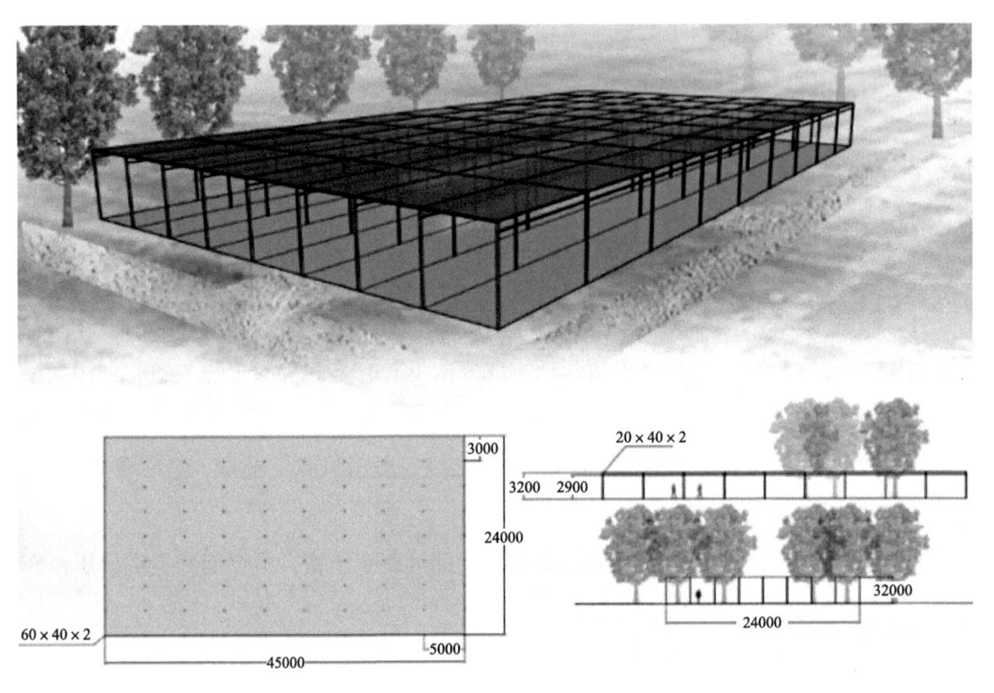

图5-38　荫棚设计图

3．冷室

冷室是一种较不常见的初级保护地形式，一般是长方体形状的建筑物，朝南方向的墙体是一整面玻璃，保证建筑物内有充足光照，其余各面均是没有开口的实墙。冷室内部有数层阶梯状的平台用以摆放植物。与温室不同，在冷室内几乎不对任何小气候因子进行干预，仅提供一处防风且有光照的场地。在冷室中常常放置水仙等盆栽植物，冷室的小气候环境在保证其生长存活的同时可以延缓其开花时间，当人们需要盆栽植物开花的时候，即可把它们搬移到温室当中继续培养。

冷室建筑内部放置水仙等盆栽花卉以及杨梅、柑橘、桂花、杜鹃、山茶、梅花、枇杷等经济作物（图5-39）。

4．塑料大棚

塑料大棚是一种简易实用的中级保护地形式，其通常利用竹木钢材等材料，覆盖塑料薄膜搭成拱形棚。塑料大棚充分利用太阳能，有一定的保温作用，并可以通过卷膜在一定范围内调节棚内的温度和湿度，也就是说它能调控温度、湿度和光照这三种小气候因子。在塑料大棚中栽培蔬菜等植物，能够提早或延迟供应、提高单位面积的产量，并且可以防御自然灾害。从塑料大棚的结构和建造材料上分析，主要有三种类

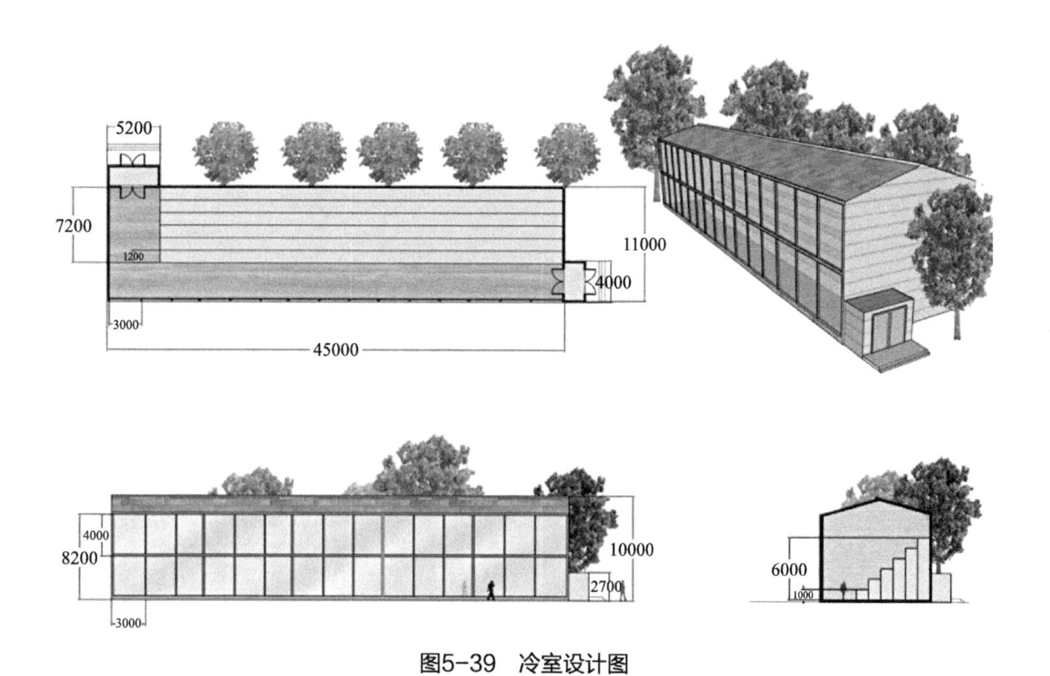

图5-39　冷室设计图

型：竹木结构、焊接钢结构、镀锌钢管装。塑料大棚的覆盖材料也分为以聚乙烯材料为主的透明覆盖材料、以草被、草扇等为主的夜间保温材料以及各种形式的遮阳网（图5-40）。

5．现代化连栋温室

现代化连栋温室是普通温室的一种升级类型，是一种高级的保护地形式。通过较为先进的科技手段将原有的独立单间温室连接成超级大温室，占地面积常常在1hm^{2}以上。此种温室基本不受外界气候条件的影响，可自动化调控、能全天候地进行各类园林植物的生产。按外形主要可以分为两种类型：拱圆型连栋温室和屋脊型连栋温室。

除了传统大棚的覆盖材料之外，现代化连栋温室一般还具有可以调控温度与湿度的通风系统、可以迅速提高温度的加热系统、可以夏季遮阳冬季保温的帘幕材料、灌溉施肥系统、二氧化碳气肥系统以及一系列检测温室内小气候条件的传感器和相应的计算机控制系统。

现代化连栋温室内部主要区域为植物的生产展示区，种植龙眼、荔枝、芒果、山竹、甘蔗、火龙果等热带、亚热带经济作物以及柑橘、大花蕙兰、杜鹃、西番莲、仙客来等热带、亚热带花卉。此外，内部开辟区域布置为具备一定交互性质的娱乐互动区以及供游人停留休憩的水吧，令游客可以在娱乐休闲的同时深入观察现代化连栋温室内的小气候调控技术，在生产经济作物的同时也能起到一定科普作用（图5-41）。

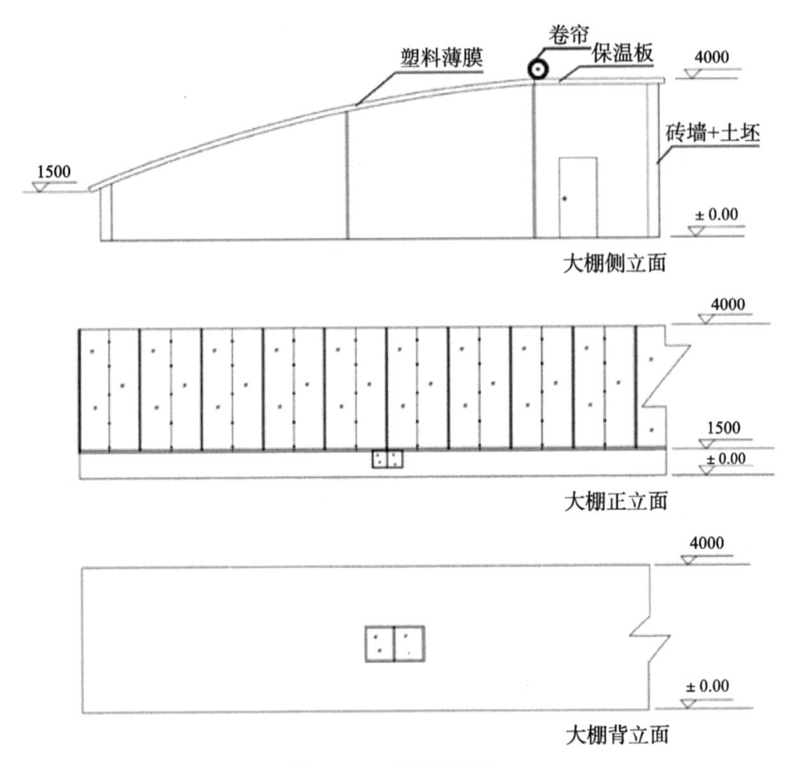

图5-40 大棚设计图

图5-41 现代化连栋温室效果图

图5-42 人工气候室内景

6. 人工气候室

人工气候室，是一种可以人工控制光照、温度、湿度、气压、气体成分和CO_2浓度等小气候因子的密闭隔离设备，又称为可控环境实验室，一般由控制室、空气处理室和环境实验室三部分组成。它不受地理、季节等自然条件的限制，是一种用于科研、教学和生产的重要设备，也是保护地中最高级的类型（图5-42）。

5.5.3 结语

上文中逐一介绍了从初级到高级的六种保护地类型及其在双堠物候园区中的实际

应用形式。总的来说，保护地结构越复杂，技术含量越高，其能控的小气候因子类别就越多，调控结果就越精确。

由此可见，在农业生产的物候调控中同样蕴含着丰富的小气候智慧，对保护地栽培的研究可以帮助我们对风景园林小气候进行更深入的研究；同时，风景园林小气候的研究成果反过来也可以指导保护地设计的进一步优化，从而实现理论研究与实际应用的良性互动。

参考文献

[1] 张蕊，许先升．中国古典园林中的被动式景观设计[J]．北方园艺，2011（22）：89-92.

[2] （明）计成．园冶注释[M]．陈植注释．北京：中国建筑工业出版社，2006.

[3] 朱建宁，杨云峰．中国古典园林的现代意义[J]．中国园林．2005（11）：01-07.

[4] （明）文震亨．长物志[M]．李瑞豪编著．北京：中华书局，2012.

[5] 陆鼎煌．颐和园夏季小气候[M]//中国林业气象文集．宋兆民主编．北京：气象出版社，1989，221-228.

[6] Tromp S. W. Biometeorology. New York, 1982.

[7] 陈健，等．北京夏季绿地小气候效应[J]．北京林学院学报，1983（1）：15-25.

[8] 陆鼎煌，陈健，崔森，等．北京居住楼区绿化的夏季辐射效益．北京林业大学学报[J]．1984（4）：1-7.

[9] 陆鼎煌．北京市绿化与居民夏季舒适度[J]．北京林业，1984，34（1）：28-36.

[10] 么枕生．气候学原理[M]．北京：科学出版社，1962.

[11] 杨铭鼎．环境卫生学[M]．北京：人民卫生出版社，1964.

[12] 朱宇晖．上海传统园林研究[D]．上海：同济大学，2005.

[13] 王东昱．上海与苏州古典园林的比较分析[J]．中国园林，2010（4）：78-82.

[14] 陈睿智，董靓．国外微气候舒适度研究简述及启示[J]．中国园林，2009（11）：6-7.

[15] 程绪珂．上海园林志[M]．上海社会科学院出版社，2000.

[16] 曾煜朗，董靓．步行街夏季微气候研究——以成都宽窄巷子为例[J]．中国园林，2014（8）：92-96.

[17] 晏海．城市公园绿地小气候环境效应及其影响因子研究[D]．北京：北京林业大学，2014.

[18] 王欢．北京传统庭园空间中小气候营造初探[D]．北京：北京林业大学，2013.

[19] 李宾．上海传统园林小气候营造模式研究[D]．上海：同济大学，2015.

[20] 董芦笛，樊亚妮，刘加平．绿色基础设施的传统智慧：气候适宜性传统聚落环境空间单元模式分析[J]．中国园林，2013（3）：27-30.

第6章　分子生物学在园林植物中的应用研究

6.1　分子生物学的概念

6.1.1　分子生物学的概念

分子生物学（Molecular Biology）是从分子水平研究生物大分子的结构与功能从而阐明生命现象本质的科学，是生命科学发展过程中诞生的一门新兴学科。自20世纪50年代以来，分子生物学就是生物学的前沿与生长点，它以核酸和蛋白质等生物大分子的结构功能及其在遗传信息和细胞信息传递中的作用为研究对象，是生命科学中发展最快并正与其他学科广泛交叉渗透的重要前沿领域。分子生物学的发展为人类认识生命现象带来了微观领域的深刻认知手段，也为利用和改造生物创造了广泛的前景。

分子生物学所谓在分子水平上研究生命的本质，主要是指对遗传、生殖、生长和发育等生命基本特征的分子机理的阐明，从而为利用和改造生物奠定理论基础。所谓的分子水平是指那些携带遗传信息的核酸和在遗传信息传递及细胞内、细胞间通讯过程中发挥着重要作用的蛋白质等生物大分子。这些生物大分子均具有较大的分子量，由结构简单的核苷酸或氨基酸排列组合以蕴藏各种信息和功能，并且具有复杂的空间结构以形成精确的相互作用系统，由此构成生物个体精确的生长发育和代谢调节控制系统和生物的多样化。阐明这些复杂的结构及结构与功能之间的关系是分子生物学的主要任务。

6.1.2　分子生物学的发展

分子生物学在各个领域内广泛应用，逐渐进入人们的日常生活中。随着近几年人类基因组研究的日新月异，技术也不断完善。基因组的研究逐渐向各学科渗透，并且推动这些学科达到了前所未有的高度。在法医学上，分子生物检测技术作为最前沿的刑事生物技术，为法医物证检验提供了科学、可靠和快捷的手段，使物证鉴定从个体排除过渡到了可以个体确认的水平，DNA检验能为致孕案等重大疑难案件的侦破提供准确可靠的依据，进而直接认定犯罪行为。分子生物学作为现代科学的一门综合科学，其意义不止体现在纯粹的科学价值上；更为重要的是它的发展关系到人类自身的方方面面。除在刑侦方面的应用如亲子鉴定、婴儿性别鉴定外，遗传疾病及药物、疫苗的研究同样大量的涉及分子生物的应用。转基因食品（Genetically Modified Foods，GMF）是利用现代分子生物技术，将某些生物的基因转移到其他物种中去，改造生物的遗传物质，使其在形状、营养品质、消费品质等方面向人们所需要的目标转变。利用工程酶或者工程菌株使得自然界广泛存在的纤维素，转换为清洁燃料酒精，为生物能源的发展提供了关键技术手段。此外，分子生物学还在物种亲缘关系、流行病传播控制以及种质资源保护等方面的研究发挥出日益重要的作用。

随着人们对生活质量要求的提高、园林学科的快速发展，园林植物的培育及种质鉴定、珍稀濒危物种保护、物种精准分类、谱系发生、间断分布等领域受到相关学者的关注。而传统的鉴定及培育技术，已经不能满足人们的需求。一些前卫学者开始将分子生物学技术应用在园林植物各个方面的研究上。

6.2　分子生物学在风景园林植物种质鉴定中的应用

6.2.1　我国的风景园林植物种质资源

中国是世界上植物资源最为丰富的国家之一，全世界植物种类约30万种以上，中国有3万多种植物，约占1/10。其中苔藓植物106科，占世界科数的70%；蕨类植物52科，2600种，分别占世界科数的80%和种数的26%；全世界裸子植物共12科71属750种，中国就有11科34属240多种，其中针叶植物的总种数占世界的37.8%；被子植物占世界科、属的54%和24%，其中木本植物11000种（包括种、变种、变型和栽培种），乔木约3200种。

经过多年来的调查和研究，我国风景园林植物资源基本搞清，全世界风景园林植物约有3万种，常用的约6000种；中国原产的风景园林植物约1万～2万种，常用的约2000种。如此繁多的植物在保存及分类管理上均面临很大的挑战。

6.2.2　分子生物学在风景园林植物种质资源的收集和保护中的应用

风景园林植物种质资源的传统保存方法主要有原地保存（*In Situ* Conservation）和异地保存（*Ex Situ* Conservation）两种，近几年出现了超低温保存（Cryopreservation）和核心种质构建（Core Collection Construction）等新方法，其中，核心种质构建作为一种新型的保存技术，利用了分子标记技术，从分子层次上对植物种质进行保存。

核心种质的概念是1984年由澳大利亚的Frankel首先提出的，并经过Brown的发展逐步完善，二者认为核心种质应是种质资源的一个核心子集，能以最少数量的遗传资源最大限度地保存该物种的全部遗传多样性。核心种质构建的步骤主要包括：①数据的收集整理；②收集数据的分组；③样品的选择；④核心种质的管理。对于核心种质代表性的评价，不同的学者分别从形态特征、表现性状和分子标记上进行了评价，提出了大量代表性的评价参数，但是目前，对评价参数的有效性还没有统一的认识。

自20世纪末，全世界已经在51个物种上构建了60多个核心种质[4]，我国也在主要农作物和经济植物种类上构建了核心种质，包括芝麻、棉花、小麦、大豆、油菜、水稻、茶树、果梅、亚麻等。关于风景园林植物核心种质构建的研究并不多，仅明军[5]在梅花上构建了核心种质，其他重要风景园林植物都还没有开展相关的研究。

6.2.3 分子生物学在风景园林植物种质鉴定中的应用

1. 常规风景园林植物种质鉴定方法

园林植物的种质鉴定有许多方法，从直观的形态学（Morphology）、孢粉学（Palynology）、细胞学（Cytology）方法到微观领域的生化指纹图谱（Biochemical Fingerprinting）都可以用来进行种质鉴定，鉴定方法的选择在某种程度上依赖于鉴定工作的具体要求。20世纪70年代以前，形态学是主要的检测方法，在种质鉴定和纯度分析上起到很重要的作用。目前，在风景园林植物种质鉴定中研究和应用比较多的是生化指纹图谱。

（1）形态学方法

最早的种质鉴定以形态学为基础，其特点是以植物的外部形态特征为依据，如：株高、枝姿、叶形、花形、花色、果形、果重、种子等。为了使形态特征的描述具有可比性，国际植物遗传资源专家编制了多种植物的描述记载标准和方法。中国园林工作者予以借鉴，编制了适合中国情况的多种植物的品种资源描述记载标准，如陈俊愉院士梅花二元分类系统、周家琪教授的牡丹品种分类系统以及刘玉莲和向其柏教授的桂花分类系统等。

当品种数量少、形态差异明显时，形态标记简单、直观，因此，长期以来栽培植物的品种资源鉴定，包括园林品种的国际登录通常都是采用此类标记。但是，形态标记数量少，遗传表达有时不太稳定，易受环境及基因显隐性的影响，使其在品种中的应用受到限制。当品种数量超过1000，记录特征项超过100时，这些方法就显得力不从心。由于观测、描述等方面的人为偏差，使形态学标记鉴定技术难以在现代纷繁复杂的种质鉴定中独自担当主角，而且形态学标记由于标记数量的限制，已明显跟不上对越来越多的种质进行鉴定的要求。

（2）孢粉学方法

花粉的形态特征更不容易受外界环境影响，是探讨植物起源、演化及亲缘关系的重要特征之一。花粉形态结构的数据正逐渐成为植物系统学研究的一个不可缺少的组成部分。花粉形态特征影响到许多植物种、属以及科的划分，如将芍药属植物从毛茛科分离出来便有花粉形态研究的支持。近10年来，许多学者在应用孢粉学方法进行植物品种种质资源鉴定方面做了许多有益的尝试，包括枣、果梅、蔷薇类、梅花、菊花、荚蒾属、绣线菊等。

大量有关栽培植物品种花粉形态的研究认为，花粉形态可以作为品种分类和鉴定甚至是无性系鉴定的依据。然而也有人持不同的意见，认为植物花粉形态所具有的稳定性和保守性，为高级分类单位（科、属、种）的研究提供了有价值的分类信息，而品种间的差异并不一定能在花粉形态上完全体现。在探讨栽培品种分类时，单纯依靠孢粉学资料就不免带有片面性，获得的结果容易产生偏差，因而其用于品种分类的价值是有限的。此外，不同的制样方法对花粉粒的形状有一定的影响，即使同一品种内花粉粒之间也存在个体差异，所以如果仅以个别花粉性状的差异作为分类鉴定依据有时并不可靠，必须结合其他指标进行综合考察。

（3）细胞学方法

细胞学方法是从20世纪30年代起兴起的一种利用染色体数目、核型、带型、减数分裂行为等进行植物分类的方法。随着分带、细胞原位杂交等新技术的应用，在染色体水平上揭示出了更多的遗传多样性。特别是多倍体在园林植物育种和生产中显示出特殊的重要性，使得该技术成为园林植物遗传多样性研究及种质鉴定技术的有效方法之一。已在苹果、猕猴桃、梅花、百合属、金钱松属、草莓属、牡丹、羽叶点地梅属等常见的园林植物上进行了研究。

由于染色体制片技术和分辨率的限制，核型分析应用于种质鉴定还有一定的难度，比如王然等对蔷薇科若干核果类植物的核型分析，认为属的特异性不甚明显；陈学森等对中国银杏品种的研究表明，银杏5大类50个品种其核型基本一致。对于大多数具有小染色体和结构差异较小的园林植物来说，核型分析还不足以达到进行种质鉴定的要求。但是，随着各种新技术的发展和应用，细胞学方法在将来会成为园林植物品种资源鉴定的一个有效手段。

2．生化指纹图谱在风景园林植物种质鉴定中的应用

生化指纹图谱包括贮藏蛋白电泳指纹图谱（Electrophoretic Fingerprinting of Storage Protein）、同工酶电泳指纹图谱（Electrophoresis Fingerprinting of Isozyme）以及DNA指纹图谱（DNA Fingerprinting）。其中蛋白质和酶的序列是由遗传因素决定的，不受环境的影响，其序列上的差异可以反映出基因的不同，因而可作为品种的“生化指纹”。DNA指纹图谱则直接依赖于DNA分子标记，通过电泳图谱来反应个体间遗传信息的差异，进而区分品种资源。生化指纹图谱简便快速，通常只需1～2d就可完成品种检测工作，而且产生的指纹图谱分辨率高、重复性好，可以被广泛采用。

（1）贮藏蛋白电泳指纹图谱

蛋白质作为基因的直接稳定产物，能反应DNA序列上的差异，作为种质鉴定的蛋白质必须在品种间有丰富的多样性而且容易检测出来。最广泛地用于种质鉴定的蛋白是种子贮藏蛋白。一般认为，目前采用的高效液相色谱法（HPLC，High Performance Liquid Chromatography）对品种种子蛋白的水溶性蛋白进行色谱分离，根据不同品种由大小不同的主要色谱峰组成的“指纹”图谱，可以很容易将各品种区别开。

迄今，许多国家已建立起了重要作物的种子蛋白指纹图谱数据库。在果树上，朱立武肯定了柑橘叶片蛋白质电泳带型的种间差异和种子蛋白质种下分类群间的差异。蛋白质电泳图谱技术在大白菜、泡桐等许多经济植物上得到应用。

（2）同工酶电泳指纹图谱

同工酶谱差异主要来自酶蛋白本身的等位基因或非等位基因间的差异。同工酶有较丰富的变异类型，可以用做品种的指纹图谱，并广泛应用于许多作物的种质鉴定，已成为目前园林植物种质鉴定、雌雄株鉴别、系统演化的一项重要手段。目前几乎涉及所有种类的园林植物，多种酶系统在枣、杏、葡萄、果梅、梅花、龙眼等种类的品种分类中开展了研究。

同工酶标记相对于形态学标记来说是一大进步，但是这种标记同时又具有一些缺陷，如多态性偏低、结果不稳定、具有组织特异性和阶段特异性等等，使同工酶在指纹图谱研究中受到限制。

（3）DNA指纹图谱的研究概况

相比于上述的基于蛋白质（酶）的指纹图谱，DNA指纹图谱直接反映DNA水平上的差异，通过DNA分子标记的多态性来生成用于鉴别不同品种资源的电泳指纹图谱，是当今最先进的遗传标记系统之一。分子标记（Molecular Markers）是以个体间DNA核苷酸序列变异为基础的遗传标记，是DNA水平遗传多态性的直接反映。基于DNA分子标记的特性，DNA指纹图谱技术与上述的技术相比具有以下优势：直接以DNA的形式表现，在植物的各个组织、各个发育阶段均可检测；多态性高，自然存在着许多等位变异，不需要创造特殊的遗传材料；变异位点覆盖整个基因组，遗传稳定；常常表现为“中性”，即不影响目标性状的表达，与不良性状无必然的连锁；同时也有许多标记表现为共显性（Codominance），能够区别纯和基因型与杂和基因型，提供完整的遗传信息；检测手段简单、迅速。

随着分子生物学技术的发展，DNA分子标记技术已有数十种的历史。目前，植物研究中较常用的指纹图谱主要有限制性片断长度多态性（RFLP，Restriction Fragment Length Polymorphism）、随机扩增多态性（RAPD，Randomly Amplified Polymorphism）、简单序列重复区间扩增多态性（ISSR，Inter Simple Sequence Repeat）、扩增片断长度多态性（AFLP，Amplified Fragment Length Polymorphism）、微卫星DNA（SSR，Microsatellite DNA又叫Simple Sequence Repeats），以及单核苷酸多态性等（SNP，Single Nucleotide Polymorphism）。

6.2.4　分子生物学在园林植物中的应用前景

中国具有世界上得天独厚的资源优势，引种驯化工作世代延续且成果丰硕，遗传育种手法日趋多样化，新的植物材料层出不穷。分子生物学的介入，增添了培育和鉴定新品种的技术手段，园林植物在绿化中的作用日渐丰富，作用日益突出，功能发挥凸显无遗，同国际先进水平相比虽有差距但超越有期。

相对于传统杂交选育等传统育种方法，以基因工程为代表的现在遗传育种方法，使得新品种的选育在时效和目的性上得到了极大地提高，特别是近年来以CRISPR/Cas9基因编辑技术的问世使得按需编辑基因成为可能，在新性状的选育展现出极大的应用前景。在品种资源鉴定和起源追溯方面，分子生物学更是前景广阔，相对于传统的遗传标记——形态学标记、生物化学标记、细胞学标记相比，分子标记数量大，多态性高，常常为共显性和中性以及检测手段简单、快速，定量分析手段众多，广泛应用于遗传育种、基因组作图、基因定位、物种亲缘关系鉴别、基因库构建、基因克隆等方面，对于濒危植物保护、植物快速扩繁、植物育种、植物遗传研究等方面均将发挥重大作用。尤其是近年来高通量测序技术的发展，使大量获取分子标记的成本快速下降，进去在品种特性的候选基因定位、品种亲缘关系和起源追溯等方面做出更加深入和开创性的工作。

6.3　DNA指纹图谱应用介绍

6.3.1　DNA指纹图谱的应用

由于DNA指纹图谱具有多位点性、高变异性、简单而稳定的遗传性，因而自其诞生就引起了人们的重视，表现出巨大的实用价值。DNA指纹图谱的高变异性和体细胞稳定性可用于鉴定个体，这对法医鉴定极有价值。其简单的遗传性可用来鉴定亲子关系，其多位点性可用来检测目标基因组的病变及治疗等过程中的改变情况。1987年Burke、Jeffreys和Wetton等报道了用人源核心序列小卫星探针33.6和33.15检测到哺乳动物到鸟类、爬行动物、两栖动物、鱼、昆虫等的高变异小卫星，产生具有个体特异性或类群特异性的DNA指纹图谱。1988年，Dallas用人源小卫星探针33.6获得了水稻的DNA指纹图谱。随后，美国华盛顿大学生物系Nybom等人对果树植物的DNA指纹图谱进行了大量的研究。1989年，Braithwaite和Manners首次将人源小卫星探针33.6

和33.15用作真菌的DNA指纹分析获得了成功，从而进一步证明DNA指纹技术具有广泛的适用性。这些发现使DNA指纹图谱成为研究动植物群体遗传结构、生态与进化、分类等很有价值的遗传标记。

6.3.2 DNA指纹图谱的特点

DNA指纹图谱具有以下3个基本特点：

（1）多位点性：基因组中存在着上千个小卫星位点，某些位点的小卫星重复单位含有相同或相似的核心序列。在一定的杂交条件下，一个小卫星探针可以同时与十几个甚至几十个小卫星位点上的等位基因杂交。一般来说，一个DNA指纹探针（又称多位点探针）产生的某个个体DNA指纹图谱由10～20多条肉眼可分辨的图带组成。由于大部分杂合小卫星位点，仅有一个等位基因出现在图谱的可分辨区内（两个等位基因由于重复单位、重复次数不同，在长度上差异很大），因而每条可分辨图带代表一个位点。很多的研究表明，个体DNA指纹图谱中的带很少成对连锁遗传，所代表的位点广泛地分布于整个基因组中。一个传统的RFLPs探针一次只能检测一个特异性位点的变异性，所产生的图谱一般由1～2条带组成，仅代表一个位点。因此两者比较而言，DNA指纹图谱更能全面地反映基因组的变异性。

（2）高变异性：DNA指纹图谱的变异性由两个因素所决定，一是可分辨的图带数，二是每条带在群体中出现的频率。DNA指纹图谱反映的是基因组中高变区，由多个位点上的等位基因所组成的图谱必然具有很高的变异性。DNA指纹图谱在个体或群体之间表现出高度的变异性，即不同的个体或群体有不同的DNA指纹图谱。一般选用任何一种识别4个碱基的限制性内切酶，这种变异性就能表现出来。Jeffreys等对人的DNA指纹图谱的研究表明，DNA指纹图谱中的大部分谱带都以杂合状态存在，平均杂合率大于70%，某些大片段的杂合率甚至高达100%。用探针33.15进行DNA指纹分析时，发现两个无血缘关系的个体具有相同DNA指纹图谱的概率仅为3×10^{-11}；而将探针33.15和33.6产生的DNA指纹图谱综合起来分析时，则这种概率为5×10^{-19}，可见DNA指纹图谱具有高度的个体特异性。值得注意的是，由于琼脂糖凝胶电泳分辨率的限制，DNA指纹图谱大片段区域的变异性往往很高，而小片段区域的变异性则很低，因此在实际操作时往往将小于2kb的小片段跑出胶外或不作统计。

（3）简单而稳定的遗传性：Jeffreys等通过家系分析表明，DNA指纹图谱中的谱带能够稳定地从上一代遗传给下一代。子代DNA指纹图谱中的每一条带都能在其双亲之一的图带中找到，而产生新带的概率（由基因突变产生）仅在0.001～0.004之间。DNA指纹图谱中的杂合带遵守孟德尔遗传规律，双亲图带的50%传递给子代。DNA指纹图谱还具有体细胞稳定性，即用同一个体的不同组织如血液、肌肉、毛发、精液等的DNA的DNA指纹图谱是一致的，但组织细胞的病变或组织特异性碱基甲基化可导致个别图带的不同。

6.3.3　DNA指纹图谱在植物研究中的具体应用

1. DNA指纹图谱在植物个体优选中的应用

由于DNA指纹技术的广泛适用性，风景园林学科开始利用DNA指纹图谱的高变异性和体细胞稳定性鉴定园林植物个体的差异，通过DNA分子标记技术，对园林植物个体进行DNA层次上的鉴定，对植物优质育种具有重要作用。例如对香樟的黄化问题的研究，香樟作为南方城市非常重要的绿化树种，其黄化现象严重影响了城市景观。通过单纯的土壤改良或向叶片喷施铁肥只能起到短期效应，而选育抗黄化种质才是解决香樟黄化的根本途径之一。

下面以香樟ISSR–PCR反应体系的正交优化研究为例，为优良种质遗传鉴定奠定基础，也为今后植物的良种选育提供理论和实践基础。

（1）材料与来源

供试香樟叶片采自上海市区，幼叶置于冰壶中带回试验室，立即转入–80℃冰箱备用。ISSR引物100个，为加拿大哥伦比亚大学（UBC）设计并提供的一套引物（上海生工生物工程公司合成），TaqDNA聚合酶、dNTPs、Marker DGL2000均购自上海鼎国生物工程公司。

（2）方法

基因组DNA的提取及DNA质量检测

采用改进的SDS法从香樟树叶片中提取高质量的基因组DNA。定量DNA样品采用紫外分光光度计（T6–新世纪型）在260、280nm波长下测定OD值，按下式计算DNA的产量。

$$P=V_{260}\times n\times 50 \tag{6-1}$$

式中：P为DNA的产量（ng/μL）；V_{260}为260nm波长下测定的OD值；n为稀释倍数。

同时在0.8%的琼脂糖凝胶（0.5μg/μL EB染色）上电泳检测DNA的质量，0.5×TBE电泳缓冲液电泳1h后在凝胶成像系统（上海复日FR–200型）上观察结果并拍照。

（3）PCR正交试验设计

采用L9（34）正交试验设计，对dNTP、引物、Mg^{2+}、Taq DNA聚合酶浓度进行4因素3水平的筛选分析（表6–1、表6–2），引物选用UBC881。

据表6–1、6–2配制总体积为20μL的PCR反应体系，除表中变化因素外，每管中还含有1×PCR buffer和50ng DNA，9个处理，每个处理设2个重复，在PTC–200（BIO–RAD公司）扩增仪上进行扩增反应，扩增程序为：94℃预变性4min；94℃变性

ISSR-PCR反应的因素与水平　　表6-1

水平	dNTPs 浓度（mmol/L）	引物浓度（μmol/L）	Mg^{2+} 浓度（mmol/L）	Taq 酶浓度（U/μL）
1	0.2	0.3	1.5	0.0125
2	0.25	0.5	2.0	0.0250
3	0.3	0.7	2.5	0.0500

ISSR-PCR反应因素水平L9（34）正交试验设计　　表6-2

处理组合号	dNTPs 浓度（mmol/L）	引物浓度（μmol/L）	Mg^{2+} 浓度（mmol/L）	Taq 酶浓度（U/μL）
1	0.2	0.3	1.5	0.0125
2	0.2	0.5	2.0	0.0250
3	0.2	0.7	2.5	0.0500
4	0.25	0.3	2.0	0.0500
5	0.25	0.5	2.5	0.0125
6	0.25	0.7	1.5	0.0250
7	0.3	0.3	2.5	0.0250
8	0.3	0.5	1.5	0.0500
9	0.3	0.7	2.0	0.0125

40s，58℃退火1min，72℃延伸2min，42个循环；72℃总延伸10min；4℃保存。扩增产物在5V/cm的电压下，0.5×TBE电极缓冲液中经2%琼脂糖凝胶（0.5μg/μLEB染色）电泳分离，在凝胶成像系统上进行图扫描与分析。

模板DNA浓度的筛选：筛选出体系最佳组合后再对DNA浓度的影响进行实验，在20μL反应体系中模板DNA设10、20、40、60、80、100ng 6个处理，每个处理设2个重复。

退火温度的确定：根据正交试验结果，选择合适的反应体系，退火温度设置了53、54、55、56、57、58、59、60℃8个梯度。除退火温度不同外，反应程序均与PCR正交试验设计的反应程序相同。

体系稳定性检测：选择另外的ISSR引物和9个用改进的SDS法提取的模板DNA，对优化过的香樟ISSR-PCR体系及反应参数的稳定性进行检测。

（4）结果与分析

基因组DNA提取：用改良后的SDS法提取的DNA，符合ISSR扩增的要求，从DNA电泳图（图6-1）及最终的扩增试验结果看，提取的DNA有稳定的扩增效果。

ISSR反应体系的正交优化：从正交试验设计ISSR-PCR扩增结果如图6-2所示，在9个处理组合中，由于dNTP、引物、Mg^{2+}和Taq DNA聚合酶等4大影响因素浓度组

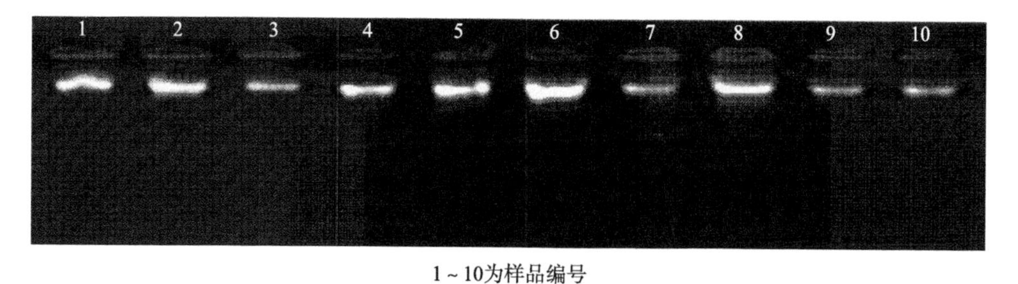

1～10为样品编号

图6-1　香樟总DNA电泳检测图

1～9为样品编号，M为DNA Marker

图6-2　正交设计ISSR-PCR反应体系的扩增结果（引物UBC881）

合的不同，扩增效果存在着明显的差异。第1组合无条带；第2、3、6、8组合，扩增效果较差，谱带弱且多态性低；第5、9组合条带模糊且重复性差；第7组合扩增的谱带较强，但背景弥散；只有第4组合扩增的谱带不仅多态性好，且谱带清晰，是最佳组合。故本试验选择第4组合为最佳组合，即20μL反应体系中含有dNTP 0.25mmol/L、引物0.3μmol/L、Mg^{2+} 2.0mmol/L、Taq酶1U。

不同模板DNA浓度对ISSR扩增效果的影响：最佳的模板浓度范围取决于研究物种和模板纯度。在其他反应条件不变的情况下，比较了模板浓度的差异对ISSR扩增结果的影响。从图6-3可以看出，当DNA用量在40～80ng之间均能获得清晰可辨的

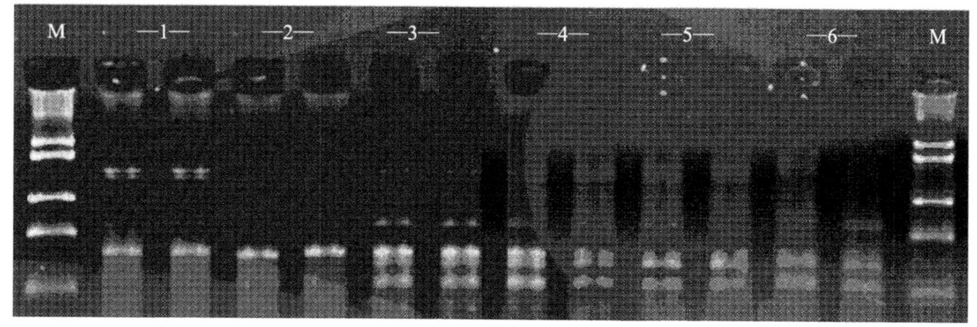

M为DNA Maker；1～6为20μL ISSR反应体系中模板DNA，分别为10、20、40、60、80、100ng

图6-3　不同模板DNA浓度的ISSR-PCR扩增（引物UBC881）

条带，但考虑模板浓度过高会影响试验的稳定性，故本实验选用DNA量为50ng进行PCR操作。

退火温度对ISSR扩增的影响：PCR反应中，退火温度的高低直接影响引物与模板DNA的特异性结合。根据以上所得的最佳因素水平，设置退火温度梯度试验。从图6-4可以看出，退火温度过低（53～57℃），则产物杂带多，背景较深且非特异条带较多，结果不可靠；退火温度过高，则引物与模板结合差，PCR产物条带亮度小，扩增的主带减少且非特异性条带增多。因此，本实验引物退火温度为58℃即可扩增出清晰的条带。

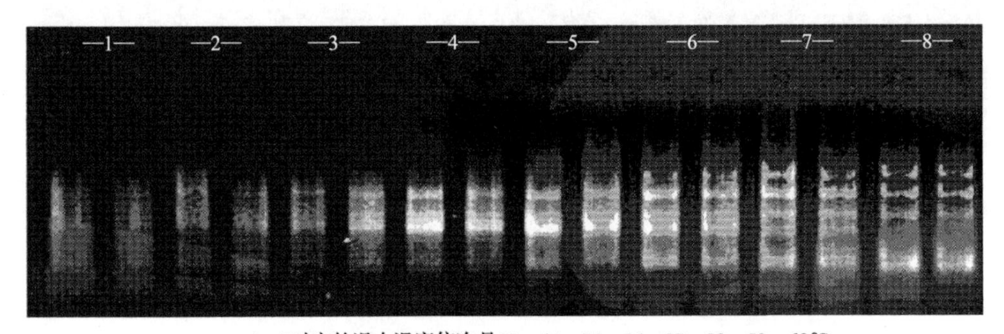

1～8对应的退火温度依次是53、54、55、56、57、58、59、60℃

图6-4　退火温度对ISSR反应的影响（引物UBC881）

ISSR-PCR体系及反应参数的稳定性检测结果：随机选择了9个香樟DNA，用引物UBC808对优化确立的ISSR-PCR反应体系进行检验，结果如图6-5所示。引物UBC808对这9个DNA均能扩增出清晰、重复性好的谱带，表明优化确立的香樟ISSR-PCR体系及反应参数是稳定可靠的。

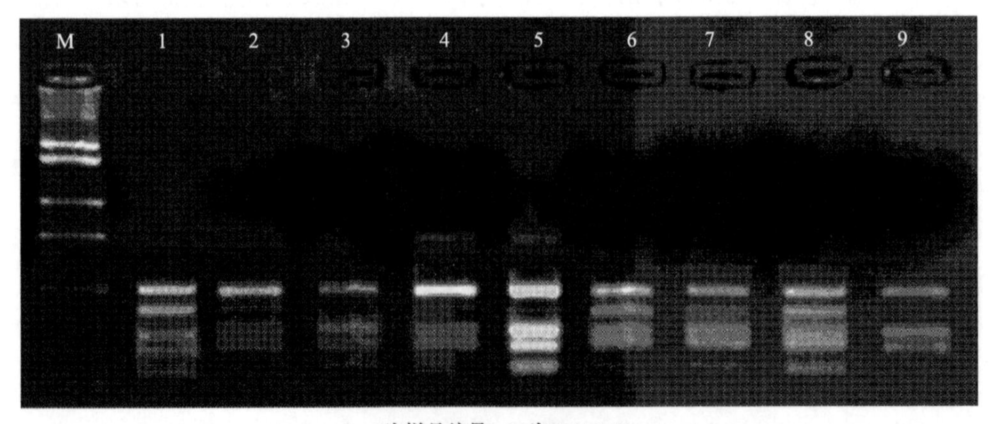

1～9为样品编号，M为DNA Maker

图6-5　优化的ISSR体系对9个模板DNA的扩增结果（引物UBC808）

（5）结论与讨论

ISSR分子标记技术基于PCR反应，其扩增带虽较RAPD标记稳定，但同样受反应条件和扩增程序变化及物种不同的影响。因此，对ISSR－PCR反应条件进行优化是必不可少的。本实验采用正交设计方法确定了香樟ISSR反应体系，并对结果进行了验证。与以往的单因素PCR优化设计相比，利用正交试验直观分析的方法，能够迅速获得满意的试验结果，避免了单一因素试验结果的不足。

在正交设计的基础上，得到了香樟ISSR－PCR最佳反应体系，即20μL反应体系中包括1×PCR buffer、dNTP 0.25mmol/L、引物0.3μmol/L、Mg^{2+} 2.0mmol/L、Taq酶1U和模板DNA50ng。适宜的扩增条件为：94℃预变性4min；94℃变性40s，58℃退火1min，72℃延伸2min，42个循环；72℃完全延伸10min；4℃保存。反应条件确定后，在整个试验过程中应保持不变，同时还应注意尽可能地使用统一厂家的试剂和同一PCR仪等设备，才能保证ISSR分析结果的重复性和可靠性。

2．DNA指纹图谱在植物个体差异研究中的应用

在实际园林景观应用中，经常会在同一区域出现个体差异显著的同品种植物。参差不齐的植物表现，同样影响着园林景观效果。由于长期的自然杂交及环境因素影响，植物种内变异极为丰富，利用DNA指纹图谱能探究个体间的种源关系及其变异方向，从而探索个体间出现明显差异的根本原因，为优化育种及园林植物的合理应用提供良好的理论基础。

同样以香樟黄化问题为例，在对上海地区的香樟调查发现，单株树体生长差异非常明显，有时即便是同一条路、同一批树、同样的种植措施，香樟生长差异也很明显，有些树表现叶片发黄而另有一些则叶片浓绿、枝繁叶茂。在苗圃培育香樟大苗时，基本都是在大树上采集种子播种育苗，未考虑个体因素及上下代的关系，甚至会在发生黄化的植株上采种。上海目前种植的香樟引种地广泛，包括浙江、江苏、江西、安徽等地，对上述地域种源情况的了解非常欠缺，采种育苗以及引种地的盲目性成为香樟黄化病发生的隐患。鉴于香樟黄化发生的严重性以及观察到的个体差异问题，以上海地区大范围分布的不同生长表现（黄化与正常）的香樟为试材，采用ISSR分子标记技术分析香樟个体间遗传差异并进行分子聚类，以揭示黄化发生的遗传内因。

（1）材料与方法

参照已有标准评判不同生长表现：正常香樟树势旺盛，叶深绿色且有光泽（病级Ⅰ级）；黄化香樟叶片呈黄至黄白色、生长较差（病级Ⅳ－Ⅴ级）。在广泛调查的基础上选取上海市区行道树和公园绿地内表型正常与黄化的香樟各30株，记录树龄与采集地点，采取幼嫩叶片置于冰壶带回试验室，立即转入－80℃冰箱备用。

采用改良CTAB法分别对采集的不同种源与表型（正常与黄化）的香樟植株幼嫩

叶片提取总DNA。首先从加拿大UBC公司的100个引物中得到20个有扩增条带的引物，再进一步筛选扩增条带清晰的引物7个（引物名称及序列见表6-3），采用优化出的反应体系，对60个样本总DNA进行ISSR-PCR扩增，然后对扩增产物进行电泳和银染。电泳槽为北京六一厂生产的DYC-28D型垂直凝胶电泳槽，标准DNA样品为北京鼎国生物公司生产的Marker（DGL2000）。改进后的PCR扩增条件为：94℃预变性7min；94℃变性30s，退火温度56℃ 45s，72℃1min 30s 40个循环；72℃延伸7min；4℃保存。

ISSR分析所用引物　表6-3

引物	碱基序列	引物	碱基序列
primer	sequence	primer	sequence
UBC807	$(AG)_8T$	UBC834	$(AG)_8YT$
UBC808	$(AG)_8C$	UBC835	$(AG)_8YC$
UBC810	$(GA)_8T$	UBC842	$(GA)_8YG$
UBC811	$(GA)_8C$	—	—

使用凝胶成像系统仪Imagemaster VDS（上海复日公司生产，产品型号FR-200）对电泳图片进行分析，根据同一引物的电泳图谱中同一位点上DNA扩增条带的有无进行统计，对出现清晰而稳定的条带记为“1”，无带则记为“0”，得到原始的二元数据。用NTSYS2.1统计分析软件，计算遗传距离，用SAHN Clustering进行非加权成对算术平均法UPGMA聚类分析，构建树状聚类图；将SM遗传相似性矩阵进行Dcenter数据转化，求其特征量和特征向量，生成主坐标三维图，进行主坐标分析。

（2）结果与分析

以7条ISSR引物对60个香樟样本总DNA进行PCR扩增，共产生63个条带明显而清晰的扩增产物（图6-6），其中共有带仅有2条，而差异带（多态性带）计61条，多态性百分率高达96.8%，每个随机引物扩增的可记录条带数在5～12之间（表6-3），平均为9条，大小为200～600bp，表明上海地区引种栽培的香樟个体间遗传差异较大，香樟种内变异较为丰富。

对60个上海香樟个体扩增条带分不同表现型（正常与黄化）分别统计，比较两组间条带分布的数量差异，发现正常与黄化表现型个体数量分布规律大体相近，即只在少数个体（10个以下）扩增出的条带数占大多数，正常植株为36.5%、黄化植株为41.3%；而30个体中的共有带，正常组香樟为5个、黄化组香樟8个，分别占总扩增条带的7.9%和12.7%。进一步分析正常与黄化表现型组间条带差异，双方共有条带数为4，

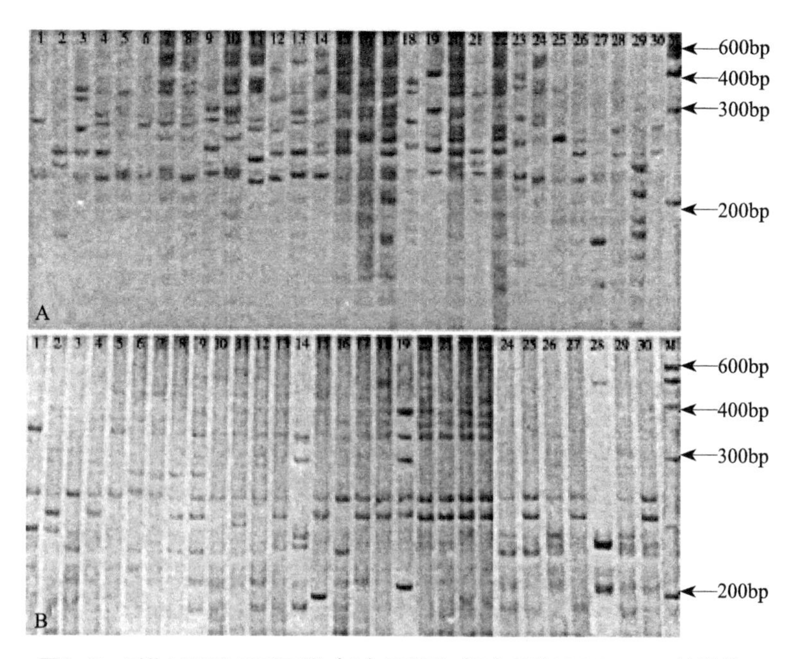

图6-6　引物UBC842对正常（A）及黄化（B）香樟ISSR-PCR扩增结果

仅占条带总数的6.3%，而差异条带数为59，其中有1条条带（UBC810-5）出现差异个体数超过20，即在21个黄化个体均出现该条带而在正常个体中仅有1例出现，这种差别明显的差异条带值得进一步克隆分析以揭示黄化产生的分子机制。

对ISSR-PCR数据统计结果进行UPGMA树状聚类分析，结果见图6-7。在遗传相似系数0.60（L1）处，供试香樟被分为2类，除Z-22、Z-23、Z-24、Z-25、Z-26与所有黄化香樟聚为一类外，其余大部分正常香樟聚为另一类；在遗传相似系数约0.61（L2）处，所有黄化香樟被单独分出为一类，与两类正常香樟相互区分而组成3类，黄化香樟个体间遗传距离较近，而与正常表现型香樟遗传距离相对较远。个体分析发现，分布位置与遗传聚类并无关联，如同样

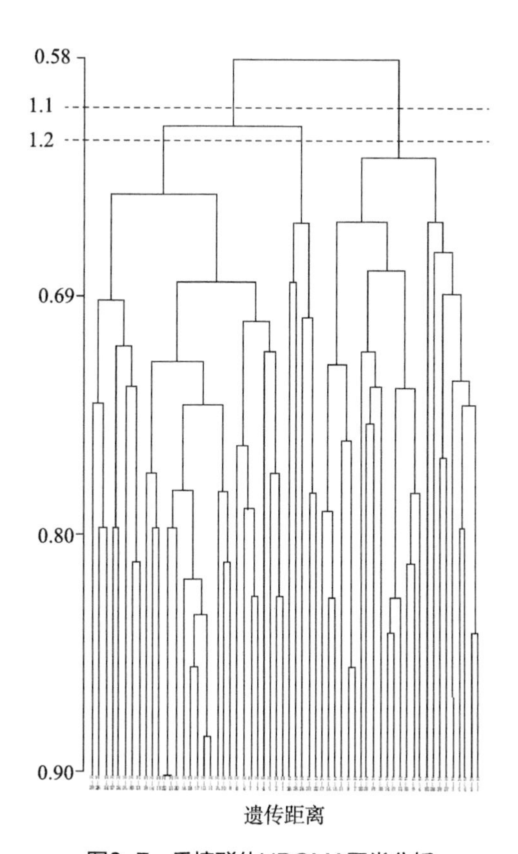

图6-7　香樟群体UPGMA聚类分析

是分布于共青森林公园的香樟，Z－4至Z－6与H－6至H－10植株种植位置相邻，遗传聚类却分隔较远，地理距离较近的个体遗传距离却较远，相同表现型（正常与黄化）个体间亲缘关系相对较近，遗传聚类可区分出不同生长表型的香樟个体。由此可说明处于同一分布地上海，黄化与正常表现型香樟间存在一定的遗传差异，香樟植株生长的外在表现（叶片黄化与正常）与内在遗传存在一定的关联。

通过NTSYS2.1软件对60份香樟个体ISSR标记群体进行主成分分析，结果如图6-8所示。由图6-8可知，主成分分析结果与聚类分析结果基本一致，正常与黄化香樟相对聚集而又彼此分隔，说明两表现型内部遗传距离较近，而不同表型间遗传距离较远。

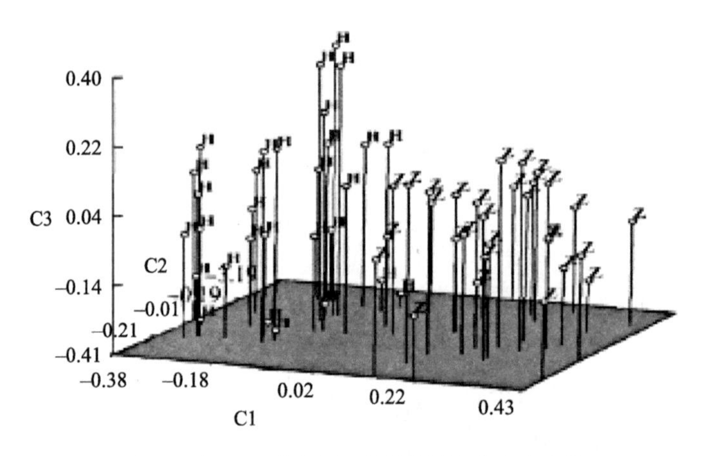

图6-8 基于ISSR分子标记的香樟个体主成分分析

植物的外在表现受遗传与环境两方面共同影响，黄化原因的分析也因此变得复杂，单纯从黄化（或正常）表型很难区分究竟是因为土壤环境问题或遗传因素所决定，而分子标记技术有助于排除环境干扰，特别是可以从DNA水平揭示个体间微小的遗传差异，关于香樟已有采用RAPD方法对选择出的高芳樟醇含量个体进行分子鉴定的报道。该研究采用ISSR分子标记技术进行不同黄化表型个体的遗传差异鉴别，从分子聚类的角度初步揭示了香樟个体间的遗传差异，但并不能据此断定香樟黄化与正常基因型存在，毕竟还只是对分子表型的简单判别，对于黄化发生具体的遗传调控机制还所知甚少。Z－22至Z－26这些古树较早与黄化香樟聚在一起，是否因为这些香樟目前所处位置土壤条件比较适宜，所以未表现黄化，还有待进一步采取土样进行对比分析；而另一些聚类在一起的正常香樟也不能即下结论为抗黄化优株，还有待繁殖无性系比较、进行稳定性评价与筛选，从而最终选出真正的抗性植株，为实施香樟良种选育、根本性的治理黄化探明出路。

3. DNA指纹图谱在濒危植物保护中的应用

我国的珍稀植物资源非常丰富，其中不少是我国特有的稀有种。近50年来我国约有200种植物灭绝，高等植物中受威胁物种已达4000 ~ 5000种，占总种数的15% ~ 20%，高于世界10% ~ 15%的水平。目前我国常用的植物保护措施以迁地保护、建立自然保护区为主。国内学者也在通过不断的科学研究，对珍稀濒危植物进行更有效的保护。

以对我国的特有种——大果青杄为例，从20世纪50年代到90年代，大果青杄的种群面积急剧下降。目前大果青杄剩下的四个种群面积不到4hm^2。这些地点彼此相隔很远。根据植物保护的原则，群落组成和遗传变异是提出合理保护策略的基本依据。根据世界保护联盟提出的“保护类别指南”，The Conservation Status and Conservation Strategy of *Picea Neoveitchii*一文中对大果青杄的保护现状进行了重新评价，定位大果青杄为临界濒危（CR）B2B C2a D。由于气候变化和人为干扰，大果青杄的所有自然生境都被分割成小而分散的种群。一个小种群很容易受到遗传漂变和近亲繁殖的影响导致遗传多样性丧失、灭绝概率的增加。一个物种的生存依赖于遗传变异，以适应长期环境变化所带来的选择压力。采用RAPD（随机扩增多态DNA）技术，对大果青杄种群的遗传变异水平进行研究。发现目标种具有种内遗传变异，为多数调查地点的优势种，成群率较低。同时对Shannon表型多样性指数（Ho）的估计和不同位点遗传变异的差异进行了分析。探究其他导致大果青杄数量骤减的原因，例如物种竞争、生境分散、缺乏文献资料和不适当的生境管理，亦导致濒临绝种的物种灭绝，而在原地威胁及缺乏原址保育动机的情况下，可能会令现有的种质资源进一步流失。

（1）材料

幼嫩针叶采自宝天曼自然保护区、太白山林场、白龙江林场及辛家山林场的野生大果青杄（Veitch Spruce）个体植株和一个迁地保护植物园（西安植物园）。共采集12个样品进行RAPD分析。

（2）方法

将硅胶干燥的幼针叶样品粉碎成粉末，然后放入5ml的提取缓冲液中，根据改进的CTAB法提取基因组DNA。样品DNA用乙醇沉淀，用70%乙醇洗涤。在pH8.0的缓冲液中溶解，置于4°C中，用紫外可见分光度计LAMBDA Bio 10（Perkin Elmer Co.）测定DNA浓度。

RAPD反应在DNA可编程热循环仪（PTC-100，MJ研究）上进行，步骤1在94℃下为3min，第2步为45个循环，变性为94℃下1min，退火为37℃ 1min，聚合为72℃ 2min，第3步为总延伸72℃ 10min。每次反应中含有500mM KCl, 15mM $MgCl_2$, 0.01%明胶，100mM Tris-HCl（pH 8.3），1mM dNTPs，2mM引物，20ng模板DNA，1g

RNase，1.7单位Taq聚合酶（Amersham Pharmacia Biotech），最终体积为20μL。PCR扩增产物用含0.1g/mL溴化乙锭的1.75%（w/v）Nusi 3：1琼脂糖凝胶在1×TBE（50V）下电泳2h，用FX174/HaeIII、Stratagene分子标记确定RAPD条带的分子量。每种凝胶的图像用紫外线照度观察，用电子视觉机捕捉，并作为TIF文件存储。

为鉴定多态性引物，对12个通用水稻引物和40个OPERON引物共52个引物进行筛选。结果显示24个引物产生多态性RAPD条带，共产生234条可重复条带。

扩增出的RAPD标记被标记为每个样本的存在或缺失。用UPGMA聚类分析方法对遗传多样性进行了分析。

（3）结果

用24个随机引物对PCR扩增出234条可重复条带。结果表明（图6-9），聚类分析结果将12个样本分成2组。辛家山林场（样本4、5、6和7）和西安植物园（样本11和12）的样本为一组。宝天曼自然保护区、太白山林场和白龙江林场（样本1、2、3、8、9和10）的样本为另一组。

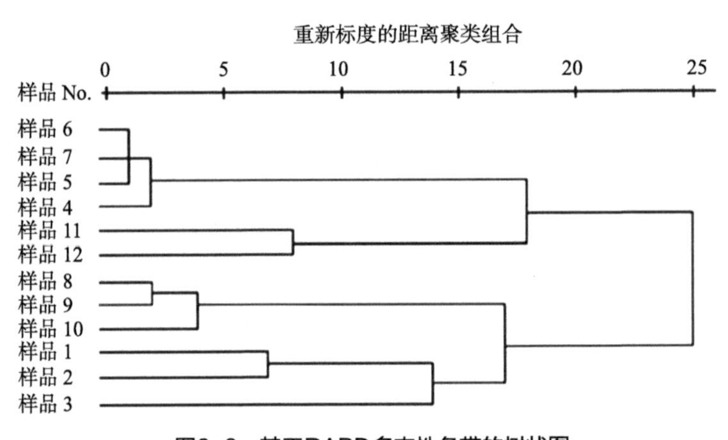

图6-9　基于RAPD多态性条带的树状图

为了比较不同位点的遗传多样性，采用Shannon表型多样性指数（Ho）计算了24个成功扩增引物的多态带数。Ho的估计反映了不同地点遗传变异的差异。该地区的多样性指数越高，这些个体在这些地方的适应度就越高。其中辛家山样品遗传多样性指数最高（2.980）。植被分析表明，大果青杆是多数调查地点的优势种，成群率较低。RAPD分析表明，目标种具有种内遗传变异。对Shannon表型多样性指数（Ho）的估计和不同位点遗传变异的差异进行了明确的分析。

（4）讨论

在过去的几十年里，大果青杆已经成为一种极度濒危的物种，在野外几乎濒临灭绝。迫切需要制定一项研究计划，重塑其原来的生境。除了鼓励种植大果青杆苗木重新造林，一些社会经济方面也值得考虑，如减少对大果青杆资源的不合理应用，教育改进，立法和实施濒危物种保护。遗传属性、迁地保护工作应扩大到包括所有现有生境的大果青杆资源。通过对不同迁地保护植物园的种源的聚类分析，可以提供详细的引种指南。

分子生物学在园林中的应用还在不断深化，园林植物种名确定，属内各种界线划分，名花品种鉴定，种质资源保护，濒危物种保育策略制定，自然世界遗产突出普遍价值挖掘，园林功能物种科学选择，病虫害预警机制构建也会不断探索，不断为学科的发展提供技术支撑。

参考文献

[1] Robert F. Weaver. 分子生物学[M]. 郑用琏译. 北京：科学出版社，2013.

[2] 张德顺，朱红霞，王铖，等. 我国风景园林植物研究进展及其在城市绿化中的应用[J]. 园林科技，2008（4）：1-7 .

[3] Brown AHD. The case for core collection [J]. Genome, 1989(31): 818-824.

[4] Brown A.H.D., C. Spillane. Implementing core collections - principles, procedures, progress, problems and promise[M]//R.C. Johnson, T. Hodgkin (Eds.) Core collections for today and tomorrow. International Plant Genetics Resources Institute, Rome, Italy.

[5] 明军. 梅花DNA图谱的建立与研究[D]. 北京：北京林业大学，2002.

[6] 王然，潘季淑，郑开文. 蔷薇科（Rosaceae）核果类果树亲缘关系的研究[C]//中国园林学会成立六十周年纪念暨第六届年会论文集（Ⅰ果树），1989.

[7] 陈学森，邓秀新，章文才，等. 中国银杏品种资源染色体数目及核型研究初报[J]. 华中农业大学学报，1996（6）：590-594.

[8] Draper S R. ISTA variety committee report of the working group for biochemical tests for cultivar identification 1983-1986[J]. Seed Science and Technology, 1987(15): 431-434.

[9] 朱立武. 柑桔叶片与种子蛋白质电泳带型分析[J]. 安徽农学院学报，1988（1）：51-55.

[10] Helentjaris T.，Slocum M., Wright S., et al. Construction of genetic linkage maps in maize and tomato using restriction fragment length polymorphisms[J]. Theoretical and Applied Genetics, 1986(72): 761-769.

[11] Smith O.S., Smith J. S. C. Measurement of genetic diversity among maize hybrids; a comparison of isozymic, RFLP, pedigree, and heterosis data[J]. Maydica, 1992, 37(1): 53-60.

[12] Vaccino P., Accerbi M, Corbellini M. Cultivar identification in Triticum aestivum using highly polymorphic RFLP probes[J]. Theoretical and Applied Genetics, 1993(86): 833-836.

[13] 谭文澄，方盛国，谢海，等. 兰属植物DNA指纹图的研究[J]. 四川师范大学学报（自然

科学版)，2000（4）：407-411.

[14] 王华忠．甜菜属近缘野生种与栽培种叶绿体及线粒体基因组的RFLP分析[J]．中国糖料，1998（2）：1-8.

[15] Williams J., Kubelik A., Livak K. et al. DNA polymorphisms amplified by arbitrary primers are useful as genetic markers[J]. Ucleic Acids Research, 1990, 18(22): 6531-6535.

[16] 陈新露．应用RAPD技术评价丁香品种间遗传关系[J]．园林学报，1995：171-175.

[17] 林伯年，徐林娟，贾春蕾．RAPD技术在杨梅属植物分类研究中的应用[J]．园林学报，1999，26（4）：221-226.

[18] 李周岐，王章荣．杂种马褂木无性系随机扩增多态DNA指纹图谱的构建[J]．东北林业大学学报，2001，29（4）：5-8.

[19] Litter M., Luty JA. A hypervariable microsatellite revealed by in vitro amplification of a dinucleotide repeat within the cardiac muscle actin gene[J]. American Journal of Human Genetics, 1989(44): 397-401.

[20] Olufowote, JO, Xu Y. Comparative evaluation of within cultivar variation of rice (Oryza sativa L.)[J]. Using microsatellite and RFLP makers, 1997(40): 782-790.

[21] Zabeau M, Vos P. Selective restriction fragment amplification: A general method for DNA fingerprinting [M].European Patent Application 92402629.7 (Publication No.0534858A1).Paris: European Office, 1993.

[22] Vos P, Hoger R, Bleeker M, et al. AFLP: a new technique for DNA fingerprinting[J]. Nucleic Acid Res, 1995, 23: 4407-4414.

[23] Yong Gu Cho, Matthew W. Blair, Olivier Panaud. Cloning and mapping of variety-specific rice genomic DNA sequences: Amplified fragment length polymorphisms (AFLP) from silver-stained polyacrylamide gels[J]. Genome, 1996, 39(2): 373-378.

[24] 翁跃进．AFLP——一种DNA分子标记新技术[J]．遗传，1996，18（6）：29-31.

[25] 周延清．DNA分子标记技术在植物研究中的应用[M]．北京：化学工业出版社，2005：143-156.

[26] Burke T., Dolf G., Jeffreys A. J., et al. DNA Fingerprinting: Approaches and Applications[M]. 1991: 127-143.

[27] Jeffreys A. J., Wilson V., Thein S.L. Hypervariable ‘minisatellite’ regions of human DNA[J]. Nature, 1985, 314: 67-73.

[28] 季维智，宿兵．遗传多样性研究的原理与方法[M]．杭州：浙江科学技术出版社，1999：1-12.

[29] 冯杰，陈香波，李毅，等．香樟ISSR-PCR反应体系的正交优化[J]．中南林业科技大学学报，2007（6）：44-48.

[30] 陈香波，张德顺，毕庆泗，等. 上海地区正常与黄化香樟表型植株的ISSR特征分析[J]. 南京林业大学学报（自然科学版），2012，36（1）：33-37.

[31] Zhang Deshun, Kim Yongshik, Mike Maunder, et al. The Conservation Status and Conservation Strategy of Picea neoveitchii[J]. Chinese Journal of Population, Resources and Environment, 2006(3): 58-64.

第7章　世界自然遗产地的生物多样性OUV指标、干扰因子及保护策略

世界遗产是具有特殊文化或自然意义而被联合国教科文组织列入《世界遗产名录》的自然区域或文化遗存，分为自然遗产、文化遗产、自然与文化混合遗产（以下简称混合遗产）三大类。截至2018年7月，世界上共有1092处世界遗产，其中包括845处世界文化遗产，209处世界自然遗产，38处混合遗产。从突出普遍价值（Outstanding Universal Value，OUV）来看，现有的世界自然遗产和混合遗产因符合标准（x）、以生物多样性保护为主要目的而申报成功的共计约有150处，占世界自然遗产和混合遗产总数的60%以上。特别是近两年申报成功的12处世界自然遗产和混合遗产，有9处都是因满足标准（x）“包含有最重要和最有意义的自然栖息地，目的在于保护原有生物多样性和那些从科学和保护角度看具有显著世界级价值的濒危物种”的要求而列入《世界遗产名录》的。可以看出，世界各国在申报世界自然遗产的时候，均根据《保护世界文化和自然遗产公约操作指南》的战略方向，更加关注世界遗产在生态系统以及生物多样性等方面的科学价值。

目前，国内外针对世界自然遗产地生物多样性保护管理研究，多围绕自然遗产是否得到有效保护、管理是否科学合理、价值是否得到发挥和体现等方面开展。例如，在世界自然遗产地宁巴山（Nimba Mountains），Sandberger-Loua等研究了旗舰物种宁巴山胎生蟾蜍（*Nimbaphrynoides occidentalis*）的保护成效，发现该物种的种群数量和分布范围均呈下降趋势。孙克勤针对世界自然遗产云南三江并流存在的问题和保护对策进行了研究，同时结合我国自然遗产地的管理现状，提出了相关的管理和保护建议。余国睿通过分析物种多样性、珍稀濒危动植物、特有动植物、生物栖息地等因素，评估了世界自然遗产南方喀斯特区域的生物多样性价值。从近年来的国内外相关研究进展来看，世界自然遗产地生物多样性保护管理研究，在入选情况、保护对象、地理分布、保护形式、管理机构以及下一步研究方向等方面，仍有待进一步定量化分析。

7.1　世界自然遗产地的物种多样性OUV指标识别

生物多样性概念内涵十分广泛，包括状况、压力、利用、响应和能力5个方面，而物种多样性的指标主要体现在状态与响应方面。20世纪90年代起，我国开始进行生物多样性评价的研究，着重在生物多样性的状态与影响因素等领域，并侧重于局地尺度上的遗传多样性、物种多样性、生态系统多样性三个层次的评价。2000年后，随着国际交流增多与国家科研实力的增强，中国参与的CBD第八次缔约方大会上"2010生物多样性指标合作伙伴关系"宣布成立，生物多样性评价的尺度上越来越突破行政区划的边界，内容上越来越深入与细化，而且，逐步引入了生物多样性公约（CBD）的生物多样性监测指标、世界自然基金会（WWF）的生命行星指数、世界自然保护联盟（IUCN）红色名录指数等国际机构的评价指标，对我国生物多样性组成部分的现状与变化、生态系统的完整性/产品和服务、生物多样性造成的威胁、可持续利用、遗传资源获取与惠益分享状况等方面进行了综合分析。

7.1.1　研究数据来源

研究的逻辑框架是物种多样性OUV表征指标构建的理论基础，本研究首先构建了"物种多样性—生态系统—生态过程与功能—遗产价值"级联式结构。具有多样性、稀有性、代表性、重要性的物种在生态系统内通过对物质、能量和信息的传递来影响整个生态系统，是生态过程和功能的前提和基础，是世界物种多样性类别自然遗产的价值体现。物种多样性表征指标与遗产入选标准、申报内容、规划管理具有密切关系。

以联合国教科文组织世界遗产中心各遗产的简要综述与入选标准为研究对象，分析2017年前列入《世界遗产名录》的206项自然遗产、35项混合遗产中有关物种多样性的内容与关键词。根据《世界遗产公约操作指南》，申报自然遗产符合条款（ⅶ）（ⅷ）（ⅸ）（ⅹ）的一项或多项，将会认为该遗产具有突出的普遍价值，而其中条款"（ⅹ）是生物多样性原址保护的最重要的自然栖息地，包括从科学和保护角度看，具有突出的普遍价值的濒危物种栖息地"涉及物种多样性的内容较多，可作为重点进行指标筛选与对应研究。

7.1.2　研究指标类型

共统计241项遗产的入选标准与简要描述，其中52项遗产中未识别出与物种多样性相关的关键词与内容，其他均具有1～10个不等的物种多样性关键词内容。根据关键词内容，结合前期初步筛选的物种多样性OUV表征指标，将主要表征指标分为多样性、稀有性、代表性、重要性4大类，13个表征指标。其中有4个体现OUV突出性的相对指标——物种相对多度、红色名录指数、物种特有度、重要物种，7个体现OUV普适性的普遍指标——物种丰富度、濒危、珍稀、古老孑遗物种、标志种（象征种）、旗舰种、关键种（见表7-1）。

世界自然遗产物种多样性OUV表征指标类型　　表7-1

大类	指标	特定含义	遗产示例	关键词
多样性	物种丰富度	群落中物种数目	约塞米特蒂国家公园	各种各样的动植物
	物种密度	单位面积物种数目	塞卢斯禁猎区	物种的密度和多样性
	物种相对多度	相似地区中物种个体数的频率突出	开普敦植物区	植物区系的突出多样性全球当中最高的
稀有性	濒危物种	导致有灭绝危机的物种	斯雷伯尔纳自然保护区	受威胁的，濒危，红色名录
	珍稀物种	尚不属于濒危种、易危种的珍贵、稀少物种	宁格罗海岸	稀有物种，罕见的
	古老孑遗物种	过去广泛分布，而现仅存在于某些局限地区的古老动植物物种	德国古山毛榉林	德国古代山毛榉森林，历史和进化
	红色名录指数	基于IUCN红色名录评估物种濒危状况变化的指标	阿钦安阿纳雨林	72种属于IUCN濒危物种红色名录
代表性	物种地方性	因历史、生态或生理因素仅分布局限于某一特定的地理区域的物种	享德森岛	地方性，本地种类的鸟类
	标志物种（象征物种）	区域内具有标志性、独特象征意义的物种	科科斯岛国家公园	象征性和濒危的锤头鲨、白头鲨
	物种特有度	物种的特有程度在全球范围或同类型地区内具有杰出的代表意义	青海可可西里	高度特有性，超过1/3的高级植物为青藏高原特有
重要性	旗舰物种	对社会生态保护力量具有特殊号召力和吸引力的物种	四川大熊猫栖息地	大熊猫、小熊猫、雪豹及云豹
	关键物种	对维护生物多样性及其结构、功能及稳定性起关键作用的物种	堪察加火山	世界现存的最大鲑鱼群，及被吸引的鸟类
	重要物种	具有重要科学、文化、经济价值的物种	加拉帕戈斯群岛	活的生物进化博物馆和陈列室，进化论

7.1.3 指标定量分析

为了方便统计与定量分析表征指标与入选标准等因子之间的相互关系，进一步验证表征指标与遗产价值的相关性，将数据通过MS Excel 2000（Microsoft，Redmond，USA）和SPSS for Windows 20.0版（SPSS Inc.，Chicago，USA）进行分析。首先对所有的表征指标进行频次统计，筛选高频指标与低频指标；将所有的表征指标分别与入选标准进行对应性分析，比较各表征指标的对应性强度；将表征指标作为变量，对入选标准进行回归，构建数学模型；最后对表征指标进行因子分析，构建成分矩阵，拟合原指标分类及对应强度。

1．物种多样性OUV表征关键词频次

分析物种多样性OUV表征关键词出现频次（图7-1），可以发现频次最高的为物种丰富度，频次最低的为关键物种，整体可以分为三个层次：高频指标、中频指标、低频指标。从出现概率上可见OUV价值体现在物种的丰富程度与濒危程度，而红色名录指数、古老孑遗物种、标志物种、关键物种等频次较低，但各表征指标与遗产价值的内在联系还要进一步探讨。

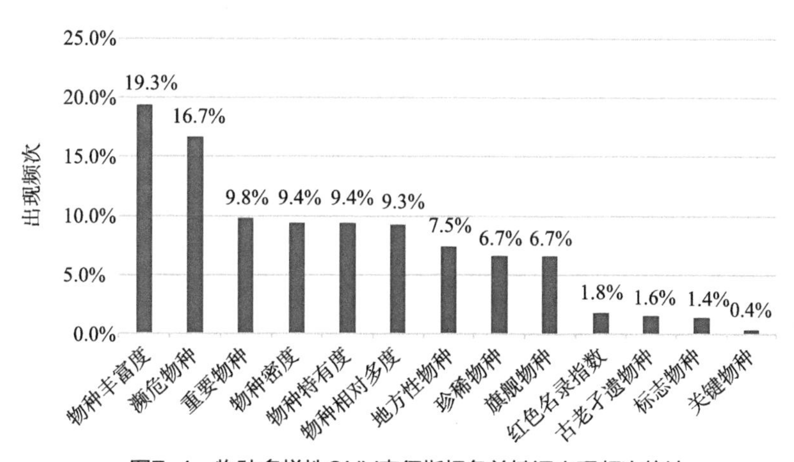

图7-1　物种多样性OUV表征指标各关键词出现频次统计

2．物种多样性OUV表征指标相关性分析

将所有表征指标与自然遗产的4条入选标准进行对应性分析，发现第（x）条与各表征指标的相关性最强，且第（x）条入选标准中物种多样性关键词最多、应用频率最高，因此，主要讨论物种多样性OUV表征指标与入选标准第（x）条相关性分析（表7-2）。

世界自然遗产物种多样性OUV表征指标与自然遗产入选标准第（x）条相关性分析　表7-2

序号	指标类型	表征指标	出现频次	Pearson 相关性
1	普遍指标	物种丰富度	高频指标	0.561**
2	普遍指标	物种密度	中频指标	0.340**
3	相对指标	物种相对多度	中频指标	0.391**
4	普遍指标	濒危物种	高频指标	0.572**
5	普遍指标	珍稀物种	中频指标	0.194**
6	普遍指标	古老孑遗物种	低频指标	0.06

续表

序号	指标类型	表征指标	出现频次	Pearson 相关性
7	相对指标	红色名录指数	低频指标	0.193**
8	普遍指标	地方性物种	中频指标	0.252**
9	普遍指标	标志物种（象征物种）	低频指标	0.170**
10	相对指标	物种特有度	中频指标	0.415**
11	普遍指标	旗舰物种	中频指标	0.278**
12	普遍指标	关键物种	低频指标	0.087
13	相对指标	重要物种	中频指标	0.376**

注：** 表示在 0.01 水平（双侧）上显著相关。

分析发现，原出现频次最高的物种丰富度并非相关性最高，世界自然遗产物种多样性相关性最高的指标为濒危物种，其余依次为物种丰富度、物种特有度、物种相对多度、重要物种、物种密度、旗舰物种、地方性物种、珍稀物种、红色名录指数、标志物种。而古老孑遗物种、关键物种与入选标准第（x）条无显著的相关性，在进行表征指标筛选时，可将它们作为参考性指标。

3．物种多样性OUV表征指标回归与聚类

将表征指标作为变量，分别对自然遗产的4条入选标准进行线性回归，在0.005水平上经自由度调整后的R值分别为第（x）条N10——0.727a、第（ix）条N9——0.423a、第（viii）条N8——0.502a、第（vii）条N7——0.168a，其中N10的线性回归模型中变量物种多样性表征指标对自然遗产入选标准第（x）条有较强的解释力，这进一步验证第（x）条入选标准与物种多样性的相关性。

通过构建自然遗产入选标准第（x）条与物种多样性表征指标的数学模型，其中濒危物种、物种丰富度、物种特有度、重要物种4个表征指标的贡献值较大，可以作为重点参考指标；而古老孑遗物种与价值呈现负相关，结合相关性分析，可将该表征指标作为参考因子。

$$F(X_i)=-1.005+0.024X_1+0.006X_2+0.004X_3+0.026X_4+0.005X_5-0.001X_6+0.001X_7+0.002X_8+0.013X_9+0.004X_{10}+0.004X_{11}+0.002X_{12}+0.01X_{13}$$

公式中：F为入选标准第（x）条。X_i各项因子中，X_1为物种丰富度，X_2为物种密度，X_3为物种相对多度，X_4为濒危物种，X_5为珍稀物种，X_6古老孑遗物种，X_7为红色名录指数，X_8为地方性物种，X_9为物种特有度，X_{10}为标志物种，X_{11}为旗舰物种，X_{12}为关键物种，X_{13}为重要物种。

最后对表征指标进行因子分析（图7-2），通过KMO和Bartlett的检验，Kaiser-Meyer-Olkin度量为0.902，Sig. 值为0.000，各因子不存在共线性。构建成分矩阵，提取了3个主成分的特征根累计贡献率。物种丰富度、濒危物种、物种相对多度、物种

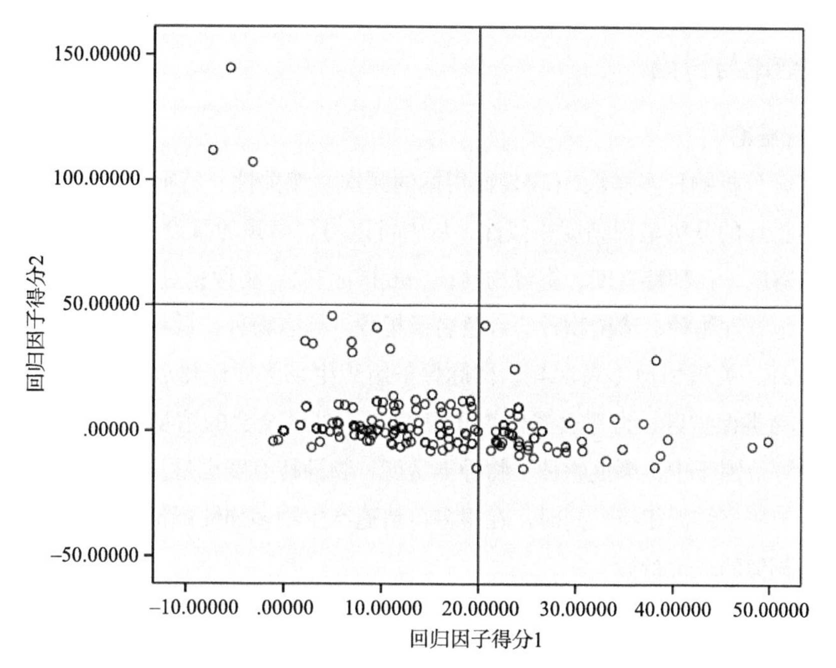

图7-2　物种多样性OUV表征指标因子分析的聚类结果

特有度、重要物种、物种密度、地方性物种、旗舰物种、珍稀物种贡献值较大；关键物种、标志物种贡献值中等；红色名录指数、古老孑遗物种贡献值较低。将因子分析的表征指标分类与频次统计、线性回归等分析类型进行拟合（表7-3），发现较多相似性，可以进行进一步的整合分析。

世界自然遗产物种多样性OUV表征指标不同类型方式综合分析　　表7-3

分析类型	高频表征指标	中频表征指标	低频表征指标
频次统计	物种丰富度、濒危物种	重要物种、物种密度、物种特有度、物种相对多度、地方性物种、珍稀物种、旗舰物种红	红色名录指数、古老孑遗物种、标志物种、关键物种
Pearson相关性	濒危物种、物种丰富度、物种特有度、物种相对多度、重要物种、物种密度	旗舰物种、地方性物种、珍稀物种、红色名录指数、标志物种	古老孑遗物种、关键物种
线性回归	濒危物种、物种丰富度、物种特有度、重要物种	物种密度、物种相对多度、珍稀物种、红色名录指数、标志物种、地方性物种、旗舰物种、关键物种	古老孑遗物种
因子分析	物种丰富度、濒危物种、物种相对多度、物种特有度、重要物种、物种密度、地方性物种、旗舰物种、珍稀物种	关键物种、标志物种	红色名录指数、古老孑遗物种

7.1.4 结论与讨论

1．研究结论

通过综合分析物种多样性OUV表征指标的频次、相关性、特征根贡献率与聚类结果，各项指标的分级呈现高度相似性，从中可以得到高频的重点指标4项：濒危物种、物种丰富度、物种特有度、重要物种；一般指标7项：物种相对多度、物种密度、旗舰物种、地方性物种、珍稀物种、红色名录指数、标志物种；低频的参考指标2项：古老孑遗物种、关键物种（表7–4）。国际保护组织生物多样性热点区、国际鸟类保护组织地方鸟类保护区、世界自然保护联盟/世界自然基金会的植物多样性中心等的物种多样性评价因子中，濒危物种、物种丰富度、物种特有度也是重要的生态学价值评价因子，与研究结论相符。同时，在很多自然遗产生物多样性评价框架中亦采用与本表征体系相似的评价指标。

基于综合分析的世界自然遗产物种多样性OUV表征指标　　表7–4

指标级别	表征指标
重点指标	濒危物种、物种丰富度、物种特有度、重要物种
一般指标	物种相对多度、物种密度、旗舰物种、地方性物种、珍稀物种、红色名录指数、标志物种
参考指标	古老孑遗物种、关键物种

该表征指标的识别与指标体系的构建对于自然遗产价值的认知与保护，特别是物种多样性类别的遗产具有现实的意义。对于物种多样性类别的世界遗产，无论是价值提取、规划申报和监测管理，均可以通过4项核心指标的识别、表征与干扰因素进行研究，而且这4项指标每一项分别代表了稀有性、多样性、代表性与重要性4大类型，说明核心指标的覆盖性较好。一级表征指标的筛选为操作指标细化奠定了基础。另外，虽然古老孑遗物种、关键物种这2项指标与物种多样性的相关性较弱，但仍然具有参考价值，在特定的自然遗产中可能具有重要的表征意义。

2．展望讨论

研究以《世界遗产名录》中自然遗产和混合遗产的简要描述与入选标准为对象，受限于文献资料的完整性与客观性，以及样本数量的限制，存在进一步完善的空间。例如在前期表征指标的初步筛选阶段，将较多在科学、经济、文化具有价值的物种因子合并到“重要物种”这单一指标上，在后续研究可进行进一步的拆分与对应。另外，在一般指标中，“标志物种”在统计时合并了象征性物种，两者是否具有差异性，仍然需要在后续研究中对其交集和并集进行界定。

7.2　世界自然遗产地的生物多样性OUV干扰因子

世界遗产保护状况监测是实施《保护世界文化和自然遗产公约》的重要手段。监测工作包括报告（Reporting）和反应性监测（Reactive Monitoring）两大类，联合国教科文组织世界遗产中心根据监测工作和多种渠道获取的信息，发布监测报告并作出相关决定。报告包括定期报告（Periodic Reporting）和保护状况（State of Conservation，SOC）两部分，定期报告由缔约国每六年提交一次，说明遗产地的“世界遗产公约”适用情况，该报告分区域进行，所有国家报告整理成《世界遗产区域性报告》。保护状况是根据世界遗产委员会多种渠道得到的信息决定缔约国是否需要提交，该报告需说明特定遗产的现状及存在的威胁因素，提交后由世界遗产大会对其进行审议。反应性监测是指世界遗产委员会向那些突出普遍价值（Outstanding Universal Value，OUV）可能或已经受到影响的世界遗产地派遣专家进行现场评估的一种监测方式。根据反应性监测结果，OUV可能或已经受到重大影响的世界遗产将成为濒危世界遗产。

濒危世界遗产（World Heritage in Danger）是指被列入《濒危世界遗产名录》（下文称《濒危名录》）的世界遗产，世界遗产委员会将那些突出普遍价值正遭受或可能遭受重大威胁的遗产地列入《濒危名录》，以督促遗产缔约国政府关注相关情况并采取救助措施，是一种保护世界遗产的重要手段，濒危世界遗产保护状况改善后可以从《濒危名录》中删除（即“脱危”）。目前，濒危世界遗产有54项，包括38项文化遗产和16项自然遗产，自然遗产因濒危率远高于文化遗产而更易列入《濒危名录》。

遗产地威胁因素的识别是遗产保护的重要组成部分，关于世界遗产地威胁因素的研究大多停留在以下四个方面：一是世界遗产威胁因素总体分析；二是单一威胁因素对世界遗产的威胁分析；三是濒危世界遗产的威胁因素分析；四是中国世界遗产威胁因素总体分析，而对濒危世界自然遗产威胁因素及脱危措施研究较少。

7.2.1　研究数据来源

本文数据来源于联合国教科文组织世界遗产中心网站（http://whc.unesco.org/）公布的1979～2017年监测数据、历年世界遗产大会对31处濒危世界自然遗产（包括1处除名遗产和14处脱危遗产）和云南三江并流自然遗产地的评估决议。

7.2.2　濒危因素分析

1．全球濒危世界自然遗产时空分布

目前全球有31项世界自然遗产列入过《濒危名录》（包括14项“脱危”遗产，1项除名遗产）（图7-3）。其中非洲地区16项，阿拉伯地区2项，亚太地区3项，欧美地区

4项，拉丁美洲地区6项，主要分布于低纬度地区。

濒危世界自然遗产随着时间推移，大致可分为三个阶段（图7-4）：缓慢增长期（1978～1991年）、快速增长期（1992～2000年）和稳定调整期（2001～2016年）。随着人们对遗产的保护意识的加强和保护能力的提升，遗产地的濒危数量得到相应的控制。

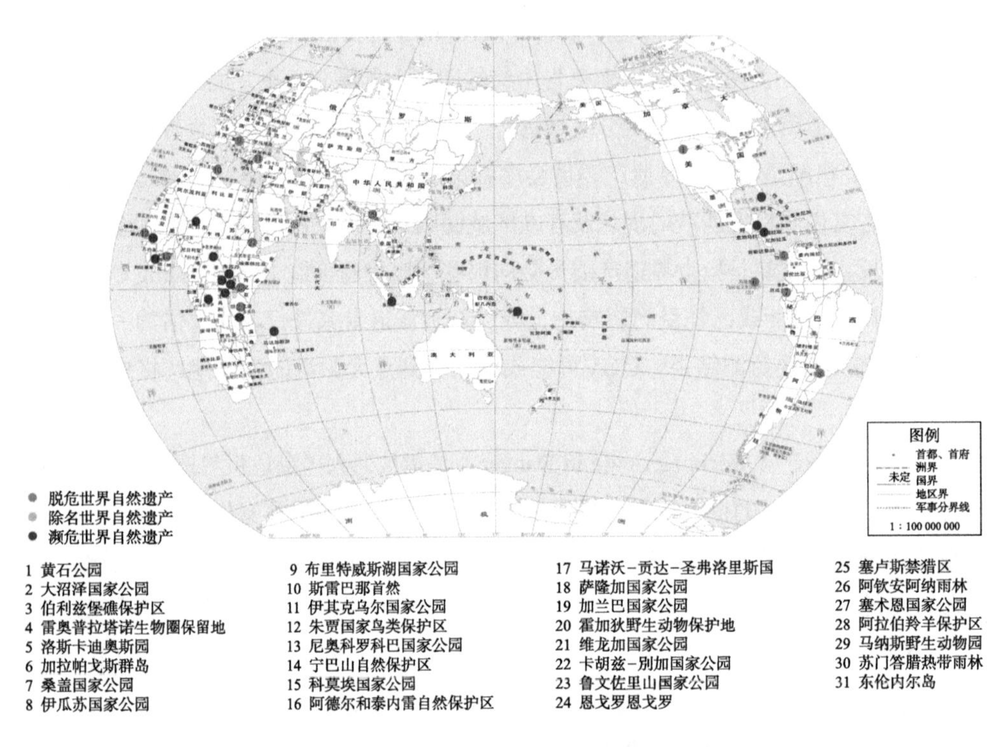

图7-3　濒危世界自然遗产空间分布

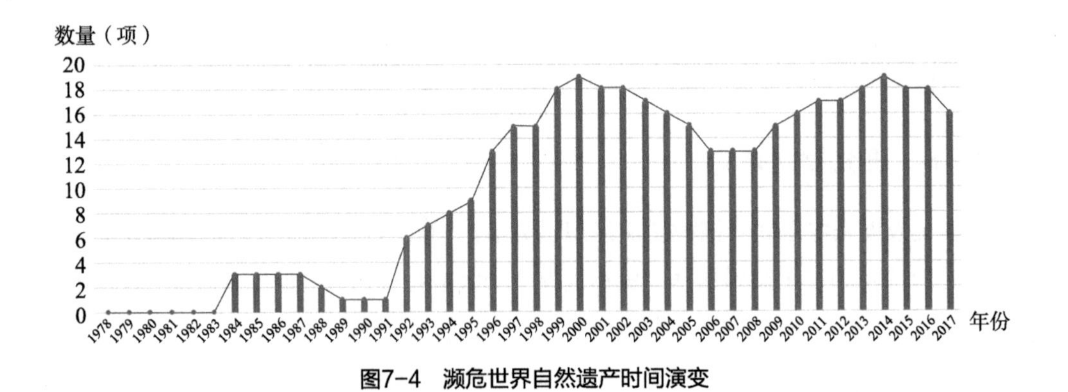

图7-4　濒危世界自然遗产时间演变

2．全球濒危世界自然遗产濒危原因及脱危措施

（1）全球世界自然遗产濒危原因

将31项濒危世界自然遗产的濒危原因分类整理，得出世界自然遗产濒危的主要原

因有30多项，其中非法活动、战争或内乱、管理体系/规划和水利设施是遗产地最大的威胁因素。13处濒危世界自然遗产遭到战争或内乱等武装斗争的影响而列入《濒危名录》，主要位于非洲，包括刚果（金）5处、科特迪瓦2处，乌干达、尼日尔和中非各1处，其余在亚太的印度、欧洲的克罗地亚和拉丁美洲的哥伦比亚。其对遗产地的影响主要体现在增加遗产地的非法活动和削弱遗产地的管理。中国世界遗产目前不存在此类威胁，因此不具体分析这些世界遗产的濒危原因及脱危措施。18处非受到武装斗争影响的濒危世界自然遗产濒危原因如表7–5所示。

濒危世界自然遗产除名或列入濒危原因　　表7–5

序号	名称	除名或列入濒危时间	除名或列入濒危原因
1	尼奥科罗–科巴国家公园	2007年至今	非法活动；动物饲养
2	塞卢斯禁猎区	2014年至今	非法活动；管理体系/规划；水利设施；矿业；生物多样性锐减
3	塞米恩国家公园	1996年至今	非法活动；社区和原住民感知和凝聚力的改变；地面交通基础设施；土地流转；生物多样性锐减
4	阿钦安阿纳雨林	2010年至今	非法活动；原住民的狩猎采集和收集；生物多样性锐减
5	东伦内尔岛	2013年至今	非法活动；管理体系/规划；土地流转；入侵/外来陆生生物；渔业捕捞；林业生产
6	桑盖国家公园	1992～2005年	非法活动；地面交通基础设施
7	雷奥普拉塔诺生物圈保留地	1996～2007年，2011年至今	土地流转；粮食生产 非法活动；管理体系/规划；水利设施；入侵/外来陆生生物；法律体系
8	伊瓜苏国家公园	1999～2001年	非法活动；水利设施；地面交通基础设施；航空交通基础设施
9	斯雷巴那自然保护区	1992～2003年	管理体系/规划；水利设施；住房建设；生物多样性锐减；粮食生产
10	恩戈罗恩戈罗自然保护区	1984～1989年	管理体系/规划；人力资源
11	伊其克乌尔国家公园	1996～2006年	水利设施；地表水污染；资金；生物多样性锐减
12	朱贾国家鸟类保护区	1984～1988年，2000～2006年	水利设施 入侵/外来淡水生物；
13	大沼泽国家公园	1993～2007年，2010年至今	水利设施；住房建设；粮食生产；地表水污染；风暴 生物多样性锐减；住房建设；地下水污染；地表水污染；水资源
14	苏门答腊热带雨林	2011年至今	地面交通基础设施；管制
15	美国的黄石公园	1995～2003年	地面交通基础设施；旅游/游客/游憩的影响；矿业；地表水污染；牛群的布鲁氏病毒
16	加拉帕戈斯群岛	2009～2015年	社区和原住民感知与凝聚力的改变；旅游/游客/游憩的影响；管理活动；渔业捕捞；人力资源
17	伯利兹堡礁保护区	2009年至今	林业生产；游客接待和相关基础设施；采石；土地流转
18	阿拉伯羚羊保护区	2007年	管理活动；石油和天然气；生物多样性锐减

对18项濒危世界自然遗产濒危原因进行统计分析（图7–5），其中50%的濒危世界自然遗产存在非法活动，39%受到水利设施和生物多样性锐减的威胁，33%存在管理体系/规划方面的问题。

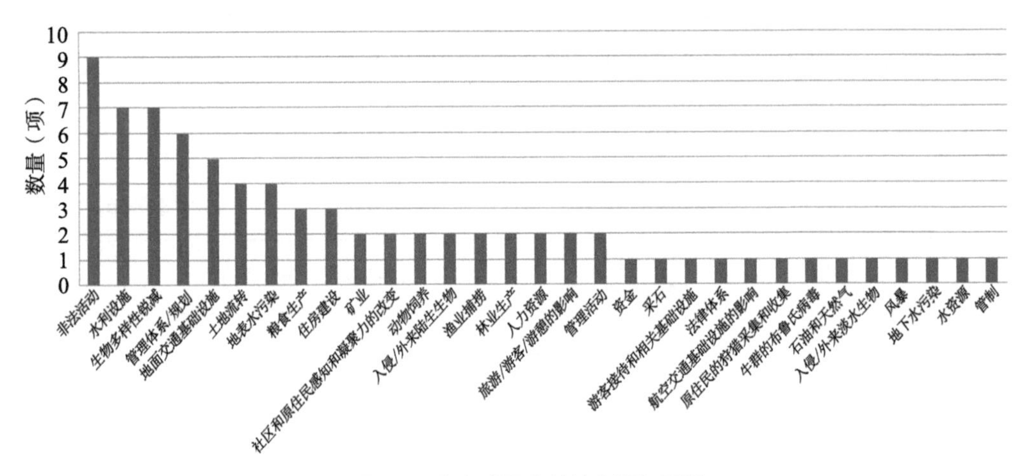

图7–5　濒危世界自然遗产濒危原因

非法活动：非法活动是濒危世界自然遗产的首要威胁。主要分为三类：①偷猎导致旗舰物种数量急剧下降。如坦桑尼亚的塞卢斯禁猎区（Selous Game Reserve）因持续大规模的野生动植物偷猎，导致大象和黑犀牛种群锐减。②乱砍滥伐导致动植物生境遭到破坏。如马达加斯加的阿钦安阿纳雨林（Rainforests of the Atsinanana）遭受森林的乱砍滥伐，使得狐猴等70多种濒危物种受到威胁。③非法放牧和农业侵占导致生境破碎化。如洪都拉斯的雷奥普拉塔诺生物圈保护区（Río Plátano Biosphere Reserve）。

管理体系/规划不足：坦桑尼亚的恩戈罗恩戈罗自然保护地（Ngorongoro Conservation Area）因缺乏科学的遗产管理规划以及保护管理知识培训，并且没有足够的设施和设备而列入濒危遗产名录。保加利亚的斯雷巴那自然保护区（Srebarna Nature Reserve）也因管理机构不健全而致使住房建设、粮食生产和水利设施影响水禽和鸟类数量。阿曼的阿拉伯羚羊保护区（Arabian Oryx Sanctuary）因管理体系/规划的不足，致使濒危物种栖息地面积减少了90%，羚羊数量从450只减至8只，此外，还计划进行石油和天然气资源的开采，因其突出普遍价值的消失而在2007年被联合国教科文组织世界遗产委员会从世界遗产名录中除名。

水利设施：塞内加尔的朱贾国家鸟类保护区（Djoudj National Bird Sanctuary）因上游建设的大坝影响遗产地水文而被列入《濒危名录》。突尼斯伊其克乌尔国家公园（Ichkeul National Park）因2座水坝限制淡水流入遗产地致使湖泊和沼泽的盐度急剧增加，公园不再是大型鸟类群体迁徙的理想栖息地而生物多样性锐减。美国大沼泽国家公园（Everglades National Park）的防洪大坝使公园水位下降。

生物多样性锐减：以上威胁因素直接导致遗产地生物多样性锐减，主要是基因、物种、生态系统和景观的流失或者退化。

（2）全球濒危世界自然遗产脱危措施

濒危世界自然遗产脱离濒危的主要措施包括：从国家层面成立遗产地恢复工作小组；申请国际救援项目，获得资金和技术支持；淘汰落后设施，更新遗产地保护、检测及监测设备；通过培训增强遗产地管理能力，鼓励遗产地周边社区参与遗产地的管理活动；进行科学研究以综合指导遗产地恢复计划；实施对遗产地水质、生物多样性等要素的监测；制定相关法律以控制非法活动；实施科学合理的旅游规划；新建设施要严格按照国际环保标准进行，并组织专家对其进行环境评估；进行边界调整和生态移民政策减少农业、牧业、渔业和人口对遗产地威胁。

濒危世界自然遗产濒危原因及脱危措施　　表7-6

序号	名称	列入濒危原因	脱离濒危原因
1	朱贾国家鸟类保护区	槐叶萍入侵，上游大坝建设	专家指导，水文监测，行动计划，供水保障
2	恩戈罗恩戈罗自然保护区	缺乏总体规划、管理规划和管理培训，缺少设施和设备，缺少专业人员	重大技术研讨会，购买管理设施和设备，跨国技术交流，土地利用评估、规划以及政策研究，培训活动
3	伊其克乌尔国家公园	大坝建设，湖泊和沼泽盐度增加，鸟类栖息地破坏，资金不足	水质改善，植被恢复，鸟类增多，科学监测，水坝建设环评
4	斯雷巴那自然保护区	大坝建设，水文改变，住房建设，粮食生产，水禽和鸟类数量下降	扩大遗产地面积，恢复供水，申请国际援助项目，安装水质检测和监测设备，改善湖泊水质，恢复栖息地
5	大沼泽国家公园	农业径流，城市增长，飓风，大坝建设，水位下降	成立恢复工作组，“改性水交付项目”、“C-111项目”、“综合大沼泽地恢复计划”，扩大遗产地面积，限制磷排放，增加科研人员，改善生态指标
6	美国的黄石公园	污水泄漏，废弃物污染，道路建设，旅游/游客/游憩的影响，布鲁氏病毒	淘汰雪地摩托车，避免尾矿污染，提升水质，减少道路和游客的不良影响
7	桑盖国家公园	偷猎，非法放牧，非法侵占，公路建设	管理提升，限定非法活动区域，公路建设参照国际环保标准
8	加拉帕戈斯群岛	检验和检疫措施不足，过度捕捞，非法移民，游客增长，缺少人力资源	制定“行动计划”：更换货船，更新外来植物入侵检验设施，制定旅游总体规划，提升管理能力
9	雷奥普拉塔诺生物圈保留地	土地改革，农业侵占	制定相关法律，公众参与

续表

序号	名称	列入濒危原因	脱离濒危原因
10	伊瓜苏国家公园	道路建设，森林破坏，栖息地割裂，非法伐木，偷猎，航线干扰，水坝建设	关闭道路，恢复道路周边植被，寻求可持续发展
11	塞米恩国家公园	偷猎；公路建设；农业或牧业侵占；人口增加；瓦利亚野生山羊和塞米恩狐狸持续减少	开展技术讲习班，发展旅游业，边界调整，完善生态廊道，实施综合开发项目和替代生计战略，生态移民，控制土壤侵蚀和夜间关闭交通道路，瓦利亚野生山羊和塞米恩狐狸数量持续增长

7.3 世界自然遗产地三江并流干扰因子与保护策略

7.3.1 三江并流自然遗产地概况

三江并流自然遗产地位于云南省西北部，由8个片区的10个风景名胜区和5个自然保护区组成，三江指的是金沙江（长江）、澜沧江（湄公河）和怒江（萨尔温江）。该保护区于2003年因满足登录标准的第7~10条而列入世界遗产名录。三江并流是世界25个主要生物多样性“热点”之一，在中国11个地球“生物多样性保护的关键地区”中居于首要地位。该地区属于喜马拉雅山东端的横断山脉，拥有丰富的自然景观，独特的地质构造，复杂的生态系统和极高的生物多样性。

7.3.2 三江并流自然遗产地干扰因子

云南三江并流自然遗产地经历了12次系统性监测和2次反应性监测。根据历年IUCN评估报告和世界遗产大会对中国世界遗产的评估决议，总结出我国云南三江并流遗产地威胁因素（表7-7）。据历年监测报告和决议显示，云南三江并流自然保护区最受关注的威胁因素是水利设施、管理体系/规划、矿业。

云南三江并流自然保护区历年威胁因素　　表7-7

威胁因素	2003	2004	2005	2006	2007	2008	2010	2011	2012	2013	2015	2017	频次
水利设施	√	√	√	√	√	√	√	√	√	√	√	√	12
管理体系/规划	√			√	√	√	√	√	√	√	√	√	10
矿业				√	√	√	√	√	√	√	√	√	9
非法活动					√	√			√	√	√		5
线性基础设施										√	√	√	3

续表

威胁因素	2003	2004	2005	2006	2007	2008	2010	2011	2012	2013	2015	2017	频次
野生动植物锐减										√	√	√	3
法律体系	√									√		√	3
旅游/游客/游憩的影响	√			√		√							3
游客接待和相关基础设施					√	√							2
人力资源	√								√				2
动物饲养	√									√			2
住房建设	√					√							2
土地流转						√	√						2
社区和原住民感知与凝聚力的改变					√								1
森林火灾										√			1
林业生产	√												1
地面交通基础设施	√												1

水利设施的潜在威胁从遗产地登录时就已经存在，主要指遗产地缓冲区外围规划建设的13座水电站，包括怒江上的马吉、亚碧罗、六库、赛格，澜沧江上的古水、乌弄龙、里底、托巴、黄登、大华桥，以及金沙江上的龙盘、两家人、梨园。其潜在威胁主要体现在两方面：①建设程序不合理：在环境影响评估审核通过之前进行水电站建设，包括乌弄龙、里底、托巴、黄登、大华桥、梨园、阿海、鲁地拉、龙开口。②环境影响评估不合理：没有考虑多个项目的综合环境影响，单一项目环境影响评估的质量和深度与拟建项目不符。

管理体系/规划的威胁包括5个方面：①管理体系：遗产地由8个片区的10个风景名胜区和5个自然保护区组成，多部门重叠管理而导致领导、协调和决策等失灵；②管理规划：保护区的管理规划延迟审批而没有执行；③边界：没能涵盖所有体现遗产地OUV的高保护价值区域，遗产地存在大量村庄，没有考虑核心区之间和片区之间的生态廊道；④旅游规划：没有战略性控制性规划，缺少大众生态旅游理念；⑤管理能力和效能：缺乏对管理效能评估、调控、复位的有效机制。

矿业主要指红山片区存在遗产地登录前就已颁发采矿和矿产勘探许可证的区域，2010年经边界调整，目前处于遗产地缓冲区之外。其潜在威胁体现在：①环境影响评估：没有考虑采矿和矿产勘探相关的环境影响评估；②生态影响：没有对采矿和矿产勘探许可区进行监测，以发现其对野生动植物和片区间生态连接度的影响。

非法活动主要包括非法采矿，非法采伐，非法边界侵占。

线性基础设施的潜在威胁主要是环境影响评估不合理：①西电东送项目的战略环境评估因太复杂仅由地方的研究院所对战略环境进行评估；②没有考虑对遗产地自然风光的视觉影响和动态演替。

法律体系问题在于相关法律众多，但在具体的保护实践中缺乏有力的法律依据。主要体现在：①法律保护主体不明确，导致权责不明晰；②立法技术落后，法规文件涉及内容的广度与深度不足，可操作性不强；③处罚力度不够。

旅游/游客/游憩的影响2001年大约188500名游客，总体规划中预计遗产地登录成功后旅游人数增长5倍。

由于遗产地有居民点，导致原住民传统生活方式与遗产地保护之间存在的矛盾，出现动物饲养、住房建设、林业生产、地面交通基础设施、土地流转、社区和原住民感知与凝聚力发生改变等威胁因素。

由于上述威胁且没有有效的动植物监测体系，最终导致野生动植物种类和数量锐减。

三江并流出现以上威胁，根本原因在于我国对登录世界遗产的真正目的认识不清，导致了世界遗产保护使命与当地经济发展需求之间的矛盾。世界遗产是联合国教科文组织世界遗产委员会确认的人类罕见的目前无法替代的财富，其产生是因为人们意识到文化和自然遗产正遭受日益严重的破坏，而仅靠国家层面难以完成遗产的保护工作，保护遗产需要依靠全人类的集体智慧。

通常，联合国教科文组织世界遗产委员会通过近15年的SOC报告频率以及SOC出现的相对时间距离来评估遗产地每年的威胁强度，具体方法是对评估遗产地按临近的15年为限，每5年为1个权重等级，距离评估年限越近，权重值越高（表7–8），威胁强度为各时间段SOC报告频率与权重的乘积之和，最低值为0，最高值为100。根据此

威胁强度计算　　表7–8

与评估年限相对距离	权重	最高得分	示例（2017年）
1–5年	12	5×12=60	2013～2017年出现3次SOC，得分为3×12=36
6–10年	5	5×5=25	2008～2012年出现4次SOC，得分为4×5=20
11–15年	3	5×3=15	2003～2007年出现4次SOC，得分为4×3=12
总计		100	68

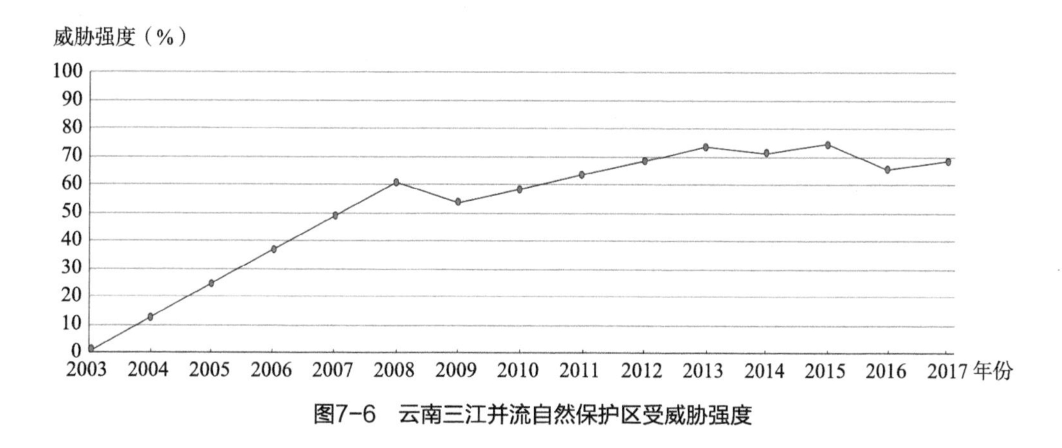

图7-6　云南三江并流自然保护区受威胁强度

评估方法对三江并流作出威胁趋势图（图7-6），可知三江并流自2008年以来一直处于较高的威胁水平，这应引起我国相关部门的高度重视，并采取必要保护措施。

7.3.3　三江并流自然遗产地保护策略

云南三江并流自然遗产地的主要威胁因素与很多濒危世界自然遗产相似，如关注度高的水利设施、管理体系/规划、矿业、非法活动和生物多样性减少分别是39%、33%、11%、50%和39%的濒危世界自然遗产濒危主要原因（图7-7），且世界遗产委员会将三江并流的威胁水平认定为较高水平。我国应采取积极应对措施以防遗产地威胁因素恶化，进而列入濒危世界遗产名录。

根据我国云南三江并流自然保护地存在的威胁因素以及世界遗产中心给予的整改建议，结合濒危世界自然遗产濒危原因及脱危措施，提出以下建议：

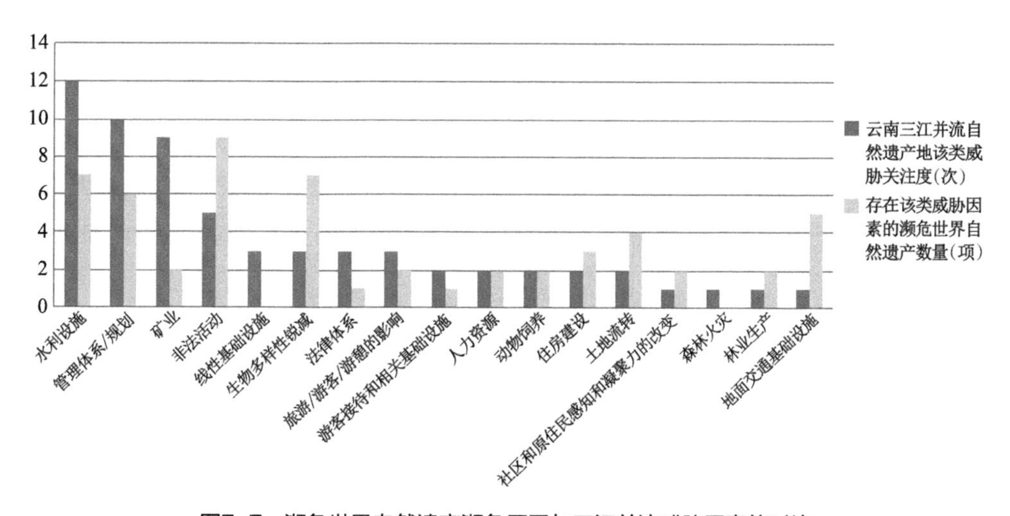

图7-7　濒危世界自然遗产濒危原因与三江并流威胁因素的对比

1．环境影响评估

水利设施、矿业、线形基础设施、交通基础设施、旅游规划等在实施前需进行环境影响评估，对评估指标的选择要科学合理，目前仅凭物理位置和海拔距离评估生态影响的方法还有待改善。考虑各建设项目之间的累积影响，应增加三江并流自然遗产地发展战略的环境影响评估。

2．综合管理效能评估

综合管理效能评估包括五方面：第一，管理体系评估，通过管理体系的调整，避免因多部门重叠管理而导致的领导、协调和决策问题；第二，场地设计评估，通过场地设计提升片区内和片区间的连通性，增加具有高保护价值的附加区域，从而保证遗产地突出普遍价值的完整性；第三，旅游发展规划评估，将遗产地的旅游规划与自然保护相结合，减少旅游对遗产地的负面影响；第四，区域发展规划评估，对遗产地所在区域的能源利用、资源开采和旅游发展战略进行评估，从而协调区域发展与遗产地的保护管理；第五，监测体系评估，合理的监测体系能及时发现遗产地的威胁因素及威胁程度，使遗产地能快速准确地采取相应保护措施。

3．管理体制调整

针对遗产地的多部门重叠管理，权责不明晰等问题，可以通过设立自然遗产地管理局统一行使自然遗产地管理职责。该地区香格里拉普达措国家公园的试点建设为遗产地的管理体制调整提供了很好的范例，其通过成立国家公园管理局负责各类自然保护地的统一管理。2017年9月26日中共中央办公厅、国务院办公厅印发的《建立国家公园体制总体方案》第八条提出由一个部门统一行使国家公园自然保护地管理职责，这为管理体制的调整提供了政策保障。

4．监测体系

对遗产地的主要威胁因素进行监测，如采矿及矿产勘探、大坝和道路等基础设施建设，监测指标要考虑生态廊道和对野生动植物的影响。云南三江并流自然遗产地登录标准中，包含了温带生态系统和重要物种栖息地这两项突出普遍价值，因此，除了要对上述威胁因素进行监测外，还要对生态系统和野生动植物的现状及变化趋势进行监测，包括与之相关的非法采伐、偷猎、森林火灾、过度放牧、旅游业等威胁因素，为遗产地野生动植物种群的恢复措施提供坚实的基础，像朱贾国家鸟类保护区和伊其克乌尔国家公园等一样。

5．控制非法活动

参考雷奥普拉塔诺生物圈保留地，有针对性地制定相关法律以控制非法活动，完善原住民参与机制，建立反偷猎和采伐巡逻队，将偷猎者和非法采伐者变为守护者。参考塞米恩国家公园，通过农场饲料生产、牧区分区管理（限制使用区，有限使用区，多用途区）和引进改良的牲畜品种等手段减少放牧压力。对不同的业务类型进行研究和规划为当地社区提供离开公园的机会。

此外，还可增加遗产地的资金投入和人力资源，加强遗产地科学研究，从而为遗产地的保护提供理论基础、资金及人力保障，如恩戈罗恩戈罗自然保护区。

中国是世界自然遗产大国，2017年7月青海可可西里成功申遗后，我国世界自然遗产数增至12项，与澳大利亚、美国并列第一。自然与文化双遗产数4项，同澳大利亚齐居榜首。相比这些年轰轰烈烈的申遗事业，中国遗产保护之路任重而道远。我国经历数项世界遗产的反应性监测后，国家相关主管部门对遗产地的保护意识逐渐增强，但管理体系/规划、水利设施、矿业、旅游业等潜在威胁依然存在，这些因素对遗产地的威胁机制及威胁程度需要在未来的研究中作进一步的探讨。

参考文献

[1] 蔚东英，冯媛霞，李振鹏，等．世界自然遗产申报研究[M]．北京：中国环境出版社，2015.

[2] Sandberger-Loua L, Doumbia J, Rödel M. Conserving the unique to save the diverse-identifying key environmental determinants for the persistence of the viviparous Nimba toad in a West African World Heritage Site [J]. Biological Conservation, 2016, 198: 15-21.

[3] 孙克勤．世界自然遗产云南三江并流保护区存在的问题和保护对策[J]．资源与产业，2010，12（6）：118-124.

[4] 余国睿．中国南方喀斯特生物多样性及其世界遗产价值研究[D]．贵州师范大学，2014.

[5] 傅伯杰，于丹丹，吕楠．中国生物多样性与生态系统服务评估指标体系[J]．生态学报，2017，37（2）：341-348.

[6] 黎燕琼，郑绍伟，龚固堂，等．生物多样性研究进展[J]．四川林业科技，2011，4：12-19.

[7] 杨道德，邓娇，周先雁，等．候鸟类型国家级自然保护区保护成效评估指标体系构建与案例研究[J]．生态学报，2015，35（6）：1891-1898.

[8] 王昭国，杨兆萍，韩芳，等．中国世界遗产安全格局的时空演变及威胁因素分析[J]．干旱区地理（汉文版），2015，38（4）：833-842.

[9] Committee W H. Operational guidelines for the implementation of the World heritage Convention[M]. UNESCO World Heritage Centre, 2016.

[10] 潘运伟，杨明．濒危世界遗产的空间分布与时间演变特征研究[J]．地理与地理信息科学，2012，28（4）：92-97.

[11] 任忠英．世界遗产遭受威胁和破坏因素分析[J]．理论导刊，2008（1）：94-96.

[12] 周年兴，林振山，黄震方，等．世界自然遗产地面临的威胁及中国的保护对策[J]．自然

资源学报，2008，23（1）：25-32.

[13] Wang Z, Yang Z, Du X. Analysis on the threats and spatiotemporal distribution pattern of security in World Natural Heritage Sites[J]. Environmental Monitoring & Assessment, 2015, 187(1): 4143.

[14] Allan J R, Venter O, Maxwell S, et al. Recent increases in human pressure and forest loss threaten many Natural World Heritage Sites[J]. Biological Conservation, 2017, 206: 47-55.

[15] 范文静，孙建华，霍斯佳，等．四川地质灾害背景下世界遗产保护与可持续发展研究[J]．资源与产业，2012，14（3）：140-146.

[16] 谢凝高．索道对世界遗产的威胁[J]．旅游学刊，2000（6）：57-60.

[17] 张朝枝，徐红罡．中国世界自然遗产资源管理体制变迁——武陵源案例研究[J]．管理世界，2007（8）：52-57.

[18] Bi-Hu W U, Mi-Mi L I, Huang G P. A study on relationship of conservation and tourism demand of world heritage sites in China[J]. Geographical Research, 2002, 21(4): 51-60.

[19] Tarragüel A A, Krol B, Westen C V. Analysing the possible impact of landslides and avalanches on cultural heritage in Upper Svaneti, Georgia[J]. Journal of Cultural Heritage, 2012, 13(4): 453-461.

[20] 潘运伟，杨明，刘海龙．濒危世界遗产威胁因素分析与中国世界遗产保护对策[J]．人文地理，2014（1）：26-34.

[21] 李如生．中国世界遗产保护的现状、问题与对策[J]．城市规划，2011（5）：38-44.

[22] 蔚东英，冯媛霞，李振鹏．中国世界自然遗产现状分析及未来申报方向研究[J]．中国园林，2015（3）：63-67.

[23] 郑孝燮．加强我国的世界遗产保护与防止“濒危”的问题（在2002.10.25“世界文化遗产保护管理与利用研讨会”的发言）[J].城市发展研究，2003，10（2）：50-54.

[24] 胡立辉，张德顺．基于原真性探析的西湖水生植物历史研究[J]．中国园林,2017,33（8）：68-72.

[25] 张德顺，胡立辉．世界物种多样性类别自然遗产OUV表征指标的识别研究[J]．中国园林，2019，35（3）：97-101.

[26] 张德顺，刘晓萍，刘鸣，等．濒危世界自然遗产对“三江并流”可持续保护的启示[J]．中国园林．2019，35（6）：50-55.

[27] 张德顺，胡立辉．生物多样性视角下的世界自然遗产分类体系构建研究[C]//中国风景园林学会．中国风景园林学会2017年会论文集2017：6.

[28] 张德顺，杨韬．应对生态保育规划的风景名胜区生态资源敏感性分析——基于生态资源评价结果[J]．中国园林，2018，34（2）：84-88.

第8章　运筹学在园林土方工程中的应用

8.1　运筹学的概念

“运筹学”是运用科学方法，求解国防、工农业、商业、政府和交通等部门中，诸如人力、财力、物力和生产力等的最佳配置、安排、规划和管理问题。据《史纪·高祖本纪》论张良的名言：“运筹帷幄之中，决胜千里之外”，将“Operational Research”翻译成“运筹学”。钱昌祚先生1925年“军事集中之算学解说”刊登于《科学》月刊上。该文从用微分方法求解作战双方的死亡率人手，介绍了数学方法用于作战、射击得出的一系列奇妙的结果，并以古今中外的战例作验证。最后认为：“以上各例，皆足以证明军事家知军力集中之利益。兹篇依算学解释其理，更可明显也。”

“Operational Research”诞生于军事作战研究。真正成功地运用现代数学方法于作战的当属第一次世界大战期间，用古典概率计算炮弹的命中率——兰彻斯特（F. W. Lanchester）战斗动态理论。

1938年，英国空军在一次空防大演习中发现，由其空军的飞机定位控制系统和雷达站发送来的信息常常是相互矛盾的，需要作关联、协调处理，以改进作战效能。为此，英国空军成立了作战研究运筹学小组，从事警报和控制系统的研究。在1939年和1940年，这个小组的任务扩大到包含防卫战斗机的布置，并对某些未来的战斗结果进行预测，以供决策之用。运筹学工作者在第二次世界大战中研究并解决了许多战争的课题。例如，通过适当配备航舰队减少了船只受到潜艇攻击的损失；通过改进深水炸弹投放的深度，使德国潜艇的死亡率提高；以及根据飞机出动架次作出维修安排，提高了飞机的作战效率等。在战争结束时，英国、美国和加拿大等三国的军队中，运筹学工作者已超过700人。第二次世界大战后，一些原在军队从事运筹学的工作者，在英国成立了一个民间组织“运筹学俱乐部”，定期讨论如何将运筹学转入民用，并取得了一些进展。第一份运筹学杂志和英国的运筹学会分别于1950年和1953年出现了。世界上第一个运筹学会“美国运筹学会”于1952年成立。1959年成立了国际运筹学会联盟，到1986年已有35个会员国和6个兄弟学会，会员3万余人，大多数会员国都办有自己的杂志。“中国数学会运筹学会”于1980年成立，于1982年加入国际运筹学会联盟并创刊《运筹学杂志》。

1939年苏联学者康托洛维奇在解决工业生产组织和计划问题时，提出了准线性规划模型，同时给出了“解乘数法”。1947年，美国工程师丹捷格（G. B. Dantzig）正式提出“线性规划”这个名词，发明了求解线性规划的单纯形算法，成为运筹学的一大重要突破，并在有了电子计算机后，使该法的实际应用成为可能。1984年美籍印度人Karmarkar提出了一个新的多项式算法求解线性规划模型，是快速计算大型线性规划问题的一种方法。Dantziq教授对它有如下评论：“我们有了一个来自实践的理论。毫无疑问，这属运筹学的非凡成就之一，尽管它尚存不足之处。”

在20世纪50年代，钱学森、许国志等教授将运筹学引入我国。华罗庚教授带领了一大批数学家深入实际，取得统筹法一系列成果，使我国运筹学研究上了新台阶。

从目前发展情况来看，运筹学的主要研究内容可概括为以下几个分支：

（1）规划论

规划论是运筹学的一个主要分支。它主要研究在满足一定的约束条件下，按一个或若干个衡量指标（也称指标函数）来寻求最优方案的问题。如果目标函数和描述约束条件的数学方程式都是线性的，则称为“线性规划”；否则称为“非线性规划”。如果所考虑的规划问题与时间或决策阶段有关，则称为“动态规划”问题。

（2）排队论

排队论是一种用来研究公用服务系统工作过程的数学理论和方法。在这种系统中，服务对象的到达过程和服务过程一般都是随机性的，是一种随机聚散过程。它通过对随机服务对象的统计研究，找出反映这些随机现象平均特性的规律，从而提高服务系统的工作能力和工作效率。

（3）决策论

决策论是运筹学新发展的一个分支，广泛应用于经营管理工作中。它根据系统的状态信息、可能选取的策略以及采取这些策略对系统状态所产生的后果进行综合研究，以便按照某种衡量准则选择一组最优策略。

（4）图论及网络分析

图论是从构成“图”的基本要素出发，研究有向图或无向图在机构上的基本特征，并对有“图论”要素组成的网络，进行优化计算，以确定其最短路、最大流等。同时结合工程和管理问题进行实际应用。

网络分析的主要方法之一，网络计划法又称为计划评审技术（Program Evaluation and Review Technique，PERT），是一种新的科学管理方法。它以数理统计为基础，运用网络分析的方法，将构成计划目标的所有任务，按其相互之间的逻辑关系和时间参数组成统一的网络形式，通过计算确定其进度和关键路线，并通过网络进行资源和费用的优化。

（5）对策论

对策论也称博弈论，它是一种研究对抗性竞争局势的数学模型，寻求最优的对抗策略。在这种竞争局势中，各方具有相互矛盾的利益。若仅有两个竞争对手参与，则称为两人对策。若一个所得即为对方之所失，则称为二人零和对策。二个零和对策与线性规划有密切关系。对策论在军事上应用较多，现在应用范围也日趋广泛。

（6）库存论

库存论是研究确定经营管理工作中保证系统有效运转的物资储备量，即系统需要在什么时间、以什么数量和供应来源补充这些储备，使得保持库存和补充采购的总费用最小。

（7）随机运筹模型

随机运筹模型是20世纪中叶发展起来的运筹学的一个主要分支。它研究随机时间推进的随机现象，主要方法分为数值和非数值模型两大类，也称为概率方法和分析方法。目前随机过程理论已被广泛地运用到统计物理、放射性问题、原子反应、天体物理、遗传、传染病、信息论和自动控制等领域中。

8.2　运输问题的数学模型介绍

为了加深国内外市场之间的融合与交流及资源的合理安排。那么如何调整运输行业整体操作模式便是提高资源高效合理配置的关键一步。运输问题数学模型的建立不仅能够解决此类问题，而且还会在经济生活及军事运输中发挥极大的作用。

运输问题已有的研究成果：

运输问题属于线性规划问题，发展至今国内外学者对此均有许多研究。最早提出运输问题原始模型并研究的是美国学者希契科克（Hitchcock）。大约在19世纪，坎特罗维奇（Kantorovich）针对运输问题作了大量深入的研究，所以今天所说的坎特罗维奇问题指的就是运输问题。在求解方面，国外学者侧重采用单纯形法求得约束方程组的最优解，并利用惩罚函数等手段来减少绝对误差。相比于国外，国内学者主要从三方面着手研究，第一是取其精华去其糟粕，在国外已有的研究成果上进一步发展与创新。第二是从运输问题出发，结合诸多约束因素，考虑如何才达到利益的最大化。第三则从约束函数本身出发，主要考虑如何维持产销两地产量与销量的动态平衡。

产销平衡条件下数学模型的建立：

典型例题：如表8-1所示，A_i（$i=1, 2, \cdots, m$）代表资源的产地，产量为a_i（$i=1, 2, \cdots, m$）；销往地B_j（$j=1, 2, \cdots, n$），销量b_j（$j=1, 2, \cdots, n$）；规定任何地区的单位运输费用相同，为c_{ij}（$i=1, 2, \cdots, m$；$j=1, 2, \cdots, n$）。试确定一个最省钱的调运方案。解答本题的首要步骤是分类讨论。显然，在第一类情况：产销平衡条件下的数学模型最好建立，只需满足：

$$\sum_{i=1}^{m} a_i = \sum_{j=1}^{n} b_j \tag{8-1}$$

使得运输总费用最小的数学模型为：

$$\text{Min } Z = \sum_{i=1}^{m}\sum_{j=1}^{n} c_{ij}x_{ij} \tag{8-2}$$

$$s.t.\begin{cases}\sum_{j=1}^{n} x_{ij} = a_i\ (i=1,2,\cdots,m)\\ \sum_{i=1}^{m} x_{ij} = b_j\ (j=1,2,\cdots,n)\\ x_{ij} \geqslant 0\ (i=1,2,\cdots,m;\ j=1,2,\cdots,n)\end{cases}$$

产销平衡下的数字模型　　表8-1

产地	销地				产量
	B_1	B_2	…	B_n	
A_1	C_{11}	C_{12}	…	C_{1n}	a_1
A_2	C_{21}	C_{22}	…	C_{2n}	a_2
…	…	…	…	…	…
A_m	C_{m1}	C_{m2}	…	C_{mn}	a_m
销量	b_1	b_2	…	b_n	

第二类情况：产销不平衡。对于这种情况，采用转化方法，将产销不平衡问题转化成产销平衡的问题，化难为易，从而解决问题。所以当总产量较多、供过于求时，符号语言表示为：

$$\sum_{i=1}^{m} a_i > \sum_{j=1}^{n} b_j \tag{8-3}$$

可以假设增添一个销售地B_{n+1}，这样就可以将多余的物品销往此地，从而就达到了新的产销平衡，即：

$$b_{n+1} = \sum_{i=1}^{m} a_i - \sum_{j=1}^{n} b_j \tag{8-4}$$

同时设运往该销售地的费用为零，即：

$c_{in+1} = 0\ (i = 1, 2, \cdots, m)$。同理当物品的总销量较多、供不应求时方程也可得出，不再赘述。

基本方程及约束方程已列出，下面进行两种解题方法的介绍。

（1）表上作业法。首先确立一个原始方案，然后在原始方案的基础上进行多次数据迭代缩小计算误差。确立原始方案，通常采用Vogel法，用此法得到的解最为精确。值得强调的是，用最大罚数所在行或所在列计算出的最小运输费用值，来确定各个销往地的运送量而得到的原始调动方案往往是质量最高，由此迭代而获得最优方案的迭代次数最少。

（2）图上作业法。直接在实际交通路线图上进行演练推理，综合比较得出最省钱的运输方式。也需先确定一个初始方案，但这个初始方案要满足一个大前提，不存在对流，然后才能进行下一步，检验其是否存在循环往复的路线，若无，则本方案即为最佳方案；若有，重新调整，直至不存在才可以。然而，图上作业法在计算机应用的过程中，会发现如果交通图过于复杂，计算机程序方面就便会出现诸多困难，这便是此法的不足之处，但图上作业法很容易掌握且便于应用，在理论上也是颇具特色，所以还是值得进一步研究与推广的。

随着电子商务及送货上门服务的发展，运输作为现代物流中的最重要的部分，如何高效合理地分配物资显得尤为重要，因为若是做到这一点不仅能够达到提高供应链的反应及运作能力的目的，而且运输行业的良性发展将对国民经济的提升起到一定的帮扶作用。

8.3　运筹学运输问题在园林土方平衡中应用的探讨

目前风景园林用运筹学进行投资效益分析、填方挖方平衡、园林构景要素组合、园林用地比例求取最大解、最佳解、最小解、最易操作解的研究不多，在此用运筹学原理将园林工程中的土方调配方案的案例介绍一下。

山水是中国园林的骨架，进行地形整理和改造是园林建设的主要项目之一，它牵涉面广，工程量大，工期长，耗资多，具体施工时受机械化水平、原有地形地貌、原有构筑物影响显著。因而，选择最优的土方调配方案，可以达到节省人力、物力、财力，降低成本，缩短工期的目的。过去土方搬运由于机械化滑程度不高，总是认为就近平衡是最优方案，随着推土机、铲运机、平地机、液压挖掘装载机的广泛应用，传统的土方调配方法，就存在着许多问题。园林土方工程是系统工程，运筹学是系统工程的基础，将运筹学运输问题的方法引入到园林土方调配中，就可以精确地计算出最优方案，为园林施工提供决策。

8.3.1　理论介绍

平衡运输问题数学模型是

$$\text{Min}\, S=\sum_{i=1}^{m}\sum_{j=1}^{n}C_{ij}X_{ij} \tag{8-5}$$

$$满足\begin{cases}\sum_{j=1}^{n} X_{ij}=a_i(i=1,2,\cdots,m)\\ \sum_{i=1}^{m} X_{ij}=b_j(j=1,2,\cdots,n)\\ X_{ij}\geqslant 0\end{cases}$$

C_{ij}为运费，X_{ij}为调运土，a_i为挖方量，b_i为填方量，园林工程需要$\sum_{i=1}^{m}a_i>\sum_{j=1}^{n}b_j$，Min S表示求目标函数（成本、运费、工期等）的最小值。

8.3.2　运筹学运输问题应用举例

下面根据原济南市园林局南苑宾馆地形改造设计施工中遇到的具体问题，介绍运输问题在土方平衡中的应用及其在园林施工中的可行性、有效性。

南苑宾馆根据造景设计的需要共有两处挖方，一处是模仿再现趵突泉景观的自然水池，需挖方约600m^3，另一处是宾馆前原标高与设计标高相差较大，需挖方2500m^{3}左右。填方有三处，其中两处是在宾馆前堆土山，将济南市区燕子山、千佛山的山体构架再现在庭院之中，需土约1100m^{3}和1200m^3，第三处是草坪地因排水不畅需垫高，把挖方剩余的800m^{3}全部在此消化，根据雇用机械的费用和日工作量其土方运费价格如表8-2所示。

平衡（m^3）与运价表（元/m^3）　　表8-2

挖方 / 填方	U_1	U_2	U_2	挖量	U_1	U_2	U_3
V_1				2500	4	5	3
V_2				600	7	2	1
填量	800	1100	1200				

1．编制初始调运

编制初始方案依据最小元素法，即运费最小供应原则，由运价表中可见C_{23}最小，就从V_2的600m^{3}供给U_3处，将运价表中的第二行划掉，平衡表中的U_3的1200m^{3}改为600m^3；然后其次是C_{13}、C_{11}、C_{12}，当供应或需求满足时，就将对应的运价表中的行或列去掉。

$$\begin{aligned}S&=\sum_{i=1}^{m}\sum_{j=1}^{n}C_{ij}X_{ij}\\&=C_{11}X_{11}+C_{12}X_{12}+C_{13}X_{13}+C_{33}X_{33}\\&=4\times800+5\times1100+3\times600+1\times600\\&=11100（元）\end{aligned}$$

2. 最优方案的判别

在初始调配方案中，从一个空格出发，沿水平或垂直方向前进，遇到一个适当的有数字的格子时，则按前进的垂直方向转向前进，经过若干次后，就可以形成一个由水平线段和垂直线段所组成的封闭折线，称为闭回路。

则过空格X_{12}的闭回路是：

$$X_{12}-X_{11}-X_{23}-X_{21}$$

过空格X_{22}的闭回路是：

$$X_{22}-X_{12}-X_{13}-X_{22}$$

把过X_{ij}的闭回路中，第奇数次拐点（顶点）运价的总和减去第偶数次拐点总和之差则为对应空格检验数λ_{ij}：

$$\lambda_{21}=(4+1)-(3+7)=-5$$

$$\lambda_{22}=(5+1)-(3+2)=1$$

若λ_{22}全为负数，即为最优方案，若有正数则不是最优方案，要对方案进行调整，上面中$\lambda_{22}=1$为正数，所以初始方案不为最优方案，还要进行调整。

3. 方案的调整

以检验数λ_{22}的闭回路进行调整，原则是要使其中一个拐点上的数为零且回路中其他拐点上的数不出现负数，因而空格处的数值（调整数）应是闭回路中最小调运量，然后把闭回路中的第奇数拐点上的数各减去调整数，偶次拐点上的数加上调整数，这样便得到一个新的调运方案，这个新方案对应的总运费下降的数值为对应于空格检验数与调整数之积。这样经过若干次调整就一定能得到一个最优方案。

$$\lambda_{21}=(4+2)-(5+7)=-6$$

$$\lambda_{23}=(2+3)-(5+1)=-1$$

这时对于一切$\lambda_{ij}<0$即为最优方案。

造价$S=4\times800+5\times500+3\times1200+2\times600=10500$（元）

8.3.3　总结

运输方案经过调整，各处的填方、挖方都达到了要求，若不运算的话，水池的600m^{3}土与草坪地近，按就近调配原则，既浪费经费又会拖延工期，可见将运筹学引入园林工程中，帮助我们选择最优方案有着广阔前景。下面说明两点问题：

（1）初始调运方案个数为（填方点+挖方点－1）个，在本例为（2+3－1）=4个。

（2）最优调运方案不一定一个，在运算过程中包括初始方案有很多，但运费不一定一样，我们根据园林工程的特殊性，在最优方案不能实现时，取近似于最优方案的一个进行施工，以达到降低成本、缩短工期的目的。

参考文献

[1] 邱菀华，冯允成，魏法杰，等．运筹学教程[M]．北京：机械工业出版社，2009.

[2] 刘晴，郝妍．运输问题的数学模型[J]．人生十六七，2017（8）：48.

[3] 张德顺．运筹学在园林土方平衡中应用的探讨[J]．北京园林，1996（2）：23-24.

第9章　参数化设计在景观设计中的应用

9.1　参数化设计的发展进程

9.1.1　参数化设计的概念

参数化设计最早于1961年在J. J. Burns探讨火箭回收的文章中提到。普遍认为最初的参数化设计概念来源于Sutherland1963年在其Sketchpad系统中提出约束（Constraints）生成图形的设想。自此，众多学者进行了相关研究，直至2000年后，在文献中对参数化的概念才有了比较明确的定义。20世纪以来，众多学者在文献中对参数化设计进行了明确的定义，如表9-1所示。

参数化设计定义的关键词汇总表　　表9-1

时间	人物	关键词
2000	Javier Monedero	变量、约束、关系
	孙家广	相似性、取值范围、一簇、关系、方程、约束
2002	戴春来	自动
	夏祥胜	约束
2003	Kolarevic Branko	无数相似、变量改变恒量、方程
	金建国	描述、约束
2006	Achim Menges	精确几何数据、面向对象的软件工程、快速、计算机理论、控制、设计理论
	王济昌	约束、关系、计算机辅助设计
2010	徐卫国、徐丰	计算机语言、参数模型、设计雏形、参数—规则、参数式—参数模型、关系—规则、变量—参数
2011	徐卫国	结构系统及构造逻辑、成果的测试与反馈、参数模型、参数关系、设计雏形、数据化、参变量设计

参数化设计（Parametric Design），就是立足于设计理论、计算机理论并面向对象的软件工程，通过设定一定的关系或规则来进行约束，当改变设计中某种重要性质的参数（或变量）的取值范围时，产生多个具有相似性的设计雏形的一种计算机辅助设计方法。

9.1.2 参数化设计的应用现状

参数化设计，不仅是一种具有普遍应用价值的计算机辅助设计技术，还是一种归纳事物本质特征的思维方法，如今在很多领域均有应用：

计算机领域：例如几何造型中参数化与拟合技术的研究、求解几何约束问题的几何变换法、具有欠约束求解能力的图结构求解方法、二次开发参数化研究等。

工业设计领域：主要是进行一些产品零部件的设计、模具的设计、设备系统的设计等，以此来提高生产效率和节约成本。

建筑领域：由于其与复杂性学科、德勒兹哲学等的交叉融合，赋予了参数化设计以激动人心的蜕变。

1. 参数化设计在建筑领域的应用

（1）应用的普遍性

在建筑领域，参数化设计有两种基本应用方式。一种方式是参数化设计作为辅助方式，具体体现为弗兰克·盖里（Frank Owen Gehry）的观点——大脑中的设计雏形最终反映成计算机里的图形。另一种是参数化设计思维作为主导，具体体现为格雷格·林恩（Greg Lynn）的观点——已有的计算机工具可以促使建筑师消除诸如历史、传统理论等堆积在他们脑中的东西。在第二种方式下，建筑设计师们获得了更多的灵感，产生了新的建筑风格、形态和理论。

（2）代表人物及机构

国内的代表人物及机构有：建筑师MAD的马岩松、清华大学XWG工作室、东南大学建筑学院的CAAD实验室、华南理工大学的数字建造实验室等。

国外的代表人物及机构有：英国建筑联盟学院，美国哥伦比亚大学、麻省理工学院和哈佛大学，荷兰的贝尔拉格学院以及SOM、KPF、Foster and Partners等。

（3）复杂性、非线性理论和德勒兹哲学的实际应用

在建筑上，复杂性主要表现为混沌、分形、涌现、自组织等理论；德勒兹哲学观点主要有“褶子理论”“游牧空间”“块茎”“生成”“图解”等。不管是复杂性理论还是德勒兹哲学，都有着共同的与传统建筑学所对立的观念，即建筑是复杂系统的一种，是动态的非线性体。

（4）空间形态的变革

参数化设计背景下的建筑空间形态，不再是线性的泡泡式的功能图空间。如格雷格·林恩提出的泡状物（Blobs）在群体聚集上实现的“平滑变形”和参数化主义提倡的“用样条曲线和Nurbs曲面”所显现的空间形态。同时也产生了形体生态设计的概念。

2. 参数化设计在建筑领域组成要素的应用现状

参数化设计由寻找参数、设定规则和选择软件平台3个关键过程组成。目前这三方面建筑领域组成要素的应用现状总结如下：

（1）参数

关于参数（Parameter）目前有2种类型。一类为物体的几何特性。如关于金属门窗的一组尺寸、每个空心混凝土砌块旋转的角度、古建筑各个构建的几何尺寸等。另一类是技术指标或问卷调查获取的统计数据。如立面构件所在位置的采光率、人群对建筑功能需求的数据、一天不同的时间段内选定的门厅区域的人流路线等。

（2）算法

20世纪90年代中期至今，建筑参数化设计主要应用的算法有Voronoi、L-system、Minimal Surface、群智能算法、元胞自动机、遗传基因算法、递归算法、三维DLA（Diffusion Limited Aggregation，限制性扩散聚集）算法、多代理系统等。

（3）参数化软件

在一个完整的参数化设计过程中，涉及的软件主要有两大类——数据、形态、结构分析软件和建模造型软件（表9-2）。其中建模造型软件对应的程序语言有Grasshopper、MEL、ruby script、C++、VB等。由于设计是通过图表来表达的，所以参数化设计的过程也涉及数据可视化（Data Visualization）的相关内容，代表性的数据可视化软件包括绘图软件和一些图表软件。

参数化软件平台分类　　表9-2

<table>
<tr><th>大类</th><th>小类</th><th colspan="2">软件、程序语言</th><th>组成</th></tr>
<tr><td rowspan="4">数据可视化软件</td><td rowspan="2">绘图软件</td><td colspan="2">Photoshop</td><td rowspan="4">可视化方法</td></tr>
<tr><td colspan="2">Illustrator</td></tr>
<tr><td rowspan="2">图表软件</td><td colspan="2">DAVIX</td></tr>
<tr><td colspan="2">Eye-Sys</td></tr>
<tr><td rowspan="6">分析软件</td><td rowspan="2">数据分析软件</td><td colspan="2">Matlab</td><td rowspan="6">参数</td></tr>
<tr><td colspan="2">SAS</td></tr>
<tr><td rowspan="2">形态分析软件</td><td colspan="2">Ecotect</td></tr>
<tr><td colspan="2">IES Virtual Environment</td></tr>
<tr><td rowspan="2">结构软件</td><td colspan="2">PKPM</td></tr>
<tr><td colspan="2">ANSYS</td></tr>
<tr><td colspan="2" rowspan="5">造型软件</td><td>Rhino</td><td>Grasshopper</td><td rowspan="5">规则</td></tr>
<tr><td>MAYA</td><td>MEL</td></tr>
<tr><td>3dsMAX</td><td>maxscript</td></tr>
<tr><td>sketchup</td><td>ruby script</td></tr>
<tr><td>其他</td><td>C++、VB</td></tr>
</table>

3．参数化设计在景观领域应用的可能性

在参数化设计的思潮影响下，一部分建筑师将参数化设计应用于景观设计。景观参数化设计在积累了实践经验后，又由于计算机技术的限制与相关研究的滞后，目前存在着一些迫切需要解决的问题。

参数化设计在景观领域的应用，可分为参数化思想的应用和参数化设计的应用两大类。

参数化思想的应用主要体现为：在设计的过程中遵循参数化的规则，借助参数化软件平台，迅速地自动生成设计，并形成多个相似的方案。如1994年Peter Eisenman设计的犹太人大屠杀纪念碑群和1995年竣工的巴塞罗那植物园。

（1）犹太人大屠杀纪念碑群

Peter Eisenman设计的犹太人大屠杀纪念碑群（图9–1），石柱长2.38m、宽0.95m，高度变化从0.2m至4.8m。这其中蕴含了参数化规则，设定一组通过一定规律排布的高度值，借助参数化软件平台，迅速自动生成设计并形成多个相似的方案。

图9–1　犹太人大屠杀纪念碑群

（2）巴塞罗那植物园

巴塞罗那植物园（图9–2），以三角形网格作为划分空间的形式，建筑、园路、坡道、挡墙、座椅等设施都呈现三角形主题，三角形网格就是参数化的规则，通过这个规则，通过参数化软件平台控制三角形网格形成的空间分布。

第二种，参数化设计的应用，鉴于景观包含的问题比建筑复杂，目前主要集中在某个景观元素的参数化设计上。目前已有不少成功的案例，如2005年建成的庆应义塾大学屋顶花园的铺装形式（图9–3）；2010年竣工的苏州河沿线景观设计中的参数化栏杆（图9–4）；McChesney Architects设计的Blaze，随着人在不同位置观看呈现出不同姿态（图9–5）；2010年建成的Lincoln动物园南池岸边的拱形木质凉亭（图9–6）；2010年设计的波兰水上乐园的参数化围栏（图9–7），heri&salli建筑事务所设计的参数化的临湖景观构筑（图9–8）。

图9-2　巴塞罗那植物园

图9-3　庆应义塾大学屋顶花园的铺装形式

图9-4　苏州河延线中运用的参数化栏杆

图9-5　McChesney Architects设计的Blaze

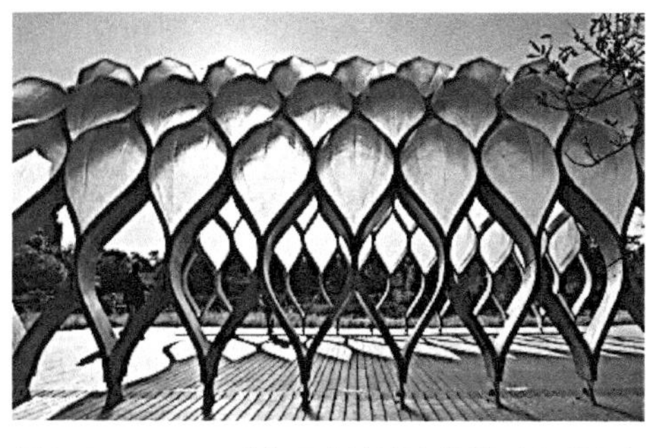

图9-6　Lincoln动物园南池岸边的拱形木质凉亭

图9-7　波兰水上乐园的参数化围栏

图9-8　参数化的临湖景观构筑

4. 景观参数化设计面临的问题

参数化设计在景观设计中目前还面临不少问题，主要包括以下4个方面：在景观设计中的应用时间短；在景观设计中的应用范围较窄；整体式景观参数化设计的难度较大；缺少景观专用的参数化软件平台。

9.2 景观参数化设计体系

景观参数化设计是在参数化设计核心的基础上提出来的，在参数化设计的理念下，或通过统计学的方法，或借助模式研究的成果，或采用常用算法，或选取典型的景观模式，来确定参数和设定规则，然后借助于参数化软件平台，产生多个具有相似性的设计初稿。

在此之下衍生出一套景观参数化体系框架，以风景园林学科基本知识和计算机组成为基础，以景观参数和规则矩阵法组成为核心思想，具体应用包括设计与研究、规划与布局、营建与形态以及施工与管理。

9.2.1 基础：风景园林学科基本知识和计算机编程基础

1. 风景园林学科知识

风景园林学科基本知识主要包括了设计研究成果和典型景观模式两大类。设计研究成果具体可包括传统园林布局研究、园林量化研究、景观肌理构成原理、师法自然的植物群落、自然山石组成规律、园林形态与密度、水系分形学研究、景观人体工程学研究等。

在景观设计中，典型的景观模式主要有3类：

第一类是由自然给予启发而产生的概念，如希腊罗马时期的大水法（即西洋喷泉）、欧洲早期的植物学家为引种阿尔卑斯山上部高山植物而产生的岩石园、以再现自然美为特征的日本枯山水、以茶道精神为旨趣并高度写意的日本茶庭、在中国古典园林的设计实践中被普遍采用的“曲径通幽”。

第二类是向往宗教仙境而描述的模式，包括伊斯兰教的天堂——“天园”模式；一个池塘、三个小岛，中国园林早期的也是最基本的模式——“海外三仙山”模式；圆明园四十景中的“武陵春色”造园的创作题材来源——“桃花源”模式。

第三类是数理经验所形成的理论，如卢原信义的“外部空间可以采用内部空间尺寸8~10倍的尺度”的“十分之一理论”；作为对建筑的远近景观的尺度标准；关于自然界的尺度与建筑景观的协调理论；以及黄金分割、古典柱式、人体比例等的比例理论等。

2. 计算机编程基础

在进行景观参数化的设计过程中，要掌握常用的程序语言和软件平台。程序语言包括Grasshopper、maxscript、nuby script和C++、VB等；软件平台需要掌握数据可视化的软件Photoshop、DAVIX、Eye-Sys等，分析软件Matlab、Ecotect，造型软件Rhino、sketchup和MAYA等。较为常用的参数化平台软件为Grasshopper和Rhino。

9.2.2　核心思想：景观参数和规则矩阵法

1. 景观参数

景观的参数有两大类：空间中的平面语言参数和量化指标参数。在进行参数化设计时，要把设计语言转化为空间中的点、线、面等平面语言，并通过坐标、角度、向量等空间特征来设定，或者转化为量化的指标，如硬质景观比例、水体比例、落叶常绿比、绿化覆盖率、游人容量等。具体操作过程中，可借助统计学的方法如层次分类分析法、频率分布法、主成分分析法等，来获得一些相关指标数据，用于指导参数的取值范围。此外，对于景观参数的选择必须具体问题具体分析。

在参数化设计中，如何选择景观参数是关键。下面以某小区中的一条“曲径”的参数化设计为例，对如何寻找及设定景观参数进行说明。

基地位于2幢住宅楼之间，设计一条“曲径”，通过改变参数，最终生成一系列的平面和以曲折率为量化指标的布局方案，供有关人员进行比选。关于参数，设计将南北的出入口转化为直线上的点P1、P2，点在直线L1、L2上的位置可变，并以曲折率控制随机点的位置和数量，用随机产生的点生成“曲径”，其宽度设为定值，该方案中选取的可变景观参数如下（图9-9）：

（1）L1线段上的任意P1点。

（2）L2线段上的任意P2点。

（3）曲折率：“曲径”长度与P1和P2间的直线距离的比值，用于表示“曲径”曲折程度的量化指标。

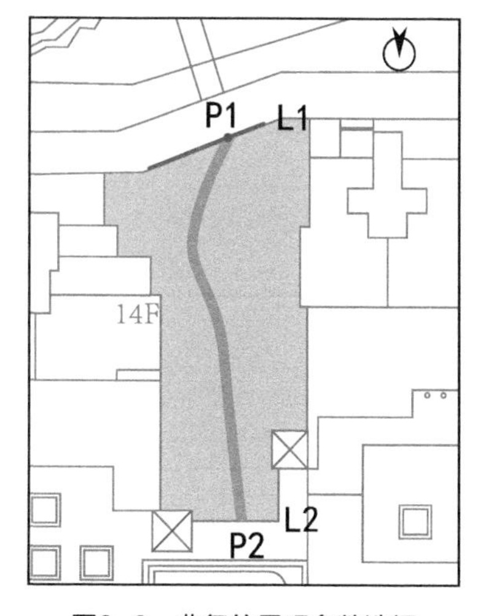

图9-9　曲径的景观参数选择

通过改变参数的取值范围，产生12组平面布局结果（图9-10），如何合理地把设计语言转化为空间中的点、线、面语言，以及选择哪种量化指标作为景观参数至关重要。

2. 规则矩阵法

在设定景观参数后，如何制定合适的规则是参数化设计的难点所在。由于景观各个组成要素之间具有相对独立性和关联性，这里采用“规则

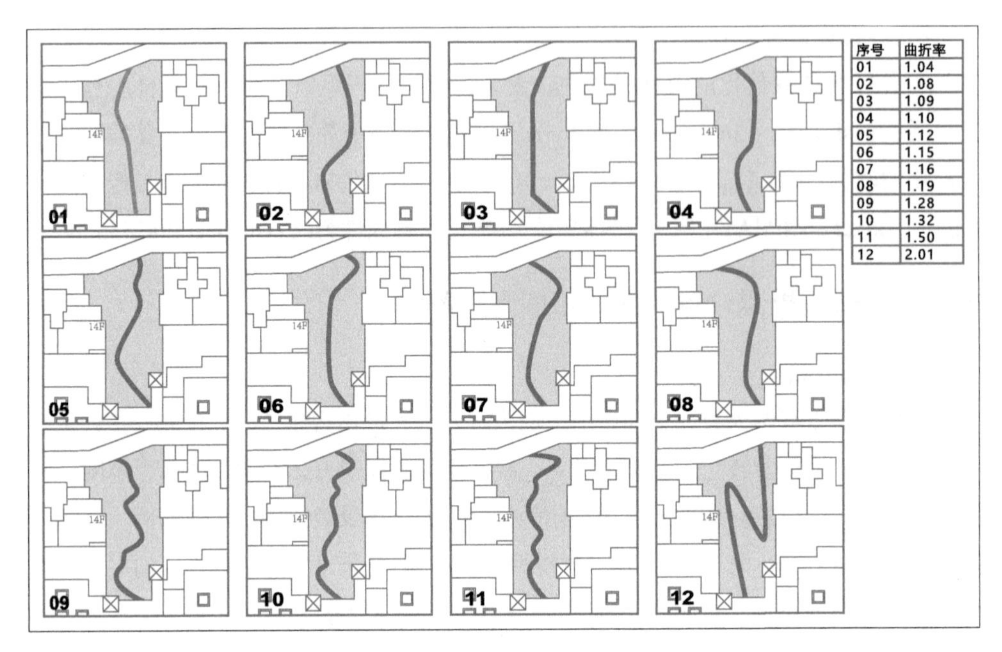

图9-10　平面布局结果

矩阵”的方法，将景观设计中的植物、山石、水体、园路场地、建筑小品等五大要素用规则矩阵表来表示它们之间存在的内部与外部逻辑关系。

表9-3中，A、B、C、D、E分别表示植物、山石、水体、园路场地、建筑小品。其中AA表示A内部的逻辑关系，BA表示B影响A的生成，其他以此类推。图9-11和图9-12提供了几种规则矩阵法的应用结果。

规则矩阵表　　表9-3

要素	植物	山石	水体	园路场地	建筑小品
植物	AA	BA	CA	DA	EA
山石	AB	BB	CB	DB	EB
水体	AC	BC	CC	DC	EC
园路场地	AD	BD	CD	DD	ED
建筑小品	AE	BE	CE	DE	EE

图9-11　园路的形态影响山石的位置

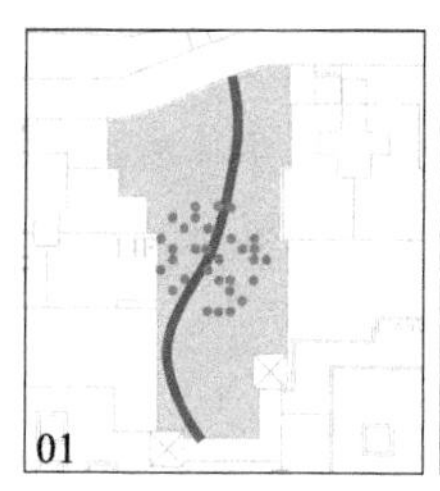

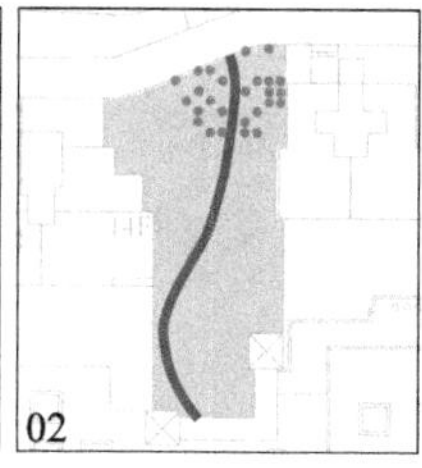

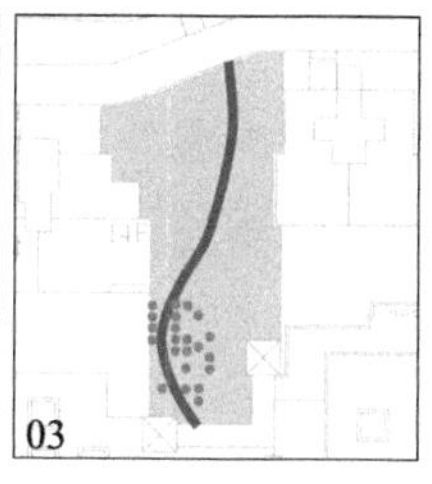

图9-12　山石的分布与数量遵循内部的规则

9.2.3　景观参数化设计的应用

景观参数化设计的具体应用，包括了设计与研究、规划与布局、营建与形态和施工与管理四大方面。

1．设计与研究

基于参数化设计的软件平台，着重研究对设计产生影响的景观参数和规则，其中包括景观尺度、典型园林布局研究、叠山法则、理水逻辑、游人行为与园路形态等。

2．规划与布局

从整体出发，基于约束关系，可以探讨某种类型景观的参数化布局、场地最佳活动区域选择、可视度分析、土方自平衡动态设计、园林植物色彩规划、植物平面与空间一体化设计、照明设计与场地的互动等参数化设计内容。

3．营建与形态

这部分内容，主要以具体的景观要素为研究内容，探索同种景观要素内部各构件的组合及建构规则。如铺装的参数化设计、古建筑参数化设计、景观桥的参数化生成、台阶坡道整体式参数化设计、溪流形态的参数化设计、自然植物组群的参数化生成等。

4．施工与管理

利用参数化设计形成的景观参数化模型，可探讨电子施工图、参数化景观数字建构、景观信息模型等的开发。景观信息模型（Landscape Information Modeling）是基于景观参数化设计的研究成果，将其转译为计算机语言，开发属于景观行业，集立项、设计、施工与养护于一体，全过程、多方位、智能化、数据化模拟、评估和管理景观项目的参数化软件平台。

9.3　景观参数化布局的探讨

在景观参数化设计体系框架中提出的规划与布局的应用为切入点，下文将探讨参数化设计在小型展园的景观布局上的应用。

在景观参数化设计的体系下，以第八届中国花博会日本展园的参数化布局为例，阐述如何通过分析功能、文化和业主需求等，明确景观要素与布局原则，并从参数化设计角度，确定整体生成规则的技术路线，并经过参数及规则的转译，得出景观参数和规则一览表（表9-4）。

参数与规则汇总表　　表9-4

景观要素	参数	规则	结果
园路	1. 出入口位置点 2. 园路形态影响因子 3. 园路宽度 4. 园路等分点	1. 区域内随机产生自由曲线 2. 以观景点到红线的最近距离为坐观式庭园的范围	1. 园路平面形态 2. 观景点的位置 3. 木桥的位置 4. 坐观式庭园的范围 5. 游览所需时间
茅草亭	1. 平面长度 2. 平面宽度 3. 位于轴线上的位置点 4. 角度	以出入口的点和红线的平面重心为南北轴线	1. 茅草亭的位置 2. 茅草亭的朝向
地形水系	1. 每根等高线的高差值 2. 地形最高值 3. 最低点的数量 4. 最低点的分布区域	1. 基于metaball的地形 2. 中间低、四周高的地形 3. 中间低的区域为白砂的范围 4. 桥下为水系（白砂）	1. 白砂的占地比例 2. 地形的平面形态
景石	1. 景石的数量 2. 景石的长宽范围 3. 景石的方向	沿着水系随机分布	景石的平面分布
常绿植物	1. 冠幅大小 2. 分布密度	沿基地东边和西边的界线分布	1. 植物群落平面分布 2. 落叶常绿比 3. 秋景植物占总植物的比例 4. 绿化覆盖率
落叶植物		1. 沿景石的连线随机分布 2. 沿园路随机分布	
秋景植物		红线范围内随机分布，并受白砂的范围和园路范围影响	

9.3.1 项目概况

第八届中国花卉博览会的日本园占地面积为800m^2，南靠园区主园路，北临园区景观河，具有展园的一般特点：面积小、主题明确、环形游线等，由于限制条件较多，对于设计规则的确立比较清晰。对于日本展园的设计，方案为响应花博会“幸福像花儿一样”的展会主题，提出以“一花一世界”作为主题，通过对“山、水、岛、花、木、草”元素的提炼，以高度概括的设计手法，表达空灵、写意，形成具有朦胧美的日式园林景观（图9-13、图9-14）。

图9-13　日本园总平面图

图9-14　日本园效果图

9.3.2　参数化布局的概念

我国对于景观布局的研究由来已久，早在唐朝白居易的《池上篇》诗前序文中就提到“地方十七亩，屋室三之一，水五之一，竹九之一，而岛池桥道间之……”，这些均体现出造园时的布局原则以及建筑、水体、竹林的具体分割比例。景观参数化布局是一个景观设计的灵魂所在，包括了空间的布置、功能的分区、道路场地的组织、地形地貌的格局以及植物群落的模式等。

9.3.3　参数化设计流程

设计在基地分析的基础上，结合日本园的功能要求、文化内涵以及业主的需求得出布局原则，再以参数化思想的角度提炼出参数和规则，汇总成图9-15。

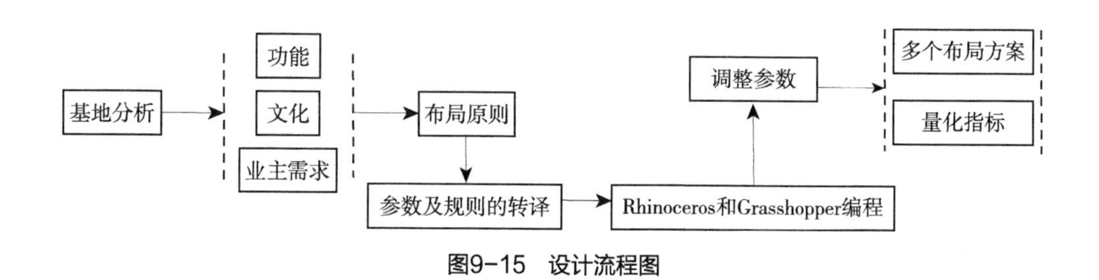

图9-15　设计流程图

9.3.4 分析与定位

从功能、文化和业主的需求等角度，对基地进行深入的研究与分析。

从文化上讲，日本园林的精华是枯山水，因而，日本展园的设计采用枯山水高度概括的设计手法，布置了“和庭、石庭、竹庭”三个庭院（图9–16），表达空灵、写意，具有朦胧美的日式园林景观。

图9–16 景观主题分区图

从功能与业主需求上讲，日本园的设计，应该以游览和观赏为主要功能。经过与业主交流确定：设置环形园路作为主要游线，串联表演、展示以及活动的空间；布置茅草亭作为日本民俗交流及茶道展示的场所；应用开敞的草坪作为举办日式婚礼的场地等；加大花卉的运用及展示区域；适当考虑干花展示等。

9.3.5 布局原则与景观要素

展园总体形成四周高、中心低的空间格局，中心以白砂暗喻池水，四周景石喻指高山。游园路线采用回游式与坐观式相结合的形式，一方面符合日本园林中面积较小者侧重于静观的特征，另一方面也满足游览和观赏的功能需要。通过对基地条件的视线分析，发现南北方向存在良好的视觉通廊，而东西方向适合将其作为背景，形成遮挡和空间围合感，故茅草亭和出入口位于南北轴线上，常绿背景林位于东西方向（图9–17）。

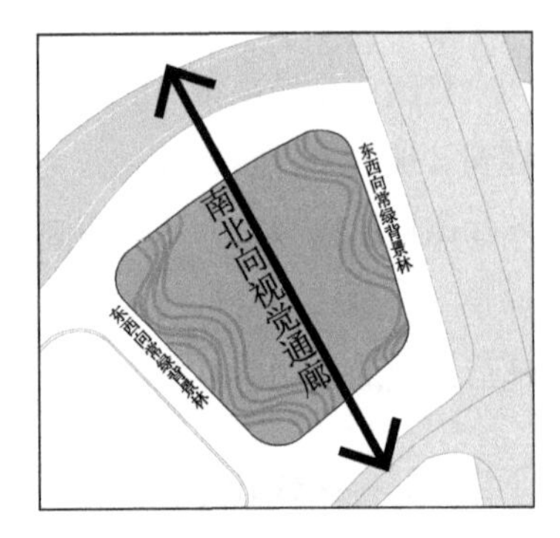

图9–17 视线分析图

9.3.6 参数及规则的转译

1. 技术路线

整体生成规则的设定必须根据项目的具体内容来确定，因设计的是展园，游览功能明确，因此选取园路作为基础。设定时，以规则矩阵为参考依据，并结合实际情况，通过园路、桥、地形水系、景石、秋景植物、落叶植物之间的生成规则，最终形成整体的技术路线（图9–18）。

2. 转译

参数的转译，需要转译为描述图形的语言，如点在线上的位置、图形的角度、

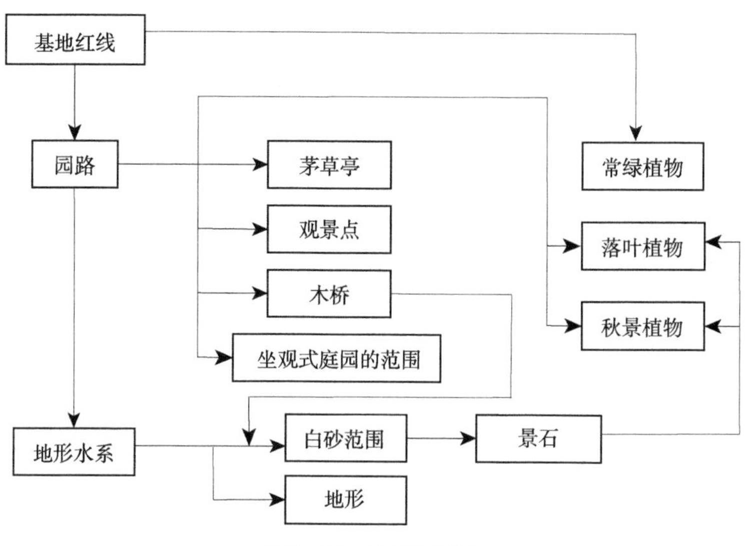

图9-18　技术路线图

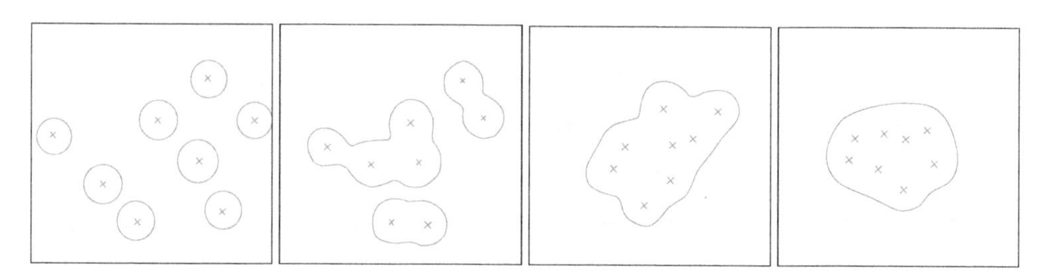

图9-19　元球模型

点的数量、点在区域的分布、图形的大小等。如本设计中景石的平面形态简化为椭圆，控制其两轴大小；借用METABALL算法，即元球模型（图9-19），抽象地形；NURBS曲线模拟园路等。

9.3.7　Grasshopper图形编程

关于Grasshopper的图形编程过程，分别从园路、茅草亭及木桥、地形、植物景石4个方面，着重介绍其思路及运用到的命令。

1. 园路的编程

园路的Grasshopper编程生成（图9-20），参数是出入口、红线、控制点数量和区域内分布因子；规则是区域内随机产生NURBS曲线；结果是生成的NURBS曲线和园路长度。在园路的编程中，主要有两个参数的调整：控制点数量（图9-21）和区域内分布因子的变化（图9-22）。图9-23为控制点数量为5和区域因子为4的结果。

2. 庭院的范围及木桥的编程

坐观式庭院的范围与木桥的Grasshopper编程（图9-24），是建立在园路的形态基

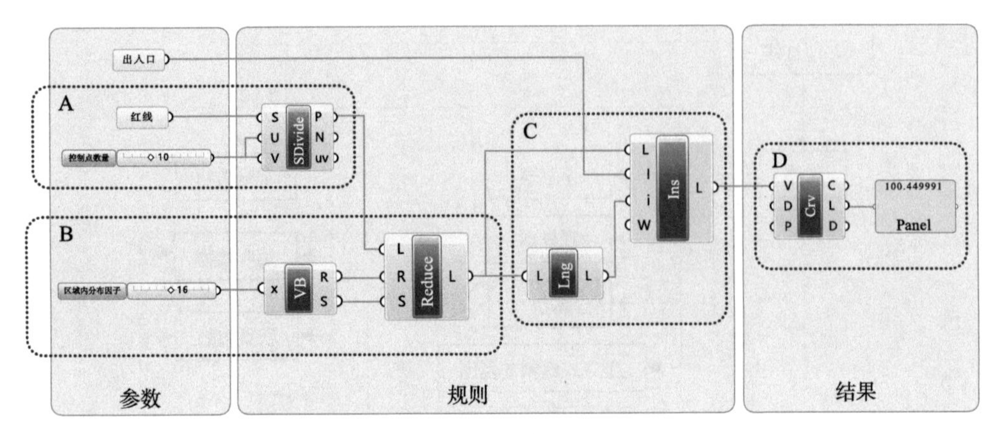

图9-20　园路的编程过程

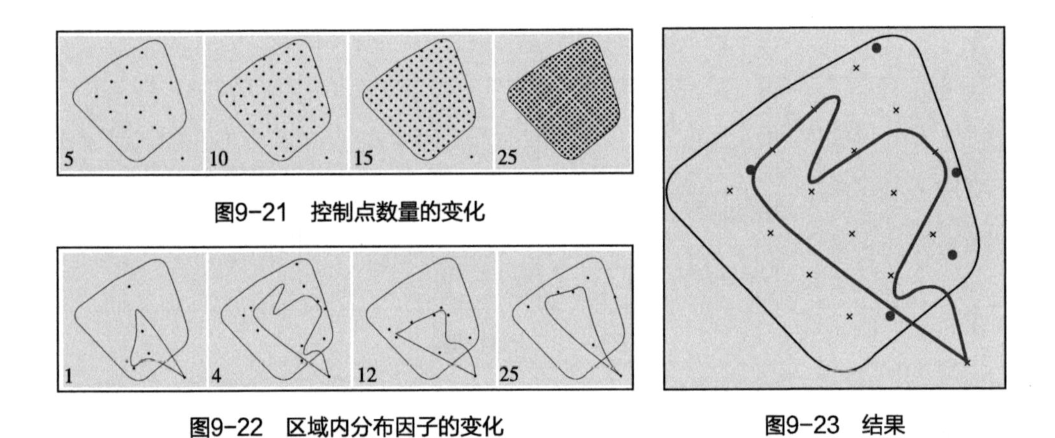

图9-21　控制点数量的变化

图9-22　区域内分布因子的变化

图9-23　结果

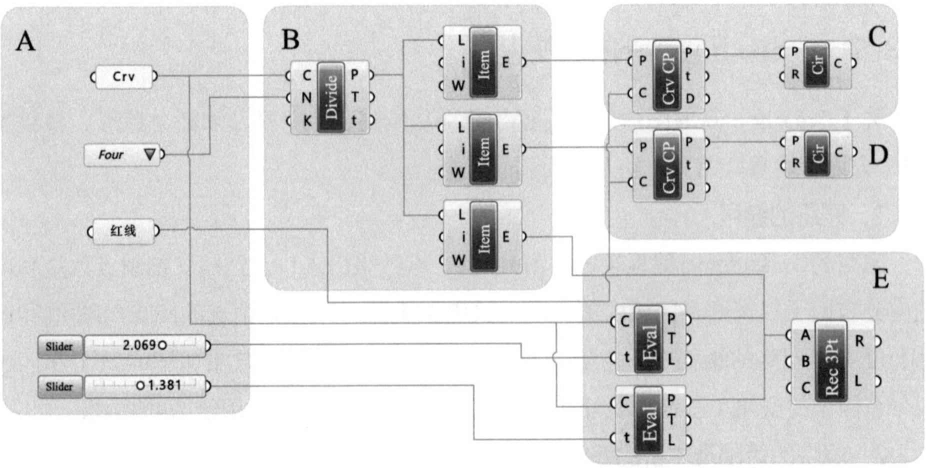

图9-24　坐观式庭院的范围及木桥的编程过程

础上的，设计时以园路的四等分点作为划分的依据，如图9-25所示，点1、2、3、4分别表示入口、坐观式庭院一、木桥、坐观式庭院二。

茅草亭的平面生成主要根据南北的两条边界确定，即图中的Crv1和Crv2，通过控制其上面的点的位置Pt1和Pt2，连接Pt1和Pt2，再控制Pt3在直线上的位置，如图9-26所示，然后通过Rectangle命令生成矩形（图9-27）。

3．地形的编程

地形的编程主要围绕着Grasshopper中的二维MetaBall（t）（元球）命令进行，其是一个通过阈值生成等值曲线命令。在计算机领域，元球具有相互靠近时发生变形、当更进一步靠近时会融合在一起的良好特性。

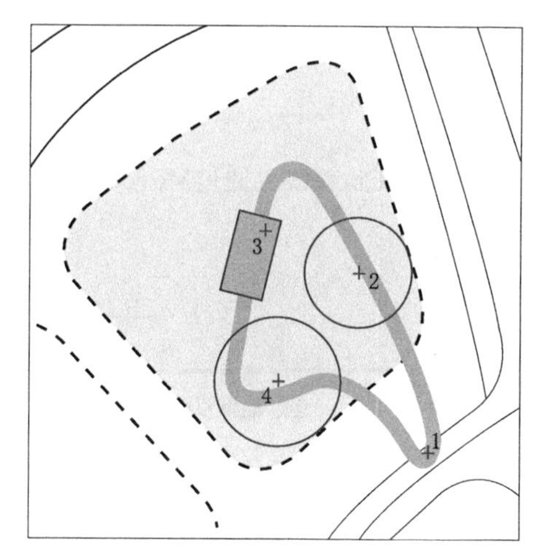

图9-25　坐观式庭院与木桥的位置的规则

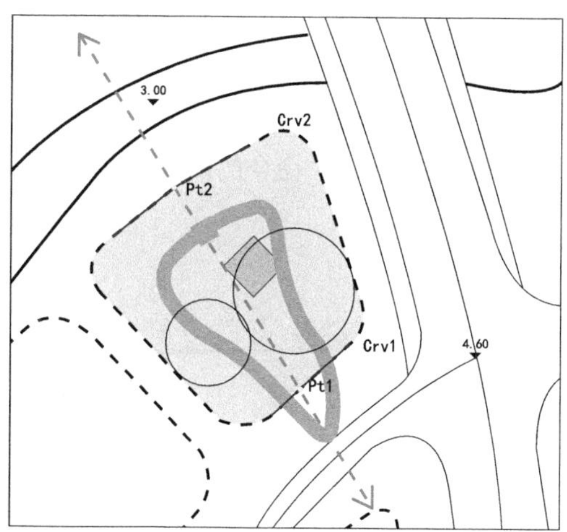

图9-26　茅草亭编程规则

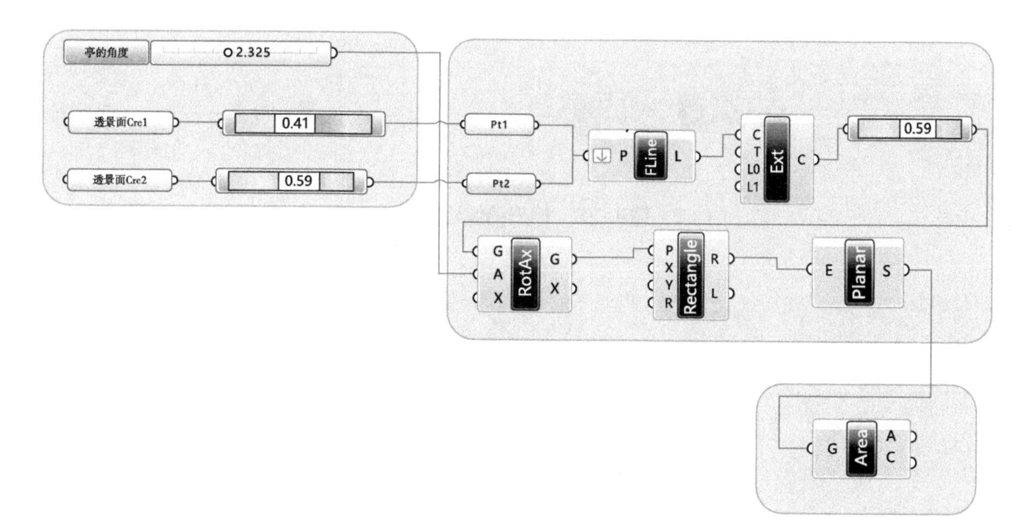

图9-27　茅草亭编程过程

地形的Grasshopper编程有两种类型的参数，一种是点的参数，另一种是阈值范围，设计中把其转化为景观设计语言——等高面的大小和等高线数量这两个景观参数（图9-28）。

（1）点的参数——园路中线相关点

基本的思路为通过参数等分园路中线，产生一系列的等分点，然后通过参数控制Reduce随机移除这些等分点中的部分点，最后通过Jitter对这组点的集合进行随机排序（图9-29）。

（2）点的参数——与基地相关的点

基本的思路为从4个红线边界获得4个点——A、B、C、D，然后再跟桥的点E，一起通过Jitter进行随机排序，再通过Split拆分为两组，一组为3个点，另一组为2个点，分别进行连线，为X1、X2、X3段直线，最后通过参数控制在这3个直线上产生3个点，为P1、P2和P3（图9-30、图9-31）。

（3）C——等高线优化

从MetaBall（t）命令的I端输出的Curve为一组平面的Curve线，通过Move命令把

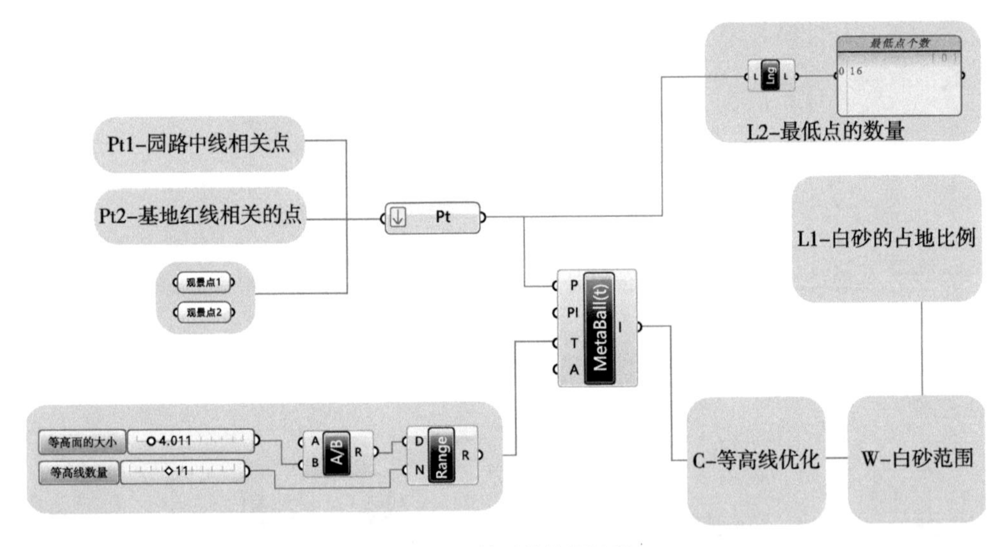

图9-28 地形的编程过程

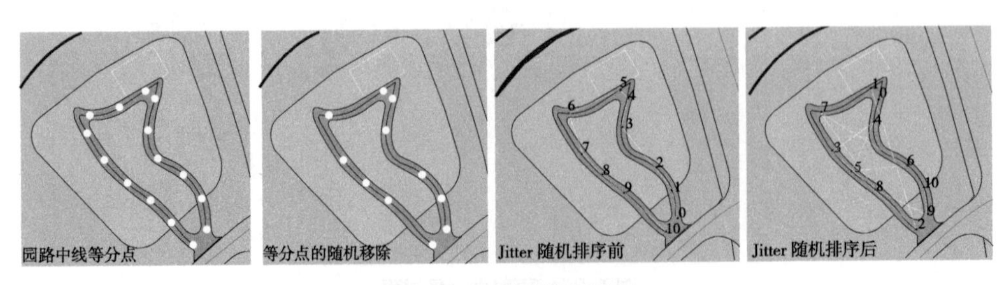

图9-29 园路中线相关点

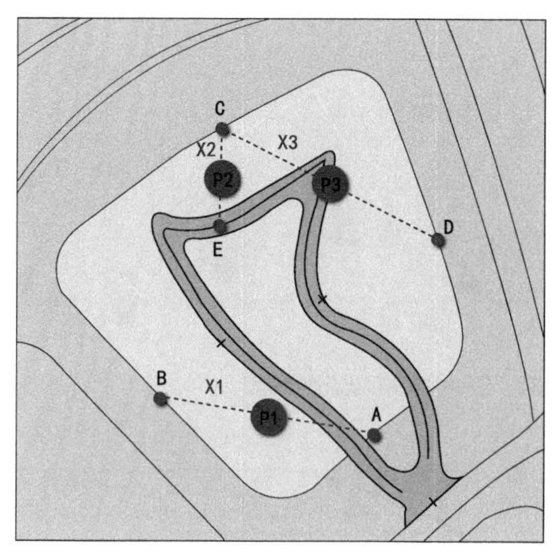

图9-30　与基地相关的点

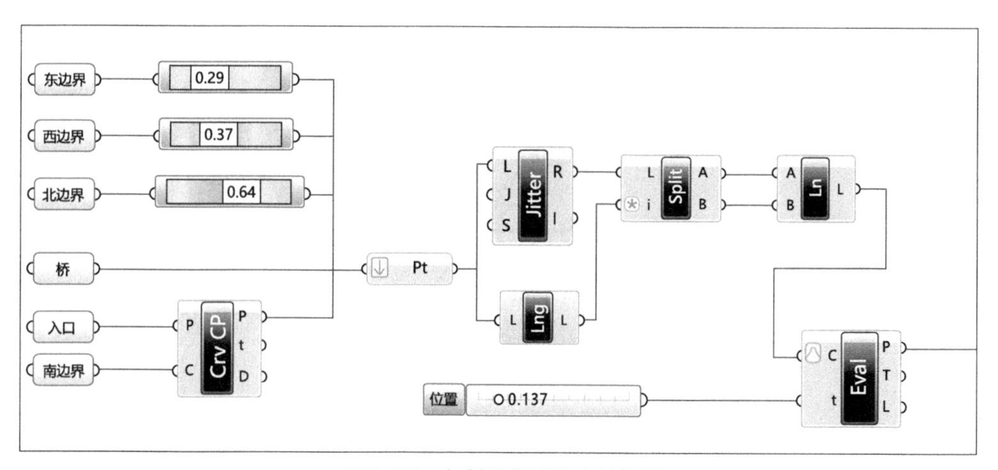

图9-31　与基地相关的点的编程

其一根根分离出来，并赋予高度值，即参数“高差”，移动，重新生成曲线，剔除无效的对象，最后输出具有高度值的等高线（图9-32）。

（4）W——白砂范围

根据上一步的等高线优化，再通过最低的一根等高线的生成面并赋予颜色，即可表示出白砂的范围（图9-33、图9-34）。

（5）L1——白砂的占地比例

从上一步的W——白砂范围中，可以得到白砂的范围Curve曲线，经过Area命令输出其面积数据，通过剔除无效数据后，输出的白砂的面积再除以基地的红线面积，得到所需要的量化指标——白砂占全园的比例（图9-35）。

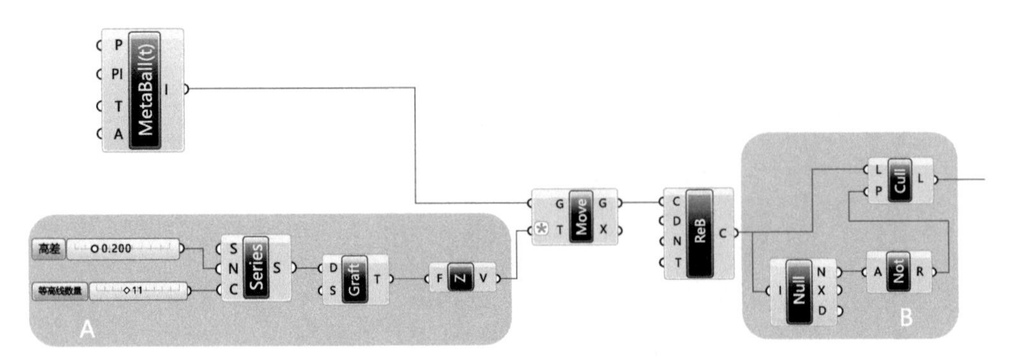

图9-32　C——等高线优化的编程

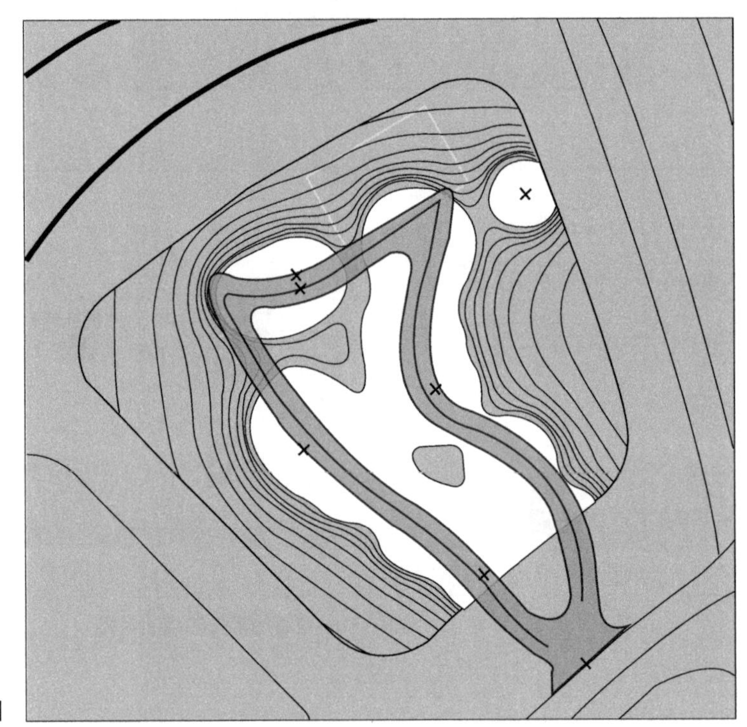

图9-33　白砂的范围

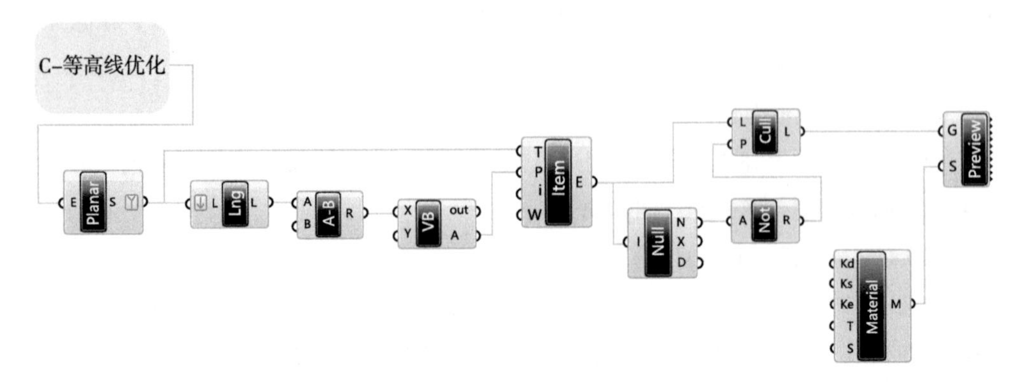

图9-34　W——白砂范围的编程

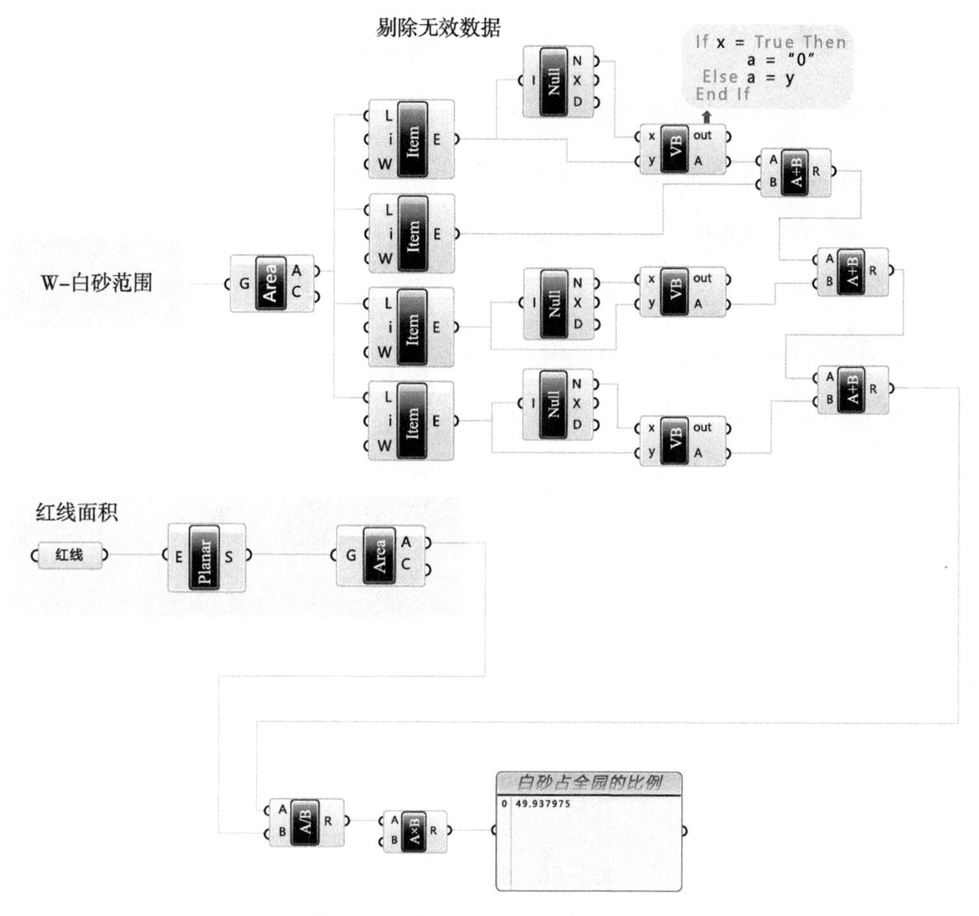

图9-35　白砂占全园的比例的编程

4．景石与植物编程

（1）景石的编程

景石的Grasshopper编程，控制参数为景石的数量、景石的长宽范围和景石的方向，规则是沿着水系随机分布（图9-36）。

第一步：输入上一步的白砂范围，经过Plannar形成面，然后通过SDivide切分面，得到白砂范围内的一系列点并进行删减。

第二步：产生的点用Ellipse命令生成椭圆形并控制大小，Rotate控制椭圆形的旋转角度。

第三步：赋色。

（2）植物的编程

植物的Grasshopper编程分为三类植物——常绿植物、落叶植物和秋景植物，控制参数为冠幅大小和分布密度。

常绿植物的规则为沿基地东面和西面的界线分布；落叶植物的规则为沿景石的

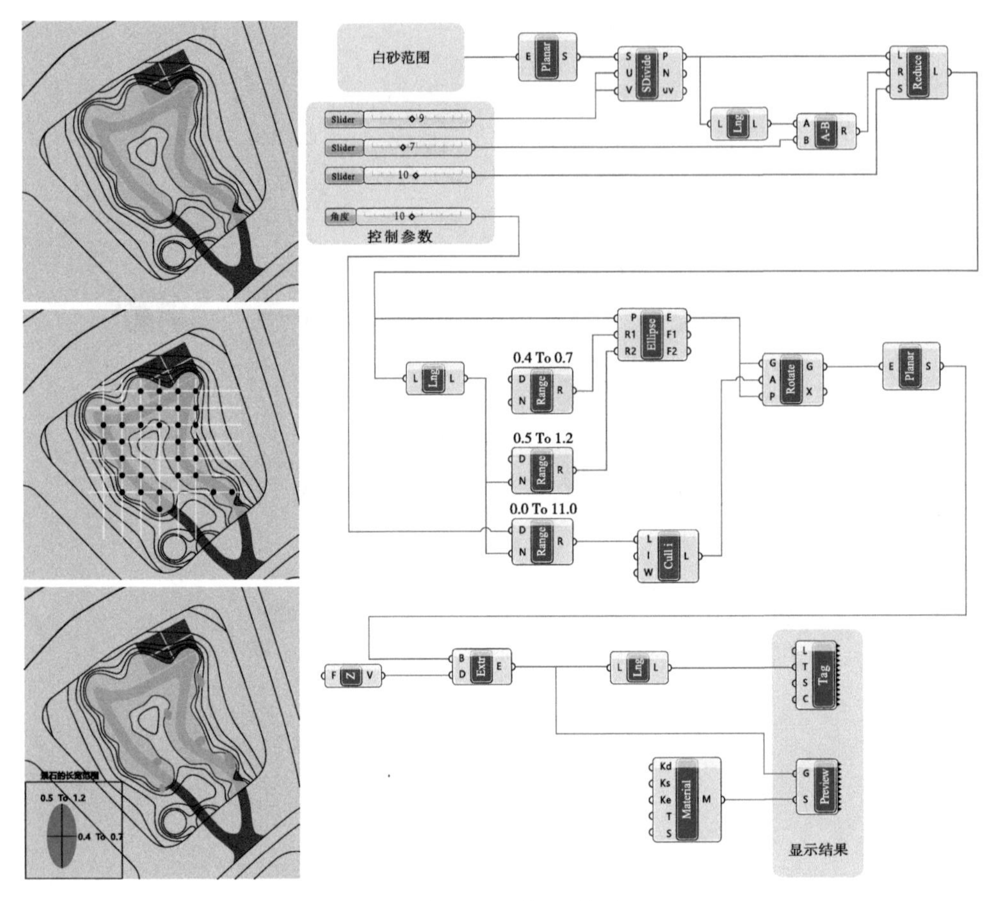

图9-36　景石的编程过程

连线随机分布并沿园路随机分布；秋景植物的规则为在红线范围内随机分布，并受白砂的范围和园路范围影响。

常绿植物的编程主要是根据东面和西面的基地边界线生成常绿背景林，通过密度、稀疏度、偏移距离和圆的半径（乔木的冠幅的一半）这些参数来控制（图9-37）。

落叶植物主要沿景石连线和沿园路进行随机分布（图9-38、图9-39）。

9.3.8　布局方案

1．硬质景观布局参数化

对于园路，参数设定为出入口的位置点、园路形态影响因子、园路宽度、园路等分点。对于茅草亭，以出入口的位置点和红线的平面重心为南北轴线，调整其轴线上的位置点及茅草亭的角度，得到茅草亭的平面布局方案。

设计共得到12组较为合理的布局方案，如图9-40所示。通过分析所得图像以及硬质景观比例和游览所需时间（表9-5），并结合业主的意见，最后选取了第3组作为园路及茅草亭的布局方案。

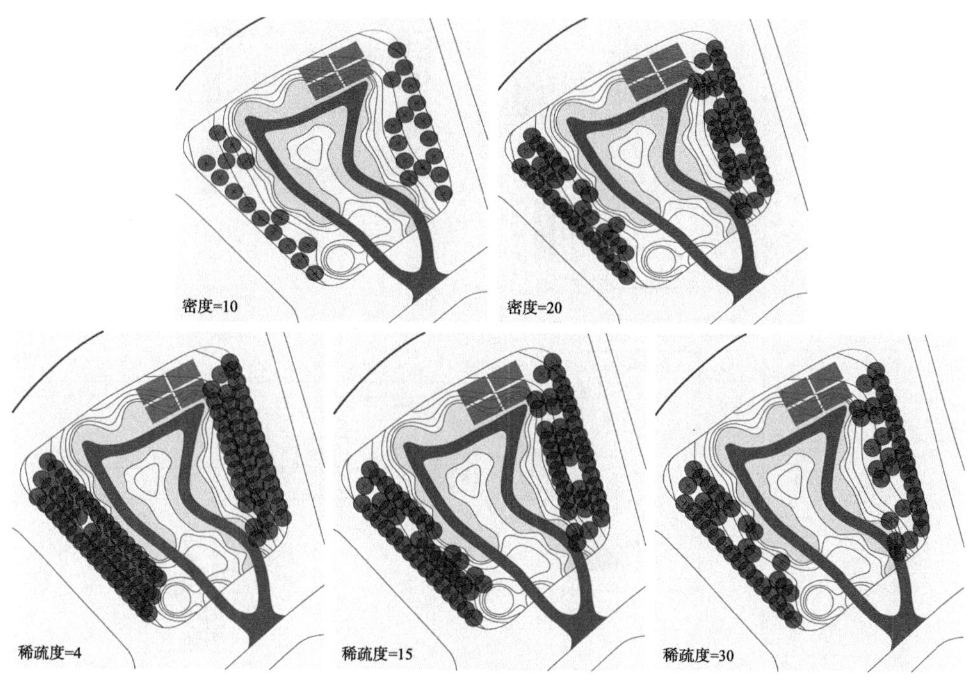

图9-37　常绿植物的生成

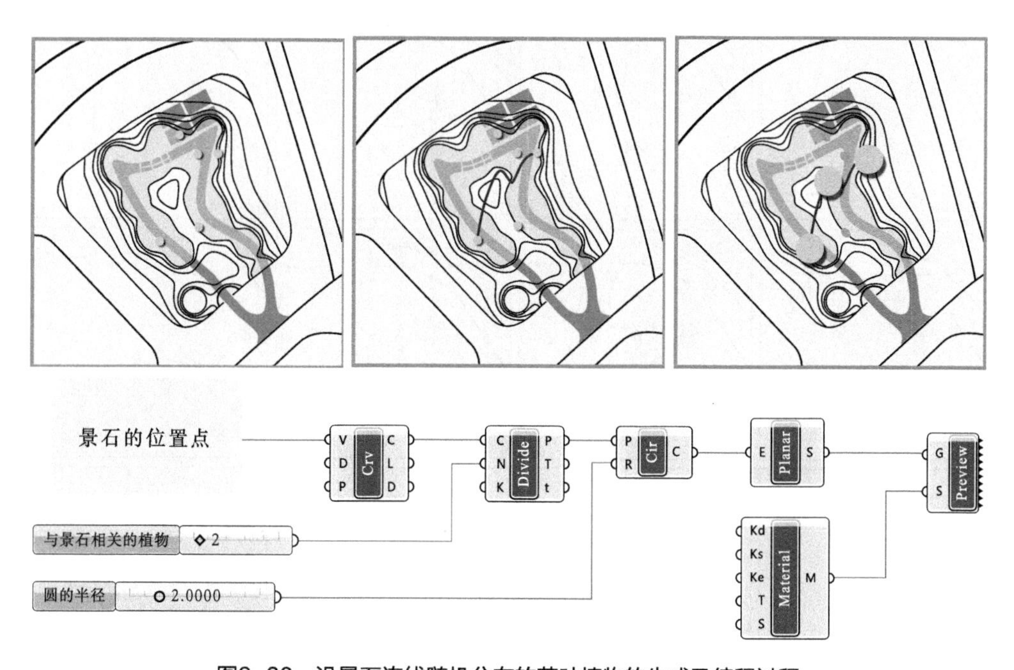

图9-38　沿景石连线随机分布的落叶植物的生成及编程过程

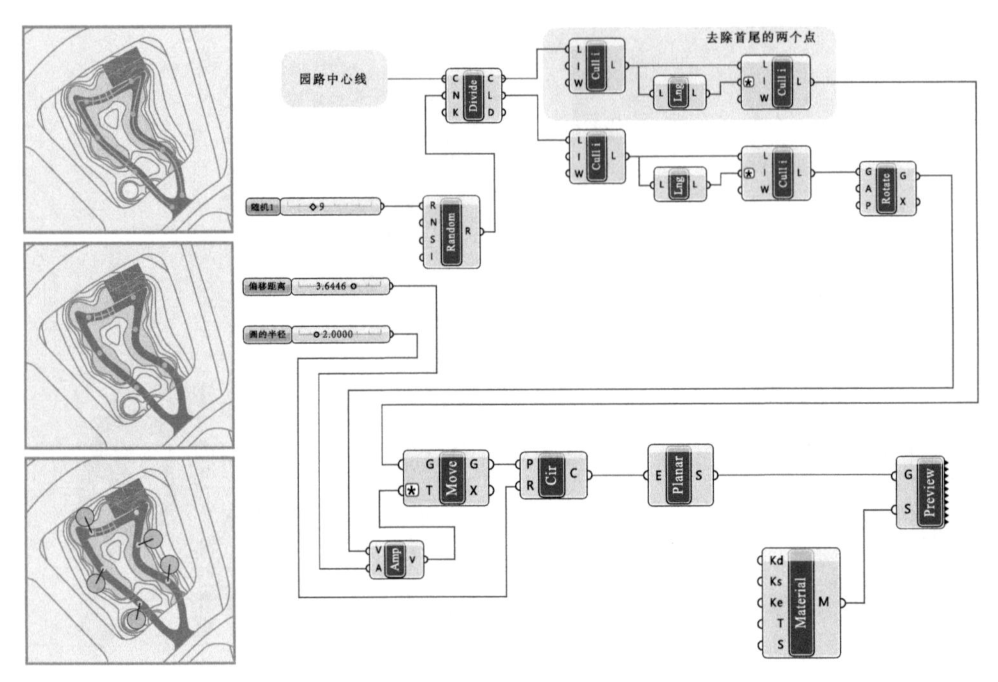

图9-39　沿园路随机分布的落叶植物生成及编程过程

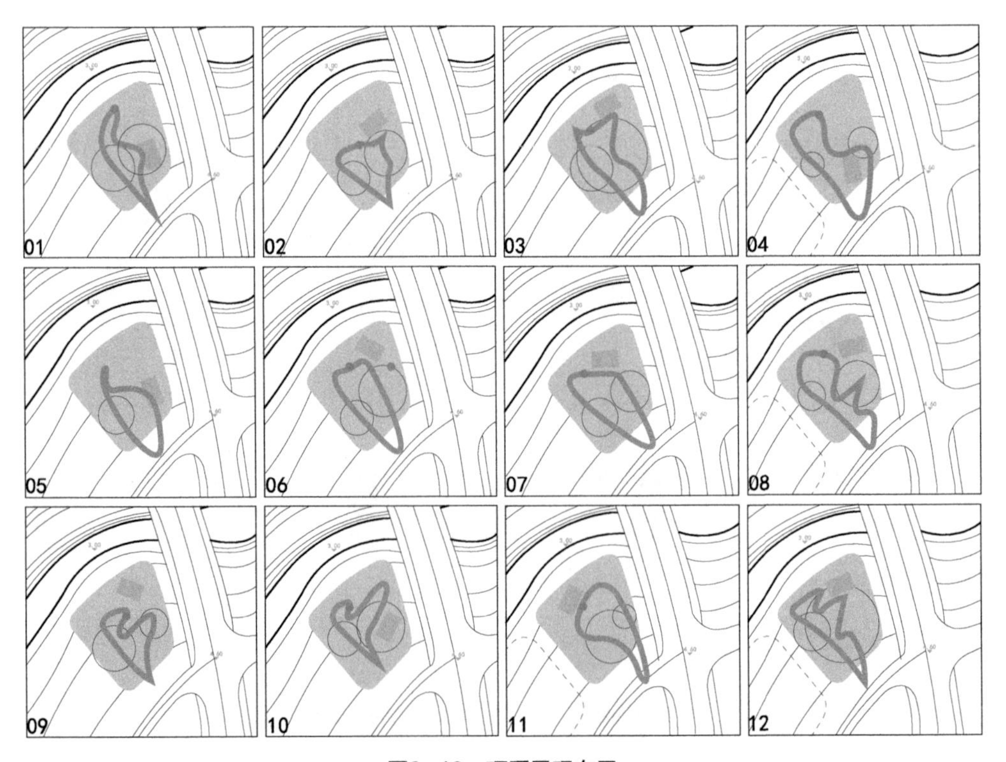

图9-40　硬质景观布局

硬质景观布局指标表　　表9-5

序号	硬质景观比例	游览所需时间（min）
01	22.4%	2.8
02	20.3%	2.5
03	24.6%	3.0
04	25.8%	3.2
05	21.9%	2.7
06	21.8%	2.6
07	22.7%	2.7
08	26.7%	3.5
09	23.2%	2.9
10	25.9%	3.5
11	23.5%	2.4
12	27.5%	3.5

2. 地形参数化

地形水系的控制参数设定为：每根等高线的高差值、地形最高值、最低点的数量、最低点的分布区域。

本设计中，设定每根等高线的高差值为0.2m，地形最高值为1.0m，通过改变最低点的数量及其分布区域，生成10组关于地形水系的平面形态及对应的白砂占地比例（表9-6、图9-41）。

地形水系布局指标表　　表9-6

序号	最低点的数量	白砂的占地比例
01	6	21.5%
02	6	26.7%
03	6	29.4%
04	6	26.5%
05	10	34.5%
06	10	42.4%
07	15	28.2%
08	20	32.7%
09	25	38.8%
10	28	24.5%

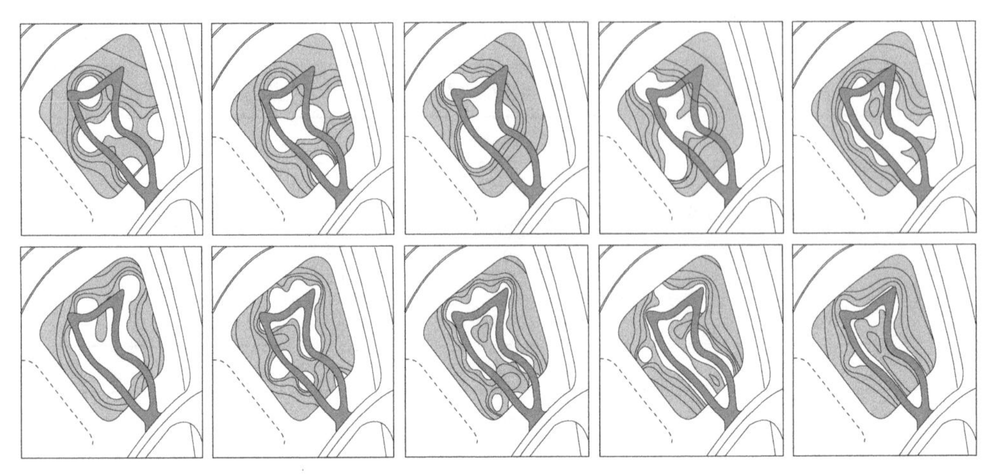

图9-41　地形水系

3．植物景石的参数化分布

植物景石的分布，建立在园路及地形水系的基础上，参数为景石的数量、景石的长宽范围、景石的方向、植物冠幅大小、植物的分布密度。

设计设定景石的长度变化范围为0.3～0.8m，方向360°随机旋转，景石的数量及植物冠幅见表9-7，生成植物景石的分布平面（图9-42）及对应的落叶常绿比、秋景植物占总植物的比例、绿化覆盖率等量化指标。

植物景石的参数化分布指标表　　表9-7

序号	景石	常绿植物	落叶植物	秋景植物	落叶常绿比	秋景植物占总植物的比例（%）	绿化覆盖率（%）
	数量	冠幅大小（m）					
01	10	2	4	2	0.80	34.5	75.7
02	7	3	4	2	0.82	33.7	70.7
03	10	3	5	2	0.85	31.5	105.8
04	7	4	5	2	2.21	58.9	86.7
05	15	2	4	3	0.53	30.3	78.4
06	6	2	4	2	0.79	37.5	63.9

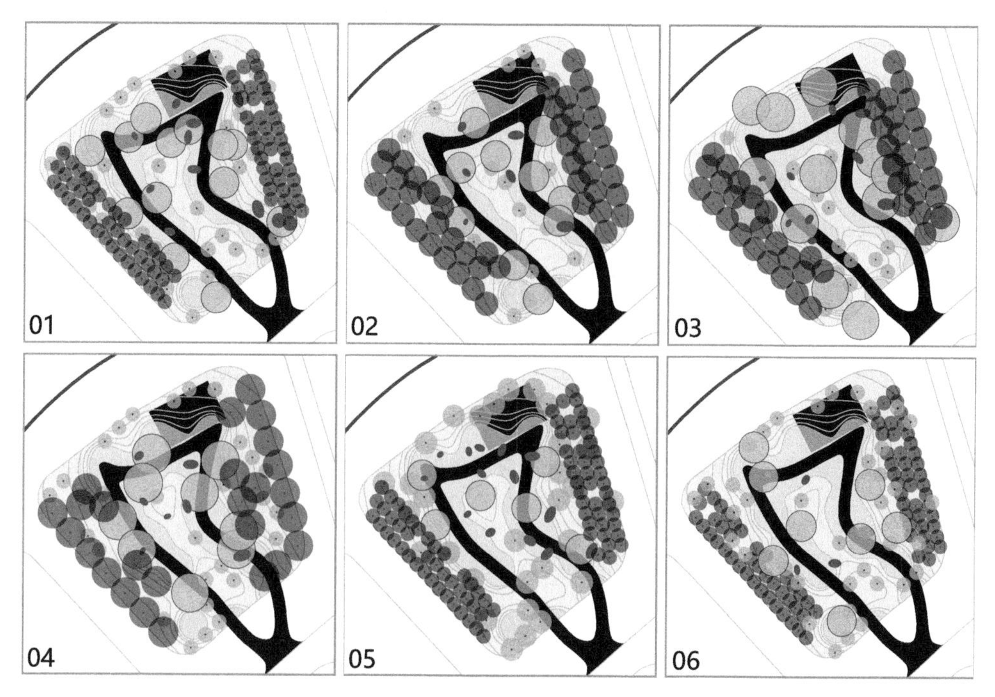

图9-42　景石、植物群落分布

9.3.9　小结

以日本展园为例，探讨了展园这一类型景观的参数化布局，结合设计流程，重点研究了参数及规则的转译，并提出了以硬质景观比例、游览时间、水系面积、景石数量、常绿落叶比、秋景植物比重、绿化覆盖率等量化指标作为决策的参考依据。

在参数化设计过程中，始终以规则矩阵表为核心，进行了Grasshopper图形编程，包括园路、坐观式庭院的范围及木桥、茅草亭、地形、植物及景石的编程。并对其编程过程进行了较为详细的介绍，可为类似的设计提供范例。

最后，虽然对参数化布局的介绍是对各个景观要素分别进行讨论的，但实际上他们的Grasshopper程序是一体的，任意改变其中的一个参数，都会造成整体的改变，是一个整体式的参数化布局设计。

参考文献

[1]　黄晓江，等．互动环境设计与研究[M]．北京：中国建筑工业出版社，2004.

[2]　徐卫国．参数化设计与算法生形[J]．世界建筑，2011（6）：110-111.

[3] 徐卫国，黄蔚欣，靳铭宇．过程逻辑:“非线性建筑设计”的技术路线探索[J]．城市建筑，2010（6）：10-14.

[4] 王东．建筑设计中几何及智能算法研究[D]．西安：西安建筑科技大学，2009.

[5] Michael H.Computing Self-Organisation: Environmentally Sensitive Growth Modelling [J]. Architectural Design, 2006(180): 12-17.

[6] 哈成．记一次参数化设计实验Ⅱ：邮局问题[J]．建筑技艺，2009（11）：102-105.

[7] 法国亦西文化．法国景观设计[M]．沈阳：辽宁科学技术出版社，2007.

[8] 章俊华．规划设计学中的调查分析法与实践[M]．北京：中国建筑工业出版社，2005.

[9] 刘庭风．《池上篇》与履道里园林[J]．古建园林技术，2001（4）：49-51.

[10] 池志炜，谌洁，张德顺．参数化设计的应用进展及其对景观设计的启示[J]，中国园林，2012（10）：40-45.

[11] 石磊．中国第七届花卉博览会北京展区室外展园规划设计浅析[D]．北京：北京林业大学，2010.

[12] 刘庭风．日本园林教程[M]．天津：天津大学出版社，2005.

[13] 刘庭风．日本园林的风格漫谈（四）坐观式、舟游式、回游式[J]．广东园林，2002（4）：10-11.

[14] 池志炜．参数化设计在景观设计中的应用探讨——以景观参数化布局为例[D]．同济大学，2013.

[15] 张德顺，池志伟．展园的参数化布局探讨[J]．中国园林，2014（5）：87-91.

第10章　风景园林观赏性的心理学研究

在绿水青山、公园城市以及人与自然和谐共处等科学理念指引下，在我国城市蓬勃发展的现代化进程中，风景园林建设的质量与规模已成为城市现代化发展的重要衡量指标之一。现今关于风景园林的理论及其应用研究越来越引人关注，并逐渐发展成融汇多学科的新领域，涉及生态学、地理学、城乡规划学、建筑学、社会学、美学艺术以及心理学等。

现代园林的主要功能包括生态功能、景观功能与社会功能。如何评价这些功能并构建相应的指标体系对于园林科学有效的规划、设计、建设和管理至关重要，而关于风景园林的评价则涉及人对园林环境感知体验等心理反应的研究。目前基于人类心理感受的园林研究往往总是集中在较为宏观的空间营造角度，重点研究多种元素的综合作用。而随着这方面研究的逐渐深入，对于各园林元素感受的单独分析也成为学科研究的热点。

在现代园林体系中，公共绿地在很大程度上能够体现城市风貌并具有供人休憩、娱乐、运动以及教育等多种功能，是集中体现生态系统服务功能的场所，因此被认为是园林建设的重点。城市的人均公共绿地面积、绿地率和绿化覆盖率是我国园林城市的主要评价指标。将城市公共绿地建成一个令人赏心悦目的景观载体，对于各项功能具有相辅相成的促进作用。下面选取城市公共绿地作为案例，探索其观赏性的心理测量学评价途径。

10.1　方法

10.1.1　材料

对上海地区有代表性的公园、大学校园进行实地考察，获取关于其植物群落种类分布与结构以及群落模式等数据。常见的植物群落有乔木类、小乔木类、灌木类以及草本类；常见的群落结构类型包括均一型、镶嵌型等；常见的群落配置模式如散植、列植、单层或多层丛植、群植等。在此基础上进行园林样地抽样，选取具有代表性的样方，涉及不同植物群落种类与结构、不同群落模式与不同季节的多种组合，呈现不同群落植物的形态、色调、层次等。采用高分辨率数码照相机（Canon EOS 350D）

拍摄园林照片，用于评价的照片共20幅。

10.1.2　测评量表的编制和施测

环境心理学的理论先导是由布鲁斯威克提出的现代知觉理论，该理论认为，人们在很大程度上是依赖过去的经验来理解环境的感觉信息，知觉在人们构建环境时起着积极的作用。基于以上相关研究资料及心理学原理，分析城市园林绿地观赏性的核心内涵，认为其主要包括视知觉和情绪情感两大因素，据此界定测评维度，设计测评指标。采用开放式问卷和小组研讨的方式向华东师范大学艺术系、环境科学系和心理学系的教师和学生征集测评项目，按照研究者的理论构想进行测项设计，形成试测量表，包括15个测项。从华东师范大学文、理、工科不同专业随机抽取本科生和研究生160名，男女各半，年龄范围为18～26岁，视觉正常。对他们进行园林评价的量表试测工作，对测试结果进行探索性因素分析，确定园林绿地观赏性的测评维度和测评项目，最终形成正式测评量表。

10.1.3　城市园林绿地观赏性评价

随机抽取华东师范大学本科生和研究生120名，男女各60名，来自不同专业，采用正式测评量表要求其对20幅抽样园林照片进行评价。该量表包括5个评价指标，分别为整体美感、正性情绪、色彩知觉、形态知觉和负性感受。比较不同园林绿地评价指标的评分差异。采用SPSS 11. 5进行数据分析。

10.2　结果

10.2.1　因素分析

对试测量表中14个测项（一个测项因用于评价整体美感而不包括在内）的测评数据进行主成分分析（Principal Component Analysis），KM0检验值为0.789，Bartlett球形检验的X_2=350.34，p<0.001，表明该数据适合进行因素分析。分析结果产生4个特征值（eigenvalues）大于1的因素，这4个因素的累积方差贡献率是73.76%。考察Varimax旋转因素负荷矩阵，有3个测项（流畅感、振奋感、跳动感）因具有大于0.30且数值大小彼此接近的跨因素负荷而被删除。对留存的11个测项再次进行因子分析，经Varimax旋转而获得四因子的维度结构，这4个因子的累积方差贡献率是78.48%。根据各因子所含测项内容，将其分别命名为正性情绪、色彩知觉、形态知觉和负性感受。表10-1所映园林绿地观赏性测评的因子结构以及各因子内测项的内在一致性信度（Cronbach-α 系数）。

城市园林绿地观赏性测评因素结构以及各因素内测项内在一致性信度　表10-1

测项	因素负荷			
	正性情绪	色彩知觉	形态知觉	负性感受
愉悦感	0.920			
吸引感	0.835			
舒适感	0.818			
色彩感		0.854		
丰富感		0.839		
节奏感			0.777	
协调感			0.652	
层次感			0.621	
零杂感				0.828
单调感				0.809
沉闷感				0.68
方差贡献率（%）	23.43	18.62	16.09	20.34
Cronbach-α 系数	0.91	0.77	0.76	0.75

注：小于 0.30 的因素负荷不列入表中。

10.2.2　城市园林绿地观赏性测评分析

《城市园林绿地观赏性评价量表》包括5个分量表，其中之一用于评价园林的整体美感，其余4个分量表分别从4个方面（正性情绪、色彩知觉、形态知觉、负性感受）对园林观赏性予以具体评价。120名被试人员对20幅园林绿地的整体美感评价高低不同，在1～10分的评分范围内，最高分为7.95（*SD*=1.37），最低分为4.68（*SD*=2.04），*M*=6.40（*SD*=0.87）。根据整体美感评分将这些园林排序，并将排列前4位和末4位的园林分为2组，分别界定为高观赏性组和低观赏性组。高观赏性组中的园林整体美感评分均高于7.27（*M*+*SD*），低观赏性组中的园林整体美感评分均低于5.53（*M*-*SD*）。比较这两组园林绿地的各个评价指标以分析其观赏性的具体心理学涵义。

10.2.3　观赏性评价高低不同组园林绿地的各测评维度评分

表10-2所示被试人员对观赏性高低评价排名前4位及末4位的园林绿地的整体美感及其余4个分量表的评价结果。基于内在一致性信度分析结果，将各分量表所包括的测项评分值相加而形成分量表评分。从表中可见，高观赏性组中各园林的整体美感、正性情绪、色彩知觉、形态知觉的评分均高于低观赏性组，而其负性感受的评分则低于低观赏性组，彼此差异达到极显著水平。

观赏性评价高低不同组园林各分量表评分的平均值及其差异检验　　表10-2

园林绿地	整体美观	正性情绪	色彩知觉	形态知觉	负性感受
高观赏性组					
A2	7.95（1.37）^{a}	23.48（4.27）^{a}	13.10（2.83）^{a}	21.13（3.70）^{a}	9.27（4.05）^{a}
B8	7.81（1.46）^{a}	22.41（4.51）^{a}	15.27（2.65）^{a}	20.22（4.19）^{a}	9.22（3.98）^{a}
A8	7.35（1.47）^{a}	21.73（3.92）^{a}	14.93（2.74）^{a}	19.93（4.31）^{a}	10.48（4.32）^{a}
A10	7.35（1.38）^{a}	21.23（4.13）^{a}	13.28（3.23）^{a}	20.43（4.18）^{a}	9.53（4.55）^{a}
低观赏性组					
B6	4.95（1.69）^{b}	13.33（4.36）^{b}	8.45（3.25）^{b}	13.97（4.82）^{b}	17.58（6.10）^{b}
A1	4.78（1.66）^{b}	13.25（5.15）^{b}	9.02（2.79）^{b}	15.03（5.10）^{b}	15.80（5.55）^{b}
B3	4.75（1.68）^{b}	12.60（4.79）^{b}	7.98（3.39）^{b}	14.08（4.77）^{b}	17.00（4.87）^{b}
A7	4.68（2.04）^{b}	12.23（5.78）^{b}	7.42（3.06）^{b}	13.38（5.00）^{b}	18.10（4.78）^{b}

注：表中右上角标注“*a*”的数值与标注“*b*”的数值间的差异达到极显著的水平（$p < 0.001$）。

10.2.4　观赏性评价高低不同组园林绿地的正性情绪评价

正性情绪测评分量表包括3个测项：舒适感、愉悦感和吸引感。表10-3是被试人员在观看高、低观赏性组中园林绿地时所产生的正性情绪体验的评价结果。从表中可见，高观赏性组中各园林对人的吸引感及其所引发的舒适感、愉悦感均强于低观赏性组中的园林，彼此差异达到极显著水平。

观赏性评价高低不同组园林的正性情绪测项评分平均值及其差异检验　表10-3

园林绿地	舒适感	愉悦感	吸引感
高观赏性组			
A2	7.93（1.42）^{a}	7.82（1.55）^{a}	7.73（1.67）^{a}
B8	7.47（1.56）^{a}	7.54（1.64）^{a}	7.39（1.70）^{a}
A8	7.23（1.33）^{a}	7.31（1.50）^{a}	7.18（1.49）^{a}
A10	7.17（1.39）^{a}	7.13（1.50）^{a}	6.93（1.58）^{a}
低观赏性组			
B6	4.72（1.64）^{b}	4.43（1.45）^{b}	4.18（1.65）^{b}
A1	4.60（1.64）^{b}	4.25（1.98）^{b}	4.40（2.12）^{b}
B3	4.30（1.74）^{b}	4.20（1.73）^{b}	4.10（1.87）^{b}
A7	4.25（2.11）^{b}	3.95（2.03）^{b}	4.03（2.02）^{b}

注：表中右上角标注“*a*”的数值与标注“*b*”的数值间的差异达到极显著的水平（$p < 0.001$）。

10.2.5 观赏性评价高低不同组园林绿地的形态知觉评价

形态知觉测评分量表包含的测项是层次感、协调感和节奏感。表10-4示被试人员对高、低观赏性组中园林绿地的形态知觉评价结果。从表中可见，高观赏性组中各园林的层次感、协调感和节奏感均强于低观赏性组中的园林，彼此差异达到非常显著的水平。

观赏性评价高低不同组园林的形态知觉测项评分平均值及其差异检验 表10-4

园林绿地	层次感	协调感	节奏感
高观赏性组			
A2	7.45（1.87）^{a}	7.22（1.55）^{a}	6.47（1.83）^{a}
B8	7.46（1.60）^{a}	7.49（1.88）^{a}	6.27（2.16）^{a}
A8	7.52（1.73）^{a}	6.33（1.67）^{a}	6.08（2.08）^{a}
A10	7.17（1.85）^{a}	6.92（1.53）^{a}	6.35（1.80）^{a}
低观赏性组			
B6	5.32（1.94）^{b}	4.53（1.90）^{b}	4.12（1.95）^{b}
A1	5.20（2.42）^{b}	5.30（2.12）^{b}	4.53（2.03）^{b}
B3	4.83（2.20）^{b}	4.83（1.89）^{b}	4.42（1.79）^{b}
A7	4.92（2.23）^{b}	4.35（2.07）^{b}	4.12（1.96）^{b}

注：表中右上角标注“*a*”的数值与标注“*b*”的数值间的差异达到非常显著的水平（$p < 0.001$）。

10.2.6 观赏性评价高低不同组园林绿地的色彩知觉评价

色彩知觉的测项是色彩感和丰富感。表10-5示被试人员对高、低观赏性组中园林绿地的色彩知觉评价结果。从表中可见，高观赏性组中各园林的色彩感与丰富感均强于低观赏性组，彼此差异达到显著水平。

观赏性评价高低不同组园林的色彩知觉测项评分平均值及其差异检验 表10-5

园林绿地	色彩感	丰富感
高观赏性组		
A2	7.00（1.67）^{a}	6.10（1.80）^{a}
B8	7.56（1.57）^{a}	7.71（1.39）^{a}
A8	7.52（1.55）^{a}	7.42（1.52）^{a}

续表

园林绿地	色彩感	丰富感
A10	6.52（1.74）[a]	6.77（1.84）[a]
低观赏性组		
B6	4.43（1.77）[b]	4.02（1.68）[b]
A1	4.68（1.67）[b]	4.33（1.69）[b]
B3	4.20（2.05）[b]	3.78（1.66）[b]
A7	3.58（1.78）[b]	3.83（1.64）[b]

注：表中右上角标注“*a*”的数值与标注“*b*”的数值间的差异达到极显著的水平（$p < 0.001$）。

10.2.7 观赏性评价高低不同组园林绿地的负性感受评价

负性感受的测项包括零杂感、单调感和沉闷感。表10-6示高、低观赏性组中园林绿地使人产生负性感受的评价结果。从表中可见，被试人员对高观赏性组中各园林所产生的单调感和沉闷感均显著低于低观赏性组，而在零杂感方面则低观赏性组中并非所有的园林都与高观赏性组中各园林存在显著组间差异。

观赏性评价高低不同组园林的负性感受测项评分平均值及其差异检验　表10-6

园林绿地	零杂感	单调感	沉闷感
高观赏性组			
A2	3.28（1.81）[a]	3.62（1.93）[a]	2.37（1.37）[a]
B8	4.02（2.19）[a]	2.92（1.47）[a]	2.29（1.30）[a]
A8	4.32（2.15）[a]	3.37（1.85）[a]	2.80（1.82）[a]
A10	3.33（1.85）[a]	3.35（1.96）[a]	2.85（1.77）[a]
低观赏性组			
B6	6.13（2.47）[b]	5.93（2.27）[b]	5.52（2.75）[b]
A1	4.58（2.38）[a]	5.63（2.31）[b]	5.58（2.78）[b]
B3	4.30（2.33）[a]	6.55（2.20）[b]	6.15（2.46）[b]
A7	5.57（2.32）[b]	5.90（2.40）[b]	6.63（2.36）[b]

注：表中右上角标注“*a*”的数值与标注“*b*”的数值间的差异达到显著水平（$p < 0.01$）。

10.3 讨论

何谓“观赏性”？简要而言，就是令观者赏心悦目的程度。观赏性或赏心悦目在心理学上如何诊释?如何赋予其操作性定义而能进行心理测评以获得评价指标?这是园林研究首先要解决的关键问题。根据心理学理论与原理，所谓“观”，是人们观看或观察外界环境的视觉信息接收和认知加工的过程。所谓“赏”，就是伴随“观”的视觉认知过程而产生的正性情绪情感体验（Positive Affect）。所谓“赏心悦目”，就是令观察者主观上愿意接受的视觉信息加工引发其产生良好情绪情感体验的心理活动过程。因此，观赏性的操作性定义及其心理测评应涉及视觉感知和情绪情感这两个密不可分的基本心理过程。

对于以植物群落为主体的园林绿地，观赏性的视觉感知和情绪情感要素究竟分别是什么？基于对园林特征的具体分析，提出形态知觉和色彩知觉是其最基本的视知觉因素，两者反映园林绿地的绿化相貌，涉及植物群落的分布以及它们在整体园林中的相互关系。至于其情绪情感要素，应体现在是否能使观看者产生正性情绪情感体验。研究者对正性情绪情感的简要界定是人们体验积极活跃、愉悦舒适、全神贯注、欣然投入的心理状态，与趋近行为动机系统机能有关，在脑神经机制上主要反映于大脑左半球前额叶较高的活动水平。本研究分析的园林观赏相关情绪情感因素主要体现在其能否吸引观察者并使人产生诸如美感、舒适感和愉悦感等主观体验。另一方面，本研究还鉴别出负性感受这一评价维度，它所测评的是难以使人产生美感的园林知觉以及由此产生的负性情绪体验，这属于削弱园林观赏性的负面因素。

由于美感兼有积极良好的情绪情感成分以及审美的认知成分，令人产生美感的园林具有符合人的审美需要而使人在主观上愿意接受、趋近它的观赏效应，因此将美感作为观赏性的整体评价指标，依据该指标的评价结果可以区分观赏性高低不同的园林组别，而后通过比较观赏性高低不同组别园林在视觉感知和情绪情感不同维度的测评结果，可以分析其观赏性的具体内涵。研究结果表明，高观赏性组各园林与低观赏性组各园林相比，前者的正性情绪、形态知觉及色彩知觉维度评价指标及其所含各测项评分均高于后者，彼此差异均达到极显著（$p<0.001$）或非常显著（$p>0.01$）的水平，而负性感受维度评价指标评分则是后者极显著地高于前者，而且其测项评分也多显著高于前者（$p\leqslant0.01$）。总结上述结果可以说明，研究所设计的各评价指标对于区分城市园林绿地观赏性高低具有很好的鉴别力，可以明确而具体地诊释其观赏性的核心内涵并能予以有效测评。

参考文献

[1]　刘滨谊，姜允芳．中国城市绿地系统规划评价指标体系的研究[J]．城市规划汇刊，2002（2）：27-29.

[2]　Stern, PC. Psychology and the science of human-environment interactions[J]. American Psychologist, 2000(55): 523-530.

[3] 张式煌．上海城市绿地系统规划[J]．城市规划汇刊，2002（6）：14-16.

[4] 余树勋．园林美与园林艺术[M]．北京：科学出版社，1987.

[5] 减德奎．彩叶树种选择与造景[M]．北京：中国林业出版社，2003.

[6] 王保忠，王彩霞，何平，等．城市绿地研究综述[J]．城市规划汇刊，2004（2）：62-67.

[7] 苏俏云．以“人”为本规划城市园林绿地系统——论中国城市园林绿地建设[J]．华南师范大学学报，2000，26（11）：90-94.

[8] 黎玉才．植物：绿地园林的主体[J]．湖南林业，2004（4）：9.

[9] 俞孔坚．园林的含义[J]．时代建筑，2002（1）：14-17.

[10] 谢晓庆，王丽．因素分析[M]．北京：中国社会科学出版社，1989.

[11] Watson, D, Tellegen, A. Toward a consensual structure of mood[J]. Psychological Bulletin, 1985, 98(2): 219-235.

[12] Carver, CS, White, TL. Behavioral inhibition, behavioral activation, and affective responses to impending reward and punishment: The BIS/BAS Scales[J]. Journal of Personality and Social Psychology, 1994(67): 310-333.

[13] Davidson, RJ. Anterior asymmetry and the nature of emotion[J]. Brain and Cognition, 1992(20): 125-151.

[14] 张卫东，方海兰，张德顺，等．城市绿化景观观赏性的心理学研究[J]．心理科学，2008（4）：823-826.

第11章 树木生长势和枝条形态相关性

园林树木生长势是园林发挥生态功能、景观功能和社会功能的基础，德国德累斯顿大学Andreas Roloff教授提出的通过枝条、树冠来判断树木生长势在欧洲广泛接受。突破了仅考虑“落叶比”和叶色等指标测定落叶树树势的传统方法。本章以分布遍及中欧、代表性强、经济价值高的欧洲山毛榉（*Fagus sylvatica*）为例，采用田间观察和航片判读相结合的方法，通过植物枝梢状况和树冠结构来评估树木生长势。

11.1 树冠的衰落症状

11.1.1 落叶及树冠结构变化

树冠结构对树木生长势评估非常重要，落叶也是科学家们在众多研究中意识到的问题。树冠在某种程度上并不是评估落叶树树势的最适指标。有关树冠透明度和落叶的“叶落”（和树冠厚度）相关性的研究报道中，叶片是研究树势的重要因子，但叶片数量、大小常受干旱、病虫害、开花、结果等影响，叶子大小具有不稳定性，即使在同株树的相同树冠也有不同变化，两棵不同树木很难得出显著相关的结论。

同株山毛榉的树势评估时发现，落叶和树冠结构树势评估结果有所不同（表11-1），只有50%的评估树木中达到了一致结论。因此，把“叶落”换成“树冠透明度”一词将更合理，同时也不会引起“叶落”与“脱落叶子”的歧义。一棵落叶树表现出的30%“叶落”并不意味着30%的叶子会脱落，这些叶子只是树木在生长季节之初不复存在罢了，这种现象在最近的调查中日渐明显。如图11-1所示，随着树木长势的增加，枝条长度的增长，树冠透明度下降。如果使用基于树冠透明度和树冠结构的树势评估，会得到树势等级（VS）降低这种相反的结论。

落叶和树冠结构树势评估的分歧（树势等级n=333） 表11-1

树势等级（树冠结构）	0	受害级别 1	2	共计
0	17	17	5	39
1	8	21	14	43
2	1	6	11	18
共计	26	44	30	100

Mohring讨论了通过调查确定树势衰弱水平的问题。他持续5年对立地相同的几棵山毛榉树冠部分拍照，发现由于枝干的死亡和衰弱，“叶落”导致树势下降，而树木受损级别的变化几乎没有（图11–2）。如果折断的枝条比死亡的枝条的数量多，则决定了下降趋势的减缓。然而如果死亡枝条比折断枝条多，那么下降趋势将逆转。在这些例子中，真正衰弱过程是不能由“叶落”来决定的。

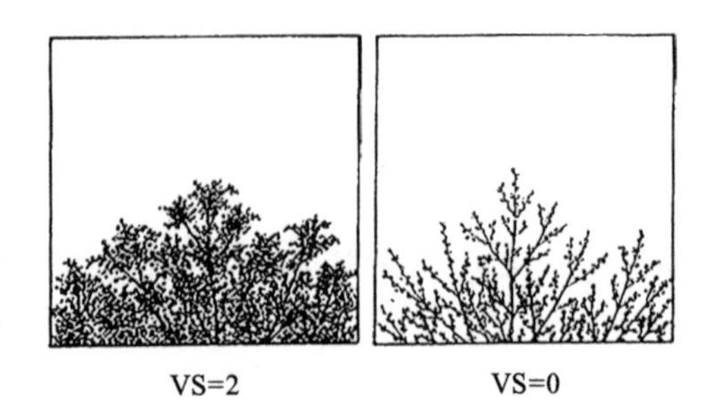

图11–1 根据树冠透明度和树冠结构进行树势评估的分歧，很多树随长势的增强而透明度提高

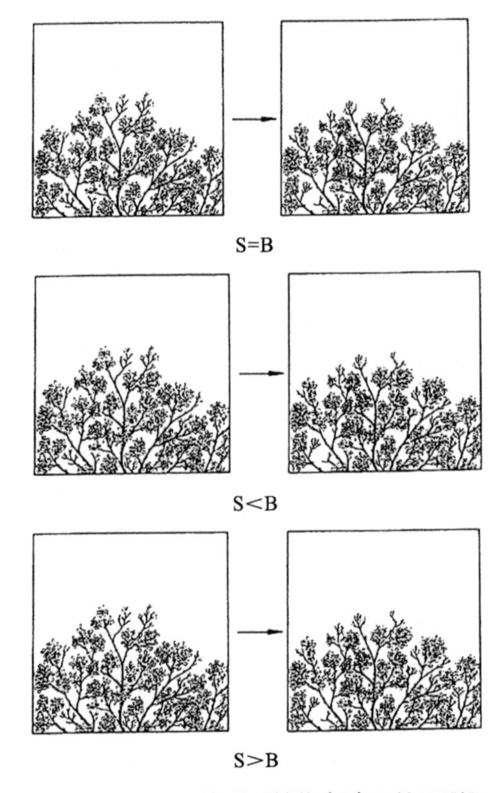

图11–2 因不同时间落叶枯萎（S）和枝干受损（B）引起不一致的表现

11.1.2 树冠结构随树势下降的变化

本章就树势在生长潜力方面进行讨论，而这方面表现在树木枝条生长，虽然对枝条结构已经论述很多，但作为树势指标的重要性也仅仅在最近才发现。

11.2 枝条形态学

通过单株硬木枝条形态研究发现，叶痕（圈）是表明叶在茎上接触面的形状（叶柄）和位置（叶序）的最好证据（图11–3），为追溯多年生硬木枝条形态提供了可能（比如几十年生山毛榉），并且可以以此来推演它的生长过程。

进一步对多树种枝条形态调查，能区别两种枝条：短枝和长枝（图11–4）。短枝仅有几毫米或者几厘米长，有3～5枚叶片，顶芽会在接下来的季节产生一个短枝条并且形成短枝链，或者转化形成枝条长枝；侧芽少而休眠，几年内不分枝。长枝枝条显然更长，有更少叶子，并且在来年分枝。

任何树种顶梢生长的长度，树木高度的增长，都会在达到生长高潮点后减弱，这也是树势衰弱的反应。树木发育的规律是，顶端生长尽量争取上部空间，顶梢生长的长度可以解释为树势的象征。另一方面，内堂枝、下部枝、外围枝的长度主要取决于竞争和光照条件，不适合作为对整棵树势的评价标准。

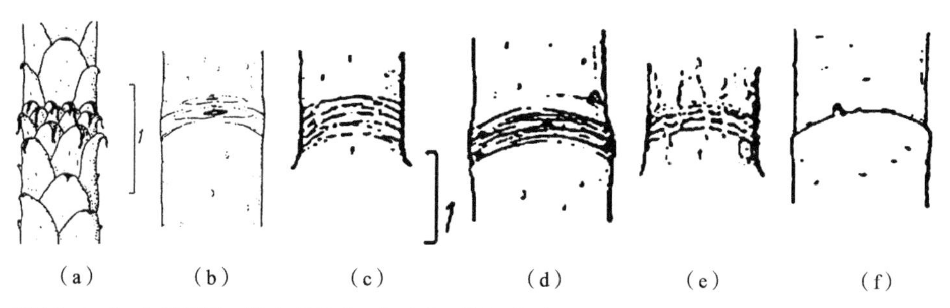

图11-3 （a）樟子松、（b）悬铃木、（c）挪威槭、（d）欧洲白蜡、（e）欧洲栎、（f）柳树的叶痕

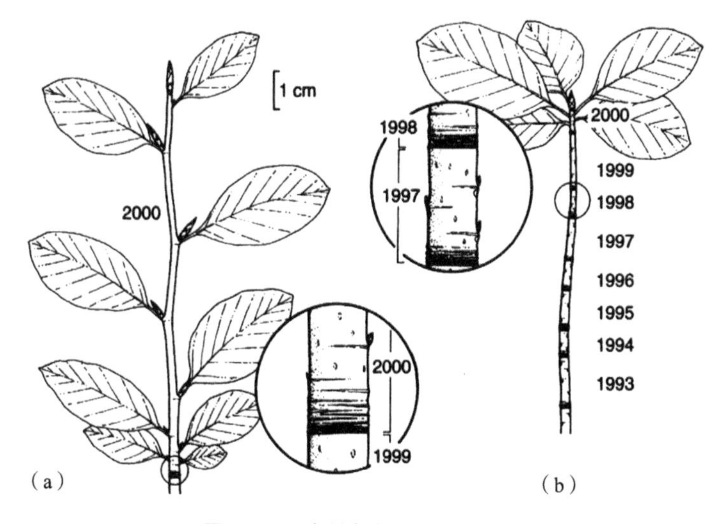

图11-4　欧洲水青冈的枝条形态

（a）长枝叶痕（圈），对生叶和侧芽，顶芽；（b）没有任何分枝的9年生短枝链和顶端叶簇

11.3　生长阶段模型

图11-5展示了一个典型健康生长的山毛榉总状分枝中央领导干的发育状况。这个分枝和多数其他硬木的分枝都很类似，其他树种或许少有不同。生长期长出了最好、最健康的分枝结构：顶端和上部当年的侧芽产生长枝，下部的侧芽发育为短枝，最底下的侧芽并不发芽而是成为休眠芽。一年生的侧芽从顶端到底部逐渐减少，并且发育中的分枝形态变为向上或者转向。这样就形成了分枝系统，一年生枝条边缘（在图11-5表示为黑线中断的地方）即使从很远的地方也能通过分枝形态和突兀的长侧芽变为短枝辨别出来。该延展阶段是茂盛树广泛的表现特征。顶枝争夺上部空间，侧枝充盈于中，便于与对手竞争。

转变期（图11-6），顶端芽发育为较短的长枝，侧芽（与最顶端的一样）发育的短枝毫无例外地生长。从远处也可以看到分枝形态明显退化。停滞期指在树势逐渐衰退的过程中，顶芽变为短枝，分枝停止，短枝不再分枝，枝条的长度和高生长均处于

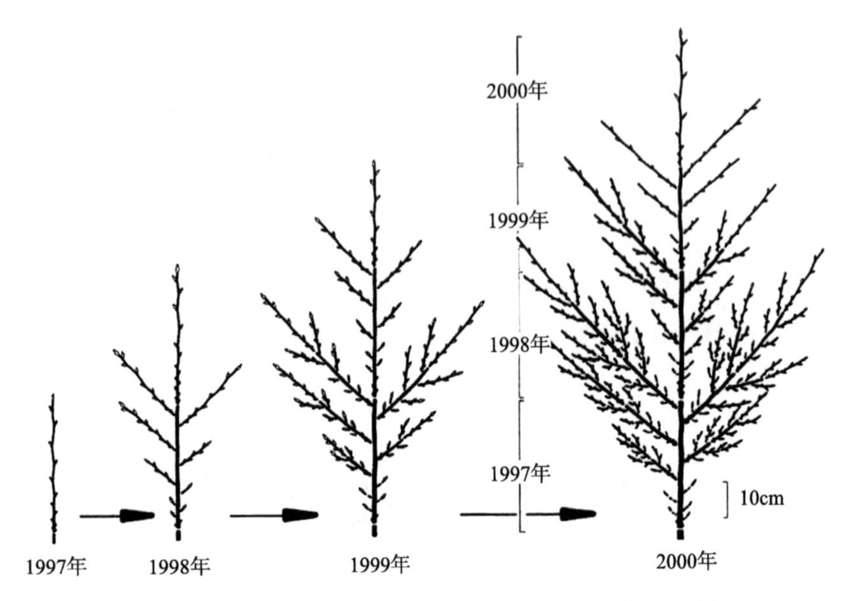

图11-5　一个典型的4年生山毛榉分枝顶梢生长的详细说明（生长期）

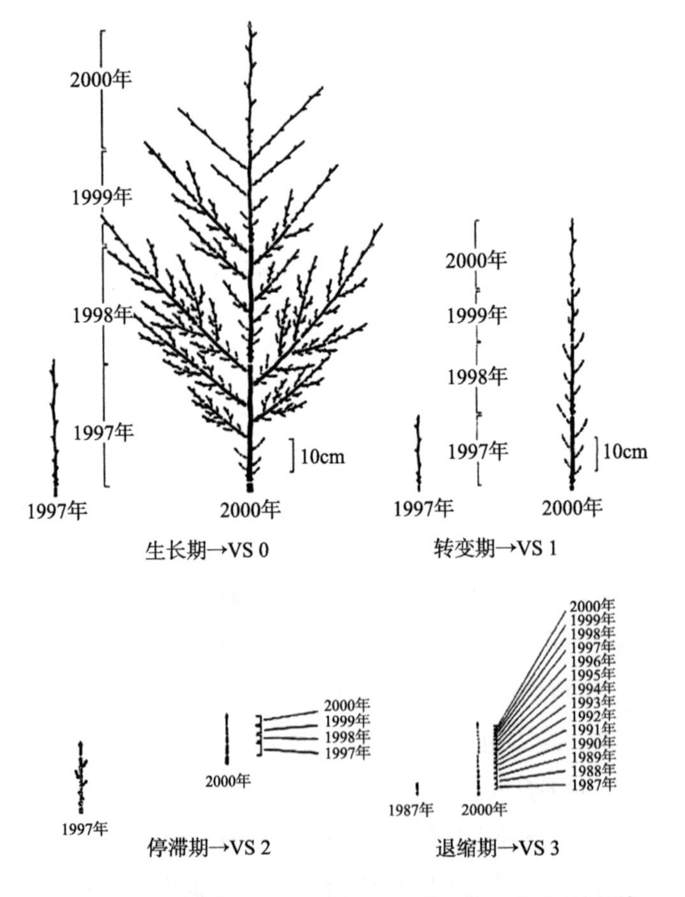

图11-6　山毛榉4个阶段：左边是领导干的枝梢，右边是3年的发育状况

停滞状态。退缩期是在停滞期延迟到几年之久（前提不仅是暂时的），树枝或（如果考虑顶端枝条）顶梢焦梢的阶段。受机械静止影响，短枝链不能在树冠上部曝风处伸长。故次要的因素就决定了顶梢枯死的准确时间。由于短枝链离光照距离更远，在树冠周围就形成典型的丛枝结构。类似的生长期在其他阔叶树种中也已发现，仅仅是一些小的差异而已，例如欧洲栎、挪威槭、白蜡、桦木、柳树和其他树种。

11.4　树势分级

健康的树势“树势分级0”（图11-7）表明了顶枝在生长期的状态：主轴和部分侧枝组成长枝。形成网状分枝结构，并向树冠内部生长。若圆形封闭的树冠在强大干扰下形成树冠缺口时，很快会被密集分枝封住。经过夏季的生长可形成茂密的树冠。

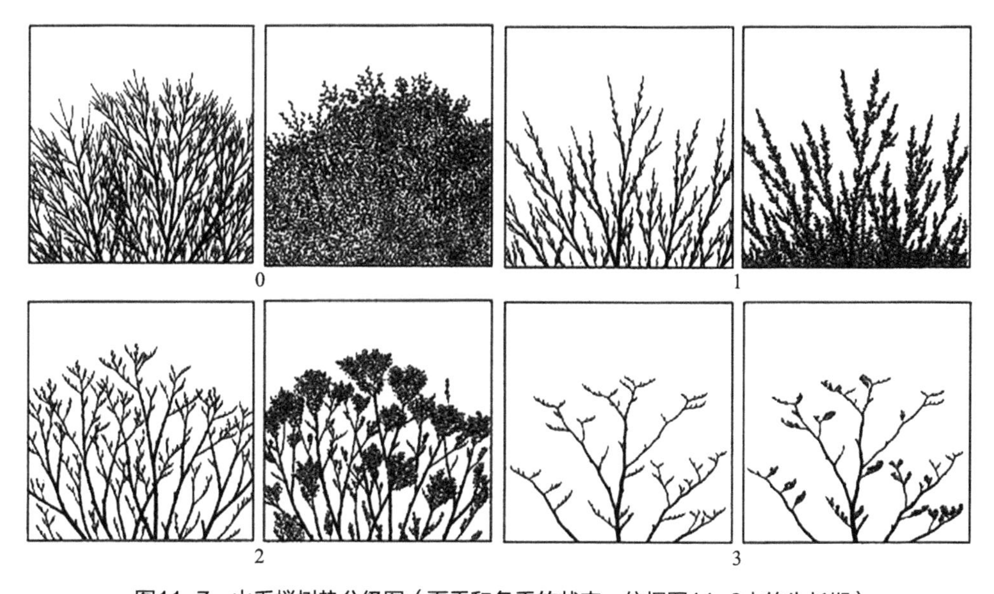

图11-7　山毛榉树势分级图（夏季和冬季的状态，依据图11-6中的生长期）

“树势分级1”表示顶枝处于退化阶段。“矛”状分枝形成于树冠之外。叶片着生在“矛”状分枝（顶端的侧枝或者短枝链）上。树冠外部则有受损并且有丛生型表现，因为嫩枝间的生长空间不是完全由叶子和嫩枝组成，而树冠有钉状形态，在树冠中间分枝形态和叶群十分密集。在这个树势分级中，树顶端枝条及顶的主轴仍是休眠的，但是由于嫩枝长出树冠，该级树势没有0级的树冠完整。

“树势分级2”树势明显衰弱，树梢具备了退缩期的短梢，该阶段可以描绘为无叶“爪”阶段，因为短枝链在树冠外侧变长，“爪”状伸向阳光。这些短枝链过快增加，阻断了山毛榉林分冠层向地表的夏季雨水渗透。在正常情况下，山毛榉和其他树种摆脱了内部和下部的部分不重要的树枝。如果树梢本身自修剪，枝条则由树冠内向外变细。导致幼叶脱落、短枝链断裂、缺枝、死芽、枯枝。该分枝模式是树冠外围成了“毛”状或“块”状，使得夏季和冬季树冠缝隙增大，但尚有直枝到达冠围。

“树势分级3”，大枝折断，树冠斑驳，冠形分裂成“鞭”状，生长进入衰退回缩期。该树势分级系统是根据分枝结构而制定的，而这仅仅能由长期的树势的衰减推测的。

11.5　干旱损害和由环境因素导致的树势标准的关系

旱害能够影响分枝，但不造成分枝结构的根本性变化。由于非常短的枝条是在干旱夏天异常形成的，在下一个季节恢复原貌，所以旱害能够在多年后借助枝条痕迹辨别出来（图11–8）。

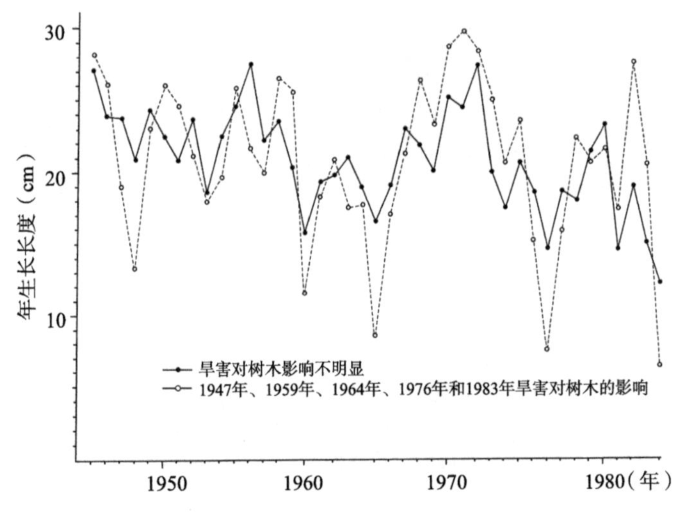

图11–8　两株山毛榉树梢的长度增量，一株干旱影响明显，一株影响不大

旱害导致未成熟的叶子在当年夏季掉落，引起夏季树叶变少、变小以及叶片变薄。从远处（如在树林中的地面）不能分辨出来由过去的干旱造成的暂时的短枝，分枝结构也看不出根本的改变（图11–9）。然而长期的树势降低（树顶长期的枝条长度缩减有关）能造成硬木明显不同的分枝结构（图11–10）。鉴于该法，对树势的最好评估的时间是在叶落后的秋天和冬天。

只有长期影响能反映出分枝形态的根本变化，该法只适合于鉴别硬木树种中的“树木衰退”，最近发生于欧洲和北美树木的衰退评估是由现有的和长期积累共同影响造成的。因此对于分枝结构的改变不排除空气污染和其他长期性的消极因素的影响。

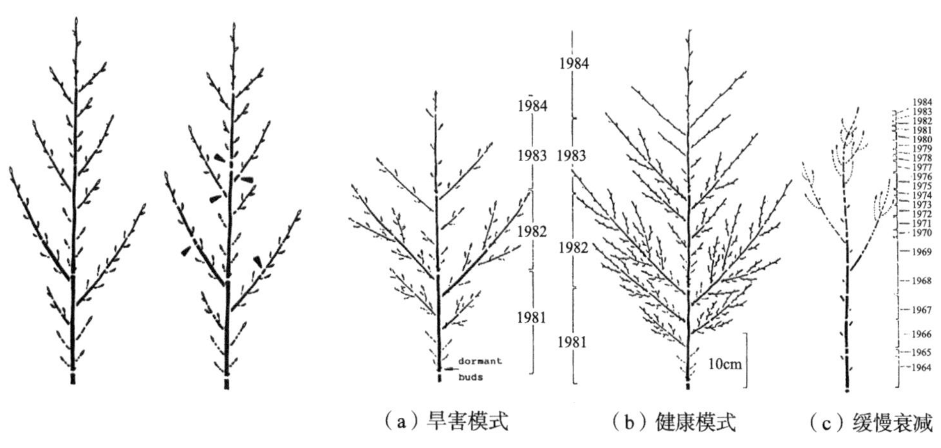

图11-9　分支模式中隐含着旱害（右边箭头示）没有展现

图11-10　一个典型的树梢分枝模式

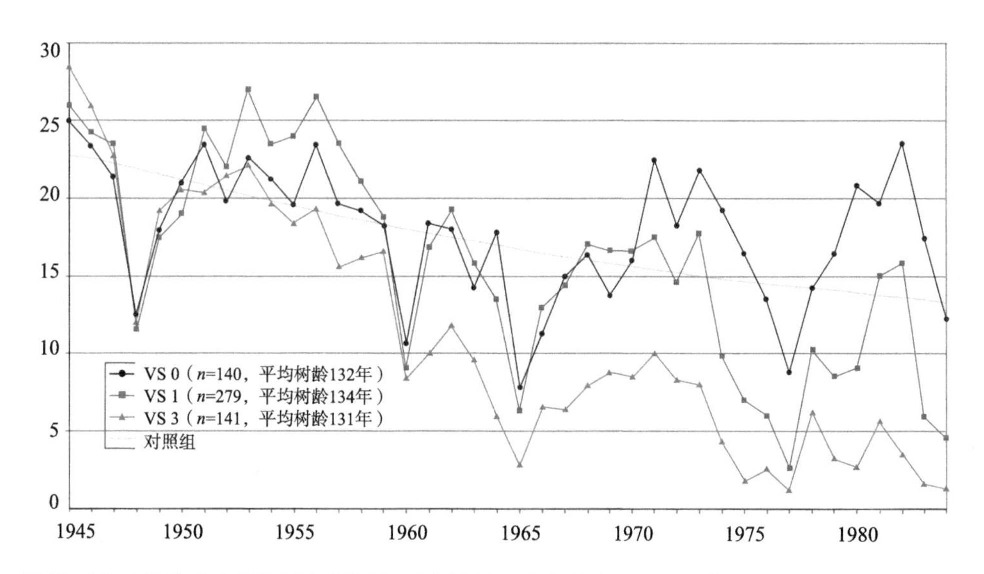

图11-11　135年生山毛榉树中央领导干在过去的40年间的年长度增量（树势等级VS，根据产量表老龄化趋势比较YT）

在对山毛榉的研究中证实了这一重要欧洲硬木树种的衰败时间持续之久（图11-11）。只有阳光充足的植株的处于“树势分级0”，遵循着生长过程表的年度趋势，而树势分级1～3的树将在多年后才衰败。把主要增长的绝对值转化为和0级的百分比，比较发现1、2级的树（图11-12）大多已经衰败10～15年，而3级树已经衰败20～25年。另外一个可以展示不同树势分级的指标是主枝条在过去10年的年平均长度增长量（图11-13）。

基于树冠结构的系统也可以成功地借助航片判读，使短期内对一大片区域评估成为可能（图11-14）。对18种其他硬木的研究表明了评估其他北半球树种和欧洲山毛

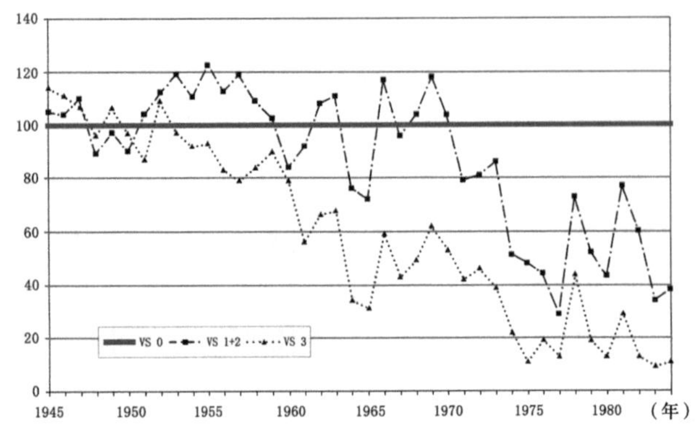

图11-12　中央领导干的年增量，是树势等级VS（1+2，3）占树势等级VS（0）的百分比

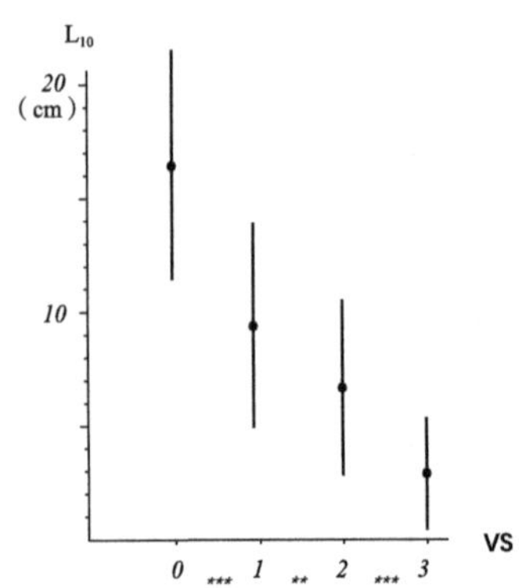

图11-13　不同树势等级与10年前相比的增量

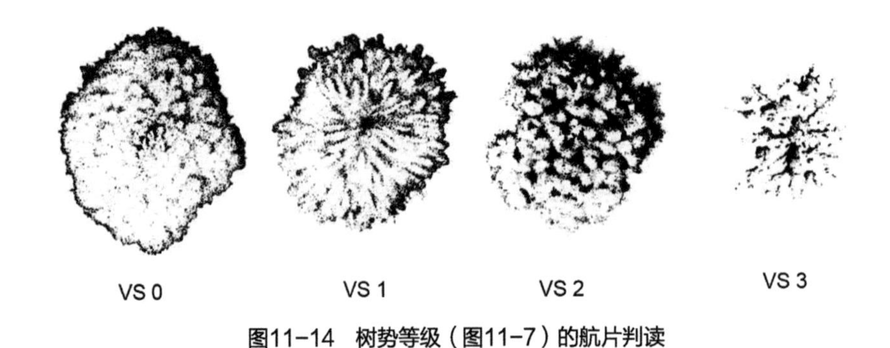

图11-14　树势等级（图11-7）的航片判读

榉是一样的。这些硬木树种中只有个别种略需调整。研究的主要植物有垂枝桦、毛桦、挪威槭、欧亚槭、糖槭、欧洲七叶树、赤杨、欧洲鹅耳枥、欧洲白蜡、美国山毛榉、甜樱桃、欧洲栎、刺槐、黄花柳、欧洲小叶椴、宽叶椴等。目前山毛榉树势分级被广泛应用。有趣的是，在索林山施肥基地，设置酸化、石灰化或者不作任何处理的样地，山毛榉树冠结构的变异开始展现。

11.6　径向增长与根部发育的关联性，遗传性以及种植的后续影响

虽然树势分级（基于树冠结构）和树冠枝条的径向增长有紧密的联系，与胸径增长联系不紧密，但在不考虑树木空间时也可把在胸径增长作为一个树势的指标。在考虑了树木空间时，且被调查树木是在基于“叶落”和树冠结构的同一个生命分级，与胸径的联系更紧密。

树冠的变化需要研究根冠间的联系，研究表明这些“系统树”组成成分具有高度

相关性，因此分枝结构展现出来的改变和根部系统的改变联系紧密。树冠和根冠发育是相关的，一棵树可以被当作互相联系的一个完整系统。在3个差异巨大的基地里找出24棵2m高的山毛榉作了定量研究，测定了以下参数：总叶数量、总叶面积、叶平均大小、不同年间长枝和短枝发育数、总枝条长度、根系直径超过2mm的总长度、枝干总重、根系直径超过2mm的总根干重、植株年龄和根部深度等，所有的例子毫无例外地显示所有树冠和根部直径的高相关性。整棵树代表了完整的系统，不管是树龄（9～31岁）、树冠、树冠/根冠均有相当大的影响。每个参数的改变能引起树冠/根冠比值的变化。

Muller-starck（1989）发现影响退化的山毛榉（基于树冠结构的研究）品种（分别是一个杂合和基因多样性）是树势下降的树。因此只有高度基因多样性山毛榉品种才能存活于胁迫之下，而不会有明显的伤害。

受到胁迫的树冠结构也可能由造林引起。疏林可以使树冠变薄而透明，立地自然条件难以调控，疏林的方式、方法可以人为取舍。

参考文献

[1] Roloff A. Morphologie der Kronenentwicklung von Fagus sylvatica L. (Rotbuche) unter besonderer Berücksichtigung möglicherweise neuartiger Veränderungen [D]. Gottingen: Georg-August University, 1985.

[2] Roloff A. Kronenentwicklung und Vitalitätsbeurteilung ausgewählter Baumarten der gemäßigten Breiten [M]. Frankfurt am Main J. D. Sauerländer's Verlag, 1989a.

[3] Roloff A. Entwicklung und Flexibilität der Baumkrone undihre Bedeutung als Vitalitätsweiser [J]. Forstwes, 1989b, 140: 775-789, 943-963.

[4] Flückiger W, Braun D, Flückiger-Keller H et al. Untersuchungen über Waldschäden in festen Buchenbeobachtungsflächen der Kantone Basel-Landschaft, Basel-Stadt, Aargau, Solothurn,Bern, Zürich und Zug[J]. Schweiz. Forstwesen, 1986(137): 917-1010.

[5] Flückiger W, Braun S, Leonardi S et al. Untersuchungen an Buchen in festen Waldbeobachtungsflächen des Kantons Zürich [J]. Schweiz. Forstwesen, 1989(140): 536-550.

[6] Perpet M. Zur Differentialdiagnose bei der Waldschadenserhebung auf Buchenbeobachtungsflächen[J]. Allg. Forst- u.Jagdztg, 1988(159): 108-113.

[7] Gies T, Braun S, Flückiger-Keller H et al. Untersuchungen über Waldschäden in festen Buchen-Beobachtungsflächen[J]. Schweiz. Ztschr. Forstw, 1986(137): 917-1010.

[8] Möhring K. Wuchsstörungen und Absterben in den Kronen einiger Buchen im Solling[J]. Allg. Forstz, 1989(44): 113-116.

[9] Richter J. Stand der Buchenschäden nach den Waldschadenserhebungen in Nordrhein-Westfalen[J]. Allg. Forstz, 1989(44): 76-763.

[10] Westman L. A system for regional inventory of damage to birch. Int Congr on Forest decline research: state of knowledge and perspectives, Friedrichshafeu, 2-6 Oct, 1989, Poster Abstr 1: 57-58.

[12] Athari S, Kramer H. Problematik der Zuwachsuntersuchungen in Buchenbeständen mit neuartigen Schadsymptomen[J]. Allg. Forstu. Jagdztg, 1989(160): 1-8.

[13] Büsgen M. Bau und Leben unserer Waldbäume[M]. Jena: Verlag von Gustav Fischer, 1929.

[14] Thiebaut B. Formation des rameaux[M]//In Tessier du Cros E. Le Hetre. Paris, 1981: 169-174.

[15] Thiebaut B. Tree growth, morphology and architecture, the case of beech: *Fagus sylvatica* L.[M]//In Comm. Eur. Communities. Scientific basis of forest decline symptomatology. Brüssel: Commission of the European Communities, 1988.

[16] Roloff A. Schadstufen bei der Buche[J]. Forstu. Holz, 1985(40): 131-134.

[17] Hanisch B, Kilz E. Monitoring of forest damage[M]. Stuttgart, 1990.

[18] Hartmann G, Nienhaus F, Butin H. Farbatlas Waldschäden[M]. Stuttgart: E. Ulmer, 1988.

[19] Runkel M, Roloff A. Schadstufen bei der Buche im Infrarot-Farbluftbild[J]. Allg. Forstz, 1985(40): 789-792.

[20] Lonsdale D, Hickman IT. Beech health study[J]. For. Res, 1988(23): 42-44.

[21] Dobler D, Hohloch K, Lisbach B et al. Trieblängen-Messungen an Buchen[J]. Allg. Forstz, 1988(43): 811-812.

[22] Müller-Starck G, Hattemer HH. Genetische Auswirkungen von Umweltstress auf Altbestände und Jungwuchs der Buche [J]. Forstarch, 1989(60): 17-22.

第12章　园林植物应对气候变化的选择原理与方法

以温室气体增加为起因，以温室效应增强为主要特征，引起了天气、气候、气候系统的变化称之为气候变化（Climate Change）。它是指气候平均值或气候距平值出现显著变化。气候平均值的升降，表明气候平均状态的变化；气候距平值增大，表明气候状态不稳定性增加，气候异常愈明显。当前国际社会最关注是近10～100年的气候变化。

气候变化的影响是全方位、多方面的，主要表现形式是：高温热浪、海平面上升、风暴潮、极端干旱、冰川消融、生物多样性锐减等。气候变化是不争的事实，但是不同的国家、不同的区域、不同的城市、不同的立地气候变化的特征各不一样，多数区域变的气温升高，也有像中欧地区一样有局部变冷的迹象，高温热浪使得很多地区相对湿度变小而干旱，但很多城市发生暴雨内涝的现象，既有中美沿海地区的台风飓风频率增高、危害加剧的趋势，也有华北地区风场减弱、雾霾加剧的情形。真可谓“气候在变化，处处不相同”。

面对气候变化，气象、农业、林业、牧业、渔业、水利、生态、能源、建材、交通、国土、城建、环保、文物、旅游等各行各业均在应对。风景园林作为一级学科，是人居环境规划建设的主力军，是自然遗产和文化景观的传承者，是国土美化和生态修复的引领者，需要研究本学科和专业自己的对策，逐步形成响应气候变化的原理与方法。

（1）风景园林的规划以生态规划为核心，生态规划以植物配置为龙头

应强化园林规划中的树种成分和配置结构，减少对大地肌理的人为更改，树立可持续的园林管理策略。应统筹整合山体、林场、农田、牧场、水系的景观体系，软化城市下垫面结构，将水、土、大气、生物、岩石的因素纳入生态演替与进化的时空进程中。

（2）把握气候变化规律，保障风景园林系统的生态安全和绿地健康

尽管气候变化具有无序性，但在一定范围、一定时间内其变化还是有规律可循的。园林绿化的火灾、病虫害和病原体、物种入侵、山体破坏、水土流失、野生动物生境破坏、流域衰退等问题，均可以进行有效的控制和调控，只有园林系统的生态安全了，绿地、林地和湿地自身健康了，其服务功能才能健全和可持续发展。

（3）增强风景园林系统的生态韧性，提升生态服务功能

生态系统服务是人们从生态系统获得的好处，包括供应服务（食物和水）、调节服

务（气候调节、生物控制）、支持服务（土壤形成、养分循环）以及文化服务（娱乐、精神、宗教和其他物质利益）。这些服务中的变化影响着人类福祉，诸如安全、生活所需、健康、社会文化关系，反过来，这些福祉成分也影响到人的自由和选择。生态韧性是系统在受到内外突发冲击或是慢性扰动时表现出的结构和功能稳定性和适应性。只有增强了园林系统的生态韧性，才能保障生态服务功能发挥的稳定性和持续性。

（4）深化园林植物生态习性和生物学特性的研究，准确掌握园林植物的生态适应幅度

提升生态韧性是应对环境变化的重要途径。生态韧性包括生态抗性、生态耐性和生态适应性。在把握气候变化规律的基础上，将了解园林植物的“生态幅度”与“抗逆性”——科学“选择植物”——提高园林系统“生态韧性”，作为风景园林提升生态系统韧性的科学应对策略。

12.1 应对气候变化的园林植物选择的指标体系

从宏观时间上看，植物经历了上亿年的进化，所经历的气候变化远比我们人类要久远得多，其各种抗逆性基因都隐藏在不同的植物种类中得以传续。从微观角度上看，园林植物个体的各种抗逆性在一定程度上决定了其种群的地理分布和植株个体的健康生长，故从各种植物的自身抗逆性视角出发，筛选出能够适应多种气候变化情景的园林植物是应对气候变化的主动策略。

针对包括温度、降水、光照、病虫害、风力、土壤酸碱性、营养等气候变化因素，构建出应对气候变化的园林植物选择的生长、形态、生态、生理等指标体系（表12–1）。

应对气候变化的园林植物选择的生长、形态、生态、生理等指标体系　表12–1

气候因素	抗性	指标类别	具体指标	相应机制
温度	抗寒性	生理	电解质外渗率	以电解质外渗率50%作为临界致死低温的生理指标，同一低温下外渗率越大，其树种抗寒性越差
		生理	电阻值	植物细胞的电阻主要在于细胞质膜，在不同低温下电阻值变化缓慢，一般反映出树种抗寒性较强
		生理	组织水势	水势与植物抗寒能力呈线性关系，水势越高，植物细胞从周围环境吸水潜力越大，忍受冻害能力越强
		生理	气孔关闭率	气孔是植物体内水分调节的重要途径，它能在短时间内进行可逆变化，从而有效地增强叶片对冷环境的自我防御能力

续表

气候因素	抗性	指标类别	具体指标	相应机制
温度	耐热性	生理	相对电导率	高温胁迫导致细胞渗透性增加和电解质的泄漏，结果表现为可直接测量的相对电导率增加
		生理	叶绿素含量	在炎热等逆境条件下，植物的叶绿素会发生变化，其荧光现象可以作为植物受胁迫程度的指标
		生理	相对含水量	植物叶片相对含水量反映了保水和抗脱水的能力，相对含水量越小说明水分亏缺越严重
		生理	脯氨酸（PRO）含量	植物处于逆境时，游离脯氨酸含量急剧增加，不同物种的积累量不一样
		生理	丙二醛（MDA）含量	高温胁迫下，丙二醛含量高，说明植物细胞膜质过氧化程度高，细胞膜受到的伤害严重
		生理	过氧化物歧化酶（SOD）含量	SOD酶在减轻膜的伤害上起着一定的保护作用，SOD酶的增加幅度一定程度上体现了物种的耐热性
		生理	气体交换参数	气体交换参数表明植物的光合能力和水分利用能力，耐热性强的植物在高温条件下一般维持较高的光合速率保证植物生长/生存的需要
		生理	叶绿素荧光参数	叶绿素荧光参数显示PSII原初光能转换效率与潜在活性、PSII电子传递量子效率以及PSII的潜在热耗散能力，可以通过综合光合参数评定物种耐热性
		形态	叶片形态	在高温胁迫情况下，叶片出现卷曲、灼伤和落叶现象，根据生长状况可判断植物耐热级别
降水	耐旱性	形态	叶片材质	光滑或厚革质的叶片具备更强的耐旱性
		形态	叶背	叶背由于浓密的绒毛层或蜡层而呈现蓝色、银灰色或银白色的植物体现出较强的耐旱性
		形态	叶片形状	羽状复叶或深裂的叶子具备更强的耐旱性
		形态	叶片大小	一般叶片长度小于10cm的小叶子植物具有更强的耐旱性
		形态	刺	刺的特征是评估抗旱性的一个重要指标
		生理	树干液流通量	干旱条件会降低植物的树干液流量
		生理	导水率	植物耐旱特性与导水能力有关，根系、枝条和树干的导水对干旱胁迫的敏感性可以反映植株持续抗旱能力
	耐涝性	生长	植株整体	淹水胁迫下，顶芽和叶片形态会发生适应性变化，植株生长缓慢甚至停滞
		生理	叶绿素含量	植物在淹水胁迫下，由于根系缺氧限制有氧呼吸和叶片光合作用，与光合作用相关的酶活性受到影响，加之根系活力降低阻碍矿物质吸收，造成叶片营养不良，导致叶绿素合成能力下降，叶片变色，叶绿素含量减少
		生理	电导率	受涝害越严重，植物细胞膜通透性越大，细胞外渗物越多，电导率越高

续表

气候因素	抗性	指标类别	具体指标	相应机制
降水	耐涝性	生理	比叶重	植物受到淹水胁迫后，由于光合作用受阻，生长速率减慢，生物量累计减少，同时由于根系缺氧影响水分吸收导致叶片含水量减少，因此一些树种的叶片单位面积重量减少，叶片变薄变轻
		生理	净光合速率	植物受到淹水胁迫后，生长受到明显的抑制，净光合速率、气孔导度显著下降
		生理	丙二醛（MDA）含量	丙二醛的含量可以从抗氧化的角度反映植物遭受逆境伤害的程度
		生理	脯氨酸（PRO）含量	脯氨酸含量一定程度上可以反映植物体内的水分情况，作为植物缺水情况的生理指标之一
光照	抗日灼	形态	叶片	叶片焦叶面积的大小以及灼伤程度反应植株的受害程度
		形态	枝干	日灼伤害程度加重体现为干皮从变色或变粗糙，到干缩死亡，最后脱落、木质部暴露纵裂
		生理	叶面温度	叶面温度和气温差值能作为不同光环境下研究叶片日灼伤害的代表性指标
		生理	光合速率	净光合速率一定程度上可以反映植物对于不同光环境的适应性
		生理	气孔导度	气孔导度是描述和反映植物叶片气孔开度的一个重要参数
		生理	蒸腾速率	蒸腾速率作为叶片气体交换参数的一种，能够很好地反映植物体对于环境因子的响应和自身气体交换的状态
		生理	胞间CO_2浓度（C_i）	胞间CO_2浓度是光合生理生态研究中经常用到的一个重要参数，当空气中的CO_2浓度恒定不变时，C_i的变化使气孔导度变化和叶肉细胞光合活性变化的总结果
		生理	叶绿素荧光参数	叶绿素荧光参数直接反映出日灼伤害对植物光合作用结构和功能的影响
	耐阴性	生理	光补偿点和表观量子效率	光补偿点和表观量子效率是体现植物在弱光条件下光合作用能力的两项重要指标。一般说来，某种植物的光补偿点越低，表观量子效率越大，该种植物耐阴能力就比较强，反之，其耐阴力就差
		生理	叶片含水量、蛋白质含量和糖含量	植物叶片中的含水量、蛋白质含量、糖含量反映了植物生理代谢过程中的自身调节能力，其适宜的组合比例是体现植物耐阴性的重要指标
		生理	叶绿素含量	叶绿素是光合作用的载体，其含量和比例是树种适应和利用环境因子的重要指标。一般说来，叶绿素含量高、叶绿素a/叶绿素b比值小的树种具有较强的耐阴性

续表

气候因素	抗性	指标类别	具体指标	相应机制
生物	抗病虫害	生态	景观损失	根据因为病虫害造成景观损失的程度判断植物对病虫害的抗性
		其他	病虫害种类	植物的抗病虫害能力越强，其主要病虫害种类，危害严重害虫、受气候变暖影响的害虫就越少
风力	抗风性	形态	树冠结构	由于树冠结构的不同，树木受风害的影响程度也不同，塔状锥型树木更容易发生风折而不是风倒；主干形、圆柱形、纺锤形最不抗风；圆头形、丛状形、开心形的树木较抗风
		形态	干形比	干形比是决定树木受风害类型的重要因素，干形比的增加会导致树木风倒的风险增加，有研究认为，干形比50左右的树木比较容易受风害
		其他	木材性质	韧度、刚度、弹性等是抗风能力的重要因素
土壤酸碱性	耐盐性	生长	存活率	对不同植物不同处理的不同时期分别统计栽植总株数和存活总株数，存活率=（存活株数/总株数）×100%
		形态	形态指数	对叶片的受害情况进行评定分级，统计盐胁迫对植株的危害程度
		生长	植株高生长量	植株高生长量=试验结束时植株高度-试验开始时植株高度
		生长	冠幅增量	冠幅增量=试验结束时冠幅−试验开始时冠幅
		生理	叶绿素含量	叶绿体是对盐分胁迫最敏感的细胞器，随着盐分胁迫浓度增大，园林树种的叶绿素相对含量呈明显下降的趋势
		生理	电导率	当植物受到逆境胁迫后，细胞膜遭到破坏，细胞内发生膜脂过氧化或膜脂脱脂作用，细胞膜的完整性降低，选择透性丧失，导致细胞内的电解质外泄
		生理	光合速率	在不同盐分处理阶段影响光合作用的主要因素不同，气孔因素在较短时间内对光合的能够较大，叶肉因素则在较长时间的盐分胁迫后成为影响植物光合的主要因素
		生理	丙二醛含量	丙二醛含量反映植物细胞膜脂过氧化程度，体现植物对逆境条件反应的强弱
		生理	过氧化物歧化酶（SOD）含量	通过对SOD的测定，反映不同盐分胁迫浓度下植物体内代谢的变化及适应性
营养	抗瘠薄	生理	固氮效率	采用^{15}N自然丰度法测定固氮效率，植物从土壤中吸收^{15}N自然丰度值越小，说明固氮能力越强，反之，固氮能力越弱
		生长	生长量	通过相对高生长量，径相对生长量等指标对树种的固氮特性进行综合评价
		生理	叶片含氮量	树种落叶含氮量和鲜叶含氮量所属类型基本一致，即鲜叶含氮量高的树种落叶含氮量一般也较高

从以上指标体系中不难看出，虽然园林植物面对不同的气候变化有多种多样的响应机制，但一些重要抗逆生理指标可以用于指示植物多种抗性：

（1）电解质外渗率/电导率

植物细胞膜对维持细胞的微环境和正常代谢起着重要的作用，质膜透性在一定程度上反映膜的稳定性。当植物处在不良环境中时，原生质的结构常受到影响，原生质半透膜的通透性会发生改变，有机物和盐类从细胞中渗出，进入周围环境。受伤害越大，植物细胞质膜透性越大，细胞外渗物越多，电导率越高。

（2）叶绿素含量

叶绿素是高等植物和其他所有能进行光合作用的生物体含有的一类绿色色素。在逆境条件下，叶绿素的组成会发生变化，叶绿素含量在植物抗逆生理中有广泛的应用。

（3）光合速率

光合作用为植物的生长发育提供所需的物质和能量，是逆境环境胁迫下受影响的主要过程之一。净光合速率的大小能直接反映植物的生长情况，是标志植物遭受逆境胁迫的一个敏感指标。

（4）脯氨酸（PRO）含量

游离脯氨酸是细胞内主要起渗透调节作用的物质之一。正常情况下，植物体内的脯氨酸含量很低，但当其处于逆境时其含量将急剧增加，这是植物对不良环境的一种适应性反应。

（5）丙二醛（MDA）含量

植物在逆境下通常会发生过氧化作用，丙二醛是膜质过氧化作用的最终分解产物，丙二醛的含量可以从抗氧化的角度反映植物遭受逆境伤害的程度。丙二醛含量高，说明植物细胞膜质过氧化程度高，细胞膜受到的伤害严重。

（6）过氧化物歧化酶（SOD）含量

植物的抗性以及对环境的适应与过氧化物歧化酶（SOD）、过氧化物酶（POD）、过氧化氢酶（CAT）等抗氧化酶的含量密切相关。SOD是一切需氧有机体中普遍存在一种酶，SOD与植物的呼吸作用、光合作用及生长素的氧化等都有密切关系，是体内普遍存在的并且活性较高的适应性酶。许多研究证实，SOD酶能消除超氧化物自由基，控制膜的过氧化水平，在减轻膜的伤害上起着一定的保护作用。

12.2 试验树种

基于常见园林植物的分布情况和引种情况，选择300余种（品种）树种进行相应的抗性研究，试验树种如表12-2所示。

针对不同抗性研究的试验树种汇总表　　表12-2

序号	抗性	试验树种
1	抗寒性	亚热带北缘的8种常绿阔叶植物：大叶女贞、蚊母、海桐、枸骨、黄杨、石楠、火棘、扶芳藤
2	耐热性	15种（品种）观赏山楂：摩登山楂‘托巴’、红蕊山楂、华盛顿山楂、英国山楂‘红云’、英国山楂‘红保罗’、绿山楂‘冬国王’、鸡矩山楂、俄罗斯山楂、皱叶山楂、阿尔泰山楂、湖北山楂、华中山楂、山楂、野山楂、山里红
3	耐旱性	常见耐旱树种：栓皮槭、三角枫、青皮槭、复叶槭、意大利槭、挪威槭、红花槭、佐辰槭、红花七叶树、臭椿、意大利桤木、灰桤木、垂枝桦、光叶山樱桃、鳞皮山樱桃、毛山核桃、欧洲栗、黄金树、小叶朴、高加索朴、美洲朴、鸡足香槐、君迁子、美洲柿、狭叶白蜡、欧洲白蜡、帕利斯白蜡、洋白蜡、四棱白蜡、银杏、山皂荚、美国皂荚、美国肥皂荚、朝鲜槐、‘科诺斯基’海棠、美国蓝果树、欧洲铁木、黄檗、库页岛黄檗、二球悬铃木、一球悬铃木、银白杨、欧洲山杨、欧洲甜樱桃、西洋梨、欧洲野梨、黄背栎、土耳其栎、猩红栎、匈牙利栎、覆互状栎、高加索栎、大果栎、蒙大拿栎、沼生枥、岩生栎、绒毛栎、北美红栎、刺槐、槐、白光花楸、瑞典花楸、宽叶花楸、心叶椴、克里米亚椴树、糠椴、银毛椴、榔榆、榆树、榉树
4	耐涝性	常见耐涝树种：黑松、水松、彩叶杞柳、杂交柳、沼生栎、水紫树、海滨木槿、刚毛柽柳、金缕梅、喷雪花、金叶皂荚、美国红枫、复羽叶栾树、喜树、紫树、鳞叶柽柳、蔓生紫薇、短枝红石榴、重瓣红石榴、绒毛白蜡、美国连翘、紫花醉鱼草、花叶蔓长春花、黄金树、大花六道木、欧洲荚蒾、蓝刺柏、欧洲鹅耳枥、北美红栎、猩红栎、花叶马褂木、豪猪刺、金叶小檗、杨梅叶蚊母、红叶石楠、黄果火棘、金焰绣线菊、红花绣线菊、金叶风箱果、伞房决明、加拿大红叶紫荆、鱼鳔槐、金枝槐、美丽胡枝子、染料木、红叶臭椿、美国红栌、红枫、欧洲七叶树、花叶扶芳藤、密实卫矛、滨柃、红果金丝桃、花叶胡颓子、矮紫薇、花叶常春藤、秤锤树、金叶莸、枸杞、金叶接骨木、地中海荚蒾、小花毛核木、花叶锦带、杠柳、迷迭香
5	抗日灼	10种（品种）上海常见槭树科槭树属植物：三角枫、五角枫、鸡爪槭、中国红枫、‘橙之梦’红枫、‘三季红’红枫、‘秋火焰’红花槭、‘夕阳红’红花槭、‘红国王’挪威槭、花叶复叶槭
6	耐阴性	24种（品种）具有较强耐阴性的植物：太平花、爬行卫矛、南蛇藤、接骨木、花叶西洋接骨木、西洋接骨木、卫矛、金银木、锦带花、华北珍珠梅、金银花、天目琼花、三裂绣线菊、红花忍冬、郁香忍冬、溲疏、绣球荚蒾、扶芳藤、鸡麻、猥实、鹅耳枥、香茶藨、陕西荚蒾、棣棠
7	抗病虫害	32种常见园林植物：合欢、加拿利海枣、二球悬铃木、香樟、杜鹃、日本晚樱、苏铁、重阳木、垂柳、冬青卫矛、桂花、海桐、女贞、水杉、枫杨、栾树、三角枫、垂丝海棠、木槿、枸骨、苦楝、银杏、广玉兰、雪松、杜英、蚊母、紫叶小檗、蜡梅、八角金盘、石楠、白玉兰、山茶
8	抗风性	25种上海常见园林树种：杜仲、枫香、光皮树、广玉兰、黄连木、金丝楸、榉树、乐昌含笑、柳杉、栾树、马褂木、女贞、青桐、蚊母树、乌桕、无患子、五角枫、喜树、香樟、小叶朴、银杏、玉兰、中山杉、重阳木、棕榈

续表

序号	抗性	试验树种
9	耐盐性	40种常见园林植物：多花木蓝、分药花、豪猪刺、蔓生紫薇、地中海荚蒾、红花绣线菊、溲疏、金叶接骨木、加拿大紫荆、彩叶杞柳、蓝刺柏、蓝冰柏、紫花醉鱼草、园艺木槿、小花毛核木、金叶杨、红叶杨、密实卫矛、矮生紫薇、金叶莸、黄果火棘、花叶锦带、欧洲椴、花叶胡颓子、加拿大红叶紫荆、丝棉木、速生柏、麻栎、水松、短枝红石榴、紫穗槐、伞房决明、滨柃、绒毛白蜡、杠柳、迷迭香、大花六道木、柽柳、海滨木槿
10	抗瘠薄	上海30种常见园林植物（29种固氮树种及1种对照植物）：染料木、合欢、常春油麻藤、紫藤、花叶胡颓子、胡颓子、江南桤木、多花木蓝、紫穗槐、杨梅、华东木蓝、鱼鳔槐、锦鸡儿、树锦鸡儿、红花锦鸡儿、牛奶子、多花胡枝子、美丽胡枝子、红花刺槐、胡枝子、黑荆、杭子梢、马棘、桤木、中华胡枝子、银合欢、白刺花、黄檀、伞房决明、海滨木槿

12.3 应对不同气候变化情形下的树种选择对策

在全球气候变化的大背景下，许多区域的气温条件产生了显著变化，高温天气和寒冷天气的频现，以及城市的热岛效应等对城市园林绿化树种的选择产生了新的要求。因此，在温度变化的前提下，研究园林绿化树种的抗寒性、耐热性进而做出合理的植物选择显得十分重要。

在降水变化方面，近60年来我国华北、西南地区年平均降水量大多为减少趋势，且以秋季降水偏少的趋势最为显著，导致了秋季干旱增多以及秋冬连季干旱频繁。2000年以后，北方夏季降水呈减少趋势，而冬季降水趋于增加，南方秋季降水减少明显，而春季降水增多，西南地区秋冬春连旱偏多。另一方面，地区间降水具有不均衡性，强降雨导致的局部地区和城市内涝也经常发生。因此，风景园林既要研究各地植物的抗旱性，又要研究城市植物的抗涝性。

在光照变化方面，园林植物不可避免要经受光照强度、光质和光照时间变化的影响，它们需适应其生长的光环境才能生存。强光和高热会引起植物的灼叶和灼干伤害，低光照强度会引起植物的非正常生长。因此，抗日灼植物研究和耐阴植物研究对强化植物生态功能与满足特殊空间绿化需求具有重要意义。

气候变暖不仅改变了园林树木的生长状况，同时也影响以树木为寄主的病虫害的发生动态趋势。园林树木对病虫害的响应也会发生相应变化，导致传统的树种规划、园林绿地养护管理策略需要进行他调整。通过探讨气候变暖对园林树木与病虫害两者之间的影响，预测园林树木抵抗病虫危害的趋势，为城市绿地园林树种的科学规划、植物造景、园林树木的养护管理，以及提升城市生态系统韧性提供指导依据。

台风危害已对我国东部沿海地区造成了严重的影响，其中对长江三角洲、珠江三角洲和南海海域人类社会经济系统的影响最为严重，也是损毁当地园林树木的主要自然灾害之一。在过去30年里，台风在频率上虽然变化不大，但其持续时间和所释放的能量却增加了50%以上，具有更大的破坏性。有研究表明，随着海水表面温度的升高和全球气候变暖，西北太平洋将会出现更多强台风。预计到2050年左右，每年登陆我国的台风频次会比目前增多1～2个，引发的风暴潮频次也可能比目前增多0.6～1.5个。为了增强树种对未来极端天气及环境的适应能力，有必要加强对树种抗风性的研究，选择具有抗风能力的园林树种对于提高生态系统韧性、维护绿地健康、保育生物多样性起重要作用。

随着全球气候变暖导致的海平面上升，加重了滨海地区土壤盐渍化程度。在滨海耐盐植物的资源引种、研究应用上，一些发达国家已经筛选出数百种耐盐性较好的植物进行了细化分级排序，研究成果已发挥了巨大效益。国内近年来耐盐植物种类筛选工作也得到了迅速发展，但关于园林植物的耐盐性筛选一般缺乏生理实验数据支撑。

土壤是绝大多数植物的生存基础，土壤贫瘠是风景园林中经常遇到的立地类型，要想提升生态系统的服务功能，首先要提升立地土壤肥力，其中，共生固氮植物是可肥土沃土的氮素的重要来源之一，也是风景园林调控立地土壤，增强抗贫瘠能力，适应困难立地的有效措施之一。

本章节主要根据各种园林植物生态适应幅度、形态生理生态等指标分析结果，指出应对不同气候变化情形的树种选择策略。

12.3.1　园林植物抗寒性分类

将试验树种在–20℃以上的外渗率、电阻值、组织水势、气孔行为4项指标5组数据进行模糊聚类分析和主成分分析，分析树种综合指标的抗寒性。

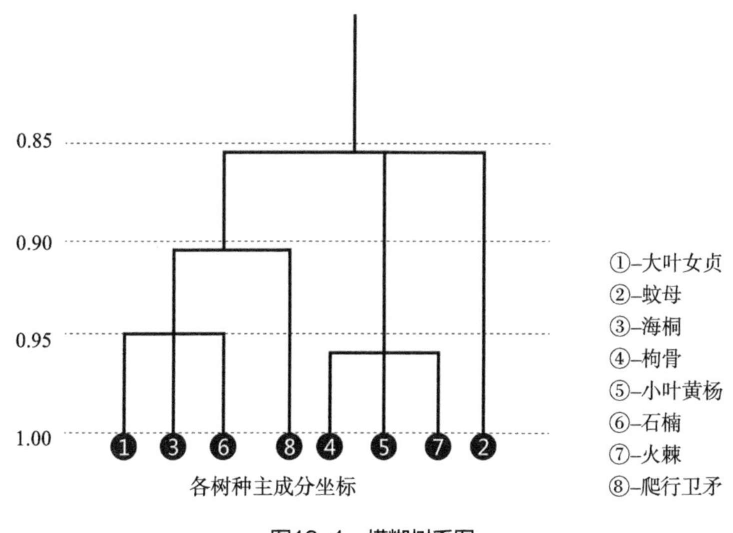

图12–1　模糊树系图

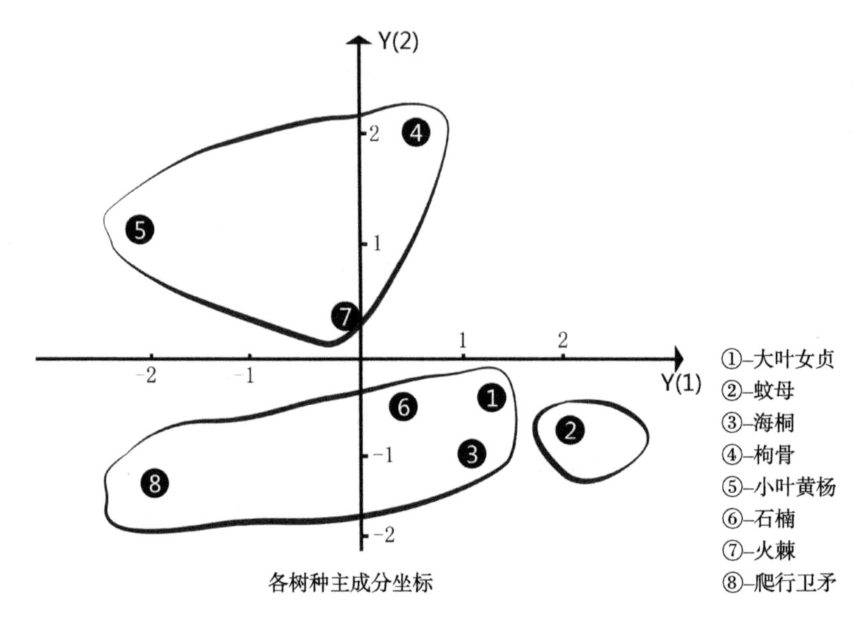

图12-2　各树种主成分坐标

模糊聚类分析结果得出，当λ<0.9时，各树种的抗寒性能大体分为三类，第一类包括黄杨、扶芳藤、火棘、枸骨；第二类包括女贞、海桐、石楠；第三类包括蚊母。

主成分分析的结果与模糊聚类基本上是一致的（图12-2）。将原始数据标准化，用欧氏距离计算每个树种与各指标的抗寒性最大值之间的差异；定义优先比，根据优先比矩阵，依次选取置信水平λ的截集评出相似程度，其各树种优先比得分见表12-3。

8种树种的优先比得分序号　　表12-3

序号	树种	树种编号	置信水平 λ
1	黄杨	5	0.7668
2	扶芳藤	8	0.6070
3	火棘	7	0.5610
4	枸骨	4	0.5079
5	石楠	6	0.4921
6	海桐	3	0.3951
7	女贞	1	0.2332
8	蚊母	2	0.2276

根据综合分析结果，将实验树种按照抗寒性分为3类：第一类包括黄杨、扶芳藤、火棘。该类树种适应力强，抗–20℃以下低温，可以广泛应用于北方城市园林。第二类包括枸骨、石楠、海桐、女贞。该类树种适应力中等，露地栽培可抗–10～–20℃低温，通过不断驯化有望在城市中推广。第三类蚊母，该类树种适应力差，露地栽培只抗–10℃左右低温，越冬尚须人为保护，暂时不能在城市中推广。

12.3.2　园林植物耐热性分类

综合各类指标在正常温度和高温下的变化率，对观赏山楂10个种（品种）进行聚类分析，结果表明（图12–3）：10个种（品种）山楂聚为3类。其中摩登山楂‘托巴’、皱叶山楂和阿尔法山楂聚为一类，其各项生理指标总体变化稳定；华盛顿山楂和英国山楂‘红云’为一类，其各项生理指标总体变化相对稳定；其余5种山楂聚为一类，其各项生理指标总体变化不稳定。

从研究结果看，国外引进的大多数观赏山楂具有一定的忍受或适应夏季高温气候的能力，其中耐热性较强的种（品种）如华盛顿山楂、摩登山楂‘托巴’以及红蕊山楂、绿山楂‘冬国王’具有在我国南部及亚热带地区园林应用的潜力，有待推广种植。

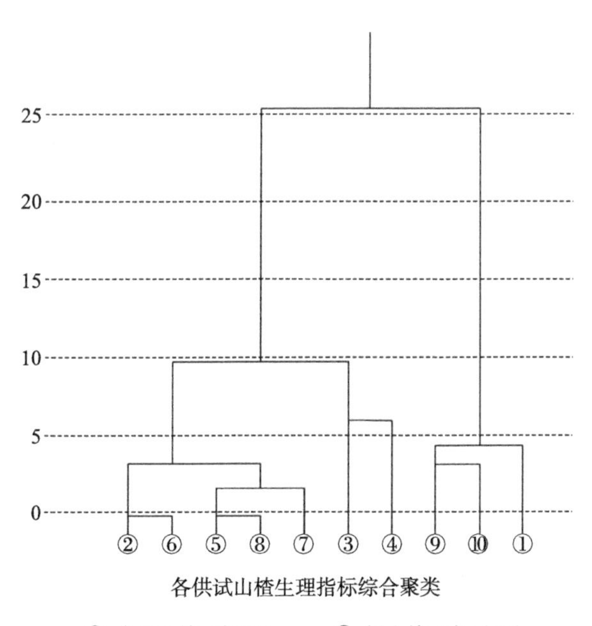

图12–3　各供试山楂生理指标综合聚类

12.3.3 园林植物耐旱性分类

根据耐旱性的形态解剖和生理生态指标，选出符合特定的干旱胁迫耐受性标准的树种如表12-4所示。

“气候–树种矩阵”中耐旱指标体系的树种　　表12-4

植物名	植物学名	英文名	指标数量	指标量化
栓皮槭	*Acer campestre*	Field maple	☼☼☼	3
三角枫	*Acer buergerianum*	Trident maple	☼☼☼☼	4
青皮槭	*Acer cappadocicum*	Cappadocian Maple	☼☼	2
复叶槭	*Acer negundo*	Ashleaf maple	☼☼	2
意大利槭	*Acer opalus*	Bosnian maple	☼☼☼	3
挪威槭	*Acer platanoides*	Norway maple	☼☼☼☼	4
红花槭	*Acer rubrum*	Red maple	☼☼☼☼☼	5
佐辰槭	*Acer × zoeschense*	Zoeschen maple	☼☼	2
红花七叶树	*Aesculus × carnea*	Red horse chestnut	☼	1
臭椿	*Ailanthus altissima*	Chinese tree-of-heaven	☼☼	2
意大利桤木	*Alnus cordata*	Italian alder	☼	1
灰桤木	*Alnus incana*	Grey alder	☼☼	2
垂枝桦	*Betula pendula*	Silver birch	☼☼	2
光叶山核桃	*Carya glabra*	Pignut hickory	☼☼	2
鳞皮山核桃	*Carya ovata*	Shagbark hickory	☼	1
毛山核桃	*Carya tomentosa*	Mockernut hickory	☼☼	2
欧洲栗	*Castanea sativa*	Sweet chestnut	☼	1
黄金树	*Catalpa speciosa*	Western catalpa	☼	1
小叶朴	*Celtis bungeana*	Bunge's hackberry	☼☼	2
高加索朴	*Celtis caucasica*	Caucasian hackberry	☼	1
美洲朴	*Celtis occidentalis*	Hackberry	☼	1
鸡足香槐	*Cladrastis delavayi*	Chinese yellowwood	☼☼	2
君迁子	*Diospyros lotus*	Date plum	☼☼	2
美洲柿	*Diospyros virginiana*	Persimmon	☼	1
狭叶白蜡	*Fraxinus angustifolia*	Narrow-leaved ash	☼☼	2

续表

植物名	植物学名	英文名	指标数量	指标量化
欧洲白蜡	*Fraxinus excelsior*	Common ash	☼☼	2
帕利斯白蜡	*Fraxinus pallisiae*	Pallis' ash	☼☼☼☼	4
洋白蜡	*Fraxinus pennsylvanica*	Green ash	☼☼☼	3
四棱白蜡	*Fraxinus quadrangulata*	Blue ash	☼☼	2
银杏	*Ginkgo biloba*	Ginkgo	☼☼	2
山皂荚	*Gleditsia japonica*	Japanese honey-locust	☼☼☼☼	4
美国皂荚	*Gleditsia triacanthos*	Honey-locust	☼☼☼	3
美国肥皂荚	*Gymnocladus dioica*	Kentucky coffeetree	☼☼	2
朝鲜槐	*Maackia amurensis*	Amur maackia	☼☼	2
‘科诺斯基’海棠	*Malus tschonoskii*	Pillar apple	☼☼	2
美国蓝果树	*Nyssa sylvatica*	Black tupelo	☼☼	2
欧洲铁木	*Ostrya carpinifolia*	American hop-hornbeam	☼	1
黄檗	*Phellodendron amurense*	Amur corktree	☼☼☼☼	4
库页岛黄檗	*Phellodendron sachalinense*	Sachalin corktree	☼☼☼☼	4
二球悬铃木	*Platanus × hispanica*	London plane	☼	1
一球悬铃木	*Platanus occidentalis*	American sycamore	☼	1
银白杨	*Populus alba*	White poplar	☼☼☼	3
欧洲山杨	*Populus tremula*	Aspen poplar	☼☼☼☼	4
欧洲甜樱桃	*Prunus avium*	Bird cherry	☼☼	2
西洋梨	*Pyrus communis*	Common pear	☼☼	2
欧洲野梨	*Pyrus pyraster*	Wild pear	☼☼☼☼	4
黄背栎	*Quercus bicolor*	Swamp white oak	☼☼☼	3
土耳其栎	*Quercus cerris*	Turkey oak	☼☼	2
猩红栎	*Quercus coccinea*	Scarlet oak	☼	1
匈牙利栎	*Quercus frainetto*	Hungarian oak	☼☼	2
覆瓦状栎	*Quercus imbricaria*	Shingle oak	☼☼	2
高加索栎	*Quercus macranthera*	Caucasian oak	☼☼	2
大果栎	*Quercus macrocarpa*	Bur oak	☼☼	2
蒙大拿栎	*Quercus montana*	Chestnut oak	☼☼	2

续表

植物名	植物学名	英文名	指标数量	指标量化
沼生栎	*Quercus palustris*	Pin oak	☼	1
岩生栎	*Quercus petraea*	Sessile oak	☼☼☼	3
绒毛栎	*Quercus pubescens*	Downy oak	☼☼☼	3
北美红栎	*Quercus rubra*	Red oak	☼☼	2
刺槐	*Robinia pseudoacacia*	Black locust	☼☼☼	3
槐	*Sophora japonica*	Pagoda-tree	☼☼☼☼	4
白光花楸	*Sorbus aria*	Chess-apple	☼☼	2
瑞典花楸	*Sorbus intermedia*	Swedish whitebeam	☼	1
宽叶花楸	*Sorbus latifolia*	Broadleaf whitebeam	☼☼☼	3
心叶椴	*Tilia cordata*	Small-leaf lime	☼☼☼	3
克里米亚椴树	*Tilia × euchlora*	Crimean lime	☼☼	2
糠椴	*Tilia mandshurica*	Manchurian lime	☼	1
银毛椴	*Tilia tomentosa*	Silver lime	☼	1
榔榆	*Ulmus parvifolia*	Chinese elm	☼☼	2
榆树	*Ulmus pumila*	Siberian elm	☼☼☼	3
榉树	*Zelkova serrata*	Japanese zelkova	☼	1

12.3.4 园林植物耐涝性分类

通过对各变量与因子综合分析，上海市65种新优园林树种根据耐涝性被分为3类（图12-4）。建议在对树木耐涝性进行预判时，可以优先考虑与光合作用直接相关的叶绿素含量、比叶重和光合速率大小等指标。

12.3.5 园林植物抗日灼分类

对叶片日灼最大伤害指数、净光合速率、气孔导度、胞间CO_2浓度、蒸腾速率、最大光化学效率、PSII的潜在活性以及吸收光能为基础的性能参数等指标进行主成分分析，分析结果如图12-5所示：

主成分分析之后综合的*X*坐标为生理坐标，*Y*坐标为形态总表，依据不同受试树种在不同光环境下携带的*X*、*Y*坐标的信息绘制散点图，并将同种树种的散点闭合，综合评价不同受试树种在不同光环境下生理表现和形态表现上的差异，可以将受试树种的叶片日灼伤害类型划分为4类。

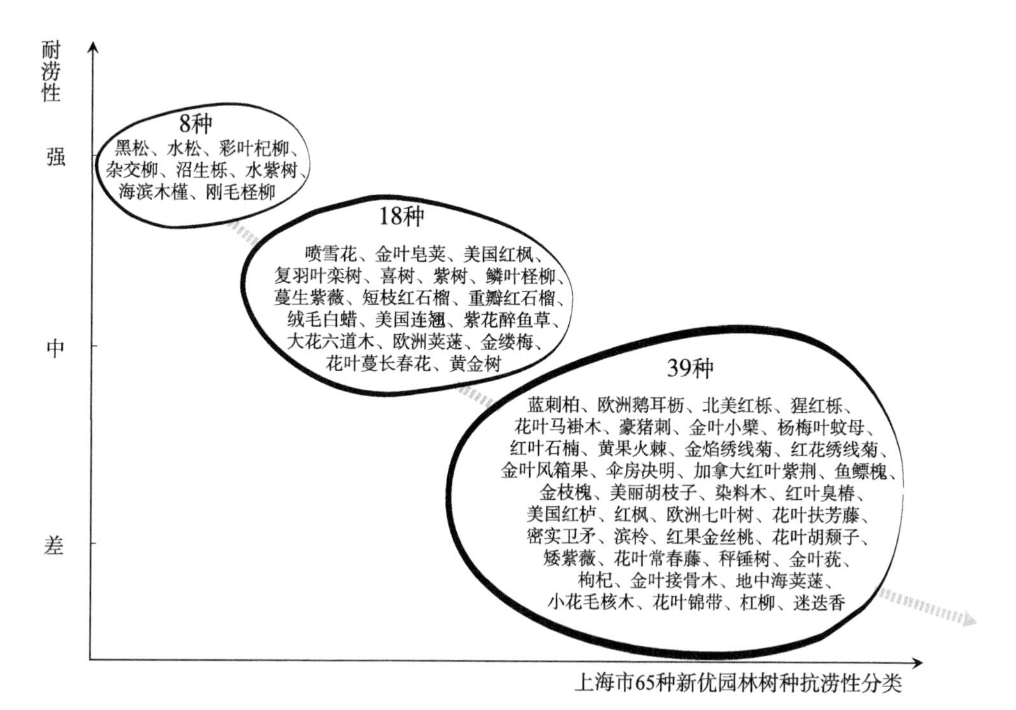

图12-4　上海市65种新优园林树种耐涝性分类

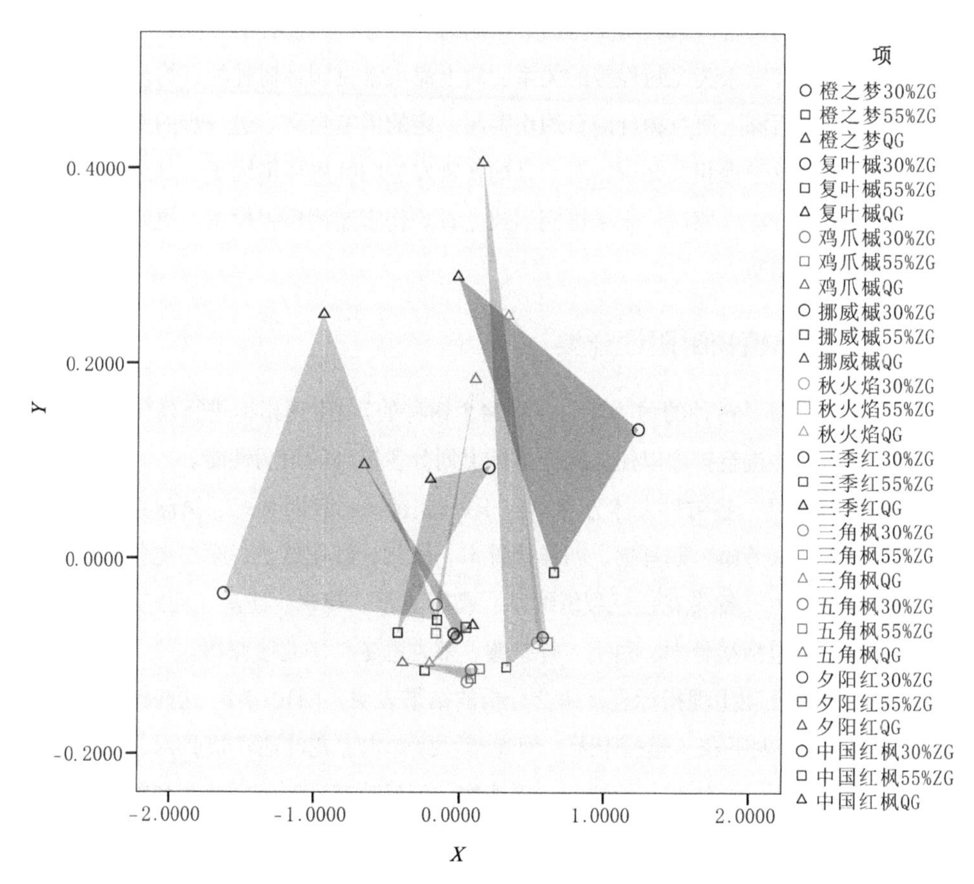

图12-5　叶片日灼伤害综合评价结果

（1）A类，包含受试树种复叶槭、中国红枫。类型特点是对应种间Y坐标和X坐标变化范围都较大。这些树种随着光环境的变化，在叶片日灼相关生理表现以及形态表现上出现极大的差异，遮阴能有效地改变叶片日灼伤害的形态表现程度并对相关生理指标有一定的影响。

（2）B类，包含受试树种夕阳红、秋火焰、鸡爪槭、挪威槭。类型特点是对应种间Y坐标变化较大、而X坐标变化很小。这些树种随着光环境的变化，在叶片日灼相关生理表现上差异很小但是在形态表现上差异较大，遮阴能有效地改变叶片日灼伤害的形态表现程度但对生理表现影响很小。

（3）C类，包含受试树种三角枫、五角枫。类型特点是对应种间X坐标变化较小，Y坐标变化极小。这些树种随着光环境的变化，在叶片日灼相关生理表现以及形态表现上差异较小，遮阴对这类树种叶片日灼伤害的形态表现和生理表现影响很小。

（4）D类，包含受试树种三季红、橙之梦。类型特点是对应种间X坐标变化较小，Y坐标变化较小。这些树种随着光环境的变化，在叶片日灼相关生理表现以及形态表现上有一定的差异但差异不大，遮阴对这类树种叶片日灼伤害的形态表现和生理表现影响较小。

基于叶片日灼伤害试验，初步得出了不同树种叶片日灼伤害的程度、叶片日灼伤害与光和特性、叶绿素荧光特性等的关系，对上海市常见园林树种的日灼伤害有了一定的认识，对日后深入研究树种的日灼伤害与一定的借鉴意义。进一步的工作应结合植物生理学、气象学等相关知识，对于日灼伤害发生的临界环境因子、日灼伤害机理以及动态反映进行深入探讨。未来可规划建立日灼伤害监测预报模型，更好地对日灼伤害进行管控和预防。

12.3.6 园林植物耐阴性分类

为了宏观衡量各树种的耐阴能力，将24个树种的7项生理指标进行模糊聚类分析和主成分分析，并进行排序以便从综合指标上划分各树种的耐阴性能。

由图12-6可见，各树种大体分为3类：第一类包括：陕西荚蒾、绣球荚蒾、天目琼花、金银花、扶芳藤、鹅耳枥、西洋接骨木、棣棠、红花忍冬；第二类包括花叶西洋接骨木、金银木、锦带花、三裂绣线菊、爬行卫矛、鸡麻、溲疏、南蛇藤、卫矛、太平花；第三类包括接骨木、猬实、香茶藨、郁香忍冬、华北珍珠梅。

对24个树种几项生理指标进行综合分析的结果表明（图12-7）：这些树种可划分为3类，第一类有太平花、爬行卫矛、南蛇藤、接骨木、花叶西洋接骨木、西洋接骨木、卫矛、金银木、金银花、锦带花、珍珠梅、天目琼花、三裂绣线菊13种，具有较强的耐阴性。第二类有红花忍冬、郁香忍冬、溲疏、陕西荚蒾、扶芳藤、鸡实、猬实、鹅耳枥、香茶藨9种，耐阴性中等。第三类有绣球荚蒾和棣棠2种，耐阴性较弱。

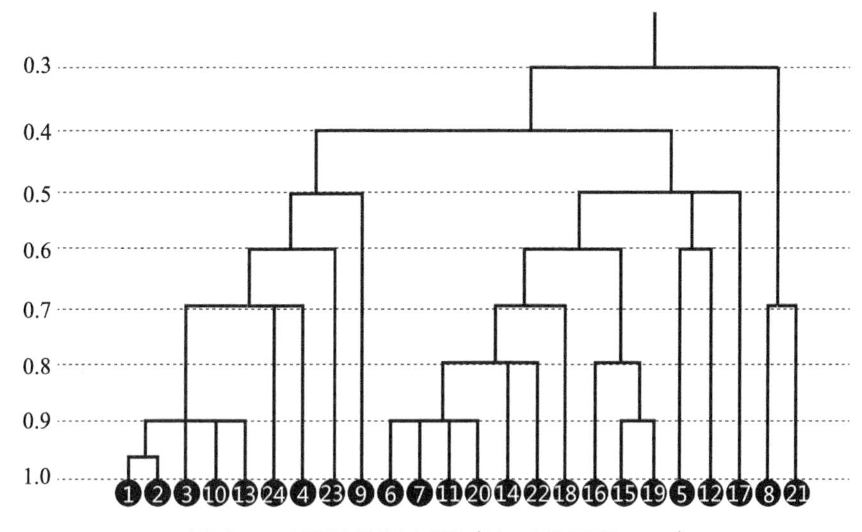

图12-6　耐阴性模糊树系图（注：图例同图12-7）

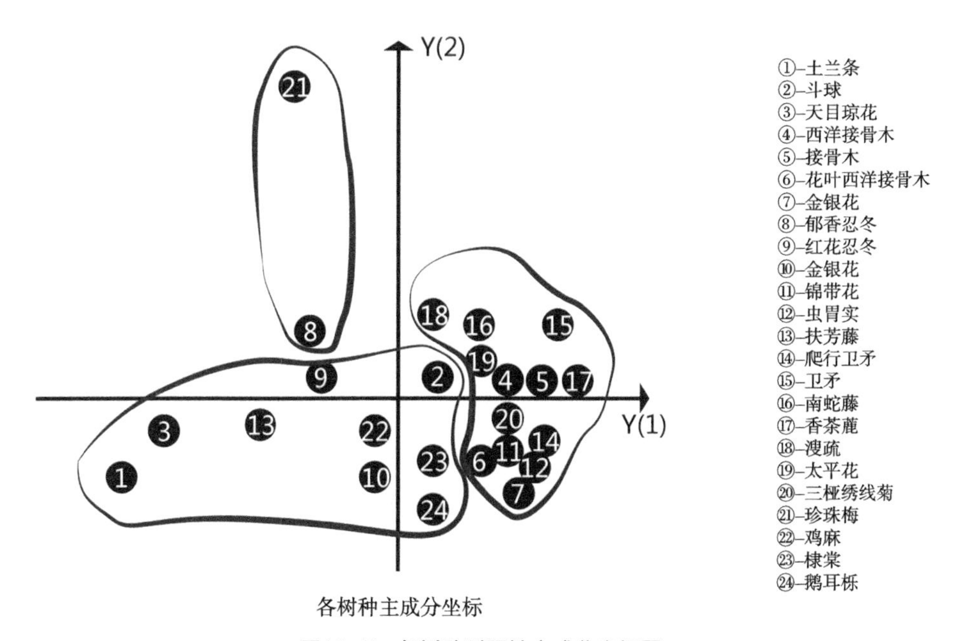

图12-7　各树种耐阴性主成分坐标图

通过实验测量光补偿点、叶绿素含量、光合作用产物含量等指标得出的植物耐阴性评价的结论，对园林植物种植、景观配置提供了较为科学的选择依据，是当前植物耐阴性研究的重要方法，有利于因地制宜、适地适树，充分发挥绿地的生态效益。然而影响植物耐阴性的因素很多，评价其耐阴性时应尽量全面综合的考量。并且在植物配置的过程中，在考虑植物耐阴性的同时，应考虑到植物形态美感、发育期等多方面要素，使园林植物的种植满足生态、社会、经济多方面的需求。

12.3.7 园林植物抗病虫害分类

在园林树木抗病虫害等级划分时，为了便于量化处理，将各参评园林树木总抗性等级相关值的范围保持在之间，且将各参评指标按照抗性大小划分为5级，将参选的园林树木分为乔木组和灌木组，根据每组园林树木抗性指标值所对应的区间，按照高感（0～0.2）、易感（0.2～0.4）、低抗（0.4～0.6）、中抗（0.6～0.8）、高抗（0.8～1）进行排序，32种园林树木抗病虫害能力的分级图如图12-8所示：

高感树种抗病虫害最弱，原则上不宜规划种植，对于已经种植的园林树木，要进行有针对性的养护管理，根据各园林树木病虫害的发生、发展特点进行预防、防治。对于易感树种可进行点缀种植，低抗树种不建议大面积成片种植，中抗树种可以适当增加种植面积。高抗树种是抗病虫害能力最强的树种，可较广泛地应用于园林绿化中。

12.3.8 园林植物抗风性分类

为对25种树种的综合抗风性进行客观评价，本文对8项因子进行主成分分析，并绘制二维图如图12-9所示：

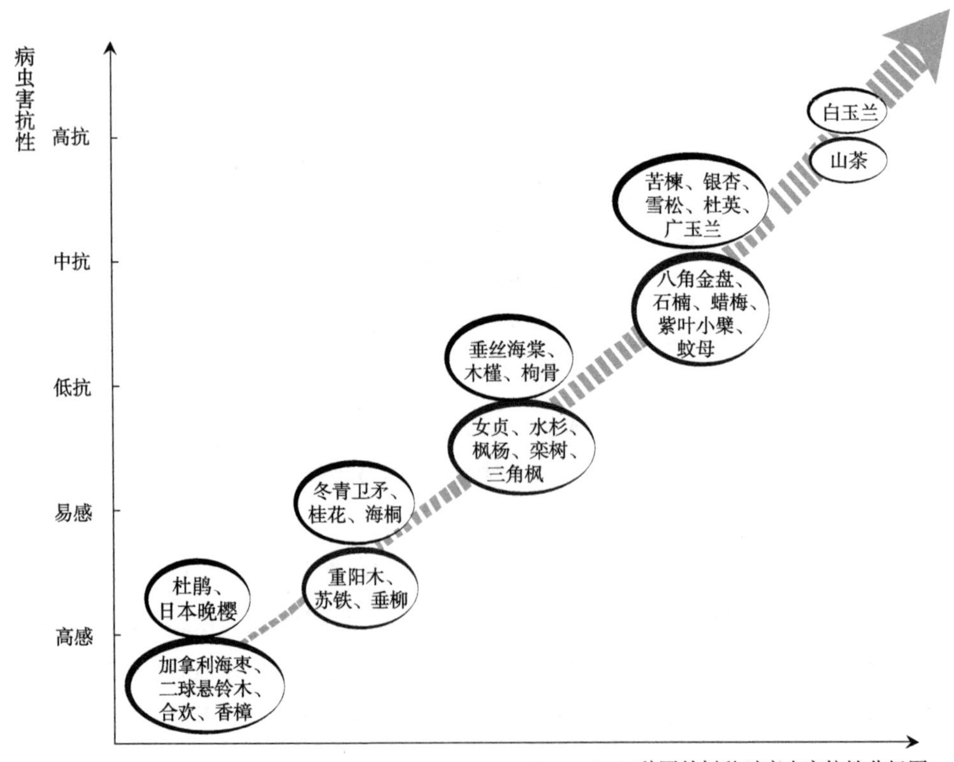

图12-8 32种园林树种对病虫害抗性分级图

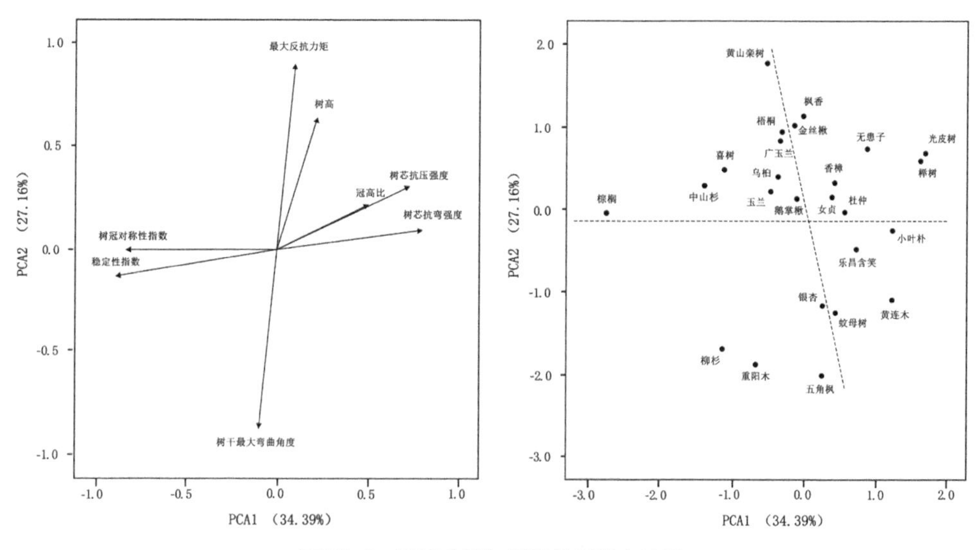

图12-9　因子分析与树种抗风性定位图

由图12-9可知，第一主成分主要由树芯木材材性因子组成，第二主成分主要由静态拉力因子组成。据此，可将25种受试树种大致分为两大类：第一类是以广玉兰、梧桐、金丝楸、枫香为中心的静态拉力较大、弯曲角度较小的刚性树种；另一类是以银杏为中心的静态拉力较小、弯曲角度较大的韧性树种，这两类不同的树种反映出对风害胁迫不同的应对策略。刚性树种的机械抗拉力较大，且木材材质较高，能抵御一定的风压，一旦超过风压阈值就会发生风折风倒现象。而韧性树种的树干弯曲变形较大，树冠枝叶茂密，材质弹性较大，受大风胁迫时，能通过产生阻尼震荡而消耗能量，以保证树体安全。树种抗风性评价不能仅仅只关注单因子指标，而需要综合地分析其他相关因子，而这些因子之间有时是具有矛盾性的，更需要综合权衡分析，具体情况具体对待。

12.3.9　园林植物耐盐性分类

通过对40种园林植物在生长期进行60天盐池耐盐试验，根据试验期间不同植物的生长表现（存活率、高生长、冠幅增量），同化能力（叶绿素含量）初步确定其耐盐能力和耐盐极限（图12-10）。

耐盐能力分为不耐盐碱，耐轻度盐碱（1‰~2‰），耐中度盐碱（2‰~4‰），耐重度盐碱（4‰~6‰），耐特重盐碱（＞6‰）。根据实验结果，金叶风箱果耐盐碱能力最差，柽柳耐盐碱能力最强。

植物的耐盐机理是一个极为复杂综合的生理过程，单一性状或者指标的测定结果，难以准确反映植物抗盐性的强弱。本文对上海21种常见园林树种在5个不同盐分浓度胁迫下的11项因子指标进行主成分分析的结果如图12-11所示。

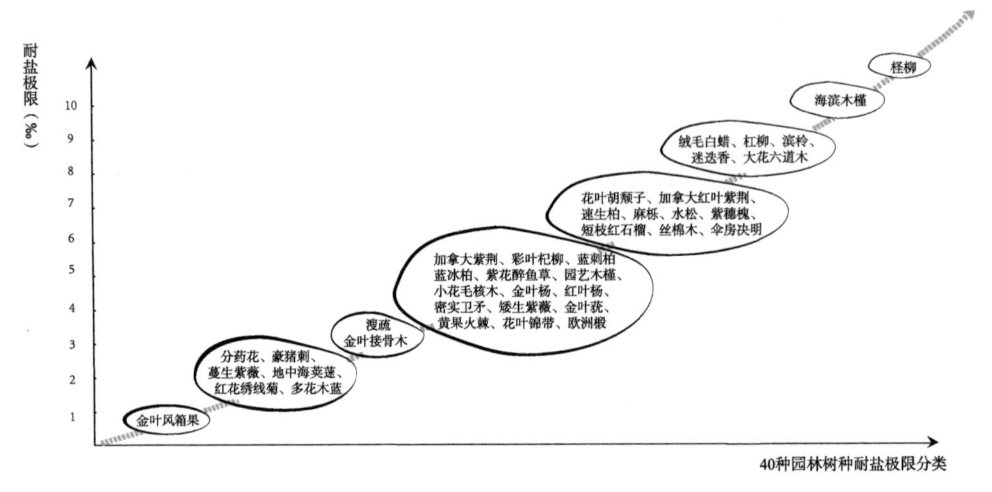

图12-10　40种园林树种耐盐极限分类

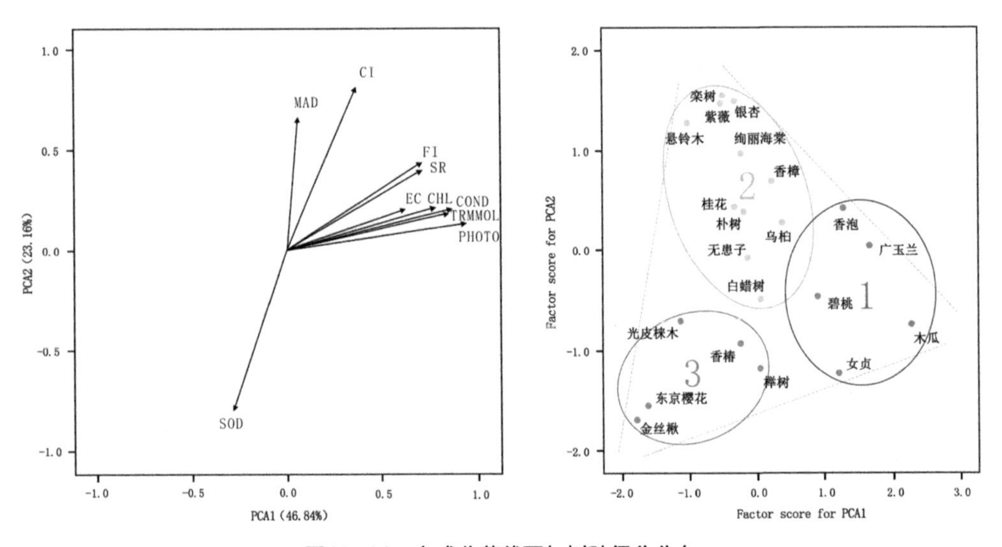

图12-11　主成分荷载图与树种得分分布

根据主成分分析结果可将21种植物分为3个组群，第一组为木瓜、广玉兰、香泡、女贞、碧桃5种植物，耐盐性较强；第二组包括香樟、乌桕、银杏、栾树、绚丽海棠、紫薇、朴树、桂花、白蜡、无患子、悬铃木11种，对盐分胁迫表现出较强的生理应激反应，可以通过自身的生理调节来适应不利的盐分胁迫，具有一定的耐盐能力；第三组主要由榉树、香椿、光皮梾木、东京樱花、金丝楸5种树种组成，各项因子均处于较低水平，耐盐性较差。建立在耐盐生理指标上的种类选择能够有效提高耐盐树种的筛选效率，现有对单一或多种类的交叉对比耐盐性研究，对建立耐盐性评价体系具有重要作用。

12.3.10 园林植物抗瘠薄分类

综合考虑植物肥田指标（固氮效率、落叶含氮量）和生长指标（年相对高、径生长量），将供试植物分为以下4种类型（表12-5）。

（1）固氮效率、落叶含氮量高，生长量大：江南桤木、胡颓子、花叶胡颓子、常春油麻藤、紫藤、染料木。

（2）固氮效率、落叶含氮量高或中等，生长量中等：合欢、杨梅、多花木蓝。

（3）固氮效率、落叶含氮量中等，生长量中等或小：紫穗槐、华东木蓝、鱼鳔槐、锦鸡儿、树锦鸡儿、红花锦鸡儿、牛奶子、美丽胡枝子、多花胡枝子、红花刺槐、胡枝子、黑荆、桤木、伞房决明。

（4）固氮效率中等，落叶含氮量低，生长量中等或小：杭子梢、马棘、中华胡枝子、银合欢、白刺花、黄檀。

30种供试固氮植物固氮特性综合评价 表12-5

序号	植物名称	固氮效率	鲜叶含氮量	落叶含氮量	年相对高生长	年相对茎生长
1	染料木	+++	+++	+++	+++	+++
2	合欢	+++	+++	+++	++	++
3	常春油麻藤	+++	+++	+++	+++	+++
4	紫藤	+++	+++	+++	+++	+++
5	花叶胡颓子	+++	+++	+++	+++	+++
6	胡颓子	+++	+++	+++	+++	+++
7	江南桤木	+++	++	+++	+++	+++
8	多花木蓝	+++	++	++	++	++
9	紫穗槐	+++	++	++	++	++
10	杨梅	++	++	+++	++	++
11	华东木蓝	++	++	++	++	++
12	鱼鳔槐	++	++	++	++	++
13	锦鸡儿	++	++	++	++	+
14	树锦鸡儿	++	++	++	++	++
15	红花锦鸡儿	++	++	++	++	+
16	牛奶子	++	+	++	++	++
17	多花胡枝子	++	++	++	++	++

续表

序号	植物名称	固氮效率	鲜叶含氮量	落叶含氮量	年相对高生长	年相对茎生长
18	美丽胡枝子	++	++	++	++	++
19	红花刺槐	++	++	++	++	++
20	胡枝子	++	++	++	++	++
21	黑荆	++	++	++	+	+
22	杭子梢	++	+	+	+	+
23	马棘	++	+	+	+	+
24	桤木	++	++	++	++	++
25	中华胡枝子	++	+	+	++	++
26	银合欢	++	+	+	+	+
27	白刺花	++	+	+	++	++
28	黄檀	++	+	+	+	++
29	伞房决明	++	++	++	++	++
30	海滨木槿（CK）	+	++	+	++	++

不同固氮植物之间的固氮效率皆有差异，且与非固氮对照植物海滨木槿有显著区别。江南桤木、胡颓子、花叶胡颓子、常春油麻藤、紫藤、染料木为固氮效率较高的优良树种。高固氮效率使它们叶片含氮量丰富、生长量大，对提高土壤肥力、改良土壤有积极作用。

12.4 总结

城市绿地系统中，园林树木始终是生态系统功能和服务承担的主体，针对不同立地环境进行适地适树的园林树种选择是实现园林生态效益最大化的根本途径。虽然气象似乎瞬息万变，具有无序性，但在一定范围、一定时间内，气候变化还是有规律可循的。不同城市、不同地区的气候变化特征各不相同。正确把握当地气候变化特征与变化趋势，才可能有目的、有计划做出针对性的响应策略。

正确认知园林植物的生态幅度、抗寒性、抗热性、耐阴性、耐旱性、抗瘠薄、抗风性、耐涝性、耐盐性、抗日灼和抗病虫害等各种抗性，科学认识和了解园林植物的“个性”，提升园林树种选择的科学性和精准性，才能保障风景园林系统的生态安全和绿地健康，才能维护绿地、林地、草地、荒漠和湿地健全可持续发展。

参考文献

[1] 张德顺，李秀芬. 24个园林树种耐荫性分析[J]. 山东林业科技，1997（3）：28-31.

[2] 张德顺，刘红权，陈玉梅. 八种常绿阔叶树种抗寒性的研究[J]. 园艺学报，1994（3）：283-287.

[3] 李淑娟，陈香波，李毅，等. 观赏山楂耐热性比较研究[J]. 上海农业学报,2007,23（3）：70-72.

[4] 陈香波，李淑娟，李毅，等. 观赏山楂耐热性及其叶绿素荧光特性的研究[J]. 西北植物学报，2009（11）：2294-2300.

[5] 杨淑平，张德顺，李跃忠，等. 气候变暖背景下上海园林树木病虫害的应对策略[J]. 中国城市林业，2016（5）：30-34.

[6] 杨淑平，张德顺，等. 气候变暖情景下上海园林树木抗病虫能力评价[J]. 北京林业大学学报，2017（8）：87-97.

[7] 张德顺，有祥亮，王铖. 上海应对气候变化的新优树种选择[J]. 中国园林，2010（9）：72-77.

[8] 张德顺，刘鸣，李秀芬. 应对气候变化的园林植物选择原理与方法[M]. 北京：中国建筑工业出版社，2018.

[9] 罗洛夫. 张德顺译. 应对气候变化：用气象–物种矩阵为城市立地选择树种[J]. 中国园林，2010（8）：18-21.

第13章　锚固学科核心内涵，以不变应万变

风景园林学科的确立已经有10多年的历史，同传统学科建筑学、城市规划学、农学、林学、医学、园艺学、植物学等相比，“风景园林”走向了从无到有，由弱渐强，缓慢发展的轨道，成绩有目共睹，主要表现在如下几个方面：

（1）学科规模如雨后春笋，具有硕博培养点的学校有60个之多。

（2）双一流学科布局不占下风。

（3）研究水平逐步提高。

（4）跨学科、学科间、交叉学科的研究渐渐成了气候。

（5）国际交流的幅度和力度不断增强。

目前也遇到了时代的挑战，主要表现在：

（1）国土空间规划的综合性要求传统的绿地系统规划、风景名胜区规划、旅游规划受到了制约。

（2）对外开放的国际化，使的师资的能力遇到了瓶颈。

（3）政府机制的改革，使得隶属关系、职权范围、思维方式要与时俱进。

（4）“公园城市”的规划、设计、落地成为值得深入研究的新课题。

（5）“国家公园”保护地体系促使学科思维的变化。

园林学科也有其自身的学科内涵，有下面五个方面是相对恒定不变的，只要不随大潮，不敷衍趋势，园林的研究成果是指日可待的。

13.1　国际化教学，延展学科的空间支撑

风景园林教育是城市绿地系统规划、植被种植设计、绿色基础设施设计以及自然保护区、国家公园、人居环境规划和管理的基础内容之一，构建可实施的国际化课程体系，不但能加强中外师生互动交流，还可以通过规划实践项目的建设追踪，提升教学效果的国内外认可度，提升风景园林教学研究的定量化水平。

国际化教学水平在一定程度上反映风景园林学科的教学质量和景观规划设计的发展水平。近年来，随着国际交流与合作力度越来越大，风景园林的国际化探索也显得尤为重要。以教育国际化为目标，引导本土学生开拓国际前沿视野，同时让外国学生

了解中国优势，融通内外，实现“中西合璧”，实现学生在知识和心理上与教学内容深度融合，提升中国园林教学在国际上的话语权是国际化教学模式探索的新方向。

13.1.1　教学理念转变

多年来教授的园林植物与应用、园林植物认知实习、生态与种植设计、园林植物学景观原理与方法等课程以国际化教学改革创新为宗旨，沿袭中西方园林植物景观规划设计的历史脉络，在强调风景园林科学性的基础上，结合实践案例的多元文化交叉性，阐述植物功能结构的国际性特征和区域性特点。与此同时，剖析当前园林植物和生态设计的热点难点问题，用全球性的视野，科学性、功能性、文化性和生物多样性等原则指导风景园林的规划设计，提升园林植物景观和人居环境生态的营造技术和品质（图13-1）。

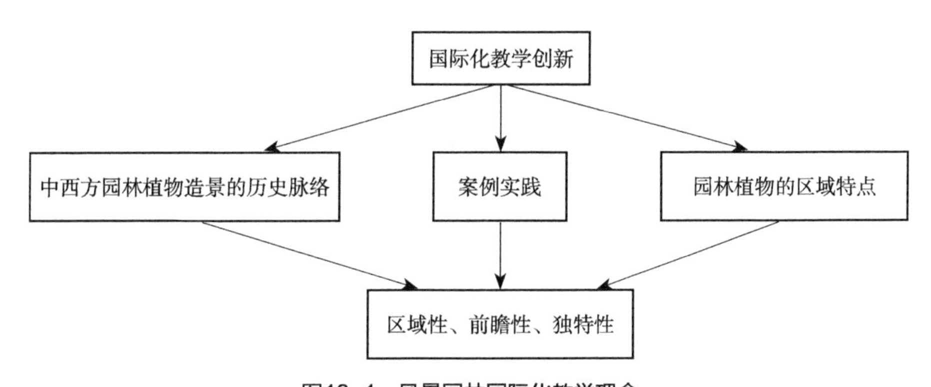

图13-1　风景园林国际化教学理念

13.1.2　教学目标提升

1．优化英文课程教学

“植物景观规划原理与方法（Principles and Methods of Landscape Planning with Plants）”是面向来华留学生开设的一门专业课程。课程以培养学生正确认识园林植物及合理规划选择植物与景观营造为目的，理论与实践紧密结合，通过大量工程实践案例来阐述园林植物景观的规划原理与方法，紧跟国内外园林植物造景最新动态，课程的主要内容包括植物与建筑、植物与规划的关系；应对气候变化与植物树种选择；景观生态系统与生态修复；风景园林小气候调控规划等方面内容。该课程充分发挥了中英文课程的特点，对上海市全英文示范课程的授课水平的提升有较大促进作用。

2．加强国际教学合作

同美国、英国、德国、俄罗斯、蒙古、韩国等国家的教学和科研合作，挖掘和探讨不同文化背景下园林植物和园林生态设计的研究方向和方法，联合培养国际研究生。首先，推荐优秀的学生到世界名校深造。目前同济大学2015～2022建筑与建成环境学科（Architecture/Built Environment）QS全球排名分别为16、22、20、18、18、18、13、13，所以培养研究生到欧美一流名校深造对于提升学科的知名度很有帮助，每年均收到MIT、哈佛、宾大等学校推荐研究生的邀请函，实现毕业生由国内抢手到国际争抢精英的转变。其次，借助双学位交流项目加强校际交流。双学位是国内外教育资源优化配置，提升教研能力的重要组成手段，与境外知名大学合作开展的“双学位交流生”项目，助推国际化教学交流与合作。

3. 科研项目双向参入

通过科研项目的双向参入，提升教学的国际影响力。科研项目主要有：英国环境资源部，世界自然保护联盟物种保护委员会（IUCN SSC）项目“东亚191种珍稀濒危针叶树种总体评估”；国家自然基金面上项目“应对气候变化的园林植物选择机制研究——以上海为例（31470701）”，“城市绿地干旱生境的园林树种选择机制研究（31770747）”；国家重点研发计划“物种多样性OUV表征要素及其干扰要素识别提取（2016YFC0503304）”。众多的科研项目展现了国际化研究水平。此外，在国际交流方面，邀请美国、俄罗斯、德国、英国、加拿大、蒙古、韩国的专家访问中国，开设风景园林相关的专题讲座和讨论会，构筑国际交流和思维碰撞的平台，同时提升在研项目的科研水平，促进风景园林研究的新发展，提升国际影响力。

13.1.3 教学内容创新

1. 国际化的合作办学

同德国德累斯顿大学植物学实验室（Institut für Forstbotanik und Forstzoologie, TU-Dresden）联合组建“气候变化与景观响应实验室（Laboratory of Landscape in Responses to Climate Change）”，深化气候变化对于园林植物和园林生态的影响及作用，探究气候变化与景观响应之间的相关性；以国际野生动植物保护组织（FFI）旗舰种基金项目（FSF—Defra-08-06）为依托开展教学与实践活动，提高学生对于园林生态的认识；编著英语教材，加强与欧美、东亚地区的教材教学信息交流；与美国丹佛大学和德国波鸿鲁尔大学进行研究生联合培养，积极培养国际留学生，成为提升国际化教学的抓手；参加GAForN、BION和美国、俄罗斯组织的国际研讨会，赴国外高校进行学术交流。

2. 国际化的课程体系

风景园林教育是一门综合性课程体系，重要内容是构建以全英文教学为基础，多个教学模块为分支的国际化课程体系。课程以国际视野为平台，以国际交流为窗口，加强国外学生与中国教师、学生之间的互动交流，通过中外学生相互学习促进、互助、互补，以强化教学效果（图13-2）。

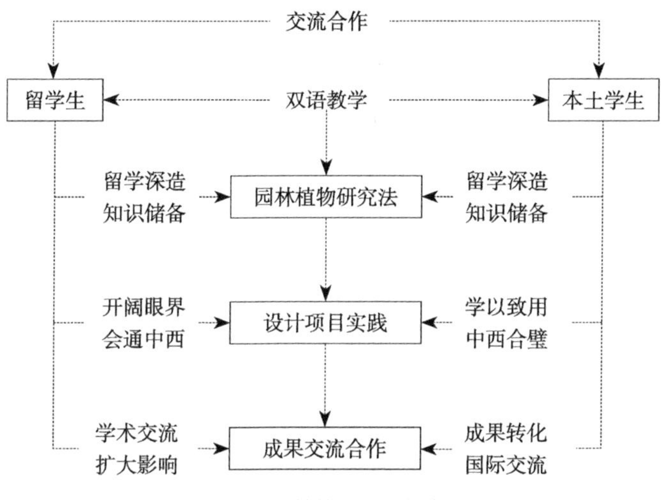

图13-2　风景园林的国际化教学课程体系

3．国际化的教学机制

将教学融于科研、工程项目中去，培养学生世界维度的综合人居生态环境植物设计思维，了解全球人居生态营造的多样性和复杂性，掌握适应不同生境的园林植物景观营造的原理和方法，培养学生对风景园林植物及生态规划设计的把握能力和操控技能。

在持续不断的探索和改革中，始终贯彻国际化、全球化的指导方针，以研促学，以研带学，积极转化科研成果，直接应用到院系本科生、研究生、留学生的教学实践中去；同时以国际化的交流和沟通为桥梁，不断更新风景园林的理论和实践，实现课程的发展与创新。

13.1.4　初步的教学成果

在持续的教学探索和课程改革中，获得了较为初步的教学成果。已有的成果主要有4项：具有完备的研究生英语教学提纲、教案脚本和课程PPT等相关材料；编写具有国际教育水平的《风景园林植物学》课程教材；培养多名国内外的“双学位交流”研究生；与国际留学生合作发表学术论文，如与Lisa Sabella合作发表的《上海3个公园园林小气候的人体舒适度测析》，与Inga Clauss合作的《德国社会文化背景下的园林与种植艺术发展史》，与Giada Thuong Campigotto合作的《意大利风景园林的历史与演变》等研究成果。风景园林的教研水平影响着一级学科发展可持续水平。构建可实施的国际化课程体系，不但能加强中外师生互动交流，还能增强课程教学的国内外认可度，使风景园林教育达到国际化教学水平。

13.2 加大科技项目申报力度，聚焦以国家自然科学基金项目为主体的国家战略导向硕博培养机制

硕博的教育不能自说自话，要将有限的硕博教育资源聚焦到国家发展战略上来。本团队近10年主要的申报项目有：国家自然科学基金（编号：51178319；黄土高原干旱区水绿双赢空间模式与生态增长机制研究）；国家自然科学基金重点项目（编号：51338007；城市宜居环境风景园林小气候适应性设计理论和方法研究）国家自然科学基金（编号：331470701；应对气候变化的园林植物选择机制研究——以上海为例）；国家重点研发计划（典型脆弱生态修复与保护研究——自然遗产地生态保护与管理技术）；国家自然科学基金（编号：31770747；城市绿地干旱生境的园林树种选择机制研究）等。

13.3 机制转换期，国际标准和规范是行之有效和相对稳定的准则

在大部制改革和标准、规范、制度、政策的转换期，UNESCO，IUCN，WWF，ICOMOS等的机制研究具有相对的稳定性。以根据重点研发计划“遗产地监测保护与管理信息平台构建”为例，主要研究的内容包括下面五个方面：①遗产地监测保护与管理信息平台需求分析及架构设计；②遗产地分布数据库建设；③遗产地动态监测评估应用系统开发；④遗产地可视化展示应用系统开发；⑤遗产地保护管理应用系统开发。

13.4 个案中归纳理论，理论指导实践

城市生物多样性是风景园林学科研究的重点课题，在多年植物资源调查、引种驯化实验、规划设计推广实践的基础上，提出了模糊相似优先比、气候信封模型和气候—物种矩阵三大理论框架，以期在科学选择引种种源地、园林树种分布几何重心、气候变化适应性等方面提升引种规划的精准度。以定量化研究的手段助推城市生物多样性提升。

13.5 积极参加重大项目建设，在品牌工程中让园林定量化研究的成果闪光

国家、地区、城市在经济发展和城乡建设过程中，都必须建造若干个重大园林工程项目才能构成独立、完整的风景园林体系。重大工程项目是一个系统，是一个规模庞大、结构复杂、技术先进、投资集中、因素众多、时空深广、目标多元、地位重要的大系统。不仅系统内部因素复杂，而且外部联系广泛。重大工程项目作为一种创造

独特产品的平台，若是恰如其分地融入生态修复的演替、进化过程可以延展项目的示范效应、品牌效应。

时代的变化是不以人的意志为转移的，学科的调整也是动态的，园林学科有其自身的内涵，各校也有自己的办学特点，老校不能故步自封，新校不能不思进取。学科机制要在传承中不拘泥，在创新中不离宗。生态学、地理学、旅游学、建筑学、规划学、生物学是风景园林学科知识结构的支撑，融合创新是流水之源，锚固阵地是发展之本。

参考文献

[1] 张德顺，Lisa Sabella，王振，等. 上海3个公园园林小气候的人体舒适度测析[J]. 风景园林，2018，25（8）：97-100.

[2] 张德顺，曹玮，Inga Clauss，等. 德国社会文化背景下的园林与种植艺术发展史[J]. 中国城市林业，2017，15（5）：1-5.

[3] 张德顺，Dora Pollak，李秀芬. 景观+都市主义：跨学科方法在北美地区景观设计应用的历史[J]. 现代园林，2015，12（12）：917-920.

[4] 罗静茹，张德顺，刘鸣，等. 城市生态系统服务的量化评估与制图——以德国盖尔森基辛市沙克尔协会地区为例[J]. 风景园林，2016（5）：41-49.

[5] 张德顺，张百川，Ophélie Menault. 工业景观的弹性修复[J]. 司润泽. 华中建筑，2020，38（2）：10-14.

[6] 张德顺，孙力，Marie Simon. 法国园林发展的三个时代[J]. 上海交通大学学报（农业科学版），2019，37（4）：64-67.

[7] 张德顺，胡立辉. 世界物种多样性类别自然遗产OUV表征指标的识别研究[J]. 中国园林，2019，35（3）：97-101.

[8] 张德顺，刘晓萍，刘鸣，等. 濒危世界自然遗产对“三江并流”可持续保护的启示[J]. 中国园林，2019，35（6）：50-55.

[9] 张德顺，刘鸣. 基于气候信封模型的上海近55年园林树木引种动态变化[J]. 中国园林，2018，34（10）：118-123.

[10] 罗洛夫，张德顺译. 应对气候变化：用气象–物种矩阵为城市立地选择树种[J]. 中国园林. 2010（8）：18-21.

[11] 张德顺. 上海辰山植物园营建关键技术及对策[J]. 中国园林，2013（4）：95-98.

跋

世上一切事物都遵循发生、发展、兴旺、衰落、消亡的规律，学科也是如此。最近传出个别名牌大学的优势专业出现大面积的学生转到其他专业的现象，为什么教学硬件、国际排名、教学机制世界知名、中国领先的双一流学科出现这种现象呢？概因规划与设计学（风景园林学、城乡规划学、建筑学、环境艺术）有点玄学成分，很难找到形式的合理性和功能的最大化，其概念和理论很难有令人信服，规划设计中过分文学化、文化化、历史化、风貌化、景观化、概念化的现象，没有逻辑性，缺少科学方法论。虽然教学手段是现代的，但现代科学方法论是缺失的，其教育的思想基础仍处于前现代阶段。目前学科的定量化研究存在如下几个方面的问题。

1．规划设计概念化（Conceptualization），从教人员的科研意识薄弱

概念是基于对于项目的观察归纳出的结论。概念规划的内容主要是对研究为题发展中具有方向性、战略性的重大问题进行集中专门的研究，从生态、经济、社会、文化的角度提出发展的综合目标体系和发展战略。其实项目主题、功能分区、空间结构、分期发展均是概念。概念是规划设计之魂，但是目前领导愿意听发展思路、百姓愿意听长远设想、社会上愿意听宏伟蓝图，所以很多概念化就盛行起来。目前在设计中的博物馆是概念，自然水体边上做湿地模型是概念，自然山体上堆假山是概念，红色文化设计红色元素是概念，乡村振兴中一二三产融合是概念，引进商品种子做花海也是概念，没有植物种植的园林设计是概念，没有生态调控的风景规划也是概念。概念太多，规划设计就难以落地。所以基于实地的专题研究如气象数据收集与分析，立地土壤理化性质的测定，植被物种成分的特征调查，水质水量的动态与平衡、地形地貌的GIS分析是规划设计的基础，是去概念化，强化可操作性的基础。若是认为园林规划设计不需要科研，那么学科就会快速走向消亡。

2．概念设计主观臆想化，科学理念缺失

多年来园林设计采取夸张、变化、象征、寓意等抽象的方法凭主观臆想对土地进行改造，缺少从科学的实证和理性的思考中去追求真实的知识表达。主观臆想往往和现实情况成反比，现实感越弱主观臆想化越高，和现实的规律性差距越远，甚至和事实背道而驰。从园林事实中获取数据、分析数据并从数据中得出结论，从实际问题入手进行讨论，科学理念下的设计就可能避免过多主观臆想。

3．学术术语模糊化，外专业词汇泛滥

一个学科要有学科的专业术语，“风景园林（FJYL，Fengjing Yuanlin）”“风景名胜”“天人合一”“师法自然”“风景规划”“造园艺术”“工程施工”“养护管理”“因地制宜”“适地适树”“绿地生态”“绿地率”“绿化覆盖率”“生物学特性”“生态习性”等，在业内已经约定俗成，形成区别于其他学科的特色。随着科学的发展相继出现了多种形式和领域间的学科交叉，使交叉学科、跨学科、边缘学科、横断学科研究成为科学中的一种常见现象，这是风景园林研究提升的标志。“传承不拘泥，创新不离宗”是基本原则，目前园林研究的论文中“景观”“湿地”“城市森林”“杂草之美”“海绵……”等模糊术语过泛过乱，使学科内核偏离主航向，朴素的术语是学科的理念、价值追求和实践航标。

4．论文研究堆砌化，有科技含量的论文屈指可数

在数字化、定量化、大数据化的今天写论文不缺乏数据和资料，如何对烟海浩渺的文献进行取舍，前人的研究成果只能帮助思考和分析，不能代替研究结论。这几年研究生的论文发现了几个现象，一是用层次分析法研究问题，与其说是研究不如说是罗列和堆砌。这既是学风问题，又是能力问题。美国运筹学家萨蒂（T. L. Saaty）于20世纪70年代提出的层次分析法（Analytical Hierarchy Process，AHP），是一种定性与定量相结合的决策分析方法。它是一种将复杂系统的决策思维过程模型化、数量化的过程。本身具有定量化研究的特征，但是将不同学科的概念、并不并列的术语、有失逻辑的框架堆在一起就啼笑皆非了。往往还出现专家法给定权重，更是匪夷所思，请问城市园林绿地、城市绿化的三大效益生态效益、景观效益和社会效益如何分配权重，各占多少？谁有这个能力？另一个文献数量的变化曲线，这是一个不能说明任何学术问题的图表，只是字数的堆积，毫无学术概念而言。一篇好的论文一定是在文献（SCI、EI、ISTP、SSCI、INSPEC、SCIE、IEEE、CSCD、CSSCI核心期刊、学科评估扩充期刊）综述的基础上，确定题目，对研究的预期有一个设想，找到描述研究目标的指标体系，寻求指标定量化的技术手段，在数据完善的基础上，进行统计分析，风洞试验或者模型检验，以此得到结果，进一步推导结论和建议，堆砌化、罗列化的论文毫无价值。

5．研究资源空心化，科研支撑由来已久

园林研究之殇在于研究资源的缺失，如何提升研究的资源配置？2005～2007年，在我任上海市园林科研所所长期间，深感园林教育科研思路比较固化，科研方向仅局限在引种驯化、立地土壤、植物保护和树木生态几个方面，缺乏城乡一体化格局。当时整合了当时的科研力量，引进了以硕博、博后为主体的科研力量。确定了上海绿化体系研究的主导方向即加强高观赏效果、低维护成本、强生态功能植物群落配置研究；提升城市绿地土壤修复与循环经济研究；优化园林植物资源收集、引种驯化及栽培繁育研究；倾向重点工程如世博会、临港新城、崇明岛、迪斯尼乐园建设的课题研究；稳定植物保护和生物多样性的研究。其研究积淀在上海世博会场馆、辰山植物园、迪斯尼乐园的建设中发挥了很好的作用，取得了社会的良好赞誉。

在筹建上海辰山植物园之初，提出了开放的园林研究思维模式，与中国科学院共建辰山植物园科研中心，初步提出了整合管理机制、构筑科研平台、组建科技团队、把握科研方向、立项攻关课题的设想。

借助中科院生理生态研究所的平台共建实验室和研究中心如植物分子遗传国家重点实验室和昆虫科学研究中心，根据风景园林学发展需要，其支撑系统与平台（Supporting Systems and Platforms）如数字化风景园林体系和数字化园林的建设、标本馆（包括标本室、图书馆、生物信息站、有关出版物等）、实验室和野外台站、种子库、实验场圃和大型温室等，这些平台抑制了园林研究资源空心化的问题。

“师法自然”是园林的专业术语，伽利略说，“自然之书是用数学语言写成的”，没有数学语言的定量化描述，自然之文就很难写成，那么如何用数学的语言表达成文呢？

（1）确定研究的题目，论文围绕着研究题目展开

如：北京山区野生花卉调查分析，濒危植物大果青杆地理分布和群落特性，花卉适宜栽培地的模糊聚类分析，野生花卉生境的模糊聚类分析，24种园林树木耐荫性分析，观赏山楂叶片耐热性生理指标研究初探，香樟不同种源耐盐性研究，观赏山楂耐热性比较研究，8个北美引进槭树品种的耐热性研究，29种固氮植物生长量与固氮效率相关性研究，不同黄化程度樟树叶片的生理生化特性，上海园林绿地结瘤固氮植物资源及其固氮酶活性的初步研究，上海市园林绿地共生固氮植物资源调查，上海地区落叶含氮量丰富的高效固氮树种选择，上海市城镇绿化植物规划，基于模糊相似优先比划分与上海气候相似的美国区域，上海从澳大利亚引种园林植物的种源地选择，上海应对气候变化的新优树种选择，完善景观植被功能，提升城镇建管水平，上海辰山植物园营建关键技术及对策等等，总之要立题明确，简明扼要，便于检索。

（2）文献综述

写好前言阐明研究的意义，精炼前人研究的主要情况，指出想采用的研究技术方

法，主要结果和结论。以红叶谷生态旅游区植被群落特征研究一文为例：对济南南部山区的野生植被进行了详细调查，按照不同坡度、坡向、海拔高度的植被类型的不同系统选择了40个样地，对样地内的各项生态因子进行了分析，统计出的各物种多度、频度、优势度、相对多度、相对频度、相对优势度和相对重要值揭示了群落的成分和结构，其生物多样性指数和均匀度指数反映了红叶谷植物群落的生态特征，以各样地的群落特征指标聚类分析将红叶谷风景区的植被分为沟谷杨树林、侧柏纯林、乔灌混交林、落叶灌丛带四种类型。为景区生态旅游研究和丰富省会济南的绿化材料提供了可靠依据。

（3）组织研究资源

很少有团队有比较完善的研究设备、研究基地、现成的数据库，必须充分调动一切可以调动的力量，找好研究基地，借好科研仪器，协调好测试助手，收集好现有的数据库。

（4）确立研究的定量化指标

定量化一定是有指标体系的，优秀的导师能够指导学生检索到精准的指标，普通的导师让学生测定的是无关紧要的指标。

（5）数据收集

收集数据是论文写作的核心环节，数据收集一是数据库查询，官网公布数据，问卷调查数据，实地测量数据，实验室测定数据，模型模拟数据，风洞试验数据，数据是一切定量化分析的前提。

（6）数据分析

通过统计学的方式进行数据分析可以使用多种工具，常用的有描述统计、假设检验、信度分析、列表分析、相关分析、方差分析、回归分析、聚类分析、判别分析、主成分分析、因子分析、时间序列分析、生存分析、典型相关分析、ROC分析等。

（7）结果和推论

结果就是数据分析发现的现象对所研究的问题所反映出来的现象的标述和结果的定性。推论是运用分析进行推理论证科学的方法和手段，学科缺乏定量化研究，就像中医一样是一门经验总结，有了定量化研究，其结果必有推论，有了推论皆可以发现很多意料之外的发现，门捷列夫元素周期表就能帮助发表目前还没有发现的元素。苏卡乔夫（Sukachiov，Vladimir Nikolaevich）生物地理群落学就能帮助中国解决包兰铁路穿越腾格里沙漠55km的生态修复路径。现代的创新绝大部分都是逻辑推导的结果，最后用实验加以验证。逻辑思维是创新的真正源泉。

定量化一向被认为是透彻性、可靠性与有效性的化身。这使定量化在人类学术中占有特殊地位。其自明的概念、抽象的推理、确定的结论，赢得了各学科最持久的仰慕。哲学（涵盖所有学科）真理要立得住，就必须达到数学真理的层次。这种自觉意识几乎主宰了西方各学科的主流形态。风景园林是以植物学、建筑学、规划学为基础的综合性学科，科技成果的积累离不开专业科研平台的发展，构建创新机制、稳定教研团队、多出成果，为风景园林一级学科的教学、规划、设计、建设、管理提供更为科学性技术支撑，让科技引导发展落到实处。

伟大的导师卡尔·马克思（Karl Heinrich Marx）认为："一种科学只有在成功地运用数学时，才算达到了真正完善的地步。(Only when science succeeds in using mathematics can it be truly perfected.)"，期待着学科有更多的优秀专著问世，高水平论文的发表，愿本书能为中国风景园林学科的科学化增砖添瓦。

致谢

本书的成稿是集体智慧的结晶。感谢多年来不断加入团队的成员的辛勤劳动和锐意钻研，参加研究的主要成员有博士后刘鸣、张振、姚驰远，博士生王振、胡立辉、刘晓萍、杨韬、刘进华、李宾，硕士生池志伟、张京伟、宋奎银、薛凯华、冯杰、李淑娟、章丽耀、吴雪、张百川、战颖、曾明璇、孙力、孙烨、杨淑平、孙斐、傅俊杰、张馥蓉、孟晓蕾、金政、冷寒冰、曹译戈、安淇、彭雨晴、吕元廷、王留剑、张祥永、Lisa Sabella，Katrin Renner等。

另外多年来还参与了如下教授、学者的科研课题或者合作研究，在本书中不同程度的引用。他们是陆鼎煌教授、Andreas Roloff教授、Ulrich Pietzarka博士、Sten Gillner博士、陈香波教授、李毅教授、刘庆华教授、张卫东教授、傅徽楠教授，有祥亮高工、王铖高工、朱红霞副教授、王伟研究员、李方正博士、李跃中教授、鞠瑞亭教授、王维霞教授、刘红权教授、毕庆泗高工、方海兰教授、张庆费教授等。

正是大家多年来的理解和支持，使得风景园林的研究思路渐渐清晰起来，在指导博士论文、硕士论文时，有研究方法可依，有实践案例可循，提高了人才培养的速度和节奏。

最后，感谢德国学术交流中心（Deutscher Akademischer Austausch Dienst）持续不断的学术支持，使得本团队受益良多。感谢国家自然基金委员会的项目支撑，明确了科研工作的主攻方向，聚焦了科研目标，优化了科研的方法和途径，构架了与全国学界交流的桥梁。

作者于同济大学文远楼

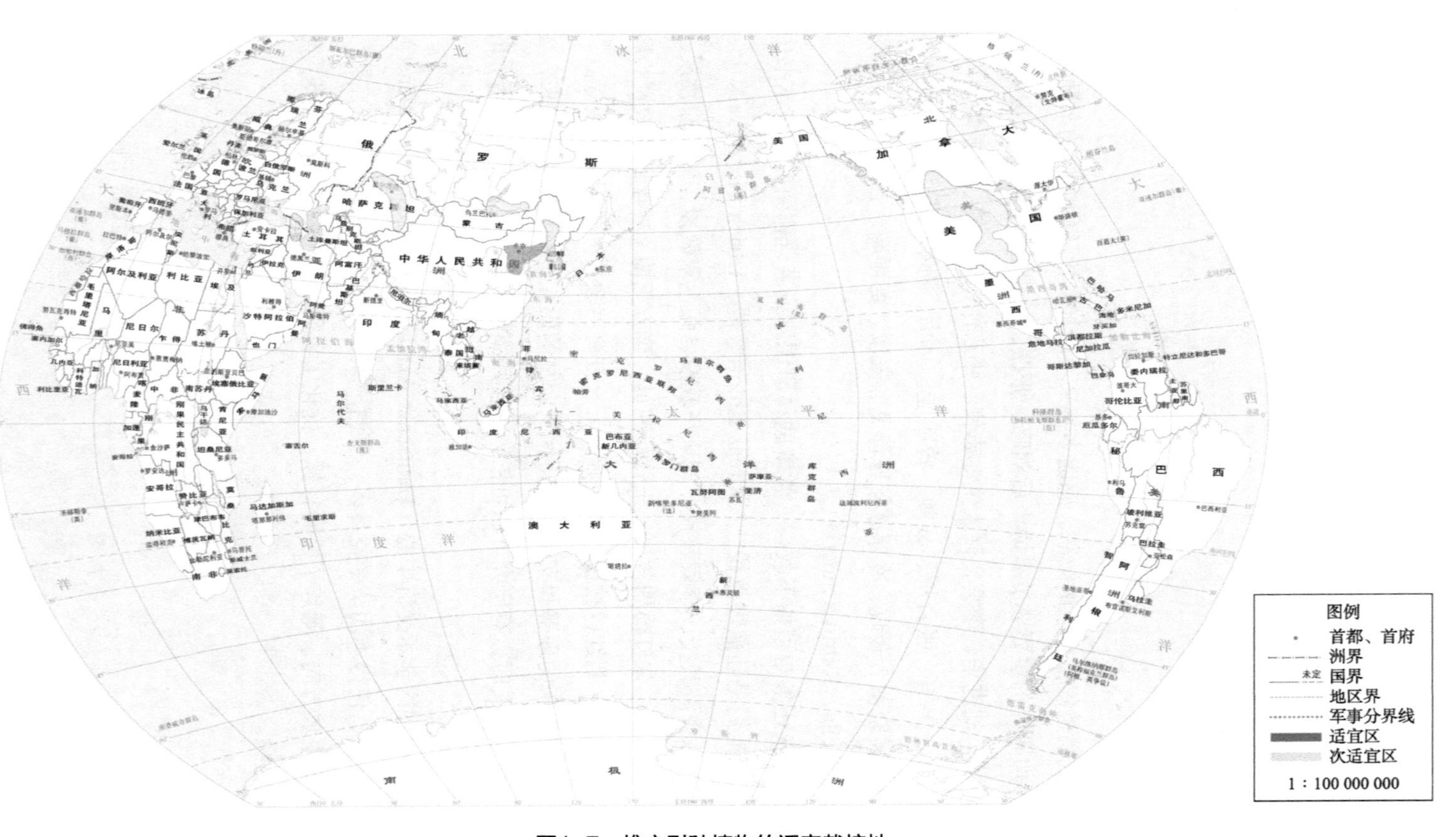

图1-7 雄安引种植物的适宜栽培地

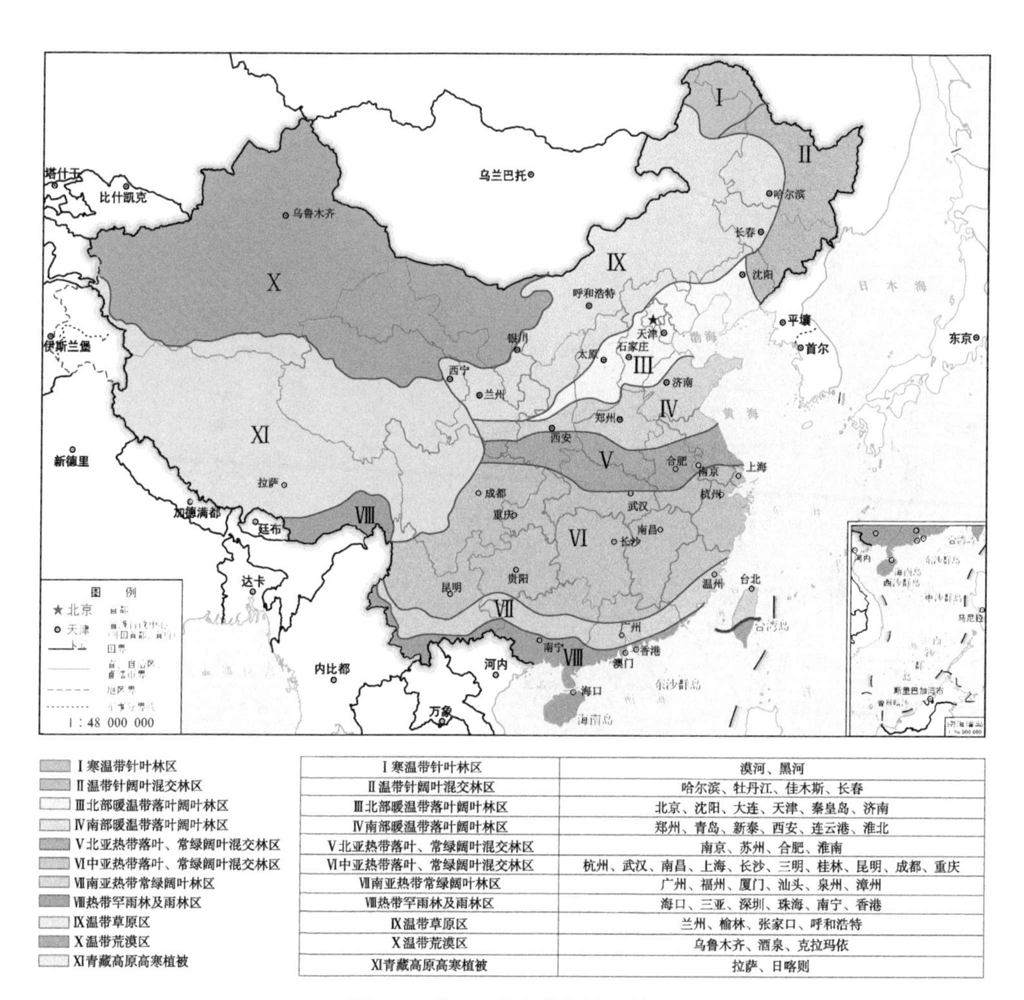

- Ⅰ寒温带针叶林区
- Ⅱ温带针阔叶混交林区
- Ⅲ北部暖温带落叶阔叶林区
- Ⅳ南部暖温带落叶阔叶林区
- Ⅴ北亚热带落叶、常绿阔叶混交林区
- Ⅵ中亚热带落叶、常绿阔叶混交林区
- Ⅶ南亚热带常绿阔叶林区
- Ⅷ热带罕雨林及雨林区
- Ⅸ温带草原区
- Ⅹ温带荒漠区
- Ⅺ青藏高原高寒植被

Ⅰ寒温带针叶林区	漠河、黑河
Ⅱ温带针阔叶混交林区	哈尔滨、牡丹江、佳木斯、长春
Ⅲ北部暖温带落叶阔叶林区	北京、沈阳、大连、天津、秦皇岛、济南
Ⅳ南部暖温带落叶阔叶林区	郑州、青岛、新泰、西安、连云港、淮北
Ⅴ北亚热带落叶、常绿阔叶混交林区	南京、苏州、合肥、淮南
Ⅵ中亚热带落叶、常绿阔叶混交林区	杭州、武汉、南昌、上海、长沙、三明、桂林、昆明、成都、重庆
Ⅶ南亚热带常绿阔叶林区	广州、福州、厦门、汕头、泉州、漳州
Ⅷ热带罕雨林及雨林区	海口、三亚、深圳、珠海、南宁、香港
Ⅸ温带草原区	兰州、榆林、张家口、呼和浩特
Ⅹ温带荒漠区	乌鲁木齐、酒泉、克拉玛依
Ⅺ青藏高原高寒植被	拉萨、日喀则

图2-2　中国园林绿化树种区域图

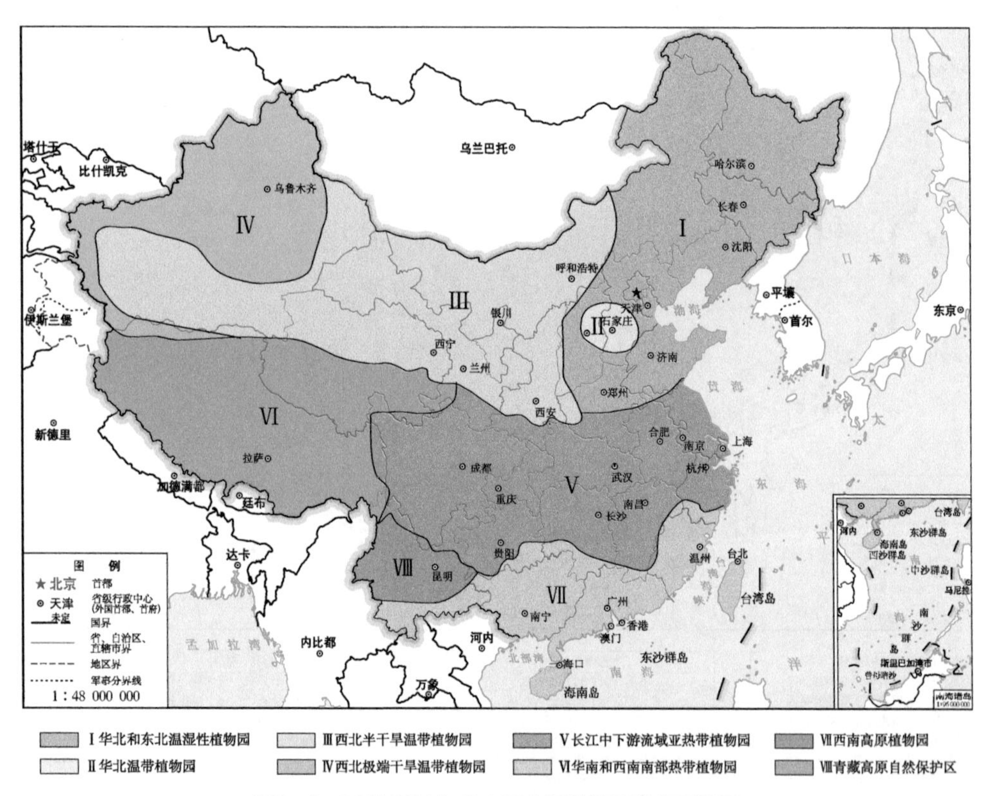

图2-4　20世纪80年代中国主要植物园特征聚类图

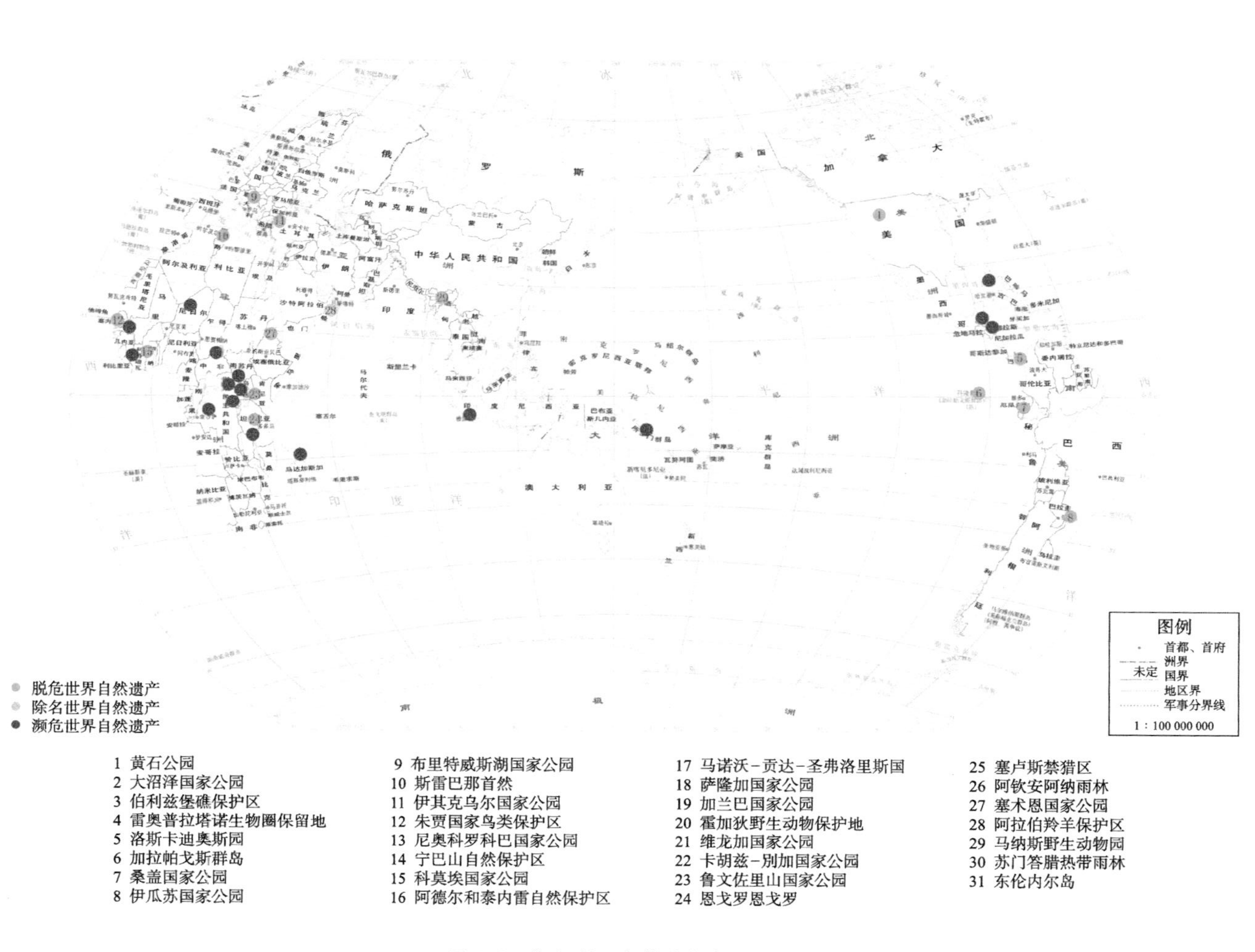

图7-3 濒危世界自然遗产空间分布